自动气象站实用手册

李 黄 主 编

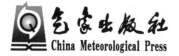
气象出版社
China Meteorological Press

内容简介

本书是一本面向基层地面气象观测员使用维护现用自动气象站的实用性技术手册,内容上以讲述使用维护实用知识(包括使用维护的具体操作步骤和故障分析方法)为重点,一般性原理从简;给出自动气象站设备结构、电路、安装和检测方面的实体图,以方便日常的使用维护;列出一些保证自动气象站正常运行的维护、维修实例,以供做好自动气象站使用维护工作的借鉴和参考。

图书在版编目(CIP)数据

自动气象站实用手册/李黄主编. —北京:气象出版社,
2007.10(2016.1重印)

ISBN 978-7-5029-4378-3

Ⅰ. 自⋯ Ⅱ. ①李⋯ Ⅲ. 自动气象站-手册
Ⅳ. P415.1-62

中国版本图书馆 CIP 数据核字(2007)第 153710 号

Zidong Qixiangzhan Shiyong Shouce

自动气象站实用手册

李黄 主编

出版发行:气象出版社
地　　址:北京市海淀区中关村南大街 46 号　　　　邮政编码:100081
总 编 室:010-68407112　　　　　　　　　　　　发 行 部:010-68409198
网　　址:http://www.qxcbs.com　　　　　　　　E-mail:　qxcbs@cma.gov.cn
责任编辑:吴庭芳　　　　　　　　　　　　　　　终　　审:黄润恒
封面设计:灵锐慧智　　　　　　　　　　　　　　责任技编:都　平
印　　刷:北京京科印刷有限公司
开　　本:880mm×1230mm　1/16　　　　　　　印　　张:28.25
字　　数:745 千字
版　　次:2007 年 10 月第 1 版　　　　　　　　　印　　次:2016 年 1 月第 4 次印刷
定　　价:100.00 元

《自动气象站实用手册》编委会

主　　编:李　黄

副主编:王　平　　陈永清　　马恒超

编　　委:郑晓林　　薛鸣方　　刘国良　　张宏伟　　张　勇

《自动气象站实用手册》编写组成员

华云公司:马恒超　　杨志勇　　郎淑鸽　　许　芳　　陈为超

北京华创升达高科技发展中心:郑新芙　　刘　钧　李　佳　林荣兵　沙　勇

天津气象仪器厂:卢会国　　史静媛　　蒋娟萍　　陈　伟

江苏无线电科学研究所有限公司:许　道　　席建辉　　施继伟　　吴永伟

长春气象仪器厂:王义光　　张洪艳　　朴权哲

湖北省气象局:杨志彪

序

在我国改革开放的大好形势下,气象部门从 20 世纪 80 年代初开始按统一规划分步实施的战略指导思想,运用系统工程方法先后对天气预报、气象卫星和气象通信等几个主要业务系统组织实施了现代化建设。通过从"七五"计划开始立项的几个重点工程项目经过 20 多年的建设,分别建成了以巨型计算机为基础的数值天气预报业务系统,形成了风云气象卫星系列及其地面业务应用系统,并构建了以卫星通信为主要手段的气象通信网。

20 世纪 90 年代后期为了实现地面和探空气象观测业务的现代化,又先后组织实施了"大气监测自动化系统工程(一期)"和"新一代天气雷达网建设"两个重点工程项目,极大地提升了我国地面气象观测能力。前者主要是在国家地面气象观测网建设自动气象站和更新换代无线电探空系统,实现地面气象观测主要项目的自动化观测,后者以建设全国布局的 158 部新一代多普勒天气雷达为目标,目前已经完成了大部分建设任务并在全国气象业务中发挥了巨大作用,新一代天气雷达项目同时也建设了一批用于校正新一代天气雷达定量测量降水量的自动气象站。通过这两个重点工程项目的实施,使我国地面气象观测网的 2000 多个地面气象观测站都先后建成了适合各台站业务需要的不同类型自动气象站,改变了我国长期以来地面气象观测一直完全依靠人工观测的状况。这不仅减轻了观测员的劳动强度,而且也大大增加了我国地面气象观测资料的时间密度。

在中国气象事业发展战略研究成果的基础上,中国气象局组织实施的业务技术体制改革正在向纵深发展。其中综合观测系统改革提出的"三站四网"改革与发展方案,又大力推进了区域自动气象站建设,极大地增加了地面气象观测资料的空间密度,这些区域自动气象站网,不仅仅是对天气尺度观测站网的重要补充,也大大增强了对中、小尺度灾害性天气的监测能力,对灾害性天气监测服务具有重要的意义。区域自动气象站加密的空间覆盖和时间连续的观测能力(特别是对降水的观测),又为我国的气候观测和区域气候区划提供了宝贵的资料。

气象业务技术的创新和发展,不仅要靠在业务系统中不断引入先进的仪器设备和方法,而且要有一支能熟练使用由这些先进仪器设备和方法组成的业务系统的不同梯次结构的人才队伍,这样才能充分发挥新业务系统的效益。所以建设一个新的业务系统在抓设备建设的同时还要组织好不同类型业务人员的技术培训,形成一支能很好承担系统运行和维护保障业务的人才队伍。

现在我国的地面气象观测网已建成 16000 多套各种类型和型号的自动气象站,使我国的地面气象观测业务从依靠人工观测的业务系统转变成以自动观测为主的新的地面气象观测业务系统。如何保证新的地面气象观测业务系统中这些自动气象站能稳定可靠地运行,能在气象业务和服务中充分发挥作用,其中一个重要措施就是要加强自动气象站的标准化建设、规范化业务运行和技术保障队伍的建设。由于自动气象站布设的量大、面广,保证它的正常运行,除要积极依靠设备生产厂和以各省气象局气象技术装备中心为骨干的专业技术保障队伍外,还需要充分依靠广大地面气象观测站的一线观测人员对设备的正确、熟练地使用和维护。

气象出版社通过中国华云技术开发公司组织几家主要自动气象站设备生产厂,针对目前广大气象站已安装使用的各种类型和型号的自动气象站,编写了这本《自动气象站实用手册》,正是满足了广大地面气象观测站的一线观测人员的需要。这本书除了以少量篇幅介绍自动气象站的一般性知识外,主要的篇幅讲述了各种自动气象站的组成结构、技术性能、电路原理、安装调试和维护检修等方面的技术知识。特别是这本手册避开了深奥的技术理论,完全结合实际使用的设备来讲述各型自动气象站的使用和维修方面的实用技术,十分适合基层气象站一线工作人员自学和参考。另外书中还给出了一些设备的电路图、检查测试方法、故障实例和分析排除的方法步骤,为维护使用设备提供了直接的指导,使这本手册成为一本比较实用的技术书籍和培训教材。

希望这本手册能为工作在地面气象观测一线的观测员更好地掌握自动气象站使用维护技术,提高业务技术能力起到积极的作用。

张文建

2007 年 8 月 8 日

前　言

地面气象观测是大气探测,乃至整个大气科学及气象业务工作基础的基础,凝聚着广大气象观测人员心血、智慧和责任。为了获取大气状况的高时间空间密度、高精度、高质量的资料,取代气象观测人员艰苦繁重日复一日的手工劳动,实现全自动化气象观测,从新中国建立初期起,我国科技工作者就进行了长达半个世纪不懈的努力。为了适应国民经济、社会进步和人民生活对气象工作越来越高的要求,加快气象现代化建设的协调发展,改变我国大气探测严重落后的局面,在国家的关心支持下,上世纪 90 年代,中国大气监测自动化系统工程建设终于得以全面迅速展开。

自 1999 年 5 月开始,在国家气象部门各级地面气象台站建设自动气象站用于地面气象观测业务以来,我国地面气象观测网的各类观测站已先后建成 16000 多套各种类型和型号的自动气象站。自动化观测系统的全面使用,意味着大气观测工作主体的转换。过去,观测员是大气观测工作的主体,观测仪器仅仅是观测员的工具,观测员对观测质量负首要责任。现在观测质量首先是由设备性能决定的,观测员的责任发生了变化,其任务是保证自动化设备的正常运行,包括:设备是否运行和观测资料的质量控制两方面。检查和维护设备成了探测工作者的职责和技能。

为了保证这些自动气象站的正常运行,需要广大基层地面气象观测员很好地掌握这些自动气象站的使用维护知识,而目前气象台站观测人员所能见到的有关自动气象站方面的技术材料,仅限于各生产厂家提供的设备使用手册,难以满足基层地面气象观测员深入掌握自动气象站使用维护技术,以保证自动气象站能在气象台站正常运行的需要。为此经多方酝酿后确定编写一本面向广大基层地面气象观测员的自动气象站使用维护技术书籍,作为基层地面气象观测员深入自学自动气象站使用维护技术的教材性书籍,也可作为对基层地面气象观测员进行技术培训的参考材料。

本手册在内容编排上共分三编十八章。第一编为自动气象站基础知识,有三章。简略介绍了自动气象站基本性能,硬件组成结构和软件结构功能。第二编为自动气象站的使用和维护,这是本手册的重点部分,共有十二章。首先讲解了各类传感器的使用和维护,包括温湿度传感器、气压表、风向风速传感器、雨量传感器、超声波蒸发量测量传感器以及日照持续时间传感器和各类辐射传感器的使用和维护。然后分章详细介绍了我国气象台站现用的十种主要的自动气象站,包括 CAWS600-R(T)型、CAWS600 系列、ZQZ-CⅡ型、ZQZ-A 型、DYYZ 型、DYYZ-Ⅱ(L)型、HYA-M06 型、HYA-M02 型、DZZ2 型、DWSZ2 型自动站系统和 Milos500 型自动气象站的使用和维护,内容全面涵盖了各种自动气象站的主要技术性能、安装说明、开机观测、数据传输格式、维护与注意事项、故障排除流程、出现问题解答以及自动气象站组网等。第三编为地面气象测报业务系统软件使用,这是自动气象站的灵魂,也有三章。分别为:软件的组成和功能、软件的安装和运行以及软件的日常使用问题解答。

由于这是一本面向基层地面气象观测员使用维护现用自动气象站的实用性技术手册,因此在编写内容上力求做到以讲述使用维护实用知识(包括使用维护的具体操作步骤和故障分析方法)为重点,一般性原理从简;给出自动气象站设备结构、电路、安装和检测方面的实体图,以方便日常的使用维护;列出一些保证自动气象站正常运行的维护、维修实例,以供做好自动气象站使用维护工作的借鉴和参考。

鉴于本手册的内容全面、详尽,紧密结合基层台站地面气象观测人员的实际,篇幅宏巨,图表丰备,堪称"自动气象站实用大典"。

本手册的专业知识讲解深度掌握在中等专业知识教育水平,适合具有中等文化知识水平人员学习使用,也可作为高等技术教育的参考材料。

本手册尽量汇编了各自动气象站生产厂商的产品材料,由中国华云技术开发公司、北京华创升达高科技发展中心、天津气象仪器厂、江苏无线电科学研究所有限公司、长春气象仪器厂等生产厂安排的技术人员组成编写组编写而成。由于本手册内容面广、资料量大、编写时间紧促,加之编写组成员都是第一次参加编写这类技术手册,受其水平限制,定有不少差错和遗漏,欢迎广大读者批评指正。

2007 年 8 月

目　　录

第三编　　地面气象测报业务系统软件使用

第一编

自动气象站基础知识

第一章

自动气象站基本性能

第一节　自动气象站的使用和发展

自动气象站常有两种定义方法：

一种是按不同类型的地面气象观测站来定义，自动气象站定义为使用自动化仪器设备自动进行地面气象观测的地面气象观测站；另一种是按不同类型的气象观测仪器设备来定义，自动气象站定义为能自动进行地面气象观测、存储和发送观测数据，并能根据需要将观测数据转换成气象电报和编制成气象报表的地面气象观测设备。

本手册介绍的自动气象站是按后一种概念，即自动气象站是指自动进行地面气象观测的气象仪器设备。

根据上述定义，自动气象站被看成是一种进行自动气象观测的设备。早期的自动气象站由于受当时技术发展水平的限制，所具有的功能和提供的观测数据的准确度都无法达到常规气象观测站的需要。因此，这时的自动气象站只是作为一种补充观测手段在使用，还无法完全进入常规气象观测业务。随着科学技术特别是电子和测量技术的发展，现代的自动气象站不仅在功能上能达到常规地面气象观测的需要，而且在观测数据准确度上也已能满足常规地面气象观测的要求。因此已逐步大量进入常规地面气象观测业务使用。

常规气象观测业务使用自动气象站后，将带来以下优点：

(1)提高常规气象观测的时、空密度

在原来无条件建常规气象观测站的地方，建无人值守的自动气象站，可增加获取常规气象观测资料的空间密度；在有人值守的常规气象观测站上使用自动气象站，可提高获取常规气象观测资料的时间密度。

(2)改善观测质量和可靠性

通过自动气象站不断使用新技术改进设备性能，在设备器件选用、内部存储容量和传感器通道端口设置等方面留有一定的余量，因而避免观测的人为误差，提高设备运行的可靠性，满足观测业务的新需求。

(3)保证观测的可比性要求

通过实现观测设备和观测技术的标准化，满足一致性要求，实现观测站网的均一化，从而保证观测的可比性要求。

(4)改善观测业务条件、降低观测业务成本

使用自动气象站后，将减轻观测人员的劳动强度，改善劳动条件，减少值班人员。随着设备生产技

术的改进,自动站运行成本将不断降低,从而降低了观测成本。这对恶劣自然环境条件下的观测站尤为明显。

第二节 自动气象站的功能和分类

一、自动气象站的技术体系结构发展简况

自动气象站的技术体系结构类似于工业过程控制的采集系统的发展,大致经历过专业测量仪器、集中控制式和分布式三种体系结构的发展过程,不同的体系结构主要取决于组成自动气象站的数据采集器。

早期的自动气象站就是一种由硬件组装成的专业测量仪器,主要特点是其功能结构在仪器设计时按用户的要求确定下来,使用中则难以进行修改和扩充。

集中控制式自动气象站是将全部观测功能均集中在一个配接有传感器的采集器中完成的,采集器由各种功能插板(处理器板、接口板、存储器板和电源板等)和母板总线构成,作为自动气象站的数据集中处理系统。采用这种体系结构的自动气象站有两个主要特点,一是设备组成不仅有硬件,而且包括系统软件;二是通过在母板总线上扩接所需的功能插板和适当升级系统软件就可按用户的要求修改扩充设备的功能结构。

分布式结构是由一个主采集器通过外部总线连接若干分采集器组成的自动气象站,由主采集器和各分采集器分别连接所需观测的传感器。这种自动气象站的主要特点是功能结构的扩充比集中控制式体系结构更简便、灵活。

有一种将集中式体系结构的自动气象站通过通信口(如 RS232 口)连接某些独立测量系统(如能见度仪、云高仪),组成一个类似于分布式体系结构的自动气象站。这种体系结构实质上仍属于集中式体系结构的自动气象站。因为主采集器对所连接的独立测量系统没有任何主从管理功能,只起一个数据链接的作用。

目前广大气象台站安装使用的自动气象站分为三种体系结构:既有早期开发的不能扩充的自动气象站,如Ⅱ型自动站、一些单(两)要素自动站;也有基于集中控制式结构的自动气象站,如 Milos500 型、CAWS600 系列自动站;以及分布式结构的自动站,如各生产厂家在按中国气象局提出的"新型多要素自动气象站功能需求书"要求新开发的自动站,这种自动站目前正在组织考核试验,还未在气象站安装使用,但基于这种新开发的自动站技术基础上生产的中尺度自动站,已有安装在区域气象站网使用的,典型的如本书后面要讲到的 ZQZ-A 型自动气象站等。

二、自动气象站的主要功能

自动气象站的功能是随着科学技术的发展而得到不断的完善和提高。过去的自动气象站难于实现的一些功能要求,在当代的自动气象站上已得到普遍采用。这就是现在自动气象站在常规地面气象观测业务中能得到广泛使用的重要原因之一。

现代的自动气象站要能完成常规地面气象观测任务应具备下列主要基本功能:

1. 数据采集

自动气象站的数据采集功能就是采集要观测的气象要素值。通常是由传感器将气象要素量(如气温)感应转换成一种电参量信号(电压、电流等)。再由采集器按一定的采集速度(假设 1 秒钟采 1 次)获得代表这个采集时刻气象要素量(气温)的电量信号值(电压或电流采集值)。

2. 数据处理

自动气象站的数据处理功能就是将采集到的代表气象要素量(如气温)的电量信号值(电压或电流

采集值)经运算处理转换成要观测的气象要素值(如气温采样值和气温观测值)。这种运算处理一般包括测量、计数、累加、平均、公式运算、线性处理、选极值等。这些运算处理都由自动气象站的采集器来完成。

接有微机终端的自动气象站将观测数据传送给微机终端后,可通过微机终端的业务软件对观测数据做进一步的业务处理(如数据显示、存储和质量控制、编发气象报告、编制气象报表等)。

3. 数据存储

自动气象站的数据存储功能是将经处理获得的各气象要素采样值和(或)气象要素观测值按规定的数据格式存储在存储器内。该存储器包括容量有限的内部存储器和通过采集器存储卡接口连接的大容量外接存储卡(器)。前者由于容量有限,通常用来存储规定的主要观测数据资料;后者随着存储器技术的发展,存储容量越来越大,可以根据用户的要求选配不同容量的存储卡(器)来满足用户提出的观测数据存储要求。

接有微机终端的自动气象站将观测数据传送给微机终端后,观测数据可进一步存储在微机终端的存储器内。

自动气象站的存储是实时存储;微机终端的存储可以是非实时存储,即由于某种原因使微机终端有段时间未能存取数据时,事后微机终端可通过调取所需的数据再补充进行数据存储。

4. 数据传输

自动气象站的数据传输功能是将各种观测数据按规定的格式编制成数据文件、报文,通过采集器通信接口将观测数据传送给连接的终端设备,也可经连接的各种通信传输设备传送给指定的用户。

5. 数据质量控制

数据质量控制功能是为保证观测数据质量,采集器所要完成的观测数据差错检测和标示工作,一般包括采样值的质量控制和观测值的质量控制。通常是检查数据的合理性和一致性,再根据检查的结果对被检查的数据按规定的条件做出取舍和标示处理。

6. 运行监控

运行监控功能是用户可通过输入规定的命令调看自动气象站一些关键节点的状态数据(如传感器状态、采集器测量通道、传输接口、供电电压、机箱内温度和系统时钟等),以帮助判断设备的运行情况和出现故障的可能部位。

三、自动气象站的分类

人们可以按不同的方式对自动气象站进行分类。例如按用途分为气候站网用自动气象站、天气站网用自动气象站、中尺度自动气象站等;按设备规模分为单要素自动气象站、四要素自动气象站、多要素自动气象站等;按采集器工作条件分为室内型自动遥测气象站、室外型自动气象站;按使用情况分为有人值守自动气象站和无人值守自动气象站等。但这些分类方法往往定义概念不够确切,或者划分界面不很清晰,或者常有重叠,所以仅是在使用时作为对设备的一种区分,并不是对自动气象站的一种科学分类。通常最简单的一种分类方法是世界气象组织《气象仪器和观测方法指南》(第六版)中提出的自动气象站分类方法即:"简单地分成提供实时资料的自动气象站和记录资料供非实时或脱机分析的自动气象站两类。"这也就是通常所讲的实时自动气象站和非实时自动气象站两种类型的自动气象站。但是有的自动气象站也会同时具有这两种功能。

实时自动气象站能实时向用户提供气象观测资料,如目前各气象站用于编发天气报的自动气象站和进行加密观测的中尺度自动气象站等。

非实时自动气象站只要求将观测资料记录存储起来,到一定时候再通过人工干预的方式现场下载或远程传送已记录存储的观测资料,一些气候自动观测站常采用这种类型的自动气象站。

第三节 自动气象站的组成结构

自动气象站是一个自动化测量系统,由硬件(设备)和软件(测量运作程序)两部分组成。

自动气象站的硬件包括传感器、采集器(中央处理机)和外部设备。

自动气象站的软件包括采集软件和业务软件。前者在采集器内运行,后者则在配接的用户微机终端上运行。

第四节 自动气象站网

地面气象观测使用自动气象站后,通常是由一个中心站通过通信线路连接若干个自动气象站组成一个自动气象站网。

中心站通常配置数据处理机、服务器和通信线路等硬件系统,以及网络控制系统和网络通信系统等软件系统。中心站完成网内自动气象站观测数据资料的接收、处理、质量控制、存储、检索查询、显示和分发传送等。

自动气象站可通过连接的微机终端实现组网,也可由采集器配调制解调器直接组网。

自动气象站通过连接的微机终端实现组网通常是使用有线通信线路。这时一般要求微机通信接口或配接的调制解调器支持 TCP/IP 通信协议来实现组网。早期也有少量使用 PSTN 电话拨号通信方式组网。

自动气象站通过采集器配调制解调器直接组网通常使用无线通信方式。目前通过采集器直接组网使用较多的有 GPRS/CDMA、SMS、GSM、PSTN 等通信方式。

第二章

自动气象站的硬件组成结构

　　根据世界气象组织《气象仪器和观测方法指南》(第六版)中对硬件组成的描述,一个典型的自动气象站一般包括传感器、采集器(也有称中央处理机)和外部设备三个部分。自动气象站的一种最简单的组成结构如图 2-1 所示。

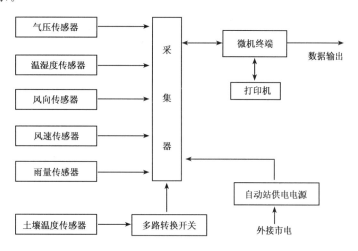

图 2-1　自动气象站组成结构方块图

　　通常要求自动气象站的组成结构具有一定的灵活性,以便于能根据需求的变化进行扩充和变型,形成系列产品。这对降低生产厂家的生产成本和用户的使用维护成本都有利。基于模块化设计的自动气象站组成结构就能较好地适应这种要求。

　　为了使自动气象站有一定的扩充灵活性,往往在设计自动气象站时预设一定的可选传感器接口,对设备空间、供电电源容量、数据处理能力、存储器容量等留有相应的余量,并提供较灵活的软件环境便于修改系统配置和参数。

第一节　传感器

　　传感器是能感受规定的被测量并按照一定的规律转换成可用输出信号的器件和装置。自动气象站用的传感器感受的被测量就是气压、温度、湿度等气象要素量,转换成的输出信号包括电压、电流、频率等模拟电信号或数字信号。要求传感器对气象要素量的感应和转换是唯一确定的。

　　传感器可分为模拟传感器、数字传感器和智能传感器三种类型。

① 模拟传感器:是利用感应元件对被测气象要素的电阻、电容等电特性,将感应的被测气象要素值转换成电压或电流等模拟电信号输出的传感器。

② 数字传感器:是将感应的被测气象要素值转换成脉冲和频率等串行计数信号或并行数字电码信号输出的传感器。

③ 智能传感器:是一种带有微处理器的传感器,具有一定的采集和处理功能,能直接输出被测要素采样值或观测值。

使用一个传感器一般应了解它的产品型号、传感器类型、测量特性、测量范围、输出信号、测量误差、使用环境条件等特征和参数。

传感器按《地面气象观测规范》的要求安装在地面观测场的固定位置上,用屏蔽电缆连接到采集器上。屏蔽电缆走线应尽量缩短其长度。

第二节 采集器

采集器也称中央处理机(系统)。采集器从传感器采集数据,然后由内部的微处理器按规定的算法进行运算处理和质量控制,生成各气象要素观测值,再以规定的数据格式将这些观测值存储在存储器内,并能按规定响应传输要求。

采集器要完成数据采集、处理、存储、传输和系统运行管理功能。因此采集器一般由传感器接口电路、微处理器、存储器和通信接口等主要模块来组成。

由于采集器的技术发展使自动气象站经历了不同的发展阶段。

早期的采集器是作为一种专用的测量设备来进行设计的,这样的设计技术构成的自动气象站的测量功能都是在设计时确定下来后就被固定了,缺乏灵活性,通用性差,难于扩充升级。

随着微处理器技术的发展出现了集中控制式采集器,自动气象站也发展成采用集中控制式采集器的组成结构。这种组成结构的自动气象站由一个采集器连接若干被测气象要素传感器构成,采集器集中完成自动气象站要求的所有传感器数据采集、处理、存储和传输功能。这种结构的采集器通常由主机板、接口板、存储板、电源板等主要部件经内部总线连接组成。由于可通过在内部总线插槽插入需要的功能电路板来按需求增减设备功能,故这种组成结构的自动气象站的扩充升级比较方便。但由于受总线插槽数限制,以及该结构的采集软件较复杂,改动有一定的难度,这都对自动气象站的扩充升级带来制约。

近来智能传感器的广泛使用,以及硬件结构方面的外部总线和采集软件的嵌入式软件的运用,在自动气象站的组成结构上,分布式系统结构成了目前的一种发展主流。这种组成结构是由一个主采集器和若干个分采集器、智能传感器通过外部总线连接组成的系统来构成一台自动气象站。主采集器承担数据收集、处理、存储、传输和系统运行管理等系统中心处理机功能,一般也直接连接一些主要气象要素传感器,起一个分采集器的作用;分采集器通常只具备较简单的数据采集和处理功能,有时也有少量数据存储能力,主要是连接一定的传感器在主采集器的管理下实现数据的采集;智能传感器是一种带有微处理器的传感器,可在主采集器管理下通过通信线路或外部总线向主采集器传送被测气象要素测量值。

此外集中式体系结构的自动气象站通过自身通信口(如 RS232 口)连接某些独立测量系统(如能见度仪、云高仪),也可组成一个类似于分布式体系结构的自动气象站。这种体系结构实质上仍属于集中式体系结构的自动气象站。因为主采集器对所连接的独立测量系统没有任何主从管理功能,只起一个数据链接的作用。

采集器的采集处理功能对多数气象要素来讲通常是一些正常的定时数据采集、平均、线性化处理和补偿订正等。但是对风要素的采样处理就较为复杂些。这是由于风要素是个矢量,包括了风速和风向两个量,因此在做风要素平均处理时,就有矢量平均,即先将风矢量分解成 X、Y 两个坐标的量分别平均后再合成;以及分别对风速和风向两个独立要素量做平均等多种不同的处理方法。由于自动气象站使用的是分别测量风向和风速的传感器,故目前气象业务使用的是风速、风向分别单独做平均处理的方法。采用这种方法要注意的是 0～360°风向不连续,在做平均运算时要使用过零处理的算法。当采用超声测风传感器时,由于测得的是 x、y 坐标的风分量,故一般采用分量平均后矢量合成的方法。另外,为了更好地监测到持续时间极短而风速很大的瞬时阵风,已要求在风要素的处理上提高采样速率,选用小的平均区间,使用步长更短的滑动平均方法。世界气象组织(WMO)仪器和观测方法委员会(CIMO)编写出版的《气象仪器和观测方法指南》(第六版)建议的风平均采样间隔和滑动平均步长已从原来的 1 s 提高到 0.25 s,这将能观测到持续时间约 3 s 的阵风。这对新一代的自动气象站将是一个明显的挑战。

采集器的存储容量要求也因为要能获取气象要素的连续变化(以取代原来的自记仪器),而从原来只要求记录存储正点观测数据提高到能存储每分钟观测数据,这使数据存储容量扩大了几十倍。但相对于现在存储芯片技术已有飞跃发展的情况来说,这样的要求已不是个难点。

第三节　外部设备

自动气象站的外部设备是指除传感器和采集器以外自动气象站所配属的设备,通常主要包括供电电源、业务终端、通信传输设备等,也把附属的实时时钟和监控检测设备归为外部设备。每个自动气象站无需配备全部的外部设备,而是根据承担任务的需要配备所需的外部设备。

一、供电电源

自动气象站的供电电源应具有高的稳定性、安全性和好的抗干扰能力,一般使用 12 V 免维护电池作为直流电源给自动气象站供电。外部供电电源(市电、油机发电、太阳能发电、风能发电等)则通过充电控制器对 12 V 电池浮充电,这时电池作为外部供电电源的后备电源,在外部电源故障时继续为自动气象站供电。配备的 12 V 电池容量取决于自动气象站的耗电量和要求的连续供电时间,一般在 12～48 Ah。

二、实时时钟

自动气象站必须有一个 24 小时连续运行的实时时钟为自动气象站系统提供统一的时钟标准。因为若时钟不统一有可能造成系统运行失控和数据丢失。对于大规模的自动气象站组网,保证资料采集时间的一致性,时钟统一系统已成为质量控制的关键环节。

为保证时钟的准确性,可定期调整时钟,或配备 GPS 信号接收模块自动对实时时钟校时(使自动站实时时钟信号与 GPS 时钟信号同步)。

三、监控检测设备

自动气象站的监控检测设备包括内置检测设备和外接监控设备。这些设备对即时掌握和控制自动气象站设备运行过程中的性能,提高自动气象站观测质量是有效的和不可缺少的。早期的自动气象站在这方面比较欠缺,现代的自动气象站中监控检测设备已是一个很重要的组成部分。

内置检测设备就是能连续监控自动气象站运行状态的自动监测电路设备,常见的有电源故障监测器、看门狗计时器、能监控自动气象站一些重要部位运行状态(如供电电压、输入通道、箱内温度等)的检测电路等。通过业务终端,用户可以调用内置检测设备检测能反映出自动气象站运行状况的状态信息,对自动气象站进行运行监控和维护。

有些自动气象站生产厂家为自动气象站设计了一种外接的带显示屏的数据监测记录器供用户选

购。这种监测记录器直接可插在自动气象站设置的接口上,用来下载观测数据和显示检测的状态信息,供用户了解自动气象站的运行状况和维护时判断故障原因和部位。

四、业务终端设备

自动气象站一般只完成有限的常规地面气象观测任务,获得自动观测数据。但在一个常规地面气象观测站上,还有一些需人工观测的项目,需将这些人工观测的数据和自动观测的数据一起进行整编处理,编制成各种气象报告和报表资料。这些后续任务现在通常是配备一台微机和相应的地面气象业务软件构成一台地面气象观测业务终端来实现。

该业务终端可输入人工观测数据,接收自动气象站自动观测数据,再将这些数据按规定的格式编制成统一的数据文件和报文进行存储和发送。还可按设计的算法对观测数据进行质量控制,按规定的要求编制(打印)所需的各种气象报表。

业务终端的硬件设备比较简单,往往就是一台运行稳定可靠、配置适当的通用微机系统(包括主机、显示器和键盘)。关键在于开发一个符合用户要求的地面气象观测业务软件系统。该软件系统必须是一个成熟的软件产品,这样才能保证软件运行的可靠性,从而保证地面气象观测业务的可靠运行。业务软件投入业务运行后就不能随意地改动,只能经过严格审批,由指定的部门进行统一的修改升级形成新一版的业务软件。

五、通信传输设备

自动气象站一般都提供 RS-485 和 RS-232 接口支持外接通信传输设备;现代通信传输向局域网发展后,自动气象站也开始配置支持 TCP/IP 协议的 RJ-45 接口,使自动气象站能直接接入局域网进行观测资料的传送和交换。

与自动气象站通信传输接口连接的外接通信传输设备通常是调制解调器和通信电路。有线通信传输是使用不同制式的调制解调器或者直接的网络接口卡接入有线通信电路中进行数据传输;无线通信传输则使用无线调制解调器或无线无线网卡接入由各种无线通信设备(短波单边带通信设备、甚高频通信设备、卫星通信设备)提供的无线通信电路进行传输。

第三章

自动气象站的软件结构功能

支撑自动气象站运行的软件系统通常由采集软件和业务软件组成。

采集软件是在采集器内运行,用于完成气象观测数据的采集、质量控制、数据处理、数据存储、运行状态检测和观测数据传送的软件。

业务软件是在业务终端或自动气象站网中心站运行的软件,用于实现接收和显示采集器的观测数据,输入人工观测数据,进行数据资料质量控制处理,编发观测数据文件和地面气象观测报告,整理、编制地面气象报表,传送和存储观测资料和系统运行状态监控等。

第一节　采集软件

采集器要以设定的时序和时间间隔对多个传感器测量通道进行数据采集,并对采集到的多个气象要素信息按规定算法进行加工处理,形成多个气象要素观测数据,并执行外部发送来的命令,进行数据交换。要完成这样的观测过程,通常采集软件将由一个实时多任务(多用户)操作系统和能完成具体处理任务的应用软件组成。实时多任务操作系统按实时时钟的节拍调度和管理任务的运行;应用软件则在实时多任务操作系统的调度和管理下执行确定的任务。通过采集软件的这种运行过程,实现采集器对各个气象要素的数据采集、处理、存储、传输等功能,完成地面气象观测业务。

早期的或任务简单的自动气象站也有不配装操作系统的,而是通过一个控制循环程序来运行应用软件实现采集器的功能。

为了使自动气象站具有升级扩充能力,采集软件应能提供一个比较灵活的软件环境,即对一些系统配置设定的参数不在软件程序中固定成不可修改,而是设置成可按需要进行修改设定;另外在内存设置、数字代码设定等方面也事先考虑到未来扩充的需要,留有一定的余量作为扩充的空间。

对采集软件而言,需要关注的关键是要采用能满足用户观测需要的采样算法和数据质量控制方法。

采集软件通常由自动气象站设备生产厂家编制,安装在自动气象站内供用户运行。日常维护由生产厂家进行,或用户在生产厂家指导下进行。

第二节　业务软件

业务软件是自动气象站完成地面气象观测任务的、在微机硬件和操作系统支持下运行的一个应用软件。

业务软件通常完成以下功能：

（1）业务运行参数设置——将软件运行所要求的各种台站参数、报表编制数据、操作管理信息等事先存入相应的数据库文件作为软件完成后面功能的基础。

（2）数据获取——从采集器获取各种观测数据文件，获取数据可以是定时或任意时刻，获取方法可以命令调取也可以按指令被动接收。

为了能兼容不同自动气象站生产厂家的采集软件，要求统一命令和数据格式。否则就需要在业务软件上加一块能适应某个自动气象站生产厂家采集软件命令和数据格式的数据传送模块来完成数据采集功能。

（3）数据显示——自动显示自动气象站的和人工输入的实时观测数据、报警数据、查询数据和调入的采集器数据。

（4）编发气象报告——按规定的时次、格式编发各种类型的地面气象报告。

（5）资料处理——完成数据质量控制和统计值的运算。

（6）编制报表——按业务规定的要求编制和打印各类地面气象观测报表。

业务软件通常是由用户根据观测业务规定统一组织编制，统一安装在业务终端内运行的。

第三节　　数据质量控制

数据质量控制已成为现代自动气象站用于常规地面气象观测业务后的一项十分重要的数据处理功能，对提高自动气象站观测数据质量作用重大。为此，世界气象组织（WMO）基本系统委员会（CBS）专门协商制定了自动气象站数据质量控制指南。

数据质量控制就是检查和消除观测数据中的错误数据。通常有实时质量控制、准实时质量控制和非实时数据质量控制。质量控制的对象包括原始采集数据和经过转换处理得到的气象参量观测数据。

质量控制的类型分为基本质量控制和广延质量控制两种，前一种类型的质量控制通常是在采集器和业务终端内对从原始传感器输出到转换、处理成气象参量过程的各个阶段执行质量控制。后一种类型的质量控制是在外接微机终端或中心站对观测数据做数据完整性、数据正确性和数据一致性检查的质量控制。

实施质量控制的方法有：合理性（粗大误差）检查；时间一致性检查；内部一致性检查。

对质量控制检查出的错误数据在进行舍弃和标记处理后再进行下一步的数据处理。

第四节　　系统运行监控

采集软件的系统运行监控功能是由业务终端调用设定的自动气象站内部检测部位的运行状况信息，对自动气象站进行运行监控和维护。

实行运行监控首先要明确需要监控的状态信息内容，然后再规定状态信息格式和调用命令格式。

通常运行监控的状态信息有：实时日期、时间；测站参数；传感器状态；测量通道状态；供电电源；机箱内温度；数据质量等。

规定状态信息格式和调用命令格式涉及采集软件和业务软件的接轨问题。为了能兼容不同自动气象站生产厂家的采集软件，要求制定统一的状态信息格式和调用命令。否则用户就需要与使用的自动气象站设备生产厂家协商解决业务软件和采集软件监控命令和状态信息格式的接轨方式。

第二编

自动气象站的使用和维护

第四章

传 感 器 的 使 用 和 维 护

传感器是自动气象站的重要组成部分。目前在自动气象站上使用的各种传感器有不同生产厂家生产的使用不同测量原理的多种型号的传感器。本章介绍的仅是在本书中所讲到的自动气象站采用的各种型号的传感器。

第一节　HMP45D 型温湿度传感器的使用和维护

芬兰 Vaisala 公司生产的 HMP45D 温湿度传感器是目前我国气象部门地面气象观测网内自动气象站上统一使用的测量气温和相对湿度的传感器。该传感器采用铂电组感应元件(Pt100)测气温,是无源的电阻输出;采用电容式薄膜聚合物感应元件(HUMICAP® 180)直接测相对湿度,是有源的 0～1 V 电压输出。温度和湿度感应元件装在传感器头部带有滤膜的保护罩内。

一、基本原理

1. 铂电阻传感器测温基本原理

某种金属材料制成的电阻其阻值正比于温度的变化时,就可利用这种电阻—温度相关特性来测量温度。但是要成为一种实用的测温传感器,则该金属电阻应满足以下的条件:

(1) 在温度测量范围内其物理和化学性质保持不变;

(2) 在温度测量范围内其电阻随温度正比变化的关系稳定而且连续;

(3) 其阻值不受除温度外的其他外界环境条件的影响而改变;

(4) 其特性能保持较长时间(2 年或 2 年以上)的稳定;

(5) 其电阻值和温度系数应大到能在测量电路中实际使用。

用铂金属制作的电阻能很好地满足上述要求,故常被用来做成测温传感器。

HMP45D 的铂电阻温度传感器是一个用光刻工艺制作的微形铂电阻。利用铂电阻的阻值正比于温度变化的原理,通过测量铂电阻的电阻值而测得温度值。

HMP45D 的铂电阻温度传感器在温度 0℃ 时的电阻值(R_0)等于 100Ω,其电阻正比于温度的变化为:

$$R_t = R_0(1 + At + Bt^2)$$

其中 R_t 为温度 t 时的电阻值;R_0 为温度 0℃ 时的电阻值,等于 100Ω;A、B 为通过对传感器的校准可得出的系数。

2. 电容式薄膜聚合物湿度传感器

电容式薄膜聚合物湿度传感器是利用薄膜聚合物材料吸湿后介电特性发生变化的原理来测量相对湿度的。

HMP45D的湿度传感器是以薄膜聚合物为介质,用真空表面喷射镀膜工艺在其上制作能透过水分子的表面膜电极并做成一个微形薄膜电容器。该电容器的电容量随薄膜聚合物介质吸附水分子的多少(取决于环境湿度的大小)而变化,再用测量电路将电容量的变化转换成输出电压(或电流)的变化,这就形成传感器输出电压(或电流)与外界相对湿度的对应关系。这样就可通过测量输出电压(或电流)测得相对湿度。

由于这种传感器要通过薄膜聚合物介质吸附和释放水分子达到与外界环境相对湿度平衡后测量被测的环境相对湿度,因此测量时产生一个滞后的时间。一般情况下这种滞后可不影响正常的测量。但在传感器长期处于高温高湿环境条件下,就会出现当环境湿度下降后,传感器测量的相对湿度很长时间降不下来而使测量失效,往往要经很长时间后传感器才能恢复正常测量。这是该传感器的固有的致命缺陷,使用时应引起注意。为此,在使用中也要注意防止液态水直接接触传感器的湿敏电容感应元件。

二、连接

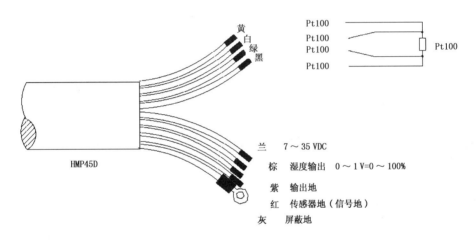

图 4-1 传感器电缆接线

传感器电缆线如图4-1所示。信号地用于差分测量时的信号输出。使用信号地,电缆延伸到超过100 m也不会影响测量准确度。当输出不是用信号地测量时,输出地和信号地接在同一点上。

三、校准与维修

传感器一般一年做一次校准和维修。

HMP45D传感器由一个探头和一个带电缆的柄组成。所有校准电子电路都在探头内,并能不断开电缆线而将探头从柄上分开(见图4-2)。所有HMP45D传感器的柄都能互换。如果你希望立即继续测量,可以用一个校准过的探头替换分开的探头。用这种办法,在校准和维修探头时测量中断时间可小于1分钟。

校准时,一般从HMP45D输出电缆上读取输出。

可使用"饱和盐溶液高准确度两点校准方法"进行湿度校准。校准时传感器探头全部置入校准器至少4小时,使它们有一个温度平衡时间。

校准时,首先将探头置于低湿饱和盐溶液环境中,用一个2.5 mm平口螺丝刀调节标着"D"(干,<50%RH)的微调电容分压器校准干端;然后再将探头置于高湿饱和盐溶液环境中,调节标着"W"(湿,>50%RH)的微调电容分压器校准湿端。分压器设置在保护插头上方(见图4-2)。注意:如果用氮气(N₂)校零点,0.008 V的最小输出信号相当于0.8%RH的相对湿度。

表 4-1　饱和盐校准表

温度	（℃）	15	20	25	30	35
LiCl	（％RH）	＊）	11.3	11.3	11.3	11.3
NaCl	（％RH）	75.6	75.5	75.3	75.1	74.9
K$_2$SO$_4$	（％RH）	97.9	97.6	97.3	97.0	96.7

＊）不使用；在低于＋18℃温度内存储 LiCl 溶液，它的湿度平衡会永久性改变。

调整 D（干）和 W（湿）时会相互影响，要再次校准低端湿度读数。如果需要，在低湿和高湿点间反复调整直到读数正确。

可以用更换 HUMICAP® 180 湿度感应元件来维修湿度传感器。其方法是：拧开滤帽，取出损坏的 HUMICAP® 180 湿度感应元件，并在原位置安上一个新 HUMICAP® 180 湿度感应元件。更换时要小心轻放湿度感应元件。换上新 HUMICAP® 180 湿度感应元件后，再用两点调节程序调整传感器。注意，如果更换后的传感器不做调整，准确度仅会好于±7％RH。

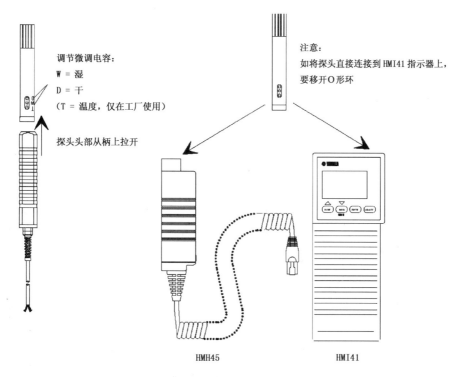

图 4-2　分开传感器探头和调节微调电容示意图

四、技术数据

1.湿度

测量范围　　　　　　　　　　　　　　　0.8％RH～100％RH

输出标度　　　　　　　　　　　　　　　0～100％RH 等于 0～1VDC

＋20℃时准确度（包括非线性和滞后误差）：

　　对照工厂的标准　　　　　　　　　　±1％RH

　　对照外场校准的标准　　　　　　　　±2％RH（0～90％RH）

　　　　　　　　　　　　　　　　　　±3％RH（90％RH～100％RH）

典型长期稳定性　　　　　　　　　　　　优于±1％RH/年

温度依赖性　　　　　　　　　　　　　　±0.05％RH/℃

+20℃时响应时间(90%)   带薄膜滤器 15 s
湿度感应元件   HUMICAP® 180

2.温度

测量范围   −40～+60℃
输出标定   4 线连接电阻
温度感应元件   Pt 100 IEC 751 1/3 B 级

3.整体要求

工作温度范围   −40～+60℃
存储温度范围   −40～+80℃
供电电压   7～35 VDC
稳定时间   500 ms
功耗   <4 mA
输出负载   >10kΩ(对地)
重量   350 g(包括包装)
电缆长度   3.5 m
罩的材料   ABS 塑料
罩的类别(电子)   IP 65(NEMA 4)
感应元件保护(标准)   薄膜滤器,零件 No.2787HM

尺寸 mm(英寸*):

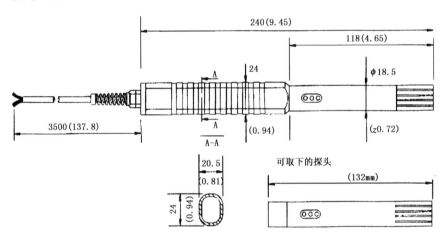

图 4-3 HMP45D 传感器外形尺寸

4.电磁兼容性

(1)发射

辐射干扰,测试设置按 EN55022

(2)抗干扰

测试:	测试设置按:	性能:
辐射干扰	IEC 1000 −4−3	HMP45A 1 级(3V/m)
		HMP45D 3 级(10V/m)
静电放电	IEC 801−4	4 级(HMP45A 和 D)

---

*   1英寸=2.54厘米。

第二节　PTB220 型气压表的使用和维护(PTB201A、PTB100B)

PTB220 型气压表是芬兰 Vaisala 公司生产的智能型全补偿式数字气压传感器,具有较宽的工作温度和气压测量范围。感应元件为硅电容压力传感器 BAROCAP®。BAROCAP® 具有很好的滞后性、重复性、温度特性和长期稳定性。

一、工作原理

PTB220 的工作原理是基于一个先进的 RC 振荡电路,电容压力传感器和温度传感器作连续测量,微处理器进行压力线性补偿和温度补偿获得精确的气压值。在全量程范围内有 7 个温度点,每个温度点有 6 个全量程压力调整点。所有调整参数均存储在 EEPROPN 内,用户无法改变出厂设置。

二、技术参数

测量范围	500～1100 hPa
分辨率	0.1 hPa
准确度	±0.25 hPa
响应时间	
B 级	1 s
快测量	200 ms
工作温度	−40～+60℃
存储温度	−60～+60℃
湿度	不凝结
供电电压	10～30 VDC,反接保护
电流	<30 mA
	<10 mA(休眠模式)
	<0.1 mA(停测时)
输出	RS232C

三、安装

PTB220 气压传感器安装在采集器机箱内,通过静压压力连通管与外界大气相通。压力部件必须防备降雨时雨水进入压力连通管,从而在压力测量时引起误差。

电器连接:PTB220 气压表电器连接使用 9 芯母 subD 插座。实现 RS232C/TTL 电平串行/脉冲输出、RS232C/485/422 串口输出和 RS232C /模拟量输出等三种方式的电器连接。该连接针脚包括 RS232C 通信接口各信号线的连接针脚和仪器供电电源的连接针脚。其中 TX 是 RS232C 输出(发送)信号线(±10 V);TXD 是以 TTL 电平输出(+5 V)的输出(发送)信号线,反转 TXD 则是以脉冲相位比较输出的输出(发送)信号线;RX 是 RS232C 输入(接收)信号线(±10 V);RXD 是以 TTL 电平输入(+5 V)的输入(接收)信号线,反转 RXD 则是以脉冲相位比较输入的输入(接收)信号线。

用气压表的"带二极管 TX"端口 4 能并联多个 PTB220 系列气压表到一个 RS 232C 接口上。

如果电源和串行接口间需要公共地,则针脚 7 可用做公共地。

图 4-4 是从前面看去时 9 芯连接插座的针脚分配。

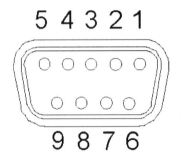

图 4-4　PTB220 气压传感器 9 芯母插头座

(1)使用 RS232C/TTL 电平串行/脉冲输出接口的气压计连接插座的针脚分配：

针　脚	信　号
1	带二极管 TX
2	TX/TXD/反转 TXD
3	RX/RXD/反转 RXD
4	外部电源开/关控制
5	RS 232C 地
6	脉冲输出(TTL 电平)
7	供电电压、TTL 电平串口和脉冲输出地
8	触发脉冲
9	电源电压(10～30VDC)

(2)使用 RS 232C/485/422 串口的气压计 9 芯连接插座的针脚分配：

针　脚	信　号
1	带二极管 TX
2	TX/TXD/TXD 反转
3	RX/RXD/RXD 反转
4	外部电源开/关控制
5	RS 232C 地
6	RS 485/422 LO
7	供电电压和 TTL 电平串口地
8	RS 485/422 HI
9	电源电压(10～30VDC)

(3)使用 RS 232C /模拟量输出的气压计 9 芯连接插座的针脚分配：

针　脚	信　号
1	带二极管 TX
2	TX/TXD/TXD 反转
3	RX/RXD/RXD 反转
4	外部电源开/关控制
5	RS 232C 地
6	电压输出(0～5VDC) / 电流输出(4～20mA)
7	供电电压地
8	电压输出地 / 电流输出地
9	电源电压(10～30VDC)

接地:电源地接电器连接插头 7 脚;电器连接插头 5 脚为 RS232 接口提供独立的地;TTL 电平输出和脉冲输出使用电器连接插头 7 脚地。

气压表机壳通过信号电缆接地的屏蔽网和气压表安装垫圈接地。

压力连通:气压表配备一个由内径 1/8 英寸管子构成的倒钩式压力配件,机壳上的压力连接器为一个公制 M5 内螺纹或非公制 10−32 外螺纹压力连接嘴。

PTB220 气压表设计成仅测量清洁的、非凝结的、不导电的和无腐蚀性的气体的压力。

四、维护

PTB220 气压表无需定期和预防性维护措施。为保证测量准确度,建议每年与便携式气压标准仪器做一次对比检查。

五、外形尺寸和内部结构

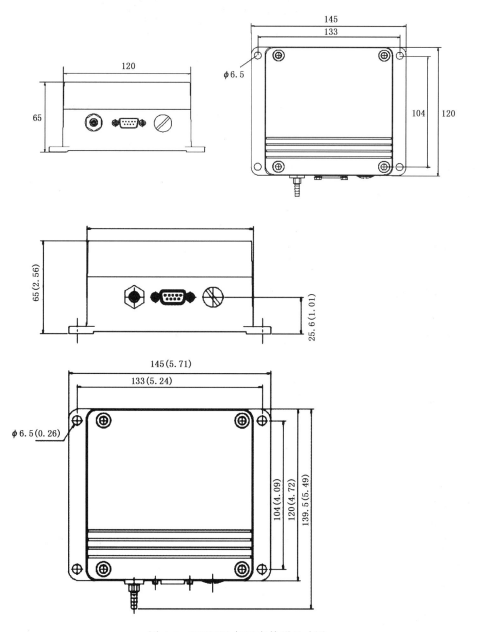

图 4-5　PTB220 气压表外形尺寸图

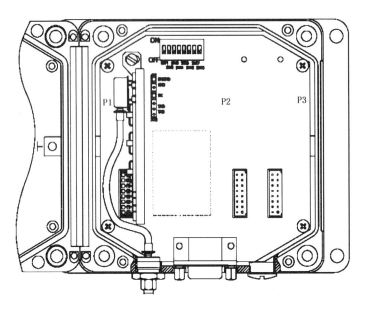

图 4-6　PTB220 气压表内部结构图（一个气压传感器）

第三节　EC9-1 型测风传感器的使用和维护

EC9-1 型测风传感器为长春气象仪器研究所生产的高动态性能测风传感器。

一、EC9-1 型风速传感器

EC9-1 型风速传感器由三个压塑成形的碳纤维增强塑料风杯、磁性圆盘和霍尔开关元件组成。

风速传感器的感应元件为三杯式风杯组件，信号变换电路为霍尔开关电路。在水平风力的驱动下，风杯组旋转，通过主轴带动磁棒盘旋转，其上的 36 只磁体形成 18 个旋转的小磁场。风杯组每旋转一圈，在霍尔开关电路中感应出 18 个脉冲信号，其频率随风速的增大而线性增加。测出频率就可以计算出风速，一般为线性关系。

主要技术指标：

测量范围	0～75 m/s
分辨率	0.1 m/s
起动风速	0.4 m/s
测量误差	$\pm(0.3+0.03V)$ m/s
距离常数	2.7 m
输出	CMOS 电平 脉冲（频率）信号
工作电压	DC 5V（DC 12V 可选）
抗风强度	80 m/s
工作环境	$-40～55℃,100\%RH$

风速传感器安装在风向风速传感器安装横臂（连接杆）上，安装时横臂垂直于当地最多风向，要保证传感器轴与水平面垂直。

日常维护主要是保持风杯不变形，轴承转动灵活，当轴承转动不灵活和有阻滞时需清洗轴承。

二、EC9-1 型风向传感器

EC9-1 型风向传感器由风标板、七位格雷码盘、红外发光二极管和光敏三极管构成的光电变换电路组成。

风向传感器的感应元件为风标板组件,角度变换电路为格雷码盘加光电电路。当风标板组件随风向旋转时,带动主轴及码盘一同旋转,每转动一个角度,位于光电器件支架上下两边的七位光电变换电路就输出一组格雷码,经整形电路整形并反相后输出。每组格雷码有七位,代表一个风向。由于码盘外圈是 128 等分,故风向分辨率为 360°/128＝2.8125°,也就是说每转过 2.8125°输出一组新的格雷码。

主要技术指标:

测量范围	0～360°
分辨率	2.8°
起动风速	0.4 m/s
测量误差	±3°
距离常数	1.0 m
阻尼比	0.45
输出	CMOS 电平 七位格雷码
工作电压	DC 5V(DC 12V 可选)
抗风强度	80 m/s
工作环境	−40～55℃,100％RH

风向传感器安装在风向风速传感器安装横臂(连接杆)上,安装时横臂垂直于当地最多风向,要保证传感器轴与水平面垂直,指北标记要对向正北。

日常维护主要是保持风标板不变形、轴承转动灵活,当轴承转动不灵活和有阻滞时需清洗轴承。

第四节 ZQZ-TFD 型测风传感器的使用和维护

ZQZ-TFD 型测风传感器由江苏省无线电科学研究所有限公司研制生产,产品特点是风速传感器输出信号为数字量,风向传感器输出为模拟量。

一、ZQZ-TFD 型风速传感器

ZQZ-TFD 型风速传感器的感应元件为三杯式回转架,信号变换电路为霍尔开关电路。

在水平风力作用下,风杯组旋转,通过主轴带动磁棒盘旋转,其上的 36 只磁体形成 18 个小磁场,风杯组每旋转一圈,在霍尔开关电路中感应出 18 个脉冲信号,其频率随风速的增大而线性增加。

其校准方程为:

$$V = 0.1F$$

式中 V 为风速(单位:m/s);F 为脉冲频率(单位:Hz)。

主要技术参数:

测量范围	0～75 m/s
分辨率	0.1 m/s
起动风速	≤0.5 m/s
准确度	±(0.3＋0.02V) m/s
输出信号	脉冲频率
距离常数	≤2.5 m
最大回转半径	107 mm
重量	0.64 kg
最大高度	267 mm

抗风强度	≥85 m/s
工作电压	DC 5 V（DC 12V 可选）
环境温度	−40～55℃
环境湿度	0～100％RH

风速传感器安装在风传感器横臂上，安装时横臂垂直于当地最多风向，要保证传感器轴与水平面垂直。

日常维护主要是保持风杯不变形、轴承转动灵活，当轴承转动不灵活或有阻滞时需清洗轴承。

二、ZQZ-TFD 型风向传感器

ZQZ-TFD 型风向传感器的感应元件为风向标组件，角度变换采用七位码盘及 D/A 转换电路。

当风向标组件随风向旋转时，带动主轴及码盘一同旋转产生数字编码信号，该信号再经 D/A 转换电路转换，最终输出连续变化的电压信号。

输出电压范围为 0～2.5V，且随风向角度的增加而线性增大，也就是 0～2.5V 输出电压线性对应于 0～360°。

主要技术参数：

测量范围	0～360°
分辨率	取决于数据采集器
起动风速	≤0.5 m/s
准确度	±5°
输出信号	DC 0～2.5 V
阻尼比	≥0.4
最大回转半径	430 mm
重量	约 1 kg
最大高度	349 mm
抗风强度	≥85 m/s
工作电压	DC 5V（DC 12V 可选）
环境温度	−40～55℃
环境湿度	0～100％RH

风向传感器安装在风传感器横臂上，安装时横臂垂直于当地最多风向，要保证传感器轴与水平面垂直，指北标记要对向正北。

日常维护主要是保持风标不变形、轴承转动灵活，当轴承转动不灵活或有阻滞时需清洗轴承。

第五节　EL15 型风传感器的使用和维护

EL15-1/1A 型风速传感器和 EL15-2D 型风向传感器是天津气象仪器厂生产的风向、风速传感器。

一、EL15-1/1A 型风速传感器

EL15-1/1A 型风速传感器是响应快、起动风速小的风杯式光电风速传感器。

1. 组成结构和工作原理

传感器由三个铝材轻质风杯、内装随风杯轴旋转的截光盘和光电转换器的壳体以及信号插座组成（见图 4-7）。

风杯带动截光盘旋转而切割光电转换器的光路产生电脉冲串。风杯转速在风速测量范围内与风

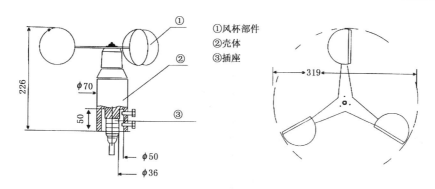

图 4-7　EL15-1/1A 型风速传感器组成

速有良好线性关系,使输出的脉冲速率与风速成正比。

风速－脉冲频率对应关系如表 4-2 所示。

表 4-2　风速－脉冲频率对应关系

风速(m/s)	0.3	0.5	1	1.5	2	5	10	15	20	25	30	35	40	50	60
脉冲频率(Hz)	≤1	4	14	25	35	96	198	300	402	504	606	708	811	1016	1221

传感器采用迷宫结构和 O 形密封环达到密封保护内部信号转换元件的效果。

传感器输入、输出端均采用瞬变抑制二极管进行过载保护。

传感器内部有加热元件,使旋转轴承在寒冷天气不冻结。一般外设一个热动开关,在气温低于 4℃时自动启动加热装置对轴承加热。

2. 技术参数:

测量范围	0.3～60 m/s
分辨率	0.05 m/s
起动风速	≤0.3 m/s
准确度	±0.3 m/s(风速≤10 m/s)
	±0.03 %(风速>10 m/s)
输出信号	0～1221 Hz 方波脉冲
	高电平>14 V,低电平<1 V
距离常数	2.0 m
抗风强度	75 m/s
工作电源	15 VDC(信号转换)
	24 VAC(加热)
工作温度	−40～60℃,100%RH
尺寸	226 mm(h)×70 mm(ϕ),风杯直径 319 mm
重量	1 kg
电器连接	五芯圆形密封插头(1 脚,信号转换工作电源;2 脚,地;3 脚,方脉冲输出;4 脚,加热电源;5 脚,加热电源)

3. 安装架设

安装风杯部件(见图 4-8):

将风杯架上的销钉对准保护罩上缺口,使风杯部件穿过轴安放在保护罩上;将圆板穿过轴放在风杯架上;手握保护罩(不能握风杯架),将盖形螺母拧紧在轴上,压紧风杯架。

风速传感器安装在风向风速传感器安装横臂(连接杆)上,要保证传感器轴与水平面垂直,拧紧固定螺钉。

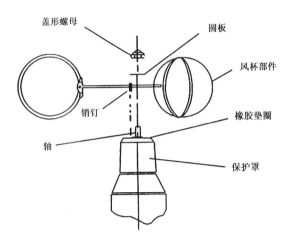

图 4-8　风杯安装示意图

电器连接(见图 4-9):将接好电缆(0.5 mm²/芯)的五芯圆形密封插头(1 脚,信号转换工作电源;2 脚,地;3 脚,方脉冲输出;4 脚,加热电源;5 脚,加热电源)穿过安装横臂拧在传感器插座上。

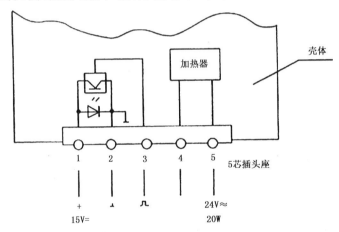

图 4-9　EL15-1/1A 型风速传感器插座接线图

4.日常维护保养

日常维护主要是保持风杯不变形,定期检查轴承转动是否灵活,当轴承转动不灵活或有阻滞时需清除转动部件与静止部件缝隙间的污垢。

因长期使用造成轴承磨损影响性能时,送生产厂检修。

二、EL15-2D 型风向传感器

EL15-2D 型风向传感器是低起动风速的光电码盘式风向传感器。

1.组成结构和工作原理

EL15-2D 型风向传感器由风向标部件、内装风向码信号发生器的壳体以及信号输出插座组成(见图 4-10)。

风向标转轴连接一个由七位格雷码盘和红外发光二极管、光敏管组成的风向信号发生器。一组红外发光二极管和光敏管对正一个格雷码盘的码道,七组红外发光二极管和光敏管对正七个格雷码盘的码道产生代表风向的七位格雷码,转换成模拟电压输出。风向角、格雷码和输出电压的对应关系如表 4-3 所示:

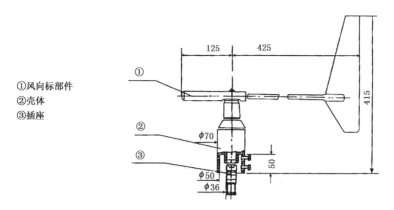

①风向标部件
②壳体
③插座

图 4-10　EL15-2D 型风向传感器组成示意图

表 4-3　风向角、格雷码和输出电压的对应关系

角度	七位格雷码							输出电压	角度	七位格雷码							输出电压
单位:°	G	F	E	D	C	B	A	单位:V	单位:°	G	F	E	D	C	B	A	单位:V
0（北）	0	0	0	0	0	0	0	0.000	90（东）	0	1	1	0	0	0	0	0.625
3	0	0	0	0	0	0	1	0.020	93	0	1	1	0	0	0	1	0.645
6	0	0	0	0	0	1	1	0.039	96	0	1	1	0	0	1	1	0.664
8	0	0	0	0	0	1	0	0.059	98	0	1	1	0	0	1	0	0.684
11	0	0	0	0	1	1	0	0.078	101	0	1	1	0	1	1	0	0.703
14	0	0	0	0	1	1	1	0.098	104	0	1	1	0	1	1	1	0.722
17	0	0	0	0	1	0	1	0.117	107	0	1	1	0	1	0	1	0.742
20	0	0	0	0	1	0	0	0.137	110	0	1	1	0	1	0	0	0.762
22	0	0	0	1	1	0	0	0.156	112	0	1	1	1	1	0	0	0.781
25	0	0	0	1	1	0	1	0.176	115	0	1	1	1	1	0	1	0.801
28	0	0	0	1	1	1	1	0.195	118	0	1	1	1	1	1	1	0.820
31	0	0	0	1	1	1	0	0.215	121	0	1	1	1	1	1	0	0.840
34	0	0	0	1	0	1	0	0.234	124	0	1	1	1	0	1	0	0.859
37	0	0	0	1	0	1	1	0.254	127	0	1	1	1	0	1	1	0.879
39	0	0	0	1	0	0	1	0.273	129	0	1	1	1	0	0	1	0.898
42	0	0	0	1	0	0	0	0.293	132	0	1	1	1	0	0	0	0.918
45	0	0	1	1	0	0	0	0.313	135	0	1	0	1	0	0	0	0.938
48	0	0	1	1	0	0	1	0.332	138	0	1	0	1	0	0	1	0.957
51	0	0	1	1	0	1	1	0.352	141	0	1	0	1	0	1	1	0.977
53	0	0	1	1	0	1	0	0.371	143	0	1	0	1	0	1	0	0.996
56	0	0	1	1	1	1	0	0.391	146	0	1	0	1	1	1	0	1.016
59	0	0	1	1	1	1	1	0.410	149	0	1	0	1	1	1	1	1.035
62	0	0	1	1	1	0	1	0.430	152	0	1	0	1	1	0	1	1.055
65	0	0	1	1	1	0	0	0.449	155	0	1	0	1	1	0	0	1.074
68	0	0	1	0	1	0	0	0.469	158	0	1	0	0	1	0	0	1.094
70	0	0	1	0	1	0	1	0.488	160	0	1	0	0	1	0	1	1.113
73	0	0	1	0	1	1	1	0.508	163	0	1	0	0	1	1	1	1.133
76	0	0	1	0	1	1	0	0.527	166	0	1	0	0	1	1	0	1.152
79	0	0	1	0	0	1	0	0.547	169	0	1	0	0	0	1	0	1.172
82	0	0	1	0	0	1	1	0.566	172	0	1	0	0	0	1	1	1.191
84	0	0	1	0	0	0	1	0.586	174	0	1	0	0	0	0	1	1.211
87	0	0	1	0	0	0	0	0.606	177	0	1	0	0	0	0	0	1.231

续表

角度 单位：°	七位格雷码 G	F	E	D	C	B	A	输出电压 单位：V	角度 单位：°	七位格雷码 G	F	E	D	C	B	A	输出电压 单位：V
180(南)	1	1	0	0	0	0	0	1.250	270(西)	1	0	1	0	0	0	0	1.875
183	1	1	0	0	0	0	1	1.270	273	1	0	1	0	0	0	1	1.895
186	1	1	0	0	0	1	1	1.289	276	1	0	1	0	0	1	1	1.914
188	1	1	0	0	0	1	0	1.309	278	1	0	1	0	0	1	0	1.934
191	1	1	0	0	1	1	0	1.328	281	1	0	1	0	1	1	0	1.953
194	1	1	0	0	1	1	1	1.348	284	1	0	1	0	1	1	1	1.973
197	1	1	0	0	1	0	1	1.367	287	1	0	1	0	1	0	1	1.992
200	1	1	0	0	1	0	0	1.387	290	1	0	1	0	1	0	0	2.012
202	1	1	0	1	1	0	0	1.406	292	1	0	1	1	1	0	0	2.031
205	1	1	0	1	1	0	1	1.426	295	1	0	1	1	1	0	1	2.051
208	1	1	0	1	1	1	1	1.445	298	1	0	1	1	1	1	1	2.070
211	1	1	0	1	1	1	0	1.465	301	1	0	1	1	1	1	0	2.090
214	1	1	0	1	0	1	0	1.484	304	1	0	1	1	0	1	0	2.109
217	1	1	0	1	0	1	1	1.504	307	1	0	1	1	0	1	1	2.129
219	1	1	0	1	0	0	1	1.523	309	1	0	1	1	0	0	1	2.148
222	1	1	0	1	0	0	0	1.543	312	1	0	1	1	0	0	0	2.168
225	1	1	1	1	0	0	0	1.563	315	1	0	0	1	0	0	0	2.188
228	1	1	1	1	0	0	1	1.582	318	1	0	0	1	0	0	1	2.207
231	1	1	1	1	0	1	1	1.602	321	1	0	0	1	0	1	1	2.227
233	1	1	1	1	0	1	0	1.621	323	1	0	0	1	0	1	0	2.246
236	1	1	1	1	1	1	0	1.640	326	1	0	0	1	1	1	0	2.266
239	1	1	1	1	1	1	1	1.660	329	1	0	0	1	1	1	1	2.285
242	1	1	1	1	1	0	1	1.680	332	1	0	0	1	1	0	1	2.305
245	1	1	1	1	1	0	0	1.699	335	1	0	0	1	1	0	0	2.324
248	1	1	1	0	1	0	0	1.719	338	1	0	0	0	1	0	0	2.344
250	1	1	1	0	1	0	1	1.738	340	1	0	0	0	1	0	1	2.363
253	1	1	1	0	1	1	1	1.758	343	1	0	0	0	1	1	1	2.383
256	1	1	1	0	1	1	0	1.777	346	1	0	0	0	1	1	0	2.402
259	1	1	1	0	0	1	0	1.797	349	1	0	0	0	0	1	0	2.422
262	1	1	1	0	0	1	1	1.816	352	1	0	0	0	0	1	1	2.441
264	1	1	1	0	0	0	1	1.836	354	1	0	0	0	0	0	1	2.461
267	1	1	1	0	0	0	0	1.855	357	1	0	0	0	0	0	0	2.481

　　传感器采用迷宫结构和 O 形密封环达到密封保护内部信号转换元件的效果。

　　传感器输入、输出端均采用瞬变抑制二极管进行过载保护。

　　传感器内部有加热元件,使旋转轴承在寒冷天气不冻结。一般外设一个热动开关,在气温低于 4℃ 时自动启动加热装置对轴承加热。

　　(2)技术参数:

测量范围	0～360°
响应灵敏度	0.3 m/s(30°偏角)
分辨率	3°
准确度	±5°
输出信号	七位格雷码 0～2.5 VDC 电压,或 4～20 mA 电流
线性	±0.2%

抗风强度	75 m/s
工作电源	10～14 VDC(信号转换)
工作温度	−40～60℃,100％RH
尺寸	415 mm(h)×70 mm(ϕ),活动直径 550 mm
重量	1.8 kg

格雷码输出电器连接(见图 4-12(b)):1 脚 ＋10～14VDC,2 脚 地,4～10 脚 格雷码 A～G 位,11 脚格雷码信号地。

电压或电流输出　4 脚 ＋12V,5 脚 电源地,6 脚 电压输出,7 脚 电流输出,8 脚 信号地。

3.安装架设

安装风向标部件(见图 4-11):

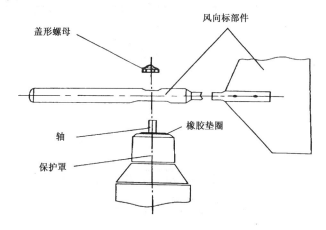

图 4-11　风向标部件安装示意图

将风向标部件上的销钉对准保护罩上缺口,使风向标部件穿过轴安放在保护罩上;

手握保护罩(不能握风向标部件),将盖形螺母拧紧在轴上,压紧风向标部件。

风速传感器安装在风向风速传感器安装横臂(连接杆)上,要保证传感器轴与水平面垂直。调整传感器壳体上的"N"指北标记对正"正北"方向,拧紧传感器固定螺钉。

电压输出电器连接(见图 4-12(a)):

将接好 5 芯电缆(0.5 mm²/芯)的圆形密封插头(4 脚,工作电源"＋"端;5 脚,工作电源"−"端;6 脚,风向电压输出;8 脚,输出信号接地;10 脚,机壳地)穿过安装横臂拧在传感器插座上。

4.日常维护保养

日常维护主要是保持风向标不变形,定期检查轴承转动是否灵活,当轴承转动不灵活和有阻滞时需清除转动部件与静止部件缝隙间的污垢。

因长期使用造成轴承磨损影响性能时,送生产厂检修。

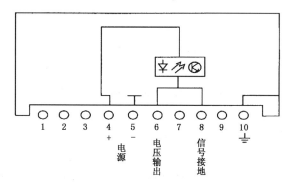

图 4-12(a)　EL15-2D 型风向传感器电压输出电器连接图

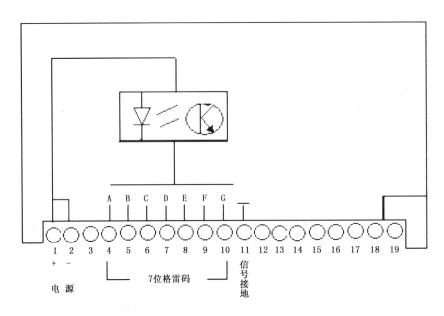

图 4-12(b)   EL15-2D 型风向传感器格雷码输出电器连接图

第六节   WAA151 型风速传感器和 WAV151 型 风向传感器的使用和维护

WAA151 型风速传感器和 WAV151 型风向传感器是芬兰 Vaisala 公司生产的测风传感器。传感器供电电源为 +12V，所有信号输出高电平为 +5V，低电平为 0V。

一、WAA151 型风速传感器

1. 组成结构和工作原理

WAA151 型风速传感器由三个轻质锥形风杯、截光盘和红外光电变换电路组成，能在风速 0.4～60 m/s 的测量范围内提供良好的线性响应。

测量风速时，风杯在风的驱动下旋转，带动截光盘切割光电变换电路的红外光束产生脉冲链。每转一圈产生 14 个脉冲。输出的脉冲速率与风速成正比。

轴内有一个额定功率 10 W 的加热元件，在热动开关控制下温度低于 4℃时启动加热元件加热，保证寒冷天气时轴承不冻结。

2. 技术指标：

测量范围	0.4～75 m/s
起动风速	<0.5 m/s
距离常数	2.0 m
输出	0～750 Hz 方波（对应于 0～75 m/s 风速）
（I_{out}<+5 mA）	高状态>U_{in}−1.5 V
（I_{out}>−5 mA）	低状态<1.5 V
准确度	±0.17 m/s（用特征输出方程 $U_f = 0.1007 \times R + 0.3278$）
	±0.5 m/s（用简化输出方程 $U_f = 0.1 \times R$）
	（U_f 为风速，R 为光电脉冲速率）
通电后稳定时间	<30 μs

电连接	MIL-C-265482 型;六芯电缆
工作电源	9.5～15.5 VDC,20 mA
加热电源	20 VDC/AC,500 mA
工作温度	－50～55℃(带轴加热器)
存储温度	－60～70℃
尺寸	240 mm(h)×90(ϕ)mm
重量	570 g
风杯扫描半径	91 mm

3.安装

WAA151 型风速传感器安装在 Vaisala 生产的风传感器安装支架 WAC151 上,风传感器安装支架南北向安装在风杆顶端,风速传感器安在支架南端。

安装操作如下(对照图 4-13):

(1)为便于安装,建议在安装风速传感器时取下风杯部件。

(2)合适的六芯电缆插头穿过横臂末端的安装法兰盘连接到传感器上。

(3)传感器仅有一个位置安放在横臂上是合适的。

面对产品标签,扭转传感器将其安装到法兰盘上。注意,塑料垫圈①要嵌在法兰盘和传感器之间。

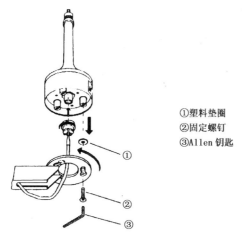

①塑料垫圈
②固定螺钉
③Allen 钥匙

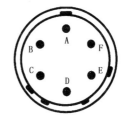

图 4-13　风传感器安装图　　　　　图 4-14　WAA151 型风速传感器的连接插头

(4)最后,用 Allen 钥匙③拧紧螺钉②。

(5)安上风杯部件,拧紧固定螺钉。

WAA151 型风速传感器的连接插头如图 4-14 所示。

连接六芯电缆插头接线如下:

A　9.5～15.5 VDC

B　公共地

C　信号频率输出

D　加热 20 VDC/AC

E　加热 20 VDC/AC

F　空脚

4.清洁工作

风杯上重的沾污,如鸟粪或冰会损害风速计的准确性。当需要时要清洁风杯。

5.特性测试操作

传感器在任何情况下保持它的准确性 1 年。如果在多半是偶然的中等强度的降雨,一般性的大气腐蚀环境条件下工作,传感器准确性可延续到 2 年。

然而,必须每年检验一次球轴承,用手旋转传感器轴。检验时卸下风杯轮。保证正常的运转,轴应平稳地旋转,应没有任何可觉察到的噪声。

6.更换损耗件

更换轴承仅在经过技术训练后来做。更换滚珠轴承可参考图 4-15,按以下程序进行。

(1)用 2 mm Allen 钥匙拧开风杯轮固定螺钉。

注意:风杯轮螺钉已做了密封处理。为保证重新安装后完全密封,不要取下固定螺钉。

(2)松开连接插头的六角螺母(用 22 mm 工具)。

注意:小心不要损坏连接插头针芯。

(3)松开传感器主体底部的 3 个平头螺钉(用 7 mm 工具)。

(4)拉它的直筒外壳卸下下部主体部件。

(5)用 7 mm 工具松开垫衬螺钉,分开加热元件出口。

(6)卸下印刷电路板,包括光耦合器。

注意:不要扭曲或损坏连接器。可断开管脚。

(7)用 2 mm Allen 钥匙松开截光盘的固定螺钉,卸下截光盘。

(8)卸下外部紧固环(用尖头扁嘴钳)。

(9)卸下垫片环。

(10)卸下轴底部的内部紧固环(用尖头扁嘴钳)。

(11)卸下下部轴承。

(12)通过上部主体向下推出轴。

(13)拉出轴后卸下顶部轴承。

重新装配传感器倒转上面的工作次序,参考图 4-15。

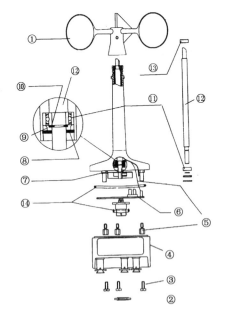

①风杯转轮部件
②连接插头的六角螺钉
③M6×16 DIN7991(3 只)
④下部主体
⑤垫片(3 只)
⑥印刷电路板(PCB)
⑦截光盘
⑧外部定位环,主体
⑨垫片环
⑩内部定位环,轴
⑪滚珠轴承
⑫轴和上部主体部件
⑬滚珠轴承
⑭O形环,2 只

图 4-15 WAA151 风速传感器装配图

(1)使用与前面的步骤相反的次序直到安装截光盘。

注意:当操作新的滚珠轴承时要小心。不要掉下或用强力压到轴上。

(2)截光盘⑦反着向上装到轴上。该盘安放成盘齿不触到电路板⑥上的光耦合器。拧紧螺钉。

注意:保证截光盘的齿不触到光耦合器。光耦合器的底与盘齿之间有 1～2 mm 间隙。

(3)附件加热元件出口⑤装到电路板上。拧紧它带的垫衬螺钉⑤。

（4）插入下部主体部件④进入安装位置。拧紧传感器底部的 3 个螺钉③。做到确信较大的 O 形环⑭安放在传感器上部和下部主体之间。建议每次打开后换一个新 O 形环。检查连接插头的 O 形环是否在它原来的位置上。

注意：当放置下部主体部件时，做到确信 O 形环正确安放在上下主体之间。建议重新装配前换一个新 O 形环。

（5）拧紧连接插头的六角螺母②。

（6）连接电缆插头到传感器主体连接插头上。

将传感器主体用 3 个螺钉固定在横臂上。

（7）将风杯部件安装到传感器主体上。拧紧固定螺钉。

注意：没有专门的工具不能移动加热电阻元件。为了避免损坏，建议更换加热元件由生产厂来完成。

二、WAV151 型风向传感器

1. 组成结构和工作原理

WAV151 型风向传感器的风向标带动一个六位格雷码盘；码盘上面装有一组（6 个）红外发光二极管，下面有一组（6 个）光电转换器，都正对码盘的 6 个轨道。风向标转动时，码盘下面的光电管接收到的电码发生变化，电码跨度为 5.6°，每次只能变化一位。

传感器内有一个额定功率 10 W 的加热元件，在热动开关控制下温度低于 4℃时启动加热元件加热，保证寒冷天气时轴承不冻结。

2. 技术指标

测量范围	0～360°
起动风速	<0.4 m/s
分辨率	5.6°
阻尼比	0.14
过冲比	0.65
延时距离	0.4 m
准确度	优于±3°
输出信号	六位并行格雷码
（I_{out}<+5 mA）	高状态>U_{in}−1.5 V
（I_{out}>−5 mA）	低状态<1.5 V
通电置位时间	<100 μs
电连接	MIL-C-265482 型；十芯电缆
工作电源	9.5～15.5 VDC,20 mA
加热电源	20 VDC/AC,500 mA
工作温度	−50～55℃（带轴加热器）
存储温度	−60～70℃
尺寸	300(h)×90(ϕ)mm
重量	660 g
风杯扫描半径	172 mm

3. 安装

WAV151 风向传感器安装在 Vaisala 生产的风传感器安装支架 WAC151 上，风传感器安装支架南北向安装在风杆顶端，风向传感器安在支架北端。

安装 WAV151 风向传感器可参见图 4-13。

（1）为便于安装，建议在安装风向传感器时取下风向标部件。

（2）合适的 10 芯电缆插头穿过横臂末端的安装法兰盘连接到传感器上。

（3）传感器仅有一个位置安放在横臂上是合适的。

面对产品标签，扭转传感器将其安装到法兰盘上。注意，塑料垫圈①要嵌在法兰盘和传感器之间。

（4）最后，用 Allen 钥匙③拧紧螺钉②。

（5）安上风向标部件，拧紧固定螺钉。

统调：当使用 Vaisala 横臂时，风向标安装后不需任何统调。安装螺钉位于传感器底部，仅一个位置能将传感器安装在法兰盘上。

检验：如果传感器是连接到采集系统并加电，保持风向标一个固定的角检查方向读数正确，并检验数据。

连接插头：

WAV151 型风向传感器连接插头见图 4-16。轴管道内的加热元件连接在 J 和 K 芯间。用 20VDC 或 VAC 给加热元件供电。

建议传感器的电缆连接插头用 SOURIAU MS3116F12-10P，如图 4-16 所示。

图中字母表示如下：

A　D+，输入电源 9.5～15.5V；

B　GND，共用地；

C　G5，信号输出；

D　G4，信号输出；

E　G3，信号输出；

F　G2，信号输出；

G　G1，信号输出；

H　G0，信号输出；

J　HTNG，20VDC 或 VAC；

K　HTNG，20VDC 或 VAC。

图 4-16　WAV151 型风向传感器连接插头

4. 清洁工作

风向标上重的沾污，如鸟粪或冰会损害风向标的准确性。当需要时要清洁风向标。

5. 特性测试操作

传感器在任何情况下保持它的准确性达 1 年。如果在多半是偶然的中等强度的降雨，一般性的大气腐蚀环境条件下工作，传感器准确性可延续到 2 年。

然而，必须每年检验一次球轴承，用手旋转传感器轴。检验时卸下风向标部件。保证正常的运转，轴应平稳地旋转，应没有任何可觉察到的噪声。

6. 更换损耗件

更换轴承仅在经过技术训练后来做。更换滚珠轴承可参考图 4-17，按以下程序进行。

（1）用 2 mm Allen 钥匙拧开风向标固定螺钉。该螺钉所在的正确位置见图 4-17。卸下风向标部件。

注意：风向标部件的固定螺钉已做了密封处理。为保证完全密封，不要取下固定螺钉。

（2）用 27 mm 工具松开连接插头的六角螺母。

注意：小心不要损坏连接插头针芯。

（3）松开传感器主体底部的 3 个平头螺钉（用 7 mm 工具）。

（4）拉它的直筒外壳卸下下部主体部件。

（5）用 7 mm 工具松开垫衬螺钉，分开加热元件出口。

（6）卸下印刷电路板。

注意：不要扭曲或损坏连接器。可断开管脚。

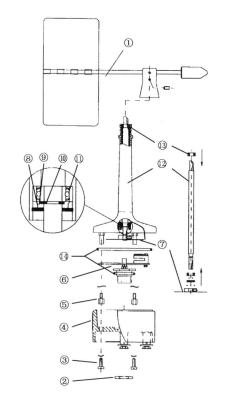

①风向标部件
②连接插头的六角螺钉
③M6×16 DIN7991（3只）
④下部主体
⑤垫片（3只）
⑥印刷电路板（PCB）
⑦电码盘
⑧外部定位环，主体
⑨垫片
⑩内部定位环，轴
⑪滚珠轴承
⑫轴和上部主体部件
⑬滚珠轴承
⑭O形环，2只

图 4-17　WAV151 风向传感器安装图

（7）用 2 mm Allen 钥匙松开电码盘的固定螺钉，卸下电码盘。

（8）卸下外部紧固环（用尖头扁嘴钳）。

（9）卸下垫片环。

（10）卸下轴底部的内部紧固环（用尖头扁嘴钳）。

（11）卸下下部轴承。

（12）通过上部主体向下推出轴。

（13）卸下顶部轴承。

重新装配传感器倒转上面的工作次序，参考图 4-17。

（1）使用前面的步骤相反的次序直到安装电码盘。

注意： 当操作新的滚珠轴程时要小心。不要掉下或用强力压到轴上。

（2）电码盘⑦反着向上装到轴上。安放该盘不要触到电路板⑥上的光耦合器。拧紧电码盘的紧固螺钉。

注意： 保证电码盘不触到光耦合器。

（3）附件加热元件出口⑤装到电路板上。拧紧它带的垫衬螺钉⑤。

（4）插入下部主体部件④进入安装位置。拧紧传感器底部的 3 个螺钉③。做到确信较大的 O 形环⑭安放在传感器上部和下部主体之间。建议每次打开后换一个新 O 形环。

注意： 当放置下部主体部件时，做到确信 O 形环正确安放在上下主体之间。建议重新装配前换一个新 O 形环。

（5）拧紧连接插头的六角螺母②。

（6）连接电缆插头到传感器主体连接插头上。

将传感器主体用 3 个螺钉固定在横臂上。

（7）将电码盘部件安装到传感器主体上。拧紧固定螺钉。

注意： 没有专门的工具不能移动加热电阻元件。为了避免损坏，建议更换加热元件由生产厂来完成。

三、WAC151 型风横臂

1. 简介

WAC151 风横臂部件用于安装 Vaisala 公司 WAA151 风速传感器和 WAV151 风向传感器（或 WAA251 加热式风速传感器和 WAA252 加热式风向传感器）。横臂由一个连接盒和一个带有用于安装在风杆顶端的夹卡的氧化铝方管组成。

不透水的连接盒包括用于连接电源和信号电缆的螺旋接口组件。连接盒内有一个控制为 151 系列传感器轴加热的恒温器开关。恒温器开关在温度低于 4℃ 时接通加热电源。252 系列传感器不用横臂的恒温器开关，它的温度控制在传感器电路内部。

连接盒有 4 个很方便的连接不同电缆的电缆插口。通常使用其中 3 个插口，2 个用于接传感器电缆，1 个用于接信号电缆。保留 4 个插口是为了对加热型传感器连接加热电源电缆。

安装风传感器的 WAC151 横臂如图 4-18 所示。

2. 安装步骤

如果设备安装在热带、海上或寒冷的温度环境中，要注意保持设备自身的特殊运行条件。电缆必须通过合适的电缆插口接到端口上以避免灰沙、尘土或水进入设备内部。

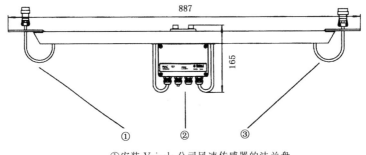

①安装 Vaisala 公司风速传感器的法兰盘
②连接盒
③安装 Vaisala 公司风向传感器的法兰盘

图 4-18　WAC151 横臂组成图

可按以下步骤安装：

(1)取下固定连接盒盖子的 4 个螺钉，取下盒盖。

(2)通过电缆插口引出电源和信号电缆。为了较好地防 RF 干扰，电缆屏蔽网应如图 4-19 所示那样弯曲过来。

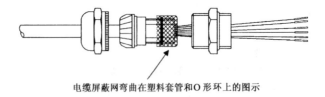

电缆屏蔽网弯曲在塑料套管和 O 形环上的图示

图 4-19　电缆与插头连接方法

(3)将导线按下面连线一节内容中提供的 151 系列传感器布线图接到连接盒内的螺钉端子组件上。最后适当拧紧输出电缆插口。

注意：盒内布线图仅用于带有自加热的 WAA151 和 WAV151 传感器。

(4)仔细地重新固定好带有 4 个螺钉的密封盖。确信垫圈已合适地密封了连接盒。

(5)按图 4-20 用安装夹卡将横臂安装在风杆顶端。在竖起风杆前按后面调整一小节的内容调节好横臂指向。

(6)参照图 4-21 将传感器安装在横臂上。

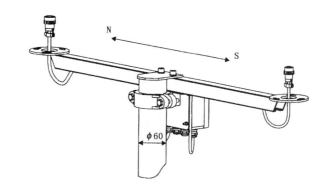

图 4-20　WAC151 安装在风杆顶端图

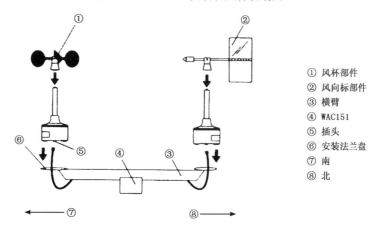

① 风杯部件
② 风向标部件
③ 横臂
④ WAC151
⑤ 插头
⑥ 安装法兰盘
⑦ 南
⑧ 北

图 4-21　风传感器安装在 WAC151 横臂上的示意图

3. 连线

在工厂,电缆已按 151 系列风传感器连接好。如果要是安装 252 系列风传感器,则要改变 WAC151 横臂的连接盒内的接线。

通常两个 151 系列风传感器一起连接到 WAC151 横臂的连接盒上。图 4-22 给出的 151 系列传感器布线图是一个标准的 151 系列风传感器布线图。左上角的恒温器开关已包括了自加热电源温度控制。

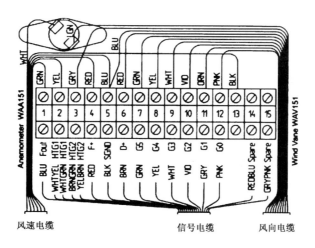

图 4-22　151 系列风传感器布线图

GRN(green)绿色;YEL(yellow)黄色;GRY(gray)灰色;RED(red)红色;BLU(blue)蓝色;WHT(white)白色;VIO(violet)紫色;ORN(orange)橙色;PNK(pink)粉红色;BLK(black)黑色;BRN(brown)褐色;WHTYEL 白黄色;WHTGRN 白绿色;BRNGRN 褐绿色;YELBRN 黄褐色;REDBLU 红蓝色;GRYPNK 灰粉红色

4. 调整

风横臂安装到风杆上以后,按图 4-20 所示调整横臂风速传感器一端按要求的精度指北。WAC151 调整好后传感器仅有一个位置能安装,从而保证了正确的装配。

5. 检验

将 WAC151 的信号电缆连接到数据采集系统上并给系统供电,检验风读数反应的正确性。手动旋转风杯测试风速传感器。风向标固定一个角度,按其数据来检验风向传感器。

6. 维护

每 1~2 年目视检查印刷电路板是否被腐蚀。

7. 技术数据

I/O 连接	15 端传感器和电源线螺钉端子接线器
电缆入口	4 个
信号电缆	通过一个具备电缆屏蔽网同轴连接能力的电缆插口(电缆直径 7~10 mm),适当的 RF 屏蔽
传感器电缆	通过两个橡胶插口
装配	标称外径 60 mm 的风杆夹卡
横臂长度	800 mm
接线盒尺寸	125 mm×80 mm×57 mm
横臂材料	铝,阳极氧化处理
接线盒材料	铝,涂漆
重量	1.5 kg
恒温器开关	+4℃(±3℃)接通加热
	+11℃(±3℃)切断加热

第七节　SL3-1 型双翻斗雨量传感器的使用和维护

SL3-1 型双翻斗雨量传感器为上海气象仪器厂有限公司生产的产品。

一、结构原理

SL3-1 型雨量传感器是用于测量液态降水量的传感器,由承水器、漏斗和支架、上翻斗和集水器、计量翻斗、计数翻斗组成(图 4-23)。

承水器通过面积固定的承水口汇集被测量的液态降水经漏斗进入上翻斗;

上翻斗将汇集的液态降水通过集水器转变成近似稳定的大降水强度(约 6 mm/min)的降水进入计量翻斗;

计量翻斗对进入的降水以 0.1 mm 的分辨率进行计量,即每 0.1 mm 降水量计量翻斗翻转一次,并将计量后的 0.1 mm 降水倒入计数翻斗;

计数翻斗对进入的 0.1 mm 降水进行计数,即每进入一个 0.1 mm 降水计数翻斗翻转一次,其翻斗中部的小磁钢使上面的干簧管开关接点闭合一次,产生一个机械接点闭合信号,测量降水量时将干簧管开关接点接入测量电路内,开关接点闭合一次则产生一个脉冲信号,代表 0.1 mm 降水量,对脉冲信号计数即测得分辨率为 0.1 mm 的降水量。

机械接点闭合信号由红、黑两色接线柱引出。

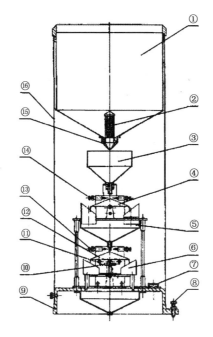

① 承水器；
② 网罩；
③ 漏斗；
④ 上翻斗；
⑤ 汇集翻斗；
⑥ 计数翻斗；
⑦ 水平泡；
⑧ 调整六角螺钉；
⑨ 底座；
⑩ 干簧管；
⑪ 红黑接线柱；
⑫ 计量翻斗；
⑬ 容量调节螺钉；
⑭ 定位螺钉；
⑮ 清洗拆卸螺帽；
⑯ 筒身。

图 4-23　SL3-1 型双翻斗雨量传感器结构图

二、技术参数

承水口径	ϕ200 mm
测量降水强度	$\leqslant$ 4 mm/min
测量分辨率	0.1 mm
最大误差	$\pm$0.4 mm(降水量$\leqslant$ 10 mm)
	$\pm$4%(降水量$\geqslant$ 10 mm)

三、检查校验

输出信号检查：万用表设置在测量通断的电阻档，测量线接在红、黑接线柱上；

　　　　　　将计量翻斗与计数翻斗拨到倾斜的同一侧；

　　　　　　向漏斗内按 1 mm/min 的强度注入清水；

　　　　　　检查计数翻斗翻转和万用表指示的输出信号，是否有信号多发或漏发现象(翻转一
　　　　　　次应发一个信号)。

四、安装维护

安装：用三个螺钉将传感器底盘固定在观测场的安装底座上；

　　　　用三个调整水平六角螺钉调节传感器水平，使水平泡内的水泡在中心圆圈内；

　　　　拧紧三个安装螺钉，使传感器固定牢靠；

　　　　由于拧紧三个安装螺钉时可能破坏传感器水平，故调水平与拧紧安装螺钉要反复进行，直到
　　　　传感器固定牢靠又处于水平状态；

　　　　用调整螺钉调水平时不要用力太大，以防断裂。

维护：保持传感器器口不变形，器口面水平，器身稳固；

　　　　经常检查承水器，清除内部进入的杂物，清洗网罩保证流水通畅；

　　　　检查和清除漏斗及翻斗内积沉的泥沙，保证流水通畅，计量准确；

　　　　维护过程中切勿用手指触摸翻斗内壁，以防沾上油污影响翻斗计量准确性；

出现翻斗翻转不灵活时,可用清水冲洗轴承或更换轴承,切勿给轴承加油,以免粘上尘土使轴承磨损。

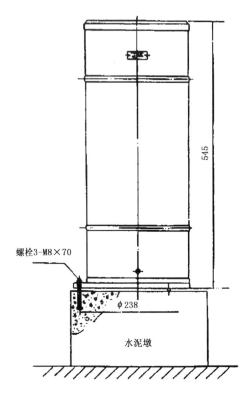

图 4-24   SL3-1 型双翻斗雨量传感器安装图

五、传感器调试

传感器出厂时已调试检验合格,一般情况下可直接安装使用,不必再重新检查调试。

当传感器经长期使用发现测量误差超过最大误差要求时,应调整传感器基点,使测量误差在最大误差范围内。

按以下步骤调整传感器基点:

① 调整上翻斗

当上翻斗出现向下滴流但不翻转现象时,将对应的上翻斗定位螺钉向内旋进,减小上翻斗倾角;调整后,在小降水强度($\leqslant$0.5 mm /min)时上翻斗与计量翻斗能同步翻转,不出现岔开翻转现象。

② 调整计量翻斗

调整计量翻斗的容量调节螺钉,使测量误差在要求的最大误差范围内。

误差＝(传感器实际排水量－传感器测得的降水量)/传感器实际排水量

当误差为"＋"时,表示传感器测得的降水量小于传感器实际排水量,这时应增大传感器测得的降水量,即减小计量翻斗的容量,方法是将容量调节螺钉向内旋进;

反之,当误差为"－"时,表示传感器测得的降水量大于传感器实际排水量,这时应减小传感器测得的降水量,即加大计量翻斗的容量,方法是将容量调节螺钉向外旋出;

容量调节螺钉每向内或向外旋转一圈,测量误差减少或增加 3％左右。

例如,若误差为－2％时,可将一个容量调节螺钉向外旋出 2/3 圈;若误差为＋6％时,可将两个容量调节螺钉各向内旋进 1 圈。

第八节　SL2-1 型单翻斗雨量传感器的使用和维护

SL2-1 型单翻斗雨量传感器为天津气象仪器厂引进德国 Thies 公司技术生产的产品。

一、结构原理

SL2-1 型单翻斗雨量传感器由外筒、集水器、计数翻斗、安装板、底盘和支架组成(图 4-25)。

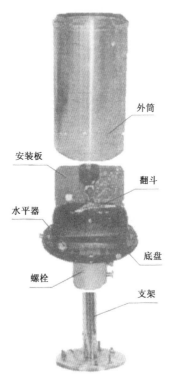

图 4-25　SL2-1 型单翻斗雨量传感器组成图

　　口径面积为 200 cm² 的外筒汇集被测液态降水经长过滤网流入集水器,再经集水器上的短过滤网注入计数翻斗,宝石支撑点上对称的两个计数翻斗每承接到相当于 0.1 mm 降水量的雨水就翻转一次,驱动干簧管瞬间闭合一次,输出一个闭合脉冲信号。通过对输出的脉冲闭合信号计数即可测得分辨率为 0.1 mm 的降水量。

二、技术参数

集水口径　　　　　　200 cm²(ϕ159.6 mm)

测量降水强度　　　　$\leqslant$ 4 mm/min

测量降水量　　　　　$\geqslant$0.1 mm

测量分辨率　　　　　0.1 mm

最大误差　　　　　　±0.4 mm(降水量$\leqslant$ 10 mm)

　　　　　　　　　　±4%(降水量> 10 mm)

工作温度　　　　　　0~60℃

外形尺寸　　　　传感器　长度 431 mm

　　　　　　　　　　　　直径 ϕ187.8 mm

　　　　　　　　支架　　长度 369 mm

直径 $\phi250$ mm

重量	传感器	3.1 kg
	支架	9.6 kg

三、安装(参见图 4-26、图 4-27)

(1)用紧固螺钉将支架安装固定在水泥基座上;

(2)将传感器安装在支架杆上,拧紧固定螺钉;

(3)调整支架底盘上的三个调整螺钉,观察传感器底盘上的水平器,将传感器调成水平状态,拧紧支架底盘上的三个紧固螺钉将支架和上面的传感器固定牢靠;

(4)手拿计数翻斗带有螺钉的一端(注意手不要触摸翻斗内侧),小心将翻斗安放在底盘的宝石支撑点上,轻轻拨动翻斗上的螺钉保证翻斗能正常翻转;

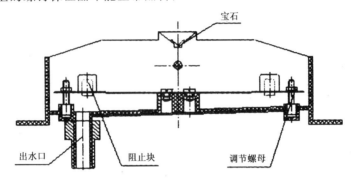

图 4-26 SL2-1 型单翻斗雨量传感器底座图

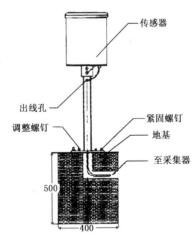

图 4-27 SL2-1 型单翻斗雨量传感器安装图

(5)将短过滤网垂直放入集水器中;

(6)根据传感器与采集器间连线的要求,将适当长度的二芯电缆($\phi5$,2×0.3mm)穿过底盘的密封头接到传感器安装板接线排的最外侧两个接线端子上(见图 4-29);

(7)将外筒对正固定螺钉缺口安放在传感器底盘上,拧紧固定螺钉;

(8)将防堵网和长过滤网正确放入外筒的大漏斗内;

(9)将防虫罩紧密装在传感器出水口上,不得松动;

(10)将清水轻轻倒入外筒中,能听到翻斗的翻转声,表示安装正确,工作正常,否则要取下外筒,检查上述安装要求是否正确,并做改正。

四、调整

新传感器出厂时已做调整和检测,一般可直接安装使用。如因外部因素或长期使用后要做调整时可按以下操作进行。

(1)用 2 mL 标准吸管吸入 1.9~2 mL 的清水缓慢注入处于集水位置的翻斗内;

(2)如注入不到 1.9~2 mL 的清水翻斗已翻转,则调整另侧翻斗下面阻止块的螺母将阻止块稍降低;

(3)如注入 1.9~2 mL 的清水翻斗还不翻转,则调整另侧翻斗下面阻止块的螺母将阻止块稍升高;

(4)调好一侧的翻斗,再按同样操作方法调整另一侧翻斗,直到两侧翻斗均调好。

(5)注意,在调好后用标准球检测传感器时,由于现用标准球是用于检测口面积为 314 cm² 的传感器的,用于检测本传感器(口面积为 200 cm²)时,用下式计算降雨量:

$$降雨量=〔标准球水量(cm^3)/200(cm^2)〕\times 10$$

或用下式将标准球表示的降雨量换算成本传感器测量的降雨量:

$$本传感器测量的降雨量=(314/200)\times 标准球表示的降雨量$$

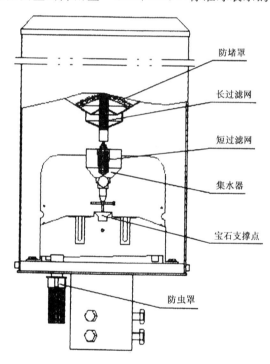

图 4-28 SL2-1 型单翻斗雨量传感器结构图

五、维护(参见图 4-28)

定期清除承水器滤网上的杂物(入口滤网可取下清洗),检查漏斗通道是否有堵塞物,发现堵塞要即时清洗干净。必要时可用中性洗涤剂清洗翻斗表面,但严禁用手触摸翻斗内壁。

可按下列操作对 SL2-1 型单翻斗雨量传感器做维护保养。

(1)松开底盘两侧的固定螺钉,向上取下外筒;

(2)从安装板上断开电缆线;

(3)拿出防堵罩和长过滤网,用清水将外筒、防堵罩和长过滤网冲洗干净,再按原样装好防堵罩和长过滤网;

(4)小心取出翻斗和短过滤网,用清水冲洗干净后再按原位小心放回,注意不能用手触摸翻斗内侧;

(5)取下出水口上的防虫罩,清洗干净后装回;

(6)按原位接好二芯电缆,安装上外筒,拧紧固定螺钉。

六、典型故障判断和排除

序号	故障现象	故障可能原因判断	故障排除方法建议
1	有翻斗翻转声,但无信号输出	电缆线没接通	检查电缆线,重新连接好电缆线
		干簧管损坏	更换新干簧管
		磁钢松脱	重新固定好磁钢组件,调整磁钢距离＜1 mm
2	无翻斗翻转声,或有翻斗翻转声和输出信号,但输出不正确	外筒内有杂物或泥沙堵塞	按保养维护的操作方法取下外筒进行清洗
		出水口堵塞	冲洗疏通出水口

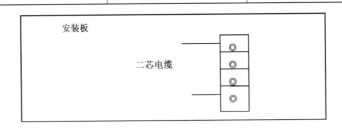

图 4-29　二芯电缆接线示意图

第九节　RG13/RG13H 型雨量传感器的使用和维护

　　RG13 型雨量传感器是 Vaisala 公司的 Milos500 型自动气象站配用的雨量传感器,RG13H 则是 RG13 加带加热装置的雨量传感器。

一、工作原理

　　RG13 是一种翻斗式雨量计。降雨收集在轻质塑料铸压成的翻斗内,包括不锈钢轴针的翻斗机构安放在不锈钢轴针上。当接收的降雨量达到预定量(0.2 mm)时,翻斗机构翻倾,压铸在翻斗上的磁铁闭合安装在支架部件上的舌簧开关,因而送出一个脉冲,再按仪器的校准参数,由记录器或计算机等估算出总降雨量。

　　RG13H 型雨量计是为了融化雪在内部安装有加热元件,在温度低于＋4℃时加热开关接通。

　　雨量计全部用耐腐蚀材料制造。基座和中间隔圈用 LM25 铝合金铸造,并做热处理和保护性涂覆。外部圈和漏斗用薄铝合金做成,有保护性涂覆。不锈钢网罩保护内、外孔不使外来杂物进入。

二、性能

口径	225 mm
口面积	400 cm^2
降雨容量	无限制
灵敏度(每个脉冲降雨量)	0.2 mm
尺寸(高×直径)	390 mm×300 mm
重量	2.5 kg
舌簧开关	
最大额定电流	500 mA

击穿电压	最小 400 VDC
触点电阻	150 mΩ
绝缘电阻	10^{11} MΩ
触点断开电容	0.2 pF
寿命	10^8 次闭合
RG13H 加热元件	
功率	55 W
电压	48 VAC
工作温度控制	断开+11℃(±3℃)
	闭合+4℃(±3℃)

三、使用

仪器给出的是校准好的表示每一翻斗 0.2 mm 降雨量。安装时要为雨量计准备一个合适的水平场地,并注意以下几点:

(1)离物体不得近于物体高度的 4 倍,不在凹地中,也不在小山上。

(2)高大的建筑或带状树木能引起涡流和阵风会增加或减少收集的降雨。

(3)周围的土壤能容许自由地排水。

雨量计使用前按以下步骤做准备:

— 松开将外层圆筒固定到基座上的 3 个螺钉。

— 向上提起,拿开外层圆筒。

— 穿过金属孔眼连接输出信号电缆到基座底上的接线端子上。

— 将基座放置在安装位置上,用水准器通过 3 个水平螺钉调水平。固定拧松的螺母。

— 用 9.5 mm 或 3/8 英寸膨胀螺栓通过提供的两个支撑耳鼻将基座永久性固定起来。

— 小心地拿掉运输时装上的限制翻斗运动的物件,检查翻斗的支撑轴。

— 按原位放回外层圆筒和拧上螺钉。

— 雨量计准备好,可使用。

四、保养

周期性地检查漏斗内和堵塞入口、出口孔的杂物。

拿掉堵塞物和清洗网罩。入口网罩能拧下来清洗。

如果需要,翻斗表面能用柔性的洗涤剂清洗。

第十节 QMT103 型温度传感器的使用和维护

QMT103 型温度传感器是 Vaisala 公司的 Milos500 型自动气象站用于测量地表温和 8 层不同深度的地温的传感器,为 Pt100 型铂电阻(0℃时电阻值为 100 Ω),配有 5 m 屏蔽电缆。

一、技术规格

类型	标准 4 线制测温铂电阻
测量范围	−50℃~+60℃
灵敏度	0.385 Ω/℃
准确度	优于+0.08℃(0℃时)

尺寸　　　　　　　　　　　　直径 7.5 mm,长 100 mm

二、测温电路

使用恒流源电桥测量方法测量地温。

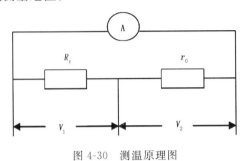

图 4-30　测温原理图

标准电阻 $r_0 = 100\ \Omega$

铂电阻 $R_t = R_0(1 + At + Bt^2) = r_0 V_1 / V_2$

$R_0 = 100\ \Omega$,为 0℃时铂电阻阻值

A、B 为常数。

转换成温度计算公式:

$t = a + bR_t + cR_t^2$

a、b、c 为常数;R_t 为温度 t 时的铂电阻阻值。

第十一节　DRD11A 型感雨传感器的使用和维护

DRD11A 型感雨传感器为 Vaisala 公司的 Milos500 型自动气象站用来快速准确地探测有无降雨和雪的传感器。

一、工作原理和组成结构

DRD11A 型感雨传感器的工作原理是通过感应面探测水的微滴超过阈值来感知雨雪。由于是探测水的微滴,故传感器性能通常不受灰尘的影响。

传感器由探测感应面和加热装置组成。

感应面为细金属丝和绝缘玻璃层构成的感雨电容,感应面上的雨滴改变电容量,测量电路通过测电容而探测降雨。传感器设计成带有加热元件,保证感应面快速干燥,在估算雨强时考虑必要的系数。同样加热元件还使感应面不被雾和冷凝沾湿,并在低温度时融化雪,实现对雪的探测。

传感器输出有开关量(通/断)、模拟量和频率量。

开关量根据判断感应面上的降雨微滴是否超过规定的阈值输出低电平(通)或高电平(断)。特殊的延迟电路保证有降水信号延迟 2 min 直至无降水,使传感器能准确分辨降雨停止或小雨。

模拟输出的输出电平对应感应面的受湿程度,完全干时输出为 3 V,完全湿时输出为 1 V,模拟输出信号由 Vaisala 的 Milos 遥测处理单元进行分析,可根据输出电压的大小来测定降水强度。

二、技术规格

降雨探测灵敏度

最小着湿面积　　　　　　　　0.05 cm²

感雨延时　　　　　　　　　　<0.1 ms

无雨延时　　　　　　　　　　<3 min

供电

供电电压   12 VDC±10％

供电电流

    典型值   ＜150 mA

    最大值   260 mA

    加热关闭   25 mA

加热功率   0.5 W～2.3 W

控制加热器开关关闭（断）

打开电路输入使得能加热

连接地（GND）使得不能加热

触点最小额定值   15 V,2 mA

地线

分开信号和加热器地线。

输出

通/断输出   有降雨（通）为低电平

    最大电压   15 V

    最大电流   50 mA

模拟输出   1～3 V(湿～干)

频率输出   1500～6000 Hz(未校准)

感应面板

感应面积   7.2 cm^2

感应角度   30°

电缆长度   4 m

尺寸(高×宽×长)

    带防风罩   110 mm×80 mm×175 mm

    不带防风罩   90 mm×46 mm×157 mm

重量   500 g

环境温度

    工作   −15～+55℃

    存储   −40～+65℃

三、安装维护

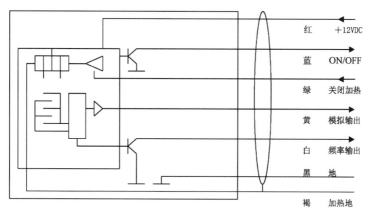

图 4-31 DRD11A 降雨探测器接线图

（1）传感器感应面上方无任何遮挡物。

（2）用紧固螺钉将传感器固定在安装架（横臂）上，高度以便于维护又不会被地面灰尘污染为准。

（3）安装未接地前严禁用手触摸感应面。

（4）常用柔软的毛巾擦拭感应面，或用纯净水清洗感应面，保持感应面清洁。

（5）传感器用一个 M5×20 mm 螺钉安装到传感器臂上。

第十二节　AG 型超声波蒸发量测量传感器的使用和维护

AG 型超声波蒸发量测量传感器为德国 THIES 公司产品，是利用超声波测距原理测量蒸发器内的水面高度变化，从而测得蒸发量。传感器带有温度补偿，保证在工作温度范围内的测量准确度。

传感器由测量头和圆筒架组成。测量头为超声测量装置，圆筒架为安装和静水装置。

一、技术参数

测量范围	0～100 mm
分辨率	0.1 mm
准确度	±15%（满量程）
线性	±0.5%
供电电压	10～15 VDC
供电电流	<200 mA(10 V)
	<100 mA(15 V)
输出	
AG1.0 型	0～5 V（最大电流 5 mA）
AG1.0A 型	0～10 V（最大电流 10 mA）
AG1.0B 型	4～20 mA（最大负载电阻 500 Ω）
最高水位刻度	输出量 4 mA，0 V
最低水位刻度	输出量 20 mA，5 V
工作温度	0～+50℃
重量	测量头 0.9 kg，圆筒架 2.8 kg
电缆长度	2 m

外接电缆接线见图 4-32。

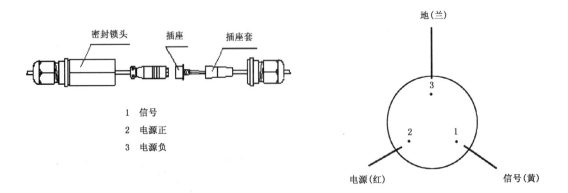

1　信号
2　电源正
3　电源负

地（兰）
电源（红）
信号（黄）

图 4-32　外接电缆接线方法

传感器尺寸见图 4-33。

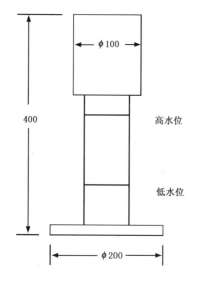

图 4-33　蒸发传感器尺寸(单位:mm)

图 4-34　传感器和支架组件

二、安装架设

(1)安装支架时,将支架底梁上三个锥端紧定螺钉调整到 $\phi 618$ 尺寸,再安装在桶内紧固好,并使支架上端呈水平(见图 4-35)。

(2)将不锈钢圆筒放于支架上,调节支架上三个螺钉,保证测量上限与蒸发桶溢流孔呈水平状态,并将支架上的三个紧定螺钉紧固。

(3)将水平仪放于不锈钢圆筒上端,调节不锈钢圆筒底部的三个调整螺钉,观察水平仪呈水平时,将螺母紧固。

(4)将超声波蒸发器的传感器放在不锈钢圆筒上,均匀紧固三个固定螺钉。

(5)将电缆插头座连接好,并将密封锁头锁紧。

(6)将电缆的另一端按照定义与采集器或二次仪表连接。

(7)观察显示器有无数据显示。若有则连接正常,若没有则须按上述步骤重新检查。直到显示正常即可使用。

(8)蒸发器内被测水面应在传感器高水位线和低水位线之间。

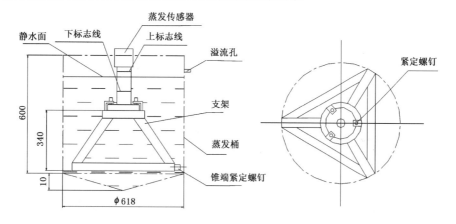

图 4-35　蒸发传感器安装结构图(单位:mm)

三、常见故障处理

序号	现　象	原　因	解决方法
1	没有信号输出	电缆插头没接好	将电缆插头接好
2	信号输出不正确	不锈钢圆筒有异物	及时清理不锈钢圆筒

四、日常维护

仪器在现场使用过程中要定期进行维护保养,以防风沙及其他因素影响正常使用。可根据实际情况进行维护和保养。

可按以下步骤做具体维护操作。

① 首先将电缆插头拔下;

② 取下超声波蒸发传感器;

③ 将不锈钢圆筒拆下,并将内部的丝网取出;

④ 观察不锈钢圆筒是否有泥沙或异物,如有用清水冲洗干净,再将丝网放回不锈钢圆筒内;

⑤ 上述工作完毕后,按照安装架设步骤重新安装好即可;

⑥ D3 灯不亮,表示传感器故障,需检修;

⑦ 调整电位器和测试 TP 需送生产厂家或有检修能力的部门进行。

注意事项:

超声波蒸发传感器测量精度高,安装尺寸要求非常严格,切勿撞击或用手触摸超声波传感器探头,冬季不使用时把电缆插头拔掉将传感器取出放到室内。

第十三节　DSU12 型日照持续时间传感器的使用和维护

DSU12 型日照持续时间传感器为 Vaisala 公司的 Milos500 型自动气象站用来测定日照时间的传感器。

传感器设计为准确测量落在仪器上的直接太阳辐射是否超过设定的阈值。直接日照辐射超过阈值时输出一个触点闭合信号,一天的总日照持续时间就是触点闭合时间的总和。传感器不需要季节性的调整和维修。触点闭合输出信号能被各种记录器记录。传感器具有低的可忽略的功耗和在全球南北两个半球 0°～65°纬度间使用的特点。

一、工作原理和结构

DSU12 由 6 对涂黑双金属片元件组成,在丙烯酸罩下间隔相等地排列(见图 4-36)。每个元件对的触点间隙预设成能响应一个辐射能量阈值。每个仪器的间隙和阈值的设定被标记在仪器下面的额定标示片上。

当周围温度变化时,由相同材料做的长度相等的元件有相同移动,因此保持触点间的间隙。然而,当直接日射超过阈值时,外层元件受热比被遮蔽着的内层元件大。结果朝向太阳方向的元件对触点闭合,因此接通电子电路。利用内、外元件不同的弯曲半径使触点闭合有一个自清洁擦拭动作。触点闭合次数和持续时间能用时基记录器容易地记录下来。

当太阳变暗时,散射辐射射到基座板上反射到黑色的内层元件背面。这将维持内层元件的温度与外层元件的几乎差不多,这能防止假的接点闭合。用这种方法仪器判别直接日射和漫射日光。

DSU12 经装在罩顶部的通风道和基座螺纹安装套管的网孔通风。通风道的形状保证下雪时正常通风。

在外罩上降雨和结霜对 DSU12 性能的影响可以忽略。太阳经涂黑元件对罩加热,结合限制通风帮助迅速融化积雪和霜。下大雪会削弱工作效能。

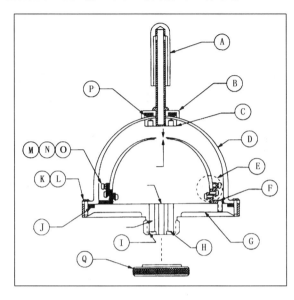

A 顶部通风部件　　　　　　　　　J O形环,罩密封
B 外垫片,顶部通风　　　　　　　K 平垫圈,安装罩
C 内垫片,顶部通风　　　　　　　L 螺钉,安装罩
D 罩　　　　　　　　　　　　　M 螺钉,调整元件
E 元件部件　　　　　　　　　　N 锁紧螺母,调整元件
F 螺钉,安装元件　　　　　　　　O 锁紧垫片,调整元件
G 基座　　　　　　　　　　　　P O形环,顶部通风密封
H 网栅　　　　　　　　　　　　Q 安装螺母
I 网栅护圈

图 4-36　传感器安装示意图

二、技术性能

光谱特性	350～1600 nm 低于 −3dB
灵敏度(断开接点)	从 80 W/m² 可调节,通常工厂设置在 15℃时 120 W/m²
响应时间	对所有大于接点断开的通量,优于 20～40 s
触点断开	
准确度	±20%(不灵敏的纬度位置)
稳定性	在每年 10 W/m² 以内
温度依赖性	从触点断开温度±2 W/m²/℃
方位误差	360°内小于触点断开的±7%
水平误差	在水平±20°内可忽略
余弦校正	三角形元件形状给出了固有的余弦补偿
工作条件	
温度	−20～50℃
安装纬度	0°(赤道)～65°
物理特性	
元件数量	6 对
触点	6 对,硬铂金额定 6 VA(1～12 VDC,AC 超过 12 V)
罩直径	151 mm
总高度	190 mm
重量	800 g
安装方法	用 1 英寸 BSP 外螺纹套管装配
装运重量	1200 g
装运尺寸	190 mm×190 mm×250 mm
材料	底座 铸铝,白色光泽珐琅

罩	丙烯酸衍生物
元件	厚度 0.25 mm 根据温度自动起动的双金属片（Ni、Cr、Fe），侧涂无光泽黑色，装配在用尼龙 6 材料加工成的黑色构件上
螺钉	不锈钢（外部），黄铜镀镍（内部）

三、安装

在安装前，按后面讲述的校准部分的描述用提供的塑料塞片检验由运输引起的校准的变化。

仪器有一个 1 英寸阳螺纹安装管。安装管有通风孔允许空气经仪器基座网栅自由流通。DSU12 应安装在一年的整个季节没有建筑物和树木遮挡的开阔地域。

仪器安装应保持 ±20° 的水平。由于元件对的外形和几何形状，使仪器不需要随仪器位置的纬度或一年的不同季节做任何调整。

用 2 m 长的 2 芯屏蔽电缆将传感器方便地连接到记录装置上。所有 6 对触点并联连接，只要一个触点对被激活，仪器就正确工作。

建议元件保持最小的开关电压和电流。特别建议触点功率要低于 6 VA，并提供一个限流器件。使用交流电将使电路元件的长期腐蚀极小。

四、维修

建议每年检查仪器，使其连续保持最佳性能。这些检查包括：

· 目视检查基座上的网孔（图 4-36 中 H），清除任何堵塞杂物；
· 检查连线断开或接头腐蚀；
· 检查元件上的黑色涂料消退或剥落；
· 检查丙烯酸罩或通风道损坏。

罩仅能用肥皂水清洗，用可溶性液体清洗会损坏罩的表面。开裂的罩必须立即更换，防止湿气进入仪器。松开四周的螺钉（图 4-36 中 L）能取下罩。重新安装时，拧上螺钉前要涂防卡住的润滑剂，罩下的硅 O 形环（图 4-36 中 J）要重新涂上润滑脂。如果元件损伤，需要到工厂修复。

从基座上取下罩以后，用扁嘴钳拧松内垫片（图 4-36 中 C）能将通风道（图 4-36 中 A）从罩上取下来。

五、校准

工厂生产的最后阶段在有控制条件的实验室做校准。有两种方法可无需将仪器返回到工厂而重新做校准。

第一种方法涉及没有光源时纯机械的调整。

如图 4-37 所示，触点间隙能用校正厚度的小塑料塞片大概地设置。每台仪器提供一个合适的塞片，并留着将来调整时使用。调整是通过调外层元件调整螺钉（图 4-36 中 M）来完成的。间隙设置成塞片轻轻地被元件对夹住。这个过程必须在元件被遮蔽，最好在室内，并且周围温度为 15℃ 条件下进行。调整螺钉前元件要在周围温度下保持足够的时间（至少 2 min）。校正间隙标示在仪器额定塞片上。当校验间隙时要保证元件在同样的温度下，应避免靠近人员或发光体而引起不均匀受热。

第二种方法是按设定的阈值精确调整，这仅在实验室条件下试着进行。这要求一个已知的强度可调整的参考光源。该光源需在静止的空气中以要求的强度照射元件对部件。光束方向应在水平以上 20° 垂直外层元件表面。初始的触点间隙是按上述人工程序方式设置的。接下来进行照明程序方式的调整。先自然冷却，再重新调整直到达到工作要求。在周围温度 15℃ 时，加上额定强度的照明后 10～30 s 元件接通则校准完成。依次为每个元件对的设置做调整。

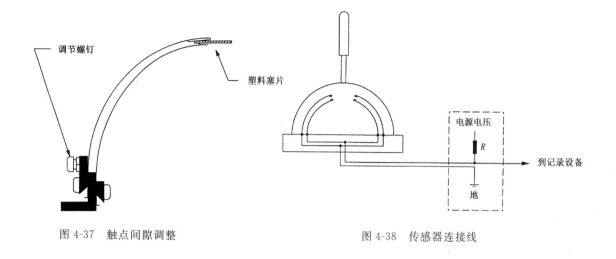

图 4-37 触点间隙调整   图 4-38 传感器连接线

第十四节 CM6B 型天空辐射表的使用和维护

一、简述

CM6B 是 Vaisala 公司的 Milos500 型自动气象站用于测量水平面上太阳辐照度(W/m^2)的一级天空辐射表。

CM6B 型天空辐射表由玻璃罩、感应件和配件组成,用于测量水平面上、2π 立体角内的 $0.3\sim3\mu m$ 波长的太阳总辐射(直接辐射和天空散射辐射)。

该表在 K5 罩下面配置一组旋转对称的 64 个热电偶和感应面构成感应体。涂黑的感应面接受太阳辐射而增热,使紧贴感应体下部的热电偶产生与感应面接受的太阳辐照度成正比的温差电动势,该电动势即为辐射测量输出信号。

玻璃罩由双层半球形石英玻璃构成,对 $0.3\sim3\mu m$ 波长的太阳短波辐射透过率为近于 0.9 的常数。采用双层玻璃罩是为防止外层玻璃罩的红外辐射带来测量误差。

配件包括机座、白色挡板、干燥剂、水准仪、金属盖和 10 m 长 3 芯屏蔽电缆线等。

白色挡板是防止天空辐射表主体被从上面加热。

天空辐射表带有水准仪和准确调水平的螺钉。

干燥盒保持内部除湿。所有天空辐射表都带有校准证书。

二、技术数据

光谱范围	$305\sim2800$ nm
灵敏度	$9\sim15\mu V/Wm^{-2}$
阻抗	$70\sim100\ \Omega$
响应时间	1/e 5 s,99% 55 s
非线性	$<1.5\%$(<1000 W/m^2)
倾斜误差	$<1.5\%$ 在 1000 W/m^2时
工作温度	$-40\sim90℃$
温度漂移	$\pm2\%$($-10\sim40℃$)
辐照度	$0\sim1400$ W/m^2(最大 2000 W/m^2)

定向误差	$<\pm 20\ W/m^2$ 在 $1000\,W/m^2$ 时
重量	$0.85\ kg$
电缆长度	$10\ m$
干燥剂	硅胶

三、安装

安装传感器时要使传感器与安装支架热绝缘；

用自带的水准仪通过调水平的螺钉将传感器准确调到水平；

传感器要良好接地；

按如下标示进行自带 $10\ m$ 长 3 芯信号线连接：

红色线——接信号"正"端；

蓝色线——接信号"负"端；

白色线——接机壳。

电缆屏蔽线传感器一端经浪涌抑制器(耐压 $90V$、峰值脉冲电流 $10\ kA$)接机壳,采集器一端与白色线一起接在同一接地端上。

四、维护

注意清除玻璃罩上的雨露；

定期清洗玻璃罩；

干燥剂变成粉色时及时更换。

第十五节 CM7B 型反射辐射表的使用和维护

CM7B 型反射辐射表由两块 CM6B 型天空辐射表感应面分别向上向下装置而组成,用于测量净辐射和反射辐射。

CM7B 型反射辐射表的结构原理和使用维护同 CM6B 型天空辐射表,使用配带的 $10\ m$ 长 5 芯电缆信号线连接如下所示：

红色线——接向上感应器信号"正"端；

蓝色线——接向上感应器信号"负"端；

绿色线——接向下感应器信号"正"端；

蓝色线——接向下感应器信号"负"端；

白色线——接机壳。

第十六节 散射辐射表的使用和维护

散射辐射表由 CM6B 型天空辐射表和 CM121 型半自动遮光环组成,用遮光环遮挡掉照射到 CM6B 天空辐射表感应体上的太阳直接辐射,从而测得散射辐射。

使用半自动遮光环要在日出前根据太阳赤纬每天(或间隔几天)调整一次遮光环的倾角。

第十七节　CH1 型直接辐射表的使用和维护

一、简述

CH1 型直接辐射表由跟踪支架带动光筒跟踪太阳通过光筒内的感应体测量 5°张角内太阳表面辐射和太阳周围很狭窄环状天空散射辐射。

CH1 型直接辐射表由光筒、感应体、跟踪支架和配件组成。

使用一段时间后,发现跟踪架上的光筒不能准确对准太阳时,需及时使用支架上的方位和俯仰调节钮手动调整光筒准确对准太阳。

二、技术数据

光谱范围	$0.2 \sim 4 \ \mu m$
灵敏度	$7 \sim 15 \mu V/(W/m^2)$
阻抗	$50 \sim 70 \ \Omega$
响应时间	95%　7 s,99%　10 s
非线性	$\pm 0.2\%$(<1000 W/ m^2)
光谱选择性	0.5% ($0.35 \sim 1.5 \ \mu m$)
不稳定性	每年$<\pm 1\%$
零点漂移	± 3 W/ m^2(环境温度变化 5 K/h)
工作温度	$-30 \sim 60$℃
温度漂移(相对于 20℃)	$\pm 1\%$($-20 \sim 50$℃)
	$\pm 1.5\%$($-40 \sim 70$℃)
辐照度	$0 \sim 4000$ W/ m^2
定向误差	$<\pm 20$ W/ m^2　在 1000 W/ m^{2}时
张角	$5° \pm 0.2°$
重量	0.7 kg
电缆长度	10 m
干燥剂	硅胶
跟踪精度	$\pm 0.75°$

三、电缆线连接

红色线——接信号"正"端;
蓝色线——接信号"负"端;
白色线——接机壳。

第十八节　NR LITE 型净(全)辐射表的使用和维护

一、简述

NR LITE 型净(全)辐射表有上、下两个感应面,上感应面测量来自天空的辐射,下感应面测量来自地面的辐射,自动输出上、下感应面测量值的差值,即净(全)辐射。

NR LITE 型净(全)辐射表由包括上、下感应面的感应体、薄膜罩和配件组成。

感应体由上、下两个涂黑感应面和热电偶组成,由于上、下感应面接受不同的辐射量使热电偶产生温差,输出与上、下辐射量差值(净全辐射值)成正比的输出电压(电动势)。

薄膜罩是上、下两个半球形聚乙烯薄膜罩,能透过长、短波辐射,罩内充入干燥气体排出湿气,并保持罩的半球形外形。

二、技术数据

光谱范围	$0.2\sim100\ \mu m$
灵敏度	$10\mu V/(W/\ m^2)$
阻抗	$2.3\ \Omega$
响应时间	$<20\ s$
非线性	$<1\%(2000\ W/\ m^2)$
稳定性	每年$<\pm2\%$
输出信号	$-25\sim25\ mV$
工作温度	$-30\sim70℃$
不对称性	$\pm20\%$
定向误差	$<30\ W/\ m^2$　　$(0\sim60℃,1000\ W/\ m^2)$
重量	$0.2\ kg$
电缆长度	$10\ m$

三、维护

用脱脂棉清除薄膜罩上的雨露;

用橡皮球吹除薄膜罩上的灰尘;

薄膜罩内有湿气时及时用橡皮球向罩内打干燥气体以排出湿气;

薄膜罩下塌时即时用橡皮球向罩内打干燥气体将罩充起;

定期更换薄膜罩。

第十九节　TBQ-2B 型总辐射(反射辐射、散射辐射)传感器的使用和维护

总辐射传感器 TBQ-2-B 用来测量水平表面上、2π 立体角内所接收到波长为 $0.27\sim3.2\ \mu m$ 的太阳直接辐射和天空散射之和(W/m^2)。

总辐射传感器 TBQ-2-B 配以专用的连接支架,使感应面向下并保持水平,用来测量来自地面的波长为 $0.27\sim3.2\ \mu m$ 短波反射辐射。

TBQ-2-B 型总辐射传感器用遮光环遮挡太阳直接辐射后,用来测量散射辐射。

一、工作原理

总辐射表由感应件、玻璃罩和配件组成。其工作原理基于热电效应,感应件由感应面和热电堆组成,感应元件为快速响应的线绕电镀式热电堆,感应面涂 3M 无光黑漆。当涂黑的感应面接收辐射增热时,称之为热结点,没有涂黑的一面称之为冷结点,当有太阳光照射时,产生温差电势,输出的电势与接收到的辐照度成正比。

玻璃罩为半球形双层石英玻璃，能透过波长 $0.27\sim3.2~\mu m$ 范围的短波辐射，透过率为常数且接近 0.9。采用双层罩是为了减小空气对流和阻止外层罩的红外辐射影响，减小测量误差。

配件包括：机体、干燥器、白色挡板、水准器和接线柱等。此外还有保护玻璃罩的金属盖（又称遮光罩或保护罩）。干燥器内装有干燥剂（硅胶）与玻璃罩相通，保持罩内和感应件周围空气干燥，白色的挡板挡住太阳辐射对表体的热辐射。底座上设有安装仪器用的固定螺孔及调整水准器的 3 个调整螺栓。

散射辐射表由 TBQ-2-B 型总辐射表和遮光环带两部分组成，测量太阳直射部分被遮蔽后的散射辐射。遮光环带由遮光环圈、标尺、丝杆调整螺丝、支架、底盘等组成。遮光环圈宽 65 mm、直径 400 mm，保证从日出到日落连续遮住太阳直接辐射，标尺上有纬度刻度与赤纬刻度。但由于遮光环不仅遮住太阳的直接辐射，而且把太阳轨迹周围的一部分天空散射辐射也遮住了，使测得的散射辐射比实际值偏小，所以必须进行遮光环系数订正。

厂家提供的遮光环系数订正公式为：$E＝K_0*(V/K)$

E 为辐照度（W/m^2），V 为信号电压，K 为灵敏度系数。K_0 为遮光环系数。

二、技术性能

灵敏度	$7\sim14~\mu V/(W/m^2)$
响应时间（95%）：	$<35~s$（99%）
稳定性（年变化量）：	$<\pm2\%$
非线性：	$<\pm2\%$
方位：	$<\pm5\%$
余弦响应（太阳高度角 10 度）：	$<\pm7\%$
测量角：	2π 立体角
辐照度：	$0\sim1400~W/m^2$
光谱范围：	$0.27\sim3.2~\mu m$
温度系数	$\leqslant\pm2\%$（$-10\sim40$℃）

三、传感器安装

1. 总辐射安装

将仪器固定在台架上，接线柱朝北。调水准器使感应面水平，用螺栓固紧。

2. 反射辐射安装

根据 WMO 要求传感器距地面（矮草覆盖）$1\sim2$ m，仪器感应面向下安装并调节水平，挡板卸下后与感应面反向安装，具有防雨和防止辐射增热功能，并且防止日出日落阳光照射，接线柱朝北。

3. 散射辐射安装

辐射表安置在遮光环的底座上，方法与总辐射相同。

遮光环必须将传感器感应面全部遮住，安装方法如下：

(1)遮光环架安装在台架上。底盘边缘对准南北向使仪器标尺指向正南北。

(2)根据当地的地理纬度，固定标尺位置。

(3)总辐射表水平地置于遮光环平台上，使感应面位于环中心，然后用螺栓固紧。

(4)遮光环按当日太阳赤纬调到相应位置。使遮光环恰好全部遮住感应面和玻璃罩。

4. 电气连接

传感器自带 10 m 长 2 芯屏蔽电缆，1 针——正

2 针——负

屏蔽线需接地。

5. 日常维护

应经常对辐射表进行如下检查和维护:

(1)仪器是否水平,感应面与玻璃罩是否完好;

(2)玻璃罩上是否清洁,如有灰尘、霜、雪、雨滴时应使用镜头布及时清除干净;

(3)玻璃罩内部是否有水汽凝结物,如发现硅胶变粉色后应及时更换。

第二十节　FBS-2B 型直接辐射表的使用和维护

FBS-2-B 直接辐射表用于测量光谱范围为 $0.27\sim3.2\ \mu m$ 的太阳直接辐射量。当太阳直接辐射量超过 $120\ W/m^2$ 时和日照时数记录仪连接,也可直接测量日照时数。

一、工作原理

传感器包括光筒、热电堆和自动跟踪装置和配件。

光筒由七个光栏和内筒、石英玻璃、干燥剂筒组成,热电堆装在光筒的底部。七个光栏是用来减少内部反射,构成仪器的开敞角并且限制仪器内部空气的湍流。在光栏的外面是内筒,用以把光栏内部和外筒的干燥空气封闭,以减少环境温度对热电堆的影响。在筒上装置 JGS_3 石英玻璃片,它可透过 $0.27\sim3.2\mu m$ 波长的辐射光。光筒的尾端装有干燥剂,以防止水汽凝结物生成。

感应部分是直接辐射表的核心部分,它由快速响应的线绕电镀式热电堆组成。感应面对着太阳一面涂有无光黑漆,上面是热电堆的热结点,当有阳光照射时,温度升高,它与另一面的冷结点形成温差电动势。该电动势与太阳辐射强度成正比。

自动跟踪装置是由底板、纬度架、电机、导电环、蜗轮箱(用于太阳倾角调整)和电机控制器等组成,电源为直流 $6\sim15\ V$。该步进电机精度高,24 h 转角误差在 $0.25°$ 以内。当纬度调到当地地理纬度,底板上的黑线与正南北线重合,倾角与当时太阳倾角相同时,即可实现准确的自动跟踪。

二、技术性能

灵敏度	$7\sim14\ \mu V(W/m^2)$
内阻	约 $100\ \Omega$
响应时间	$<25\ s(99\%)$
稳定度	$<\pm1\%$
跟踪精度	$<24\ h\ \pm1°$
光谱范围	$0.27\sim3.2\ \mu m$
测量类型	热电堆
敞开角	$4°$
重量	$5\ kg$
环境温度	$-40\sim70℃$

三、传感器的安装

直接辐射表要安装在专用台架上,台架面可用铁板或水泥构成。台柱面的尺寸至少应有 $300\ mm\times400\ mm$,台架要安装得很牢固,即使受到严重的冲击和振动(如大风等)也不应改变仪器的水平状态。

直接辐射表的跟踪精度与仪器的安装是否正确有极为密切的关系。直接辐射表安装必须调好纬度、对正南北向、调水平、对太阳倾角和时间。

1. 对纬度

松开纬度盘上的旋钮,转动刻度盘,使其对准当地地理纬度(准确至 $0.25°$),然后再固紧。

2. 对南北

直接辐射表底座上的方位线对准南北方向非常重要,其目的是使得地轴与直接辐射表回转中心在同一平面上,为此必须准确地测定南北线,其方法有:

(1)经纬仪法:真太阳时正午,用经纬仪(通过深色玻璃)观测太阳(真太阳正午太阳高度角最高),然后降低物镜到水平面一点,这一点与观测点相连即南北向,即可由此在平台上画出南北线。

(2)铅垂线法:这是最常用的方法,在真太阳时的正午(需查当天正午的北京时或确定地方正午),用铅垂线观测其投影(即当地子午线),画出南北线,把南北线确定后即可使直接辐射表底座上的方位线与其重合或平行,误差尽可能在±0.25°以内。方位对准后,可初步把底座固定住。

3. 调水平

用底板上的三个水平调整螺丝调水准器使水泡至水准器中央。

4. 对太阳倾角和时间

在纬度、南北、水平调好后。将仪器固定在平台上调整光筒倾角和时间刻度(调时间刻度时一定用电机控制器上面的手动开关控制),使光筒上的光点正好落在小孔的中央,此时仪器倾角与时间指针即指示出当时的太阳倾角和时间(真太阳时)。为了提高跟踪精度,最好在中午时调整倾角和时间,以减少跟踪误差。因为在一天中太阳倾角是由小到大变化的,中午可选在中间位置。

直接辐射表安装好后,应试跟踪几天检查是否准确,如果跟踪误差大于 0.5°,应反复调整,直至达到要求为止。太阳倾角的指示是由刻度和游标卡尺来完成的,刻度尺每格为 2°30′ 游标为 2°15′,所以其精度为 15′,读法与游标卡尺相同。

5. 注意事项

(1)快速对时不能超过一圈,否则容易损坏电机控制器。对时间,不能用手强行拧动时间刻度,否则易损坏电机。

(2)调整水平。

(3)距地 1.5 m 高度。

四、操作使用

1. 在直表控制器的输出插座的下方有一个扳动开关,接通电源后,将开关向右方向扳动,这相当于开机状态,一分钟后,时间刻度向左旋转。

2. 将开关扳到左边,时间刻度向反向旋转。

3. 如果扳到中间位置,即按时钟速度转动。

4. 为了确保跟踪精度,对时间按地方时,并按顺时针方向,假如当前时间为 8 时,则将时间刻度对到 7 时,然后从 7 时往 8 时靠近,直至 8 时将开关扳到中间位置即可。

五、日常维护

1. 检查安装是否水平。

2. 检查进光筒石英玻璃窗口是否清洁,如有灰尘、水汽凝结物,应及时用吸耳球或用软布、光学镜片纸擦净,切忌划伤。

3. 每天值班至少要检查一次跟踪情况并及时调整仰角和时间(对光点)。

4. 为保持光筒中空气干燥,应定期(6 个月左右)更换一次干燥剂,更换时旋开光筒尾部的干燥剂筒即可。

第二十一节　FNP 型净辐射表的使用和维护

FNP-1 型净辐射传感器用来测量太阳辐射和地面辐射的净差值,简称净辐射。向上表面测量由天空(包括太阳和大气)向下的辐射,向下表面测量由地表(包括土壤、植物、水面)向上辐射的全波段辐射量,且自动输出上下表面测量值之差。

一、工作原理

传感器包括感应件、薄膜罩和配件。

该表的工作原理为热电效应,感应部分是由康铜—镀铜组成的热电堆,热电堆的上面涂有无光黑漆,与其他辐射表不同的是它有向上向下两个感应面,向上向下感应面接受不同的辐射量,使得热电堆产生温差,其输出电动势与感应面接受到的辐射强度差值成正比,当净辐射表输出为正时,表示地表接收到的辐射大于发射出的辐射;净辐射表输出为负时,表示地表损失热量。

由于测量 $0.3\sim100\,\mu m$ 波长的全波段的光辐射,所以感应面外罩为上、下两个半球形聚乙烯薄膜罩,能透过短波辐射和长波辐射,为保持罩的半球形,用充气装置向罩内充入干燥气体。薄膜罩上放置橡胶密封圈,然后用压圈旋紧,使得薄膜罩牢牢固定住。

配件有:表杆、干燥器、底板、水准器与调节螺丝、接线柱以及橡皮球等。干燥器装在表杆内与感应件相通,用橡皮球打气,通过干燥器提供干燥气体使上下薄膜罩充气成半球形。

厂家提供的净辐射计算公式为: $E=V/K$

E 为净辐射(W/m^2), V 为信号电压, K 为灵敏度系数(昼和夜系数不同)。

二、技术性能

灵敏度	$7\sim14\,\mu V/(W/m^2)$
电阻	$200\,\Omega$
响应时间	$<60\,s$
光谱范围	$0.2\sim100\,\mu m$
测量类型	热电堆
感应面的一致性	$\pm15\%$
环境温度	$-40\sim70℃$

三、安装

净辐射表的向上感应面接收天空投射的全辐射,因此安装与总辐射表相同。它的向下感应面接收地表辐射,要求有一个代表当地自然状况和水平的下垫面,安装净辐射表的架子是由台柱和伸出的长臂组成。长臂的末端固定净辐射表,要求台柱离地面 1.5 m 左右,牢固不能摆动,长臂基本水平方向朝南。用调整螺丝调水平后固紧。

四、日常维护

1. 检查安装是否水平。

2. 检查薄膜罩是否清洁和呈半球状凸起,罩外部如有水滴,用脱脂棉轻轻抹去。用橡皮球吹除薄膜罩上的尘土、积雪等。

3. 发现薄膜罩下塌,用橡皮球打气,使其呈半球状凸起。

4. 必要时更换一次薄膜罩。

5. 遇有雨、雪、冰雹天气,及时盖上上、下两个金属盖子。

第五章

CAWS600-R(X)型系列
自动气象站的使用和维护

第一节　概　述

CAWS600-R(X)系列(CAWS600-R、CAWS600-R(T)、CAWS600-R(E))自动气象站为华创升达高科技发展中心生产的应用于加密观测站网的自动气象站,可大批量布站组网,为各种灾害预警提供决策服务的地面气象观测资料。该产品由集成一体化的高精度数据采集器、太阳能充电控制、智能 GPRS\SMS\GSM 模块和相关传感器等组成,可以在无人值守的恶劣环境下全天候全自动正常运行。每一个 CAWS600-R(X)系列自动气象站都可以接入中、小尺度气象监测网络中,并向中心站系统传送数据。

R(X)系列的自动站包括:

CAWS600-R:二要素自动站(温度、雨量);

CAWS600-R(T):四要素自动站(温度、雨量、风向、风速);

CAWS600-R(E):六要素自动站(温度、雨量、风向、风速、湿度、气压)。

另外还可扩充选配下列气象要素:

土壤水分、辐射、日照、土壤热通量、光合有效辐射等在标配要素中替换选配。

该自动气象站除基本设备外还能提供以下应用选件:

气象要素显示终端、LED 显示大屏、掌上调试 PDA、本地显示软件。

CAWS600-R(X)系列自动气象站由采集器、通信服务器、传感器和供电系统四部分组成。采集器配备 128KB Flash 存储器,采用动态存储方式,可存储 2～6 月的数据。

系统配备两块蓄电池,太阳能充电控制模块及太阳能电池,充分保障系统的电能供应。

第二节　主要技术性能

CAWS600-R(X)系列自动气象站的主要测量技术指标如下表:

测量要素	测量范围	分辨率	准确度
气　温	$-50\sim+50℃$	0.1℃	$\pm0.2℃$
降　水　量	$0\sim999.9$	0.1 mm	±0.3 mm（$\leqslant10$ mm） $\pm3\%$（>10 mm）
风　速	$0\sim60$ m/s	0.1 m/s	风速$\leqslant10$ m/s 时为±0.3 m/s；>10 m/s 时为$\pm（0.3+3\%V）$
风　向	$0°\sim360°$	1°	$\pm5°$
风速（一体）	$0\sim95$ m/s	0.1 m/s	风速$\leqslant20$ m/s 时为±1 m/s；>20 m/s 时为$\pm5\%$
风向（一体）	$0°\sim360°$	1°	$\pm5°$
湿　度	$0\sim100\%$	1%	$\leqslant80\%$时为$\pm4\%$；$>80\%$时为$\pm8\%$

使用环境条件：

　　空气温度：$-50\sim+50℃$

　　相对湿度：$0\sim100$ ％

　　阵　　风：$\leqslant75$ m/s 或 $\leqslant100$ m/s

平均无故障时间：5000 h

工作电压：DC6V

工作电流：静　　态　　　　32 mA

　　　　　信号查询　　　　37 mA

　　　　　数据传输　　　　210 mA

第三节　安装说明

一、部件安装

1. CAWS600-R 二要素站（温度、雨量）安装

安装步骤如下：

（1）将固定底板安装在基座上，拧紧固定螺钉。要求使用配套的螺钉、螺母以及垫片。

（2）将采集器机箱用抱箍固定在支架上距底座 32 cm 处，拧紧抱箍上的螺丝，使采集器不滑脱（抱箍安装见图 5-2）。

（3）将温度传感器横臂固定在采集器机箱的上方距底座 49 cm 处，拧紧螺丝。

（4）按照图 5-3 所示，将温湿支架固定在温湿横臂上，拧紧螺丝。

（5）用螺柱将温湿罩固定在温湿支架上。将温度传感器用固定螺钉固定在温湿罩内部正中（如图 5-4 所示）。

（6）如果配备了太阳能电池，则用抱箍将太阳能电池板固定在支架上距底座 54 cm 处，安装时太阳能电池板的方向朝南。将电源线从机箱底部的锁孔穿过（如图 5-5 所示，实际顺序请参看实物上面的标识）。

（7）将雨量筒放置在支架顶端拧紧固定螺钉，在支架底座用调节螺母调节好水平后重新固定好支架。将雨量电缆线从机箱的底部锁孔穿过（如图 5-5 所示）。

（8）将地线与地网连接起来（没有地网可埋接地铜板，将地线用螺丝紧固在接地铜板上）。

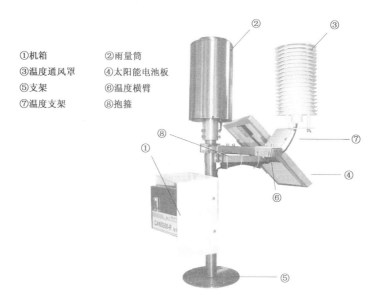

①机箱　　　②雨量筒
③温度通风罩　④太阳能电池板
⑤支架　　　⑥温度横臂
⑦温度支架　⑧抱箍

图 5-1　二要素站整体图

图 5-2　抱箍连接图

图 5-3　温湿度支架安装图

图 5-4　温湿度罩安装图

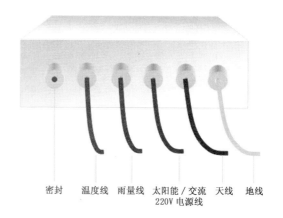

密封　温度线　雨量线　太阳能/交流　天线　地线
　　　　　　　　　220V 电源线

图 5-5　二要素站机箱入线孔图

2. CAWS600-R(T)、CAWS600-R(E)自动加密站(温度、雨量、风向、风速、湿度、辐射等)安装
安装步骤如下：

(1)将风杆固定在风杆基础上。注：根据不同情况,可使用不同类型的风杆。

（2）将采集器机箱用抱箍固定在支架上合适位置处，拧紧抱箍上的螺丝，使采集器不滑脱（抱箍安装见图5-2）。

（3）将温度传感器横臂固定在风杆上，位于采集器机箱的上方，拧紧螺丝。

（4）将温湿支架固定在温湿横臂上，拧紧螺丝（如图5-3所示）。

（5）将温度传感器固定在温湿罩内部正中。用螺柱将温湿罩固定在温湿支架上（如图5-4所示）。

① 机箱
② 温度保护罩
③ 风传感器
④ 太阳能电池板
⑤ 风杆
⑥ 风杆拉线

图注：
1）主图为采用"中机箱"时的示意图，右上角为采用"小机箱"时的示意图。
2）雨量筒安装在风杆不远处，本图未体现。

图5-6   四要素站整体图

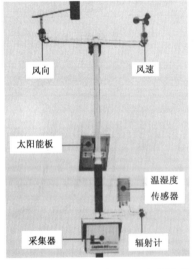

图5-7   六要素站整体图（雨量筒另列）

图5-8   温湿横臂图

（6）如果配备了太阳能电池，则用抱箍将太阳能电池板固定在支架上距底座适当位置，安装时太阳能电池板的方向朝南。将电源线从机箱底部的锁孔穿过（如图5-9所示，实际顺序请参看实物上面的标识）。

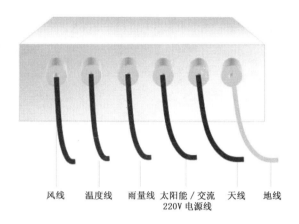

图 5-9　四要素站机箱入线孔图

（7）若使用 XFY3-1 型风传感器,则将风传感器安装在风杆上面,将"N"标记指向正北,扣紧锁箍扣。

若使用 ZQZ-TF 型风传感器则按照以下方法安装（图 5-10）:

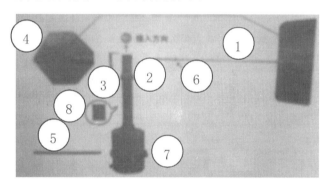

图 5-10　风传感器组装图

①风向标杆组件　　②风向套轴　　③防旋夹
④平衡锤组件　　　⑤指北杆　　　⑥挡圈（位置已调好,勿动）
⑦固定环（位置已调好,勿动）　　　⑧指北线

（1）装风向标杆组件。取下防旋夹③,将装有尾翼板的风向标杆①沿风向套轴②上方箭头方向插入风向套轴的孔内。

（2）装防旋夹。使已预先固定在风向标杆上的挡圈⑥紧靠风向轴套,装入防旋夹③且紧靠风向轴套。

（3）装平衡锤组件。装入平衡锤组件④,风向标杆的最前端应紧靠平衡锤的最里端,调整两翼板①和④与壳体的中心线在同一方向,而且垂直于大地,锁紧全部螺钉,此时风向标组件可达到左右平衡（出厂前已经调至平衡位置并已锁紧挡环螺钉）。

（4）装指北杆。位于指北线一侧的固定环⑦螺纹孔中心线,出厂前已经与指北线的中心线调在同一平面内,另一固定螺钉已经锁紧,现场安装时只需要将指北杆⑤装入此孔,不需要任何调试。

（5）风速传感器与传感器支架的电气连接为 7 芯插头座。

（6）风向传感器与传感器支架的电气连接为 12 芯插头座。

（7）信号总输出为 12 芯插头座。

（8）将雨量筒放置在支架顶端拧紧固定螺钉,在支架底座用调节螺母调节好水平后重新固定好支架。将雨量电缆线从机箱的底部锁孔穿过。

（9）将地线与地网连接起来（没有地网可埋接地铜板,将地线用螺丝紧固在接地铜板上）。

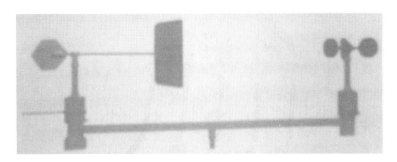

图 5-11　风传感器安装图

二、采集器连线安装

主机箱的连接线:

将电源开关关闭(开关弹起为关闭),将太阳能电池接线端子(如果配备太阳能电池)、雨量信号线端子、温度信号线端子、蓄电池接线端子、DY-05 交流充电板的交流电源接线端子和蓄电池充电端子插在相应的位置;将天线插在相应的位置并拧紧;将 SIM 卡安装在 SIM 卡插槽(见图 5-12),详细情况见外接设备与采集器的连接。

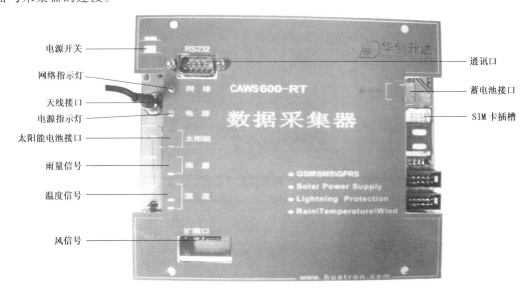

图 5-12　采集器接线图(不包括扩展通道)

背面装有 DY07 电源控制板(见图 5-13、图 5-14)。安装的时候注意电源板的方向,可以根据两端插针的数目判断。注意:如果 DY07 安装方向错误,会导致 CAWS600-R(T)采集器板损坏。

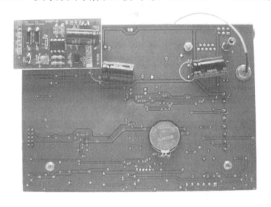

图 5-13　DY-07 安装图(正面)

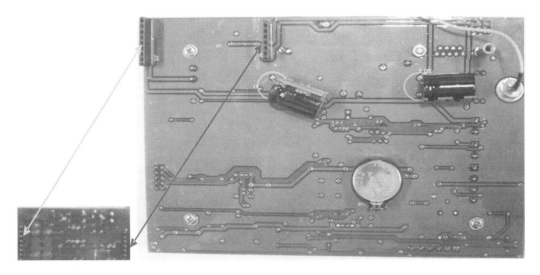

图 5-14　DY-07 安装图(反面)

外接设备与采集器的连接

外接设备	采集器
太阳能电源板	太阳能＋、－
蓄电池	蓄电池＋、－
SIM 卡	SIM 卡插槽
雨量传感器	雨量＋、－
温度传感器	温度接线通道(四线制)
风传感器	风传感器通道(见风传感器各端子说明)
DY－07	采集器背面专属插槽

风传感器各端子说明:

PIN1	PIN2	PIN3	PIN4	PIN5	PIN6
风向电压 0～5 V	风向格雷码转换的脉冲	屏蔽地	风速脉冲 0～1000 Hz	＋5V 电源	电源地

扩展通道图(图 5-15)。

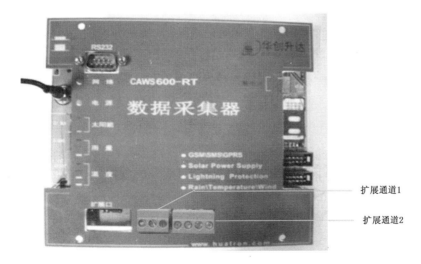

扩展通道1

扩展通道2

图 5-15　扩展通道(六要素扩充)

扩展端口说明:

扩展两个模拟电压接口,扩展通道的量程范围可覆盖 0~20 V,精度达到量程最大信号 1‰以上。系统功耗增加要小于 5 mA。总功耗控制在 30~32 mA。

以下为扩展通道的接口说明。

扩展通道一:

PIN1	PIN2	PIN3
电源	信号	地

扩展通道二:

PIN1	PIN2	PIN3	PIN4
电源	信号	地	空

三、开机

采集器左上角的红色按钮为电源开关,按下按钮,电源灯(绿色)点亮,10 秒钟后熄灭,证明系统上电正常。

运行过程中绿色指示灯有六种状态:

常　　亮　　设备上电正常(只出现在设备上电启动后)

常　　灭　　关闭模块

一秒一闪　　设备正在查找网络

三秒一闪　　设备正常找到网络

一秒两闪　　设备正在激活 GPRS 并连接 TCP

三秒两闪　　设备已经与中心连接正常

网络指示灯(红灯)是通信模块找网状态指示,其状态如下:

一秒一闪　　设备正在查找网络

三秒一闪　　设备正常找到网络

本节所述的各种状态适用于:四要素自动站(含 GPRS 与 CDMA)。

四、参数设置

使用前须通过自动站维护软件进行必要的台站参数(详情见第六节)和中心站参数设置(详细方法请参看软件说明部分)。提示:中心站软件有"远程"自动对时和"站点参数"(STATIC01)设置功能。

第四节　开机观测

1. 在安装好硬件设施和设置好系统参数后,您即可按照第三小节所述开机的内容操作。

2. 运行《自动气象站综合业务处理网络系统》CAWSAnyWhere 业务软件,开始观测。包括主控端、应用端应用程序。

第五节 维护与注意事项

一、电源

1. 太阳能电池板充电电流和蓄电池电压测量

(1)太阳能板充电电流:用万用表电流挡(2 A 以上)测量太阳能电池板充电电流(把万用表的红黑表笔串联在电路里面,红表笔为电流流入的方向)。在不同日射情况下,充电电流大小应当不同,太阳能充足的情况下,电流为 1 A 左右。如果没有电流则说明当时日射强度不足以使太阳能电池板为蓄电池充电。

(2)蓄电池电压:用万用表直流挡(高于 8 V)测量蓄电池正负两极即可得到电池工作电压值。在白天太阳能充足的情况下,测得工作电压应当在 6.7 V 左右,在夜间,蓄电池工作电压应当在 6.3 V 左右。如果电压低于 5.5 V,电源将不能保证自动站的正常工作。若单独测量电池电压,需断开电池输出端。

2. 白天正常,夜间不正常的原因

电池电量不足(长时间阴天或者其他原因导致),白天太阳能给电池充电后可以正常工作,但由于太阳能电池板未能给蓄电池补充足够电量,使其在夜间未能达到工作电压,而无法正常工作。

二、传感器

1. 温度传感器

温度传感器由传感器线和用金属外壳包裹密封的 PT100 铂电阻组成。温度传感器感应部件位于测温杆头部,外有一层滤膜保护。测温部分为标准 4 线制铂电阻测温,温度升高或者降低 1℃度,电阻增加或降低 0.385Ω。

注意:温度传感器不能经受磕碰。

判断温度传感器故障:(参见图 5-16):

图 5-16 四线制测电阻接线示意图

(1)测量 1 脚(或者 2 脚)与 3 脚(或者 4 脚)之间的电阻值 R1。

(2)测量 1 脚与 2 脚(或者 3 脚与 4 脚)之间的电阻值 R2。

(3)R1 减去 R2 求得铂电阻的电阻大小 R,利用公式:

$T=(R-100)/0.385$

算出测量时的温度值,并与标准温度对比,对温度传感器的状况进行初步判断。

提示:铂电阻的线缆分为两组,即 1、2 和 3、4,组内没有明确的线序。

2. 雨量传感器

定期清理承水桶内部阻塞物,并清洁滤网。如有必要,可用中性洗涤剂清洗传感器翻斗。如漏斗堵塞,可用细铁丝使之通畅。冬季无雨季节应把承水口的盖子盖上。防止碰撞和承水器变形,可用游标卡尺和水平尺核查。

严禁用手触摸雨量传感器翻斗的内部。

判断雨量传感器故障:

用万用表蜂鸣档测量雨量传感器电路板背面干簧管焊点上下两个空焊点,当翻斗翻动,万用表发出蜂鸣声表示正常。如果没有蜂鸣声,应当首先考虑干簧管损坏。

3. 风传感器

风传感器运输过程中严禁淋雨,注意防潮。

判断风传感器故障:

(1)EL15-1C 型风速传感器和 EL15-2E 型风向传感器

① 风速:测量风速信号(PIN4)和地(PIN6)之间的电压,风杯转动时测量值应当接近 1/2 工作电压,风杯停止时,测量值为 0 或者接近工作电压值(注:工作电压为 5 V)。

② 风向:测量风向信号(PIN1)和地(PIN6)之间的电压,测量电压正常范围为 0～2.5 V,对应 0～360°。

可依据上述对应关系判断传感器是否正常。

(2)XFY3-1 型风传感器(风向风速一体)

测量方法同 EL15-1C 型风速传感器和 EL15-2E 型风向传感器。

4. 湿度传感器

湿度传感器接在扩展通道 1 或者 2 上。每个通道从左向右依次为电源、模拟输入和地。湿度信号是 0～1 V 的电压,通过测量信号和地之间的电压即可得到对应的空气相对湿度。例如拆下信号线测得信号与地的电压为 0.7 V,则表明当前相对湿度为 70%。对应测量传感器的结果和采集器采到的结果可以判断故障所在。

5. 气压传感器

气压传感器接在扩展通道 1 或者 2 上。通过测量传感器输出电压同样可以知道对应的大气压力,进而对比采集器得到的数据来判断故障。传感器对应的公式根据传感器不同而相异。

三、无线通信

1. 开机后网络指示灯(红色)一直周期(1 秒)地闪烁,可能出现设备登录网络故障,可遵循如下步骤进行故障检测:

(1)检查天线连接。检查天线装配是否合理,同时查看无线信号强弱(如果没有专用设备,可以用装有移动卡的手机简单查看信号是否过弱)。

(2)清理 SIM 卡连接触点,确认该 SIM 卡正常,并且卡是 1.8 V 或 3.3 V 卡。

(3)如果上述两项都正常,请咨询我公司。

2. 设备各指示灯状态正常,但中心站收不到该站点数据,可以通过自动站维护软件进行调试(查看参数、重新设置参数以及状态检测等)。如有必要与当地移动通信台联系解决诸如以下问题:GPRS 业务服务级别、GPRS 基站协议是否标准、信号强度等。

四、参数设置

1. 开机后,没有连续两声蜂鸣器鸣响,而是间隔 2～3 秒的单音(数量大约 60)后,才出现连续两声蜂鸣器鸣响,说明设备参数已丢失,需要重新设置所有参数。

2. 设备各指示灯状态正常,但中心收不到该站点数据,可能是设备参数丢失,可通过短信按照命令格式(见附录)要求向自动站发送短信来检查参数或者获取数据,或通过串口用自动站维护管理软件(见第六节)检查、设置参数。

第六节　使用自动站维护管理软件进行设备维护

通过自动站维护管理软件可以对自动站进行维护调试。自动站维护管理软件分为 PDA 版和桌面电脑版。

　　自动站与桌面电脑通过串口线连接。自动站与外部设备的接口是 RS232 接口,自动站与其连接时,可能需要一根转接线。

　　可以手动输入自动站维护管理软件中未提及的其他命令,例如一些数据查询命令。详情见附录中的参数配置和常用数据命令。

一、自动站维护管理软件 PDA 版(需选配 PDA)

● 单击菜单中[自动站维护管理软件]项,进入软件主界面(见图 5-17)。

图 5-17　[自动站维护管理软件 PDA 版]主界面

● 根据需要选择进入相应的窗体:如果需要看随机帮助,请选择[软件帮助](见图 5-18)。

图 5-18　[自动站维护管理软件 PDA 版]帮助界面

● 如果使用本测试软件,请单击[进入软件]。

● 选择[进入软件],即可进入本软件主窗体。

1. 采集器连接功能介绍

● 选择[进入软件],即可进入本软件主窗体(见图 5-19)。

图 5-19　［自动站维护管理软件 PDA 版］主窗体图

● 单击单选按钮［四要素采集器］,即可进入四要素采集器功能。

● 串口默认设置为波特率 9600,校验位无,数据位 8,停止位 1。

2．参数配置

● 单击进入［参数配置］共有以下部分:GPRS 参数、SMS 参数、站点参数、报警信息相关的参数的浏览和配置。

● 另外全部参数可以实现所有参数快速浏览。

● 进入主界面后,系统自动获取设备参数,如果系统没有正确读取参数,可以单击［读取］按钮,可重新读取。单击各种参数选项,也可获得该类别的参数详细。详细补充情况见以下部分。

● 如果需要修改参数,请在文本框内修改参数,单击［设置］即可见该参数已设置到设备中。

● 操作过程,可以通过状态提示,了解操作情况。

◆GPRS 参数:

图 5-20　［自动站维护管理软件 PDA 版]GPRS 参数图

● 用于设置 GPRS 相关参数,下表是出厂时的参数值,共包括四个参数项(见图 5-20):

参数名称	参数出厂值	位数
IP 地址	255.255.255.255	15
端口号	1500	6
接入点	CMNET	15
协议	T	1

◆SMS 参数:

● 用于设置 SMS 相关参数,下表是出厂时的参数值,共包括五个参数项(见图 5-21):

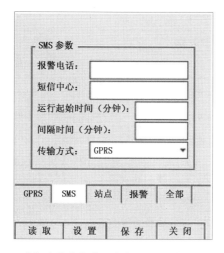

图 5-21　[自动站维护管理软件 PDA 版] SMS 参数图

参数名称	参数出厂值	位数
报警电话	13821309302	15
短信中心	13911599356	15
运行起始时间	0020	4
间隔时间	0060	4
传输方式	0	1

◆站点参数：

● 设置与站点相关的参数，下表是出厂时的参数值，共包括八个参数项。

参数名称	参数出厂值	位数
站点号	同设备编号（五位）	8
口令	1234	15
本机号码	13821309302	15
是否采集温度	Y	1
偏移量（小时）	00	2
间隔（小时）	2	1
分钟雨量上报门限	000	3
分钟雨量上报间隔	00	2

◆报警信息相关的参数：

● 设置报警信息相关的参数，下表是出厂时的参数值，共包括 12 个参数项。

参数名称	参数出厂值	位数
日累计雨量报警级别 1(0.1 mm)	0800	4
日累计雨量报警级别 2(0.1 mm)	1000	4
1 小时雨量报警级别(0.1 mm)	0200	4
3 小时雨量报警级别(0.1 mm)	0400	4

续表

参数名称	参数出厂值	位数
低温报警级别(0.1℃)	1500	4
高温报警级别(0.1℃)	0600	4
大风报警级别1(0.1 m/s)	200	3
大风报警级别2(0.1 m/s)	500	3
低电压报警级别(0.1 V)	045	3
温度A值	100	3
温度B值	0000	4
风向传感器类型	1	1

◆全部参数浏览：

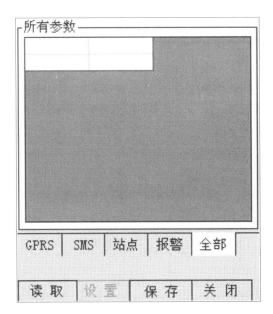

图5-22　［自动站维护管理软件PDA版］参数浏览界面

● 该项一次读取全部参数,提供浏览功能,不提供设置功能。但可以单击［保存］,将所有参数设置为默认参数。详细情况见默认参数(见图5-22)。

3. 测试功能

● 进入主界面,单击［测试功能］,即可进入采集器测试界面(见图5-23)。

● 如果想自动测试,请选择"自动测试、诊断"选项,单击［测试诊断］按钮,系统会根据设备状况做出分析诊断。同时按钮上方,显示当前测试状态,用户可以根据其了解测试进程。

●［注意］在测试指定项目时,请不要另选其他项目。

● 单击［保存］按钮,即可将当前测试诊断信息保存,以便以后查看。

4. 系统监视

● 进入主界面后单击［系统监视］,即可进入采集器系统监视界面。

● 单击［监视］按钮之后,系统会自动监视设备运行状况。如果想了解系统状态,单击［系统状态］按钮,即可显示系统状态。

● 如果想修改设备时间,请单击［时间设置］按钮即可,设置情况会显示在文本框内。

注意:设备接通电源之后才起作用。

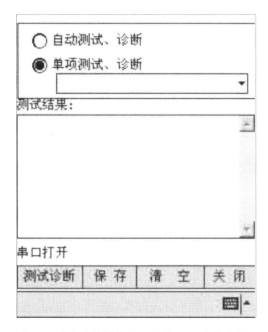

图 5-23 ［自动站维护管理软件 PDA 版］主界面

5.默认参数

● 进入主界面后单击［默认参数］，即可进入通信服务器默认参数界面。

● 单击选择备选默认参数，则在参数详细中显示该项参数详细信息。

● 如果想将该参数设置到设备中去，单击［设置］按钮即可。系统会自动显示设置状况。

6.超级终端

● 进入主界面后单击［超级终端］，即可进入采集器超级终端界面（见图 5-24）。

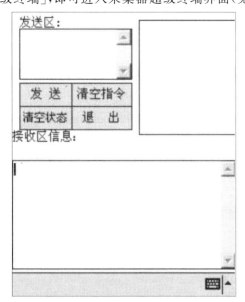

图 5-24 ［自动站维护管理软件 PDA 版］超级终端界面

● 右上方显示常用命令。单击指定的命令，即可在发送区显示该命令。

● 在发送区内输入好命令之后，单击［发送］按钮即可，则在接收区显示响应信息。同时在"接收区信息"显示命令执行状况。

二、自动站维护软件桌面电脑版

● 单击菜单中［自动站维护管理软件］项，进入软件引导界面（如图 5-25）。

图 5-25 ［自动站维护管理软件 PC 版］引导界面

● 系统自动加载程序后，自动进入主界面。

1.采集器连接功能介绍

● 单击单选按钮［四要素采集器］，即可进入四要素采集器功能。

● 串口默认设置为波特率 9600，校验位无（N），数据位 8，停止位 1。

2.多参数配置

● 单击进入［参数配置］共有以下部分：GPRS 参数、SMS 参数、站点参数、报警信息相关的参数的浏览和配置。

● 另外可以全部参数可以实现所有参数快速浏览。

● 进入主界面后，系统自动获取设备参数，如果系统没有正确读取参数，可以单击［读取］按钮，可重新读取。单击各种参数选项，也可获得该类别的参数详细。详细补充情况见以下部分。

● 如果需要修改参数，请在文本框内修改参数，单击［设置］即可见该参数已设置到设备中。

● 操作过程，可以通过状态提示，了解操作情况。

◆GPRS 参数：

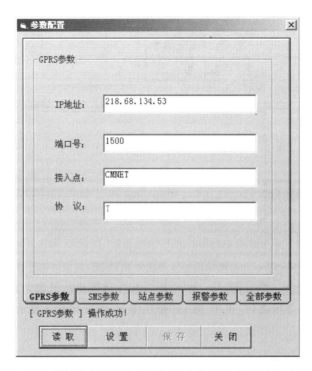

图 5-26 ［自动站维护管理软件 PC 版］GPRS 参数设置界面

● 用于设置 GPRS 相关参数,下表是出厂时的参数值,共包括四个参数项(如图 5-26)。

参数名称	参数出厂值	位数
IP 地址	255.255.255.255	15
端口号	1501	6
接入点	CMNET	15
协议	T	1

◆SMS 参数:

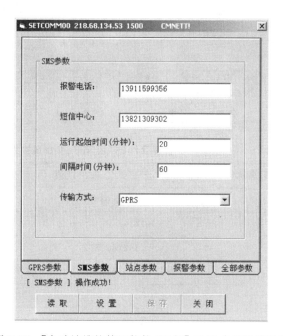

图 5-27 [自动站维护管理软件 PC 版]SMS 参数设置界面

● 用于设置 SMS 相关参数,下表是出厂时的参数值,共包括五个参数项(如图 5-27):

参数名称	参数出厂值	位数
报警电话	13911599356	15
短信中心	13821309302	15
运行起始时间(分钟)	0020	4
间隔时间(分钟)	0060	4
传输方式	0	1

◆站点参数:

● 设置与站点相关的参数,下表是出厂时的参数值,共包括八个参数项(见图 5-28)。

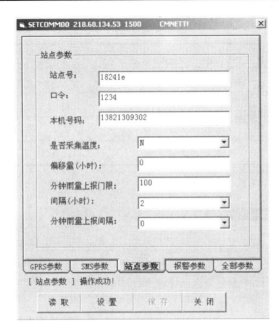

图 5-28 〔自动站维护管理软件 PC 版〕站点参数设置界面

参数名称	参数出厂值	位数
站点号	同设备编号（五位）	8
口令	1234	6
本机号码	13821309302	15
是否采集温度	Y	1
偏移量（小时）	00	2
间隔（小时）	2	1
分钟雨量上报门限	000	3
分钟雨量上报间隔	00	2

◆报警信息相关的参数：

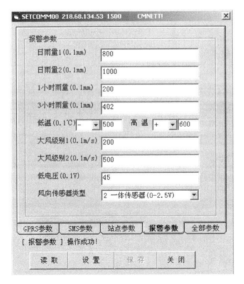

图 5-29 〔自动站维护管理软件 PC 版〕报警信息参数设置界面

● 设置报警信息相关的参数，下表是出厂时的参数值，共包括 12 个参数项(如图 5-29)。

参数名称	参数出厂值	位数
日累计雨量报警级别 1(0.1 mm)	0800	4
日累计雨量报警级别 2(0.1 mm)	1000	4
1 小时雨量报警级别(0.1 mm)	0200	4
3 小时雨量报警级别(0.1 mm)	0400	4
低温报警级别(0.1℃)	1500	4
高温报警级别(0.1℃)	0600	4
大风报警级别 1(0.1 m/s)	200	3
大风报警级别 2(0.1 m/s)	500	3
低电压报警级别(0.1 V)	045	3
温度 A 值	100	3
温度 B 值	0000	4
风向传感器类型	1	1

◆全部参数浏览：

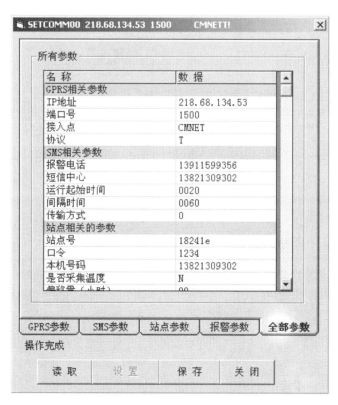

图 5-30　[自动站维护管理软件 PC 版]全部参数浏览界面

● 该项一次读取全部参数，提供浏览功能，不提供设置功能。但可以单击[保存]，将所有参数设置为默认参数。详细情况见默认参数(见图 5-30)。

3.测试功能

● 进入主界面，单击[测试功能]，即可进入采集器测试界面(如图 5-31)。

● 如果想自动测试，请选择"自动测试、诊断"选项，单击[测试诊断]按钮，系统会根据设备状况做

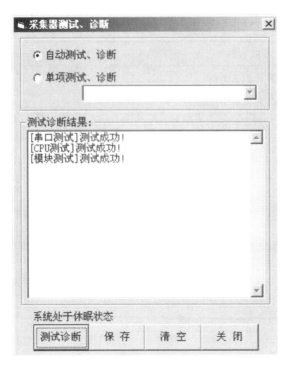

图 5-31 ［自动站维护管理软件 PC 版］测试界面

出分析诊断。同时按钮上方,显示当前测试状态,用户可以根据其了解测试进程。

● ［注意］在测试指定项目时,请不要另选其他项目。

● 单击［保存］按钮,即可将当前测试诊断信息保存,以便以后查看。

4.系统监视

● 进入主界面后单击［系统监视］,即可进入采集器系统监视界面(见图 5-32)。

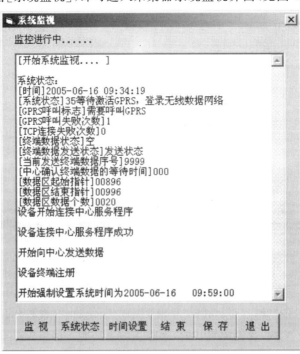

图 5-32 ［自动站维护管理软件 PC 版］系统监视界面

● 单击［监视］按钮之后,系统会自动监视设备运行状况。如果想了解系统状态,单击［系统状态］按钮,即可显示系统状态详细信息。

● 如果想修改设备时间，以便观测系统与中心交互情况，可单击[时间设置]按钮，将系统设置成系统"2005－06－16 09:59:00"，设置情况会显示在文本框内。

● 如果想停止系统监视，单击[结束]即可。单击[保存]，即可将当前监视信息保存。

● [注意]设备接通电源之后才起作用。

5.默认参数

● 进入主界面后单击[默认参数]，即可进入通信服务器默认参数界面（见图 5-33）。

图 5-33　[自动站维护管理软件 PC 版]默认参数设置界面

● 单击选择备选默认参数，则在参数详细中显示该项参数详细信息。

● 如果想将该参数设置到设备中去，单击[设置]按钮即可。系统会自动显示设置状况。

● 如果删除该项默认参数，请选择指定的默认参数，单击[删除]即可。

6.超级终端

● 进入主界面后单击[超级终端]，即可进入采集器超级终端界面（见图 5-34）。

图 5-34　[自动站维护管理软件 PC 版]超级终端界面

● 左下方显示常用命令。单击指定的命令，即可在发送区显示该命令。也可自行在发送区添加你要测试的命令。在发送区内输入好命令之后，单击[发送]按钮即可，则在接收区显示响应信息。同时在

"接收区信息"显示命令执行状况。

● 单击［清空指令］，即可清空发送区内信息。

● 单击［清空状态］，即可清空状态区内信息。

附录：系统参数配置和数据命令

一、参数配置

采集器的参数配置分为四部分，关键字分别是 COMM00，COMM01，STATIC01 和 STATIC02。

1. COMM00 命令

COMM00 用于设置 GPRS 相关参数，下表是出厂时的参数值，共包括四个参数项，每个参数项位数不足时，前补空格。

参数名称	参数出厂值	位数
IP 地址	255.255.255.255	15
端口号	1501	6
接入点	CMNET	15
协议	T	1

● 设置参数命令：SETCOMM00 ＋ IP 地址 ＋ 端口号 ＋ 接入点 ＋ 协议 ＋！

● 设置参数命令响应：SETCOMM00OK！

● 获取参数命令：GETCOMM00！

● 获取参数命令响应：GETCOMM00 ＋ IP 地址＋端口号＋接入点＋协议＋！

参数项说明：

(1)IP 地址：中心服务器的 IP 地址。

(2)端口号：中心服务器端口号。

(3)接入点：GPRS 接入点，如果是公网接入，设置为 CMNET，如果采用当地的专用网，需要按照当地提供的接入点重新设置。

(4)协议：目前只支持 TCP 协议，因此此参数只能设置为 T。

2. COMM01 命令

COMM01 用于设置 SMS 相关参数，下表是出厂时的参数值，共包括五个参数项，其中运行起始时间和间隔时间如果位数不足，前补零，其他参数项位数不足时，前补空格。

参数名称	参数出厂值	位数
报警电话	13911599356(可能不同,仅供参考)	15
短信中心	13821309302(可能不同,仅供参考)	15
运行起始时间(分钟)	0020	4
间隔时间(分钟)	0060	4
传输方式	0	1

● 设置参数命令：SETCOMM01＋报警电话＋短信中心＋运行起始时间＋间隔时间＋传输方式＋！

● 设置参数命令响应：SETCOMM01OK！

● 获取参数命令：GETCOMM01！

● 获取参数命令响应:GETCOMM01＋报警电话＋短信中心＋运行起始时间＋间隔时间＋传输方式＋!

参数项说明:

(1)报警电话:如果当前的通信方式为只采用短信方式,或者处于 GPRS 为主,短信为辅的短信方式时,出现的雨量报警,温度报警,大风报警及低电压报警将发送到这个电话上。

(2)短信中心:如果当前的通信方式为只采用短信方式,或者处于 GPRS 为主,短信为辅的短信方式时,小时气象数据以及出现的雨量报警,温度报警,大风报警,低电压报警都将发送到这个电话上。

(3)运行起始时间:这个参数只在 GPRS 为主,短信为辅的通信方式时起作用。此参数要小于后面的间隔时间,参数的意义在于当地的 GPRS 网络不好的时候,将通信方式切换为短信方式的起始时间。

(4)间隔时间:这个参数只在 GPRS 为主,短信为辅的通信方式时起作用。此参数要大于前面的运行起始时间,配合运行起始时间决定切换短信的时间。目前一般设置为 60 分钟,即每间隔一小时查询一次网络运行状态。

(5)传输方式:传输方式只有三种选择,0 为只采用 GPRS 的通信方式,1 为只采用短信的通信方式,2 为 GPRS 为主,短信为辅的通信方式。

3. STATIC01 命令

STATIC01 用于设置与站点相关的参数,下表是出厂时的参数值,共包括八个参数项,其中口令和本机号码位数不足时,前补空格,其他参数项位数不足时,前补零。

参数名称	参数出厂值	位数
站点号	同设备编号(五位)	8
口令	1234	6
本机号码	13821309302	15
是否采集温度	Y	1
偏移量(小时)	00	2
间隔(小时)	2	1
分钟雨量上报门限	000	3
分钟雨量上报间隔	00	2

● 设置参数命令:SETSTATIC01 ＋ 站点号 ＋ 口令 ＋ 本机号码 ＋ 是否采集温度 ＋ 偏移量 ＋ 间隔 ＋ 分钟雨量上报门限 ＋ 分钟雨量上报间隔 ＋!

● 设置参数命令响应:SETSTATIC01OK!

● 获取参数命令:GETSTATIC01!

● 获取参数命令响应:GETSTATIC01 ＋ 站点号 ＋ 口令 ＋ 本机号码 ＋ 是否采集温度 ＋ 偏移量 ＋ 间隔 ＋ 分钟雨量上报门限 ＋ 分钟雨量上报间隔 ＋!

参数项说明:

(1)站点号:是本站标识,每个站点都应该不同,根据当地具体情况重新设置。

(2)口令:目前此项参数未起作用,可以任意设置。

(3)本机号码:此项参数只在通信方式为只采用短信方式,或者处于 GPRS 为主,短信为辅的短信方式时起作用,这个参数应该与该站点安装的 SIM 卡的电话号码相符,参数的意义在于通过短信方式校准设备时钟。

(4)是否采集温度:此项参数只有两个选择,设置为 N 表示站点为雨量站,设置为 Y 表示站点为四要素站。

（5）偏移量：此项参数只在设置为四要素站且通信方式为只采用短信方式，或者处于 GPRS 为主，短信为辅的短信方式时起作用，此偏移量应小于间隔，表示温度以及风速风向信息向短信中心发送的偏移小时数。

（6）间隔：此项参数与上面的偏移量配合使用，此间隔值应大于偏移量，此参数决定向短信中心发送短信的间隔小时数。

（7）分钟雨量上报门限：此参数只在通信方式为只采用 GPRS 方式，或者处于 GPRS 为主，短信为辅的 GPRS 方式时起作用。此参数范围为 0～999，如果设置为 0 表示不启用此机制，如果设置为 1～999 之间的数值，则当分钟雨量累计到此上报门限的时候，将当前的气象数据实时发送至气象中心。

（8）分钟雨量上报间隔：此参数只在通信方式为只采用 GPRS 方式，或者处于 GPRS 为主，短信为辅的 GPRS 方式时起作用。此参数的可选值为 0,1,2,3,4,5,6,10,15,20,30,60，如果设置为 0 表示不启用此机制，如果设置为其他值，则每到上报间隔的时间就将当前的气象数据实时发送至气象中心。

4. TATIC02 命令

STATIC02 用于设置报警信息相关的参数，下表是出厂时的参数值，共包括 12 个参数项，参数项位数不足时，前补零。

参数名称	参数出厂值	位数
日累计雨量报警级别 1(0.1 mm)	0800	4
日累计雨量报警级别 2(0.1 mm)	1000	4
1 小时雨量报警级别(0.1 mm)	0200	4
3 小时雨量报警级别(0.1 mm)	0400	4
低温报警级别(0.1℃)	1500	4
高温报警级别(0.1℃)	0600	4
大风报警级别 1(0.1 m/s)	200	3
大风报警级别 2(0.1 m/s)	500	3
低电压报警级别(0.1 V)	045	3
温度 A 值	100	3
温度 B 值	0000	4
风向传感器类型	1	1

● 设置参数命令：SETSTATIC02 ＋ 日累计雨量报警级别 1 ＋ 日累计雨量报警级别 2 ＋ 1 小时雨量报警级别 ＋ 3 小时雨量报警级别 ＋ 低温报警级别 ＋ 高温报警级别 ＋ 大风报警级别 1 ＋ 大风报警级别 2 ＋ 低电压报警级别 ＋ 温度 A 值 ＋ 温度 B 值 ＋ 风向传感器类型 ＋！

● 设置参数命令响应：SETSTATIC02OK！

● 获取参数命令：GETSTATIC02！

● 获取参数命令响应：GETSTATIC02 ＋ 日累计雨量报警级别 1 ＋ 日累计雨量报警级别 2 ＋ 1 小时雨量报警级别 ＋ 3 小时雨量报警级别 ＋ 低温报警级别 ＋ 高温报警级别 ＋ 大风报警级别 1 ＋ 大风报警级别 2 ＋ 低电压报警级别 ＋ 温度 A 值 ＋ 温度 B 值 ＋ 风向传感器类型 ＋！

参数项说明：

（1）日累计雨量报警级别 1：当日累计雨量达到此报警级别时，设备将根据当前的通信方式选择通过 GPRS 方式或短信方式将告警信息发送到气象中心。此参数值应小于日累计雨量报警级别 2，此报警信息每日只发送一次。

（2）日累计雨量报警级别 2：当日累计雨量达到此报警级别时，设备将根据当前的通信方式选择通过 GPRS 方式或短信方式将报警信息发送到气象中心。此参数值应大于日累计雨量报警级别 1,此报警信息每日只发送一次。

(3)1 小时雨量报警级别:当小时累计雨量达到此报警级别时,设备将根据当前的通信方式选择通过 GPRS 方式或短信方式将报警信息发送到气象中心。此参数值应小于 3 小时雨量报警级别,此报警信息每小时只发送一次。

(4)3 小时雨量报警级别:当连续三小时累计雨量达到此报警级别时,设备将根据当前的通信方式选择通过 GPRS 方式或短信方式将报警信息发送到气象中心。此参数值应小于日累计雨量报警级别 1,此报警信息每小时只发送一次。

(5)低温报警级别:当日最低气温低于此报警级别时,设备将根据当前的通信方式选择通过 GPRS 方式或短信方式将报警信息发送到气象中心。此报警信息每日只发送一次。此参数的最高位是符号位,1 表示负温度,0 表示正温度,后面三位是温度的绝对值。

(6)高温报警级别:当日最高气温高于此报警级别时,设备将根据当前的通信方式选择通过 GPRS 方式或短信方式将报警信息发送到气象中心。此报警信息每日只发送一次。此参数的最高位是符号位,1 表示负温度,0 表示正温度,后面三位是温度的绝对值。

(7)大风报警级别 1:当日最大风速大于此报警级别时,设备将根据当前的通信方式选择通过 GPRS 方式或短信方式将报警信息发送到气象中心。此参数值应小于大风报警级别 2,此报警信息每日只发送一次。

(8)大风报警级别 2:当日最大风速大于此报警级别时,设备将根据当前的通信方式选择通过 GPRS 方式或短信方式将报警信息发送到气象中心。此参数值应大于大风报警级别 1,此报警信息每日只发送一次。

(9)低电压报警级别:当供电电压低于此报警级别时,设备将根据当前的通信方式选择通过 GPRS 方式或短信方式将报警信息发送到气象中心。此报警信息每日只发送一次。

(10)温度 A 值:目前此参数值未使用。

(11)温度 B 值:目前此参数值未使用。

(12)风向传感器类型:此参数的可选项为 0 和 1,设置为 0 表示连接格雷码脉冲传感器,设置为 1 表示连接电压风向传感器,其中格雷码脉冲传感器作为扩展功能,目前尚未使用,故此项参数只能设置为 1。

5. IP 配置命令

多 IP 功能只针对小时数据,加密数据不启动此机制。如果三个辅助 IP 的允许位均未被置 1,则流程与未加入多 IP 时功能相同。

纯 GPRS 通信方式

在此通信方式下,每次经过整点生成小时数据后,设备会先向主 IP 上报小时数据,如果三个辅助 IP 的允许位有被置 1 的,则无论主 IP 数据上报成功与否,都会与主 IP 断开连接(连接不上或报完数据主动掉线),按照辅助 IP 地址允许位的顺序,依次向被置 1 的中心 IP 上报小时数据(但只尝试上报一次,连接不通或上报无回应的情况都不会补报),最终重新与主 IP 建立连接。

纯短信通信方式

在此通信方式下,每次经过整点生成小时数据后,无论辅助 IP 的允许位是否被置 1,设备只会向主 IP 上报小时数据,而不会向辅助 IP 上报小时数据。

GPRS/短信备份通信方式

在此通信方式下,每次经过整点生成小时数据后,如果三个辅助 IP 的允许位有被置 1 的,设备会先向主 IP 上报小时数据,无论主 IP 数据上报成功与否,均会与主 IP 断开连接(连接不上或报完数据主动掉线),按照辅助 IP 地址允许位的顺序,依次向允许位被置 1 的中心上报小时数据(但只尝试上报一次,连接不通或上报无回应的情况都不会补报),并重新与主 IP 建立连接,若仍不成功,则根据 COMM01

中设置的转短信的时间偏移量,转为短信方式将小时数据上报至短信中心。

COMM04 用于设置辅助 IP,共包括 9 个参数项,其中 IP 地址和端口号如果位数不足,前补空格。

参数名称	参数出厂值	位数
辅助 IP 地址 1	255.255.255.255	15
辅助 IP 地址 1 端口号	1500	6
辅助 IP 地址 2	255.255.255.255	15
辅助 IP 地址 2 端口号	1500	6
辅助 IP 地址 3	255.255.255.255	15
辅助 IP 地址 3 端口号	1500	6
辅助 IP 地址 1 允许位	0	1
辅助 IP 地址 2 允许位	0	1
辅助 IP 地址 3 允许位	0	1

设置参数命令:SETCOMM04 + 辅助 IP 地址 1 + 辅助 IP 地址 1 端口号 + 辅助 IP 地址 2 + 辅助 IP 地址 2 端口号 + 辅助 IP 地址 3 + 辅助 IP 地址 3 端口号 + 辅助 IP 地址 1 允许位 + 辅助 IP 地址 2 允许位 + 辅助 IP 地址 3 允许位!

设置参数命令响应:SETCOMM04OK!

获取参数命令:GETCOMM04!

获取参数命令响应:GETCOMM04 + 辅助 IP 地址 1 + 辅助 IP 地址 1 端口号 + 辅助 IP 地址 2 + 辅助 IP 地址 2 端口号 + 辅助 IP 地址 3 + 辅助 IP 地址 3 端口号 + 辅助 IP 地址 1 允许位 + 辅助 IP 地址 2 允许位 + 辅助 IP 地址 3 允许位!

参数项说明:

(1)辅助 IP 地址 1:如果辅助 IP 地址 1 允许位置 1(辅助中心 1 有效),则设备会将小时数据向该中心上报,此参数项即为该中心的 IP 地址。

(2)辅助 IP 地址 1 端口号:如果辅助 IP 地址 1 允许位置 1(辅助中心 1 有效),则设备会将小时数据向该中心上报,此参数项即为该中心的 IP 地址端口号。

(3)辅助 IP 地址 2:如果辅助 IP 地址 2 允许位置 1(辅助中心 2 有效),则设备会将小时数据向该中心上报,此参数项即为该中心的 IP 地址。

(4)辅助 IP 地址 2 端口号:如果辅助 IP 地址 2 允许位置 1(辅助中心 2 有效),则设备会将小时数据向该中心上报,此参数项即为该中心的 IP 地址端口号。

(5)辅助 IP 地址 3:如果辅助 IP 地址 3 允许位置 1(辅助中心 3 有效),则设备会将小时数据向该中心上报,此参数项即为该中心的 IP 地址。

(6)辅助 IP 地址 3 端口号:如果辅助 IP 地址 3 允许位置 1(辅助中心 3 有效),则设备会将小时数据向该中心上报,此参数项即为该中心的 IP 地址端口号。

(7)辅助 IP 地址 1 允许位:如果该参数置 1(辅助中心 1 有效),则设备会将小时数据向该中心上报,置 0 则不上报。

(8)辅助 IP 地址 2 允许位:如果该参数置 1(辅助中心 2 有效),则设备会将小时数据向该中心上报,置 0 则不上报。

(9)辅助 IP 地址 3 允许位:如果该参数置 1(辅助中心 3 有效),则设备会将小时数据向该中心上报,置 0 则不上报。

6.扩展通道设置命令

采集器增加了一个参数配置的关键字 STATIC03,用于新增的两个模拟量的控制。下表是出厂时的参数值,共包括 18 个参数项,参数项位数不足时,前补零。

参数名称	参数出厂值	位数
模拟量 1 A 值	00.0000000	10
模拟量 1 B 值	01.0000000	10
模拟量 1 采样频率(分钟)	01	2
模拟量 1 采样延时时间(秒)	05	2
模拟量 1 计算方式	0	1
模拟量 1 阈值	00000	5
模拟量 1 低报警级别	00000	5
模拟量 1 高报警级别	99999	5
模拟量 1 放大倍数	2	1
模拟量 2 A 值	00.0000000	10
模拟量 2 B 值	01.0000000	10
模拟量 2 采样频率(分钟)	01	2
模拟量 2 采样延时时间(秒)	05	2
模拟量 2 计算方式	0	1
模拟量 2 阈值	00000	5
模拟量 2 低报警级别	00000	5
模拟量 2 高报警级别	99999	5
模拟量 2 放大倍数	2	1

设置参数命令:SETSTATIC03 + 模拟量 1 A 值 + 模拟量 1B 值 + 模拟量 1 采样频率 + 模拟量 1 采样延时时间 + 模拟量 1 计算方式 + 模拟量 1 阈值 + 模拟量 1 低报警级别 + 模拟量 1 高报警级别 + 模拟量 1 放大倍数 + 模拟量 2A 值 + 模拟量 2B 值 + 模拟量 2 采样频率 + 模拟量 2 采样延时时间 + 模拟量 2 计算方式 + 模拟量 2 阈值 + 模拟量 2 低报警级别 + 模拟量 1 高报警级别 + 模拟量 2 放大倍数 + !

设置参数命令响应:SETSTATIC03OK!

获取参数命令:GETSTATIC03!

获取参数命令响应:GETSTATIC03 + 模拟量 1 A 值 + 模拟量 1B 值 + 模拟量 1 采样频率 + 模拟量 1 采样延时时间 + 模拟量 1 计算方式 + 模拟量 1 阈值 + 模拟量 1 低报警级别 + 模拟量 1 高报警级别 + 模拟量 1 放大倍数 + 模拟量 2A 值 + 模拟量 2B 值 + 模拟量 2 采样频率 + 模拟量 2 采样延时时间 + 模拟量 2 计算方式 + 模拟量 2 阈值 + 模拟量 2 低报警级别 + 模拟量 1 高报警级别 + 模拟量 2 放大倍数 + !

参数项说明:

(1)模拟量 1 A 值:模拟量 1 采用 A+BX 的计算公式,此参数是指公式中的 A 值,此参数的最高位是符号位,1 表示负系数,0 表示正系数,后面 9 位数据采用浮点数方式表示。

(2)模拟量 1 B 值:模拟量 1 采用 A+BX 的计算公式,此参数是指公式中的 B 值,此参数的最高位是符号位,1 表示负系数,0 表示正系数,后面 9 位数据采用浮点数方式表示。

(3)模拟量 1 采样频率:此参数为模拟量 1 的采样频率,单位为分钟,此参数的可选值为 0,1,2,3,

4,5,6,10,15,20,30,60,当此项参数为 0 时,表示不采样。

(4)模拟量 1 采样延时时间:此参数为模拟量 1 的采样延时时间,单位为秒,此参数的可选值为 0～30 秒,当此项参数为 0 时,表示不需要采样延时,即不需要控制传感器的电源,常开。

(5)模拟量 1 计算方式:针对不同传感器,采用不同的计算方式,此参数的可选值为 0,1,2。计算方式为 0 时为需要实时采样值的方式(如湿度),计算方式为 1 时为需要累计采样值的方式(如辐射),计算方式为 2 时为需要判断后再进行累计的采样值(如日照),当计算方式为 2 时,需要正确设置模拟量 1 阈值。

(6)模拟量 1 阈值:配合模拟量 1 计算方式为 2 增加了此参数,当模拟量 1 计算方式为 2 时,模拟量 1 每次的采样值需要和此参数进行比较,当采样值大于此参数时计 1,当采样值小于此参数时计 0,整点时将每分钟的 1 累加后上报。

(7)模拟量 1 低报警级别:当模拟量 1 的采样值低于此值时,设备将根据当前的通信方式选择通过 GPRS 方式或短信方式将告警信息发送到气象中心。此报警信息每日只发送一次。

(8)模拟量 1 高报警级别:当模拟量 1 的采样值高于此值时,设备将根据当前的通信方式选择通过 GPRS 方式或短信方式将告警信息发送到气象中心。此报警信息每日只发送一次。

(9)模拟量 1 放大倍数:此参数的可选值为 1,2,3,4,当参数为 1 时表示将输入信号缩小 10 倍,当参数为 2 时表示对输入信号不做放大缩小处理,当参数为 3 时表示对输入信号放大 10 倍,当参数为 4 时表示对输入信号放大 100 倍。由于放大倍数与板上的跳线是一一对应的,因此修改此参数时需要特别注意,因为板上的跳线只有在本地可以进行修改,因此目前只支持在本地串口方式时修改此参数。

(10)模拟量 2 A 值:模拟量 2 采用 A＋BX 的计算公式,此参数是指公式中的 A 值,此参数的最高位是符号位,1 表示负系数,0 表示正系数,后面 9 位数据采用浮点数方式表示。

(11)模拟量 2B 值:模拟量 2 采用 A＋BX 的计算公式,此参数是指公式中的 B 值,此参数的最高位是符号位,1 表示负系数,0 表示正系数,后面 9 位数据采用浮点数方式表示。

(12)模拟量 2 采样频率:此参数为模拟量 2 的采样频率,单位为分钟,此参数的可选值为 0,1,2,3,4,5,6,10,15,20,30,60,当此项参数为 0 时,表示不采样。

(13)模拟量 2 采样延时时间:此参数为模拟量 2 的采样延时时间,单位为秒,此参数的可选值为 0～60 秒,当此项参数为 0 时,表示不需要采样延时,即不需要控制传感器的电源,常开。

(14)模拟量 2 计算方式:针对不同传感器,采用不同的计算方式,此参数的可选值为 0,1,2。计算方式 0 为需要实时采样值的方式(如湿度),计算方式为 1 时为需要累计采样值的方式(如辐射),计算方式为 2 时为需要判断后再进行累计的采样值(如日照),当计算方式为 2 时,需要正确设置模拟量 2 阈值。

(15)模拟量 2 阈值:配合模拟量 2 计算方式为 2 增加了此参数,当模拟量 2 计算方式为 2 时,模拟量 2 每次的采样值需要和此参数进行比较,当采样值大于此参数时计 1,当采样值小于此参数时计 0,整点时将每分钟的 1 累加后上报。

(16)模拟量 2 低报警级别:当模拟量 2 的采样值低于此值时,设备将根据当前的通信方式选择通过 GPRS 方式或短信方式将告警信息发送到气象中心。此报警信息每日只发送一次。

(17)模拟量 2 高报警级别:当模拟量 2 的采样值高于此值时,设备将根据当前的通信方式选择通过 GPRS 方式或短信方式将告警信息发送到气象中心。此报警信息每日只发送一次。

(18)模拟量 2 放大倍数:此参数的可选值为 1,2,3,4,当参数为 1 时表示将输入信号缩小 10 倍,当参数为 2 时表示对输入信号不做放大缩小处理,当参数为 3 时表示对输入信号放大 10 倍,当参数为 4 时表示对输入信号放大 100 倍。

由于放大倍数与板上的跳线是一一对应的,因此修改此参数时需要特别注意,因为板上的跳线只有在本地可以进行修改,因此目前只支持在本地串口方式时修改此参数。

传感器参数设置示例:

比如扩展通道一使用 VAISALA PTB100A 传感器,扩展通道二使用 HMP50 湿度传感器。

PTB100A 输出为 0～5 V 电压,使用 1/10 倍放大档,HMP50 输出电压为 0～1 V 电压,使用 1 倍放大档,因此硬件设置:JP1:3－4、5－6,JP2:1－2、5－6。

相应软件参数设置:气压传感器电压与气压关系:P＝52×V(单位 V)＋800 (hPa),采集器计算的电压值单位是 mV,因此该传感器的 A、B 系数为 $a＝+800$,$b＝52/1000＝+0.052$,但考虑气压结果输出要保留一位小数,因此将结果放大十倍,对应 A＝+8000,B＝+0.52。湿度传感器输出电压直接对应放大十倍的相对湿度值,因此其 A＝0,B＝1。同时指定一通道为 1/10 放大、二通道为 1 倍放大,两传感器功耗都很小,指定常通电。

由此:STATIC03 参数为:

SETSTATIC0308000.000000.5200000010000000000000099999100.000000001.0000000010000000000000999992!

注意:扩展通道绝对不能超量程配置使用。超量程会造成其他通道测量失败。

二、常用数据命令

在进行调试时可以用到以下的命令。这些命令可以用短信的形式发送,或者在自动站维护管理软件中发送给自动站进行调试。

获取当前小时数据:

命令内容	GETHOURDATA!
命令响应	如果是 GPRS 方式或本地串口方式,返回 GPRS 小时数据 如果是短信方式,返回 SMS 小时数据

获取多个小时数据:

命令内容	GETHOURDATA ＋ 起始日期时间(年月日时) ＋ 结束日期时间(年月日时)＋!
命令响应	如果是 GPRS 方式或本地串口方式,依次返回从起始日期时间至结束日期时间的 GPRS 小时数据 如果是短信方式,依次返回从起始日期时间至结束日期时间 SMS 小时数据

获取当前分钟数据:

命令内容	GETMINDATA!
命令响应	如果是 GPRS 方式或本地串口方式,返回 GPRS 分钟数据 如果是短信方式,返回 SMS 分钟数据

获取多小时温度以及风向风速数据:

命令内容	GETTEMPDATA ＋起始日期时间(年月日时) ＋ 结束日期时间(年月日时)＋!
命令响应	此命令只用于短信方式,返回 SMS 多小时温度以及风向风速数据

获取系统时间:

命令内容	GETTIME!
命令响应	TIME ＋ 系统时间(年月日时分秒)!

设置系统时间：

命令内容	SETTIME ＋ 设置时间(年月日时分秒)！
命令响应	TIME ＋ 系统时间(年月日时分秒)！

清除历史数据：

命令内容	SETCLEAR！
命令响应	SETCLEAROK！

第六章

CAWS600 系列自动气象站使用和维护

第一节　概　述

CAWS600 系列(CAWS600-B(S)、CAWS600-SE)自动气象站是为国家天气站、无人自动气象站及各大、中城市精细化气象预报、服务与决策而设计的智能化监测设备,具有全自动数据采集、存储、处理和传送功能。并可广泛应用于环保、绿化、公共事业、生活服务等领域以满足各种综合性气象要素的监测需求。

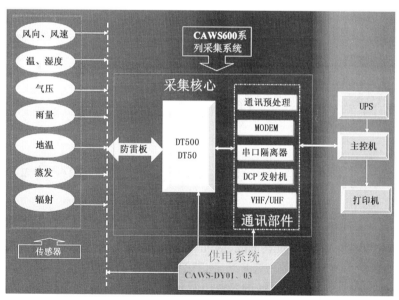

图 6-1　CAWS600 系列自动气象站组成结构示意图

CAWS600 系列自动站主要由传感器、数据采集系统、供电系统、主控微机、打印机和通信部件等几部分组成。

CAWS600 系列自动站室外部分有温度、湿度、气压(采集器机箱内)、地温、风向风速、感雨、雨量、辐射、日照和蒸发等传感器、供电系统和 CAWS600 数据采集器及前置机;室内部分主要为配备的主控微机、打印机、UPS 不间断电源等。

自动气象站一般是通过微处理器进行实时控制和采集处理的。各个传感器的感应元件随着气象要素的变化,使得相应传感器输出的电量产生变化,这种变化由数据采集器所采集,并进行线性化和定标处理,实现工程量到要素量的转换;对数据进行质量控制;通过预处理后得出各个气象要素的实时值,可通过标准 RS232 通信口传送到主控微机中,并实时显示。在定时观测时刻,数据采集器中的观测数据通过标准 RS232 通信口传送到主控微机中进行计算处理后,并按统一的格式生成数据文件存储。同时可按规定生成各种气象报告电码,对观测数据资料进一步加工处理后,生成全月数据文件及全年数据文件,利用配备的打印机可打印出气象报表。

传感器将对应气象要素的变化转换成电量的相应变化,以便于完成自动测量。

接口与保护电路(防雷板)将各路传感器的信号传输到数据采集器,并提供防感应雷击和电源过载保护,以避免自动站由于过长的信号传输电缆所带来的干扰和损坏。

数据采集系统在 CPU 的实时控制下,根据各个数据的不同时间间隔要求,完成数据的连续采集,进行预处理,然后将数据传给通信预处理单元(前置机)或主控机。

主控机是有线自动站的中心控制设备,是有线自动站人机接口的主要媒介。它由微机、打印机、UPS 等组成。主控机以 WINDOWS 作为操作平台,其控制软件为实时多任务工作方式。其完善的处理功能包含了目前台站的所有业务工作并实现了自动化。除此以外,还增加了许多适应未来发展需求的扩展功能及气象服务功能。微机完成实时采集控制,数据的最终计算处理,计算参数的修正,数据质量控制、报文编辑、数据的存储、数据的显示、月报表与年报表的编制、外部的数据通信,自动站的自检,故障的诊断等。

打印机可打印出实时与非实时的显示数据、报文、报表等。

供电系统通过电源控制板,最终用直流供电并配有蓄电池充放电控制电路。可保证自动站在无市电或其他电源补充时,在一定时间内仍然可正常工作。

自动站留有通信接口。可配备以卫星中继方式进行资料传输的数据收集平台(DCP)发射机,将数据传输到中心站;也可用无线发射机以 UHF/VHF 方式将数据传输到中心站;还可以用调制解调器以有线的方式将数据传输到中心站。并可配接各种智能传感器。

CAWS600 型自动站可用于不同类型的地面气象观测站和中尺度加密观测自动气象站等,传感器的不同配置决定了不同类型站的不同用途。

CAWS600 型自动站可根据台站的不同使用要求,编发台站应编发的各种报文及编制各种气象报表。对没有配备传感器的目测项目可人工干预输入。除此以外 CAWS600 型自动站在主控微机的业务软件支持下,还可完成其他许多数据管理和分析以及设备性能检测等一系列功能。

第二节 CAWS600 系列自动气象站的类型

CAWS600 系列自动气象站共有两种类型,即:

1. CAWS600-B(S)型——配有气压、气温、湿度、风向、风速、降水、地温、蒸发等观测的基本配置;
2. CAWS600-SE 型——带辐射的增强配置或带辐射的基本站配置。

CAWS600-B(S)型用在地面气象观测网的原国家基本气象观测站,和地面气象观测网的原国家基准气候观测站,CAWS600-SE 型用在地面气象观测网中有辐射观测任务的原国家基准气候观测站或原国家基本气象观测站。

第三节 CAWS600-B(S)型自动气象站的使用和维护

一、CAWS600-B(S)型自动气象站的传感器配置

CAWS600-B(S)型自动气象站通常配置下列传感器:

① EL15-1/1A 型风速传感器；

② EL15-2/2A 型风向传感器；

③ PTB220 型完全补偿数字气压表；

④ HMP45D 型温湿度传感器；

⑤ SL2-1 型翻斗式雨量传感器；

⑥ WZP1 型温度传感器。

二、CAWS600-B(S)型自动气象站采集器的组成结构

CAWS600-B(S)数据采集器由通用型 DT-50 数据采集器作为采集核心，并配以通道防雷板、电源控制器、通信变换器等部件，装配于全密封的防腐机箱中。

CAWS600-B(S)采集器基本组成包括：

① 密封防腐蚀机箱   1 个；

② CAWS600-B(S)数据采集模块   1 台；

③ 通道防雷板   1 块；

④ 电源控制器   1 个；

⑤ 空气开关   1 个；

⑥ 变压器   1 个；

⑦ 电源保护器   1 个。

CAWS600-B(S)选配部件有：

DCP 发射机、VHF/UHF 发射机、长线驱动器，MODEM 等。

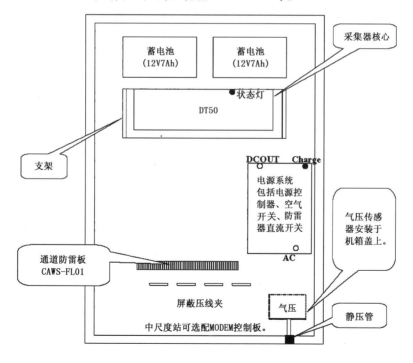

图 6-2 CAWS600-B(S)型自动气象站采集器内部结构

1. CAWS600-B(S)数据采集模块

CAWS600-B(S)数据采集模块拥有 10 个模拟单端通道(或 5 个差分模拟通道)，5 个数字通道，3 个计数器通道，+5 V 和+6.8 V 供电输出，和 1 个 RS232 通信口及存储卡插件。并配有 1 块 28 个通道防雷板(CAWS-FL01)，所有外部接线(除电源)均通过此板接入采集器。

其中模拟通道可采集电压、电流、电阻和频率信号；数字通道可采集数字量、开关量等；计数通道可采集数字累计量或作为计数脉冲输出。通过各种通道的组合使用,可采集各种类型包括国内外的所有标准传感器信号。

模拟通道:(1*、1＋、1－、1R;…5*、5＋、5－、5R)

① 可作为 5 个模拟差分输入通道,也可作为 10 个模拟单端输入通道。

② 采样频率为 25 次/秒。

③ 输入阻抗 1 MΩ,或可选大于 100 MΩ。

④ 共模范围 ±3.5 VDC。

⑤ 共模抑制大于 90 dB(典型值 110 dB)。

⑥ 传感器激励:4.5 V,250 μA,或 2.5 mA。

⑦ 全桥、半桥、1/4 桥,电压或电流激励。

数字通道:(1、2、3、4、5 Digital I/O;1、2、3Counters)

① 5 个 TTL/CMOS 兼容的数字输入、输出通道,同时可作为低速计数通道(10 Hz,16 位)。

② 3 个高速计数通道,1 kHz 或 1 MHz,16 位。

③ 所有的模拟通道都可以由用户定义用作数字通道。

供电:(Power AC/DC"～ ～G"、Bettery"＋ － ＋")

采集器有多种供电方式:

电源	范围	＋	－
AC	9～18 VAC	AC/DC～	AC/DC～
DC	11～24 VDC	AC/DC～	Gnd
9 V 碱性电池	6.2～10 VDC	Alkaline＋	Bat. －
6 V 组合单元电池	5.6～8 VDC	Lead＋	Bat. －

串口:(RS232 COMMS)

采集器串口输出±4 V,1200 波特率传输距离为 100 m。

针脚定义为:1   地

           3   Txd

           4   Rxd

DIP 开关:(DIP Switch)

① S1:选择国家 ON——US(60Hz);OFF——其他(50Hz)。

② S2、S3、S5:选择波特率。

波特率	S2	S3	S5	地址范围
1200	OFF	OFF	X	0～15
9600	OFF	ON	OFF	0～7
300	OFF	ON	ON	0～7
2400	ON	OFF	X	0～15
4800	ON	ON	X	0～15

③ S4:可设置多路供电开关输入为最低功耗模式。ON——连续供电;OFF——开关模式。

④ S5、S6、S7、S8:设置采集器组网地址。

2.电源控制器(CAWS-DY01)

电源控制器是专为野外环境工作、无人值守的自动站而设计。可为传感器及 CAWS600-B(S)供电,它有交流和太阳能电池两路输入,交流部分采用变压器耦合,有 DC＋5 V、＋9 V(可选)、＋12 V 三路 DC/DC 隔离电源输出,具有抗干扰,防雷击等功能。该电源工作时,对 12 V 铅酸电池控制充电,并检测电池电压,使其充电控制在 10.8～13.8 V 之间,不间断的向负载供电。

3. 电源保护器

电源保护器用于防护沿电源通道侵入机内的感应雷电和其他瞬时过电压对设备的损害,本保护器分为三段保护:A 段为输入端具个 4 有过电流保护及大电流浪涌放电器;

B 段为中继和 RF 过滤;

C 段为精细箝位保护。

因此本保护器不仅提供过压、过流保护,同时也具有消除电源噪声干扰的作用。

4. 通道防雷板

通道防雷板具有防感应雷击的功能,其性能指标达到 CCITT 有关电话线防雷标准。

5. 通信转换器(串口隔离器)

通信转换器使得遥测主控机与采集器通信距离可达到 2 km,并具有抗干扰,防雷击等功能。

6. 指示灯

Charge:充电指示灯,红色,闪烁;位于电源控制系统右上角,指示蓄电池在充电状态。

DCOUT:直流电输出指示灯,绿色,常亮,电源控制器提供直流电输出。

AC:交流电输入指示灯,绿色,常亮,有交流电输入。

三、CAWS600-B(S)型自动气象站采集器技术性能指标

使用环境条件

空气温度:	－40～＋70℃
相对湿度:	0～100％
抗阵风:	≤75 m/s
遥测距离:	≤2 km
供电:	直流 9～18 V

可靠性

平均无故障时间:＞2000 h

防雷性能:雷击感应电压小于 5 kV,雷击感应电流小于 1700 A,响应时间小于 10^{-12} s。

数据采集精度指标:

项目	测量范围	分辨率	准确度(25℃)	准确度(－20～＋70℃)
电压				
5 V	6.42 V	0.28 mV	±0.26％	±0.31％
2.5 V	3 V	130 μV	±0.06％	±0.16％
250 mV	300 mV	13 μV	±0.06％	±0.17％
25 mV	30 mV	1.3 μV	±0.06％	±0.16％
电阻				
100 Ω	120 Ω	5.2 mΩ	±0.10％	±0.17％
电流				
25 mA	30 mA	1.3 μA	±0.16％	±0.25％
2.5 mA	3 mA	0.13 μA	±0.16％	±0.26％
0.25 mA		0.013 μA	±0.16％	±0.25％
频率	0.3 A			
0.1～300 kHz	300 kHz	0.01 Hz	±0.052％	±0.061％
时间				
	24 h	1 s	0.03 s/d	
			0.78 s/mon	

四、CAWS600-B(S)型自动气象站连接示意图

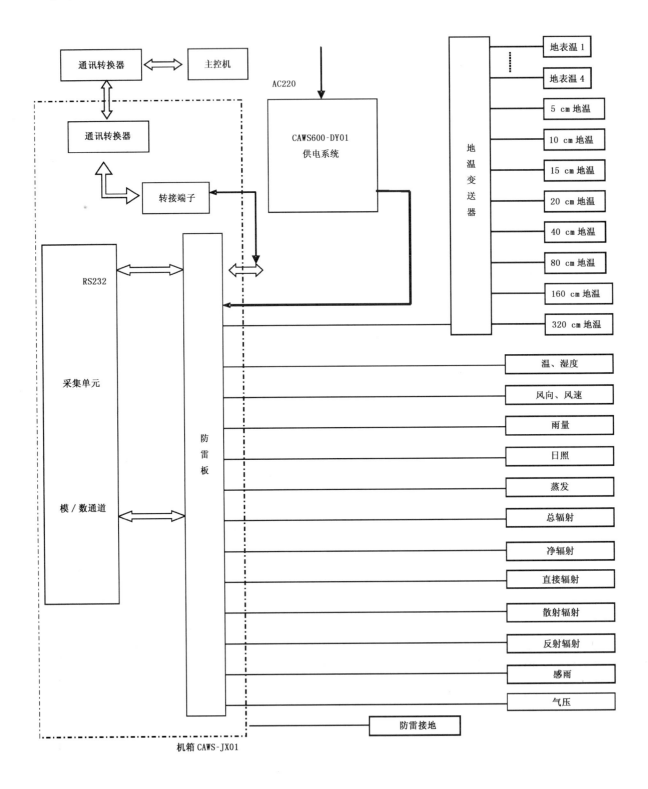

机箱 CAWS-JX01

五、CAWS600-B 型自动气象站内部接线图

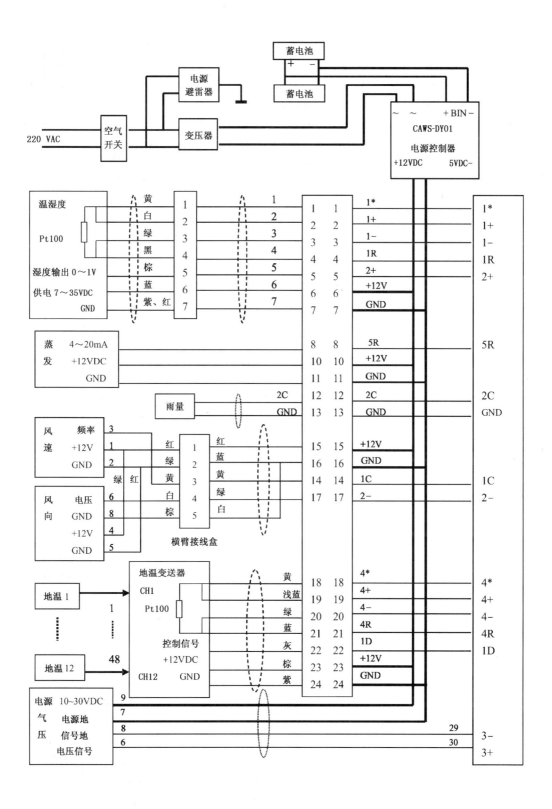

CAWS600-S 内部接线图

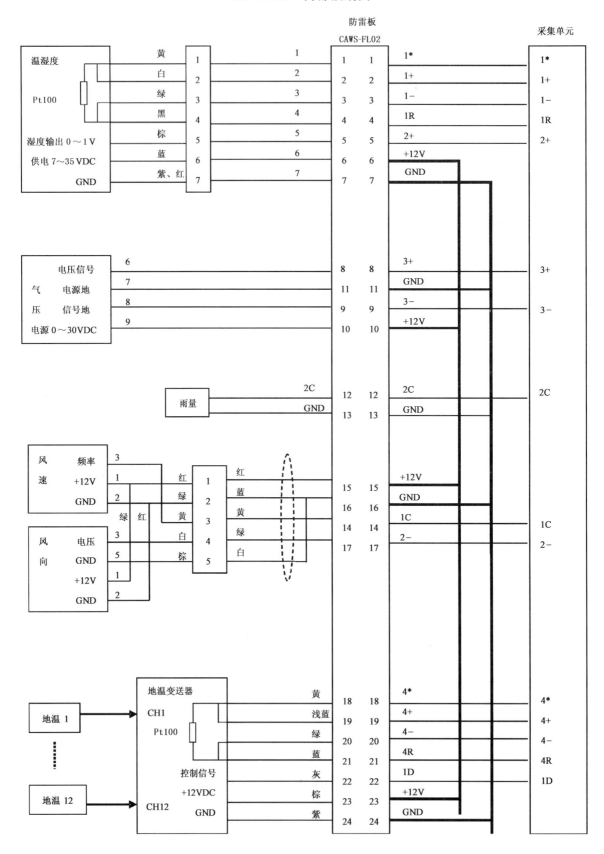

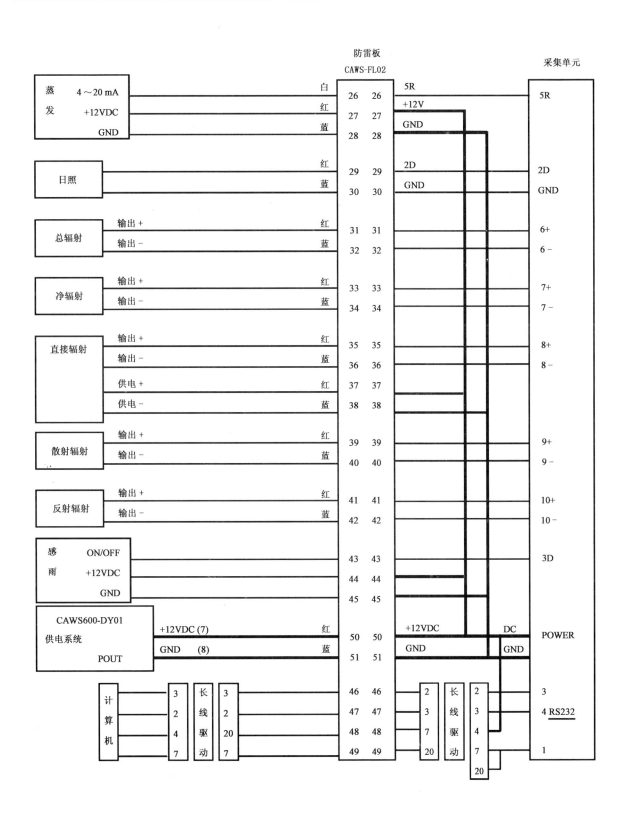

六、CAWS600-B(S)型自动气象站的安装

1.安装步骤

(1)检查设备的状况；

(2)把采集器安装在风杆上,门与风杆倒向相反方向,最好向北；

(3)连接主控机、传感器和通信电缆和外部电源线和接地线；

(4)采集器通电；

(5)检查采集器工作状态。

2.接地及抗干扰要求

(1)CAWS600-B(S)机箱内有接地连接端子,位于右下角处机箱侧壁上。

(2)单独使用接地电缆(>1.5 mm^2)连接到单独的接地铜板上。

(3)连接端子要连接牢固,保证接触良好。

(4)接地电缆通过机箱的专用孔进出。

(5)接地电缆要尽可能短,无弯曲。

(6)接地电阻要小于 10 Ω。

(7)所有接入 CAWS600-B(S)的传感器电缆都要求有良好的接地,压好屏蔽线。

七、CAWS600-B(S)型自动气象站的维护

采集器一般情况下无需日常维护,可定期用毛刷清理采集器上的灰尘。注意不要带电接插各种接线端子,不要带电撤换或安装传感器。如果发生故障则对相应部分做单独维护。通常有如下几种情况：

1.指示灯

数据采集器机箱内部右上角有一工作状态指示灯,可根据其状态判断故障。

正常工作状态下其红色指示灯为闪烁状态,闪烁间隔大概为 3 秒。闪烁间隔不对时有可能是采集程序走乱,这时采集数据也不正确,就需要重新启动数据采集器；传感器有故障时,也可能影响采集程序的运行,这时可以先拔下采集器上所有传感器插头,只留供电端,重新开机,查看采集器工作是否正常。若正常,然后再依次插上传感器插头,判断是哪一个传感器引起的故障。

2. 见 CAWS600-B(S)型自动气象站采集器内部结构图(图 6-2)。

采集器工作状态指示灯(位于采集器):红色,闪烁间隔为 3 秒；

故障 1：状态灯不亮。

处理步骤:检查供电,正常值为 12 VDC,若供电不正常,检查电源,见本章第五节"电源"；若供电正常,则 DT 故障。

解决方法:更换或维修 DT50(或 DT500)。

故障 2：D1 灯闪烁时间间隔不对。

解决方法:重新启动采集器,或更新采集器程序,或维修 DT50(或 DT500)。

CAWS-DY01 电源直流输出指示灯(DCOUT):绿色,常亮,亮——有输出。

故障:不亮或闪烁。

处理步骤:

(1)检查保险是否损坏,若损坏则更换保险管(2A)；

(2)检查交流输入指示灯是否亮,或者位于交流输入指示灯旁的交流输入端有无 17VAC；若不正常检查市电输入及空气开关所处位置是否在"ON"；

(3)检查蓄电池电压,将蓄电池连接电缆——"BATT"连接电缆从电源板上断开,用万用表直流 20 VDC 档测量蓄电池电压,(注意正负极)；若电压低于 10 VDC,更换蓄电池(位于采集器内机壳内见图 6-2)；

(4)若保险管、交流输入及蓄电池均正常,则为电源板故障,需更换CAWS-DY01电源。

CAWS-DY01电源充电指示灯(Charge):红色,亮——充电;不亮——充满。

CAWS-DY01电源交流输入指示灯(AC):绿色,常亮。

故障:不亮。

处理步骤:

(1)检查市电输入及空气开关所处位置是否在"ON"。

(2)若空气开关所处位置在"OFF"。将其推上到"ON"的位置。如果再次跳闸,则检查是否有短路之处。

3. 防雷板

某一项传感器示值异常,确认是否防雷板故障时,只需跳过防雷通道将接线直接连接,如果故障消失则可确认是防雷板故障。

如果确认故障在防雷板,则检查其各个通道分别有无对地短路或两端开路,及相邻通道间有无短路。

故障:某一项或几项传感器示值异常。

处理方法:

(1)跳过防雷通道将两端接线直接连接,如果故障消失则可确认是防雷板故障。

(2)如果确认故障在防雷板,则检查其各个通道分别有无对地短路或两端开路,及相邻通道间有无短路。

(3)如果确认某个通道有问题,则将此通道连接的线缆移至空余通道,或者更换防雷板。

4. 电源

定期检查各电源线是否有破损,接线处是否有松动现象;定期检查电源是否工作在正常状态。

电源输出过低或过高,均会导致传感器或采集器工作异常。电源工作不正常,首先检查保险管。

若电源无输出,需要检查时,最好关闭开关、断开交流电源线,再顺序检查:输入、控制、输出等。

若指示灯指示有输出,而采集器无电,则首先查看位于输出线上的输出保险管是否正常,然后查看连接线路情况。

交流指示灯不亮,则查看空气开关是否打开,电源变换器是否正常。

如果长期不使用电源系统,至少要半年给电池充电一次,充满为止。

5. 采集器

若确认采集器故障,则用DETERMINAL终端或采集器维护终端对其进行检测。

首先在确认采集器通信状态正常时,进入采集器终端菜单,利用技术手册给出的各种检测命令进行检测,如:TEST、STATUS等。

(1)命令简介

TEST——此命令可以检测数据采集器工作状态是否正常。利用软件测量采集器内部各参考点的技术指标,当返回"PASS"时,说明采集器正常工作;当返回"FAIL"时,说明采集器非正常工作。

RESET——采集器复位命令。此命令可使采集软件及内部存储器复位重新开始运行。这样可使采集器内部所有采集数据丢失。

STATUS——采集器状态命令。此命令可获得采集器版本、程序时序安排、多项式定义、存储器空间、开关变量设置等信息。更多信息可用STATUS2～STATUS13命令获得。

U——数据卸载命令。此命令可以卸载数据采集器内部及存储卡上所有存储数据。

T——时间命令。此命令可以得到采集器内部时间。

D——日期命令。此命令可以得到采集器内部日期。

CLEAR——清采集器内部数据命令。此命令可以删除采集器内部所有存储数据。

(2)参数及开关变量

数据采集器有许多参数及开关变量,利用它们可以控制采集程序、数据输出格式、采集范围、报警模式等。例如:P31＝1,2,3 定义日期输出格式。1——天数;2——dd/mm/yy;3——mm/dd/yy

P30＝0～10 定义报警语句数

P39＝0,1,2 定义时间输出格式。0——hh:mm:ss;1——秒数;2——小时数

/E/e 开关参数,控制数据是否回显

/Q/q 开关参数,控制是否从存储卡中运行程序

/R/r 开关参数,是否可以实时返回采集数据

/Y/y 开关参数,是否为采集优先

6.通信

通信故障的一般性检查:

(1)检查所有接插部件是否牢固。

(2)经常插拔处有无接触不良或断开。

(3)防雷通道有无损坏,对地短路或两端不导通。

(4)通信设置是否错误。

故障:出现"信道 A 错误"或所有示值均异常,则有可能是通信故障。

处理方法:

(1)首先排除采集器故障,参照本节相关内容。

(2)检查通信链路上(从采集器串口至计算机串口)所有接插部件是否牢固。经常插拔处有无接触不良或断开。检查数据采集器机箱和计算机是否有良好的接地。

(3)观测场周围是否有强干扰源,如通信或电视广播发射塔等。若有,必须把通信电缆线穿到带屏蔽的 PVC 管中并埋在地沟中走线。

(4)通信设置是否错误,默认为 COM1 4800 N 8 1。

(5)排除串口隔离器故障,去掉串口隔离器若恢复正常,则需更换串口隔离器。

(6)排除计算机串口问题,更换一台计算机,或换一个计算机串口看是否恢复正常。

(7)排除 DT50 串口故障,测量 RS232 口的 3、1 之间电压应为－9 VDC。

八、CAWS600-B(S)型自动气象站与微机数据传输格式

B(S)型通信格式							
	序号	要素名	单位		序号	要素名	单位
实时数据通信格式	1	mm/dd/yyyy		实时数据通信格式	16	空气温度	0.1℃
	2	hh:mm:ss			17	相对湿度	％
	3	瞬风风向	deg		18	地表温度	0.1℃
	4	瞬风风速	0.1 m/s		19	本站气压	0.1hPa
	5	2分钟平均风向	deg		20	5 cm 地温	0.1℃
	6	2分钟平均风速	0.1 m/s		21	10 cm 地温	0.1℃
	7	10分钟平均风向	deg		22	15 cm 地温	0.1℃
	8	10分钟平均风速	0.1 m/s		23	20 cm 地温	0.1℃
	9	最大风向(1H)	deg		24	40 cm 地温	0.1℃
	10	最大风速(1H)	0.1m/s		25	80 cm 地温	0.1℃
	11	出现时间(1H)	S_num		26	160 cm 地温	0.1℃
	12	极大风向(1H)	deg		27	320 cm 地温	0.1℃
	13	极大风速(1H)	0.1 m/s		28	蒸发水位	0.1mm
	14	出现时间(1H)	S_num				
	15	一分钟降雨	mm				

B(S)型通信格式							
	序号	要素名	单位		序号	要素名	单位
定时数据通信格式	1	mm/dd/yyyy		定时数据通信格式	22	最小湿度	%
	2	hh:mm:ss			23	最大湿度	%
	3	瞬风风向	deg		24	本站气压	0.1hPa
	4	瞬风风速	0.1 m/s		25	最高气压	0.1hPa
	5	2 分钟平均风向	deg		26	出现时间	S_num
	6	2 分钟平均风速	0.1 m/s		27	最低气压	0.1hPa
	7	10 分钟平均风向	deg		28	出现时间	S_num
	8	10 分钟平均风速	0.1 m/s		29	地表温度	0.1℃
	9	最大风向(1H)	deg		30	最大地表温度	0.1℃
	10	最大风速(1H)	0.1 m/s		31	出现时间	S_num
	11	出现时间(1H)	S_num		32	最小地表温度	0.1℃
	12	极大风向(1H)	deg		33	出现时间	S_num
	13	极大风速(1H)	0.1 m/s		34	5 cm 地温	0.1℃
	14	出现时间(1H)	S_num		35	10 cm 地温	0.1℃
	15	降雨	mm		36	15 cm 地温	0.1℃
	16	空气温度	0.1℃		37	20 cm 地温	0.1℃
	17	最高温度	0.1℃		38	40 cm 地温	0.1℃
	18	出现时间	S_num		39	80 cm 地温	0.1℃
	19	最低温度	0.1℃		40	160 cm 地温	0.1℃
	20	出现时间	S_num		41	320 cm 地温	0.1℃
	21	相对湿度	%		42	蒸发水位	0.1 mm

第四节　CAWS600-SE 型自动气象站的使用和维护

一、CAWS600-SE 型自动气象站的传感器配置

CAWS600-S 型自动气象站通常配置下列传感器：

(1)EL15-1/1A 型风速传感器；

(2)EL15-2/2A 型风向传感器；

(3)PTB220 型完全补偿数字气压表；

(4)HMP45D 型温湿度传感器；

(5)SL2-1 翻斗式雨量传感器；

(6)WZP1 型温度传感器；

(7)AG1-2 型超声波蒸发传感器；

(8)TBQ-2B 型总辐射、反射辐射、散射辐射传感器；

(9)FBS-2B 型直接辐射表；

(10)NP-1 型净辐射传感器。

二、CAWS600-SE 型自动气象站采集器的组成结构

CAWS600-SE 数据采集器由通用型 DT500 初次采集器作为采集核心，并配以通道防雷板、通信预处理单元，装配于全密封的防腐机箱中。

CAWS600-SE 基本配置

1.密封防腐蚀机箱　　　　　　　1 台

2.CAWS600-SE 数据采集模块　　1 台

3.通道防雷板 CAWS-FL02　　　　1 块

4.通信预处理单元(CAWS-QJ01)　1 块

CAWS600-SE 选配部件

DCP 发射机、VHF/UHF 发射机、长线驱动器,MODEM 等。

配置独立的外部专用 CAWS-DY03 型供电系统

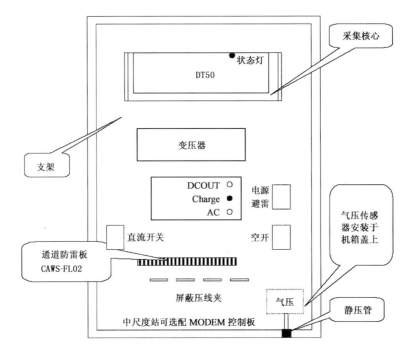

图 6-3　CAWS600-SE 型自动气象站采集器内部结构

　1.CAWS600-SE 数据采集模块

　　数据采集模块拥有 30 个模拟单端通道(或 10 个差分模拟通道),4 个数字通道,3 个计数器通道,+5 V 和+6.8 V 供电输出,和 1 个 RS232 通信口及存储卡插件。并配有 1 块 50 个通道防雷板(CAWS-FL02),所有外部接线(包括电源)均通过此板接入采集器。

　　其中模拟通道可采集电压、电流、电阻和频率信号;数字通道可采集数字量、开关量等;计数通道可采集数字累计量或作为计数脉冲输出。通过各种通道的组合使用,可采集各种类型包括国内外的所有标准传感器信号。

　　模拟通道:(1＊、1＋、1－、1R;…10＊、10＋、10－、10R)

　　(1)可作为 10 个模拟差分输入通道,也可作为 30 个模拟单端输入通道。

　　(2)采样频率为 25 次/秒。

　　(3)输入阻抗 1 MΩ,或可选大于 100 MΩ。

　　(4)共模范围 ±3.5 VDC。

　　(5)共模抑制大于 90 dB(典型值 110 dB)。

　　(6)传感器激励:4.5 V,250 μA,或 2.5 mA。

　　(7)全桥、半桥、1/4 桥,电压或电流激励。

　　数字通道:(1、2、3、4 Digital I/O;1、2、3Counterts)

　　(1)4 个 TTL/CMOS 兼容的数字输入、输出通道,同时可作为低速计数通道(10Hz,16 位)。

　　(2)3 个高速计数通道,1kHz 或 1MHz,16 位。

（3）所有的模拟通道都可以由用户定义用作数字通道。

供电:(Power AC/DC" ～ ～G"、Bettery"＋ － ＋")

采集器有多种供电方式:

电源	范围	＋	－
AC	9～18VAC	AC/DC～	AC/DC～
DC	11～24VDC	AC/DC～	Gnd
9V碱性电池	6.2～10VDC	Alkaline＋	Bat.－
6V组合单元电池	5.6～8VDC	Lead＋	Bat.－

串口:(RS232 COMMS)

采集器串口输出±4V,1200波特率传输距离为100 m。

针脚定义为:1　　　　地

3　　　　Txd

4　　　　Rxd

DIP开关:(DIP Switch)

① S1:选择国家 ON——US(60Hz);OFF——其他(50Hz)

② S2、S3、S5:选择波特率

波特率	S2	S3	S4	地址范围
1200	OFF	OFF	X	0～31
9600	OFF	ON	OFF	0～15
300	OFF	ON	ON	0～15
2400	ON	OFF	X	0～31
4800	ON	ON	X	0～31

③S4、S5、S6、S7、S8:设置采集器组网地址。

2.通信预处理单元

CAWS-QJ01通信预处理单元通过RS232C标准串行通信口与主机和采集单元通信。根据主控机的要求把预处理后的数据传到主机,为功能强大的主控机的后处理提供可靠的保证。

（1）硬件

CAWS-QJ01的中央处理器(CPU)为INTEL公司的80C31单片机,16K程序存储器和可以用来存储72小时的观测数据的64K数据存储器;有四个RS232异步串行口,与采集器、主控机进行串行通信,还可以连接智能传感器等串行设备。

工作状态指示灯、通信状态指示灯、电源指示灯及蜂鸣器;

有硬件手动复位、电源电压自动检测复位、可编程看门狗电路;

有512字节的 E^2PROM存储器,保证关机后不丢失数据,保存主控机传送的重要参数。

供电电源可用自动站电源提供的12～14 V的直流电源,也可用5 V的直流电源。

原理框图如下:

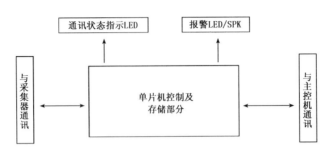

（2）软件组成及说明

CAWS-QJ01 上电后进行初始化,延时 30～40 s 后,依据采集器的时间校正时钟,然后开始正常工作。

每分钟请求采集器发送实时数据,保存每分钟的雨量数据;每小时保存定时数据;随时接收并响应主控机发送的命令,如发送定时数据、发送地方时数据、发送时间、发送瞬时数据、发送警报,接收时间、接收台站参数等。

每分钟检查从采集器取来的各项观测数据,一旦某项数据达到或超过报警阈值时,系统前置机每到整分时向主机发出警报,并且鸣笛提示观测人员。收到主机解除警报的命令后,停止发送警报,停止鸣笛。

（3）结构图

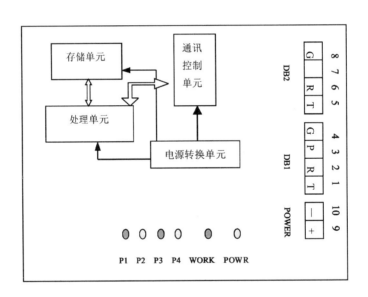

（4）端口

POWER 供电:连接由自动气象站的供电系统 CAWS-DY02 提供的直流输出。

DB1 串口 1:与自动气象站的主控机进行通信。

DB2 串口 2:与自动气象站的采集器进行通信。

（5）指示灯

POWR:绿色,常亮指示供电正常;

WORK:红色,闪烁,指示工作状态正常每秒闪烁一次;

P1:红色,DB1 发送数据到主控机;

P2:绿色,DB1 接受主控机传送的数据;

P3:红色,DB2 发送数据到采集器;

P4:绿色,DB2 接受采集器传送的数据;

（6）维护

无需日常维护,若发生通信故障,参照指示灯说明确定故障端口,检查端口连接是否错误或松动;如果不是连接故障,则返回厂家维修。

3.防雷通道板

CAWS-FL02 通道防雷板有 50 个通道,每个通道都具有防感应雷击的功能,其性能指标达到 CCITT 有关电话线防雷标准。

4.通信转换器(串口隔离器)

通信转换器使得主控机到采集器的遥测距离可达到 2 km,并具有抗干扰,防雷击等功能。

三、CAWS600-SE 型自动气象站采集器技术性能指标

使用环境条件

空气温度:	-40~+70℃
相对湿度:	0~100%
阵风:	≤75 m/s
遥测距离:	≤2 km
供电:	直流 9~18 V

可靠性

平均无故障时间:　　　　　　>2000 h

防雷性能:雷击感应电压小于 5 kV,雷击感应电流小于 1700 A,响应时间小于 10^{-12} s。

数据采集精度指标:

项目	量值	测量范围	分辨率	准确度(25℃)	准确度(-40~+70℃)
电压	5 V	6.42 V	0.28 mV	±0.26%	±0.31%
	2.5 V	3 V	130 μV	±0.06%	±0.16%
	250 mV	300 mV	13 μV	±0.06%	±0.17%
	25 mV	30 mV	1.3 μV	±0.06%	±0.16%
电阻	100Ω	120Ω	5.2 mΩ	±0.10%	±0.17%
电流	25 mA	30 mA	1.3 μA	±0.16%	±0.25%
	2.5 mA	3 mA	0.13 μA	±0.16%	±0.26%
	0.25 mA	0.3 mA	0.013 μA	±0.16%	±0.25%
频率	0.1~300 kHz	300 kHz	0.01 Hz	±0.052%	±0.061%
时间		24 h	1 s	0.03 s/d,0.78 s/mon	

CAWS-QJ01

供电:	DC 8 V ~ 14 V
遥测距离:	大于 150 m
抗干扰性:	光电隔离器
存储容量:	64K 随机内存

四、CAWS600-SE 型自动气象站连接示意图

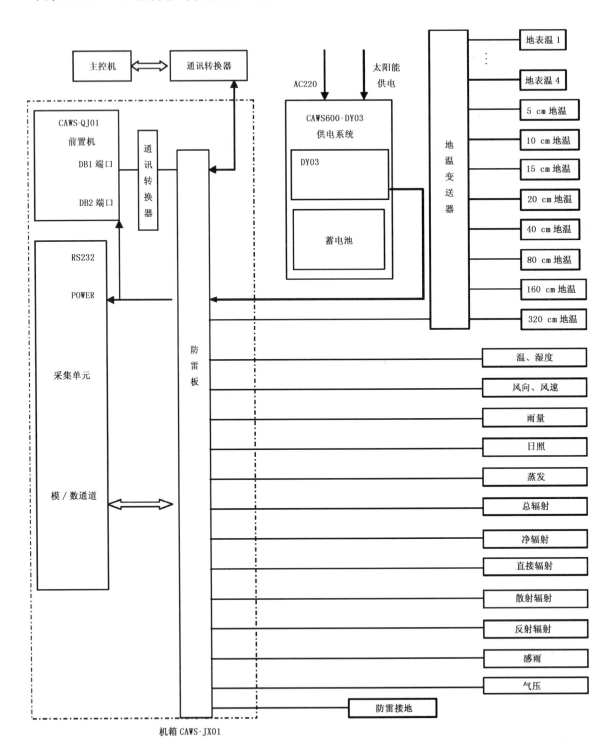

机箱 CAWS-JX01

五、CAWS600-SE 型自动气象站内部接线图

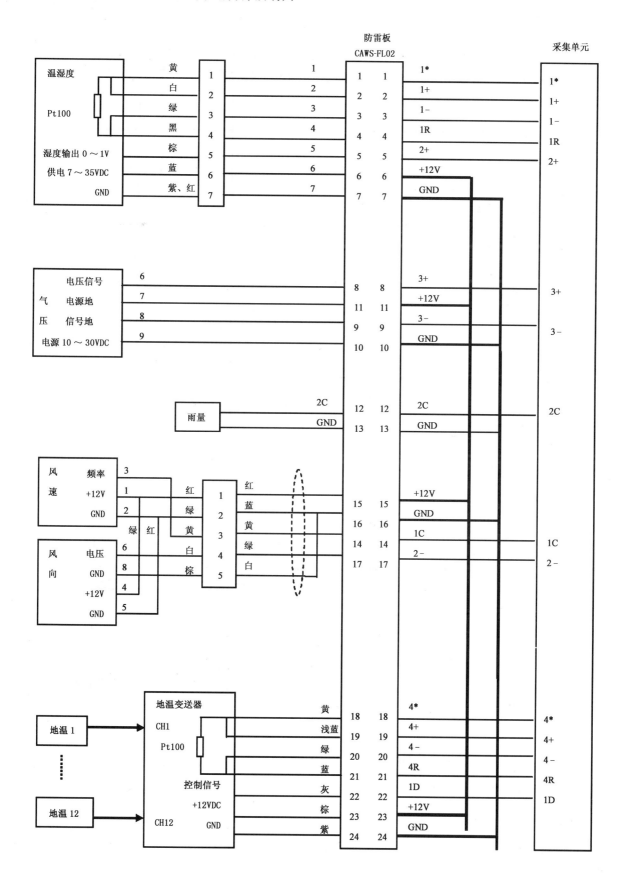

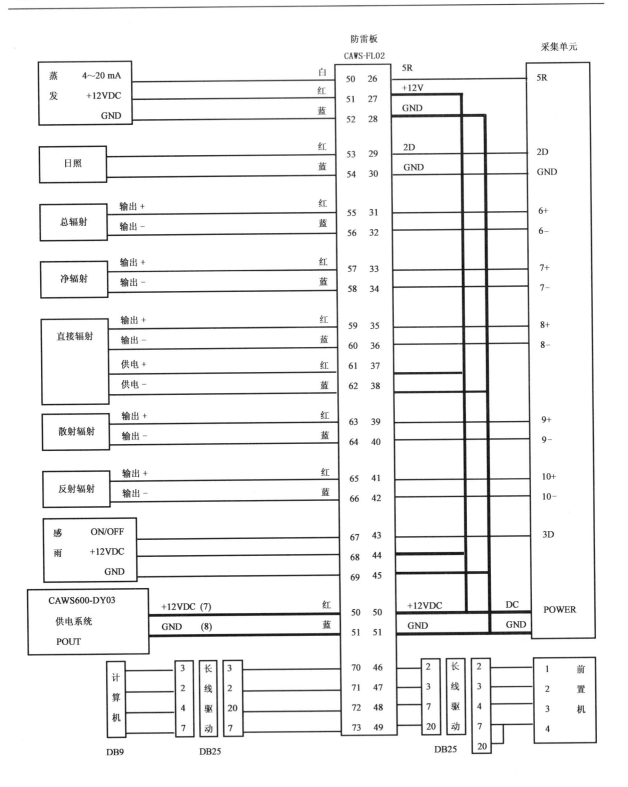

六、CAWS600-SE 型自动气象站的安装

参照 CAWS600-B(S)型自动气象站的安装步骤和接地及抗倒伏要求。

七、CAWS600-SE 型自动气象站的维护

采集器一般情况下无须日常维护,可定期用毛刷清理采集器上的灰尘。注意不要带电接插各种接线端子,不要带电撤换或安装传感器。如果发生故障则对相应部分做单独维护。通常有如下几种情况:

1. 指示灯

数据采集器机箱内部右上角有一工作状态指示灯,可根据其状态判断故障:

正常工作状态下其红色指示灯为闪烁状态,闪烁间隔大概为 3 秒。闪烁间隔不对时有可能是采集程序走乱,这时采集数据也不正确,就需要重新启动数据采集器;传感器有故障时,也可能影响采集程序的运行,这时可以先拔下采集器上所有传感器插头,只留供电端,重新开机,查看采集器工作是否正常。若正常,然后再依次插上传感器插头,判断是哪一个传感器引起的故障。

2. 见图 6-4 CAWS600-SE 型自动气象站采集器内部结构图和图 6-5 CAWS-DY03 供电系统内部结构。

采集器工作状态指示灯 :红色,闪烁间隔为 3 秒;位于采集器右上角。

故障 1: 采集器指示灯不亮。

处理步骤:检查供电,正常值为 11.0～14.7 VDC,若供电不正常,检查电源,见本章第五节"电源";若供电正常,则指示灯或者 DT500 故障。

解决方法:更换指示灯,维修或更换 DT500。

故障 2:采集器指示灯闪烁间隔不正常。

解决方法:重新启动采集器,或更新采集器程序,更换或维修 DT500。

CAWS-DY03 交流输入指示灯 AC:绿色,常亮。

故障:不亮。

处理步骤:

(1)检查市电输入及空气开关所处位置是否在"ON"。

(2)若空气开关所处位置在"OFF"。将其推上到"ON"的位置。如果再次跳闸,则检查是否有短路之处。

(3)量取开关电源输入——220VAC,输出——17VDC;

若输入正常,输出不正常,首先将空气开关置于"OFF"等待 30 分钟左右再将其置于"ON",是否恢复,否则须更换此开关电源。

充电指示灯 Charge:红色,亮——充电。

直流输出指示灯 DCOUT:绿色,常亮。

故障:不亮或闪烁。

处理步骤:

(1)检查保险是否损坏,若损坏则更换保险管(2A)。

(2)检查交流输入指示灯是否亮;不正常照上节内容检查。

(3)检查蓄电池电压,将蓄电池连接电缆——"BATT"连接电缆从电源板上断开,用万用表直流 20VDC 档量取蓄电池电压(注意正负极);若电压低于 10VDC,更换蓄电池。

(4)保险管、交流输入及蓄电池均正常,则为电源板故障,需更换 CAWS-DY03 电源板。

3. 防雷板

参照 CAWS600-B(S)型自动气象站的维护相关内容。

4. 电源

参照 CAWS600-B(S)型自动气象站的维护相关内容。

5. 采集器

参照 CAWS600-B(S)型自动气象站的维护相关内容。

6. 通信

参照 CAWS600-B(S)型自动气象站的维护相关内容。

八、CAWS600-SE 型自动气象站与微机数据传输格式

	序号	要素名	单位		序号	要素名	单位
		SE 型通信格式					
实时数据通信格式	1	mm/dd/yyyy		实时数据通信格式	27	出现时间(1H)	S_num
	2	hh:mm:ss			28	最低气压(1H)	0.1hPa
	3	瞬风风向	deg		29	出现时间(1H)	S_num
	4	瞬风风速	0.1 m/s		30	地表温度	0.1℃
	5	2 分钟平均风向	deg		31	最高温度(1H)	0.1℃
	6	2 分钟平均风速	0.1 m/s		32	出现时间(1H)	S_num
	7	10 分钟平均风向	deg		33	最小温度(1H)	0.1℃
	8	10 分钟平均风速	0.1 m/s		34	出现时间(1H)	S_num
	9	最大风向(1H)	deg		35	5 cm 地表温度	0.1℃
	10	最大风速(1H)	0.1 m/s		36	10 cm 地表温度	0.1℃
	11	出现时间(1H)	S_num		37	15 cm 地表温度	0.1℃
	12	极大风向(1H)	deg		38	20 cm 地表温度	0.1℃
	13	极大风速(1H)	0.1 m/s		39	40 cm 地表温度	0.1℃
	14	出现时间(1H)	S_num		40	80 cm 地表温度	0.1℃
	15	降雨	mm		41	160 cm 地表温度	0.1℃
	16	累积雨量(1H)	0.1 mm		42	320 cm 地表温度	0.1℃
	17	空气温度	0.1℃		43	总辐射	W/m²
	18	最高温度(1H)	0.1℃		44	反射辐射	W/m²
	19	出现时间(1H)	S_num		45	直接辐射	W/m²
	20	最低温度(1H)	0.1℃		46	散辐射	W/m²
	21	出现时间(1H)	S_num		47	净辐射	W/m²
	22	相对湿度	%		48	蒸发(1H)	0.1 mm
	23	最小湿度(1H)	%		49	日照时数	0.1 h
	24	出现时间(1H)	S_num		50	感雨	0/1
	25	本站气压	0.1 hPa		51	露点	0.1℃
	26	最高气压(1H)	0.1 hPa		52	海面气压	0.1 hPa

SE 型通信格式						
	序号	要素名	单位	序号	要素名	单位
定时数据通信格式	1	mm/dd/yyyy		27	最小温度（1H）	0.1℃
	2	hh:mm:ss		28	出现时间（1H）	S_num
	3	瞬风风向	deg	29	5 cm 地表温度	0.1℃
	4	瞬风风速	0.1 m/s	30	10 cm 地表温度	0.1℃
	5	2 分钟平均风向	deg	31	15 cm 地表温度	0.1℃
	6	2 分钟平均风速	0.1 m/s	32	20 cm 地表温度	0.1℃
	7	10 分钟平均风向	deg	33	40 cm 地表温度	0.1℃
	8	10 分钟平均风速	0.1 m/s	34	80 cm 地表温度	0.1℃
	9	最大风向（1H）	deg	35	160 cm 地表温度	0.1℃
	10	最大风速（1H）	0.1 m/s	36	320 cm 地表温度	0.1℃
	11	出现时间（1H）	S_num	37	总辐射	W/m²
	12	极大风向（1H）	deg	38	反射辐射	W/m²
	13	极大风速（1H）	0.1 m/s	39	直接辐射	W/m²
	14	出现时间（1H）	S_num	40	散辐射	W/m²
	15	降雨	mm	41	净辐射	W/m²
	16	空气温度	0.1℃	42	蒸发（1H）	0.1 mm
	17	最高温度（1H）	0.1℃	43	日照时数	0.1 h
	18	出现时间（1H）	S_num	44	感雨	0/1
	19	最低温度（1H）	0.1℃	45	露点	0.1℃
	20	出现时间（1H）	S_num	46	本站气压	0.1 hPa
	21	相对湿度	%	47	最高气压（1H）	0.1 hPa
	22	最小湿度（1H）	%	48	出现时间（1H）	S_num
	23	出现时间（1H）	S_num	49	最低气压（1H）	0.1 hPa
	24	地表温度	0.1℃	50	出现时间（1H）	S_num
	25	最高温度（1H）	0.1℃	51	海面气压	0.1 hPa
	26	出现时间（1H）	S_num	52	一分钟雨量	mm

辐　　射		
序号	要素名	单位
1	mm/dd/yyyy	
2	hh:mm:ss	
3	总辐射	W/m²
4	反射辐射	W/m²
5	直接辐射	W/m²
6	散辐射	W/m²
7	净辐射	W/m²
8	总辐射累积	W/m²
9	反射辐射累积	W/m²
10	直接辐射累积	W/m²
11	散辐射累积	W/m²
12	净辐射累积	W/m²
13	总辐射极值	W/m²
14	出现时间	S_num
15	直接辐射极值	W/m²
16	出现时间	S_num
17	净辐射极值	W/m²
18	出现时间	S_num

第五节　CAWS-DY-03 型电源的使用和维护

一、概述

CAWS-DY-03 是 CAWS600 自动气象站系统中,为保证自动气象站在无市电或停电情况下正常工作,并获得可靠数据,采用特殊设计的供电系统。

CAWS-DY03 电源是专门为自动气象站设计的不间断电源。适用于各种不同的供电环境,如:市电、太阳能供电、交流发电机供电等。能够提供不间断、高质量的供电输出,保证系统稳定、可靠地工作。

二、工作原理

CAWS-DY03 电源是带有充电控制的直流蓄电装置,由于采用隔离控制充电方式,外部的充电源(如交流或直流)的波动甚至断开与接入,不会在供电系统的输出上产生任何影响,从而保持长期稳定的供电输出。输出电压范围 11～14.7 VDC。

可由交流或直流(如太阳能等)充电。采用非浮充的控制充电方式,此方法可以延长电池寿命并保持蓄电池容量满负荷。

电源具有过充、过放及输出短路保护功能,并配有充电指示灯、报警指示灯及报警蜂鸣器、工作指示灯、外接交流电源指示灯等。

电源的蓄电量为 65Ah,在无充电补充的情况下,可为采集器和前置机连续供电 4 天以上。

原理框图如下:

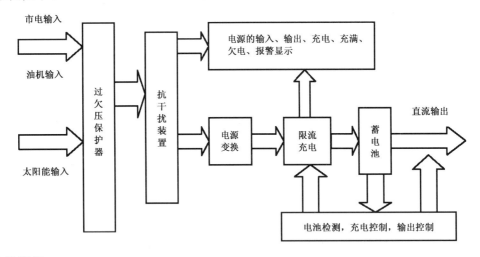

三、性能指标

使用环境条件

温度:	−50～+50℃
湿度:	0～100%(降水条件下正常使用)
抗风:	75 m/s
平均无故障时间:	大于 5000 h
外形尺寸:	长 42 cm、宽 23 cm、高 63 cm
机械结构:	钢板框架结构,外表烤漆。

交流输入

有效电压:	110～260 V

频率(50Hz±5%)。

允许电压：　　　　　　　0～280 V

频率(50Hz±5%)。

太阳能电池输入

有效电压：　　　　　　　15～25 V

允许电压：　　　　　　　0～30 V

铅酸蓄电池

容量：　　　　　　　　　12 VDC,65 Ah(1 块)

寿命：　　　　　　　　　>3～5 年

输出

电压：　　　　　　　　　11～14.7 V

电流：　　　　　　　　　小于 2A

指示灯：　　　　　　　　直流输入/出

交流输入

充满、欠电、报警

电源开关：　　　　　　　ON/OFF

四、安装

CAWS-DY03 系统安装于采集器机箱内。

将 CAWS-DY03 的充电输出线(红、黑色粗线)连接到蓄电池,正"＋"接红线,负"－"接黑线,拧紧螺钉。

检查确认无误后,打开开关,CAWS-DY03 上输出指示灯亮(绿色),采集器应有供电;AC(交流输入)指示灯亮,安装连接完毕并工作正常后,关闭电源。

五、使用说明

1. 充电

如果一段时间不能给电池充电,电池电压低于 11.8V 时,电源系统开始鸣叫报警,提示观测员查找故障、寻找解决办法。

如果确认有充电源,则检查线路连接情况,排除故障。如果确认没有充电源,则争取寻找太阳能电源或交流发电机电源。

在三个小时内不能解决充电问题,电源系统将停止输出。如果已经开始低电压报警,又解决了充电源,开始给电池充电,报警指示要等到电池电压上升到 12.8 V 左右才停止报警,恢复正常,否则报警延时时间到,仍然会停止输出。在这种情况下,可以关机后重新开机。

2. 开机

在打开电源系统之前,应先连接好交流输入电源线、直流输出线,这样不会由于开机启动电流太大造成保险烧断。

3. 指示灯

AC:绿色,常亮,交流输入指示灯。

Charge:红色,亮——充电,充电指示。

DCOUT:绿色,常亮,直流输出指示。

4. 维护

若电源系统无输出,需要开机箱检查时,最好关闭开关、断开交流电源线,再顺序检查:输入、控制、输出等。

若指示灯指示有输出,而采集器无电,则首先查看位于输出线上的输出保险管是否正常,然后查看连接线路情况;

交流指示灯不亮,则查看空气开关是否打开,电源变换器是否正常;

如果长期不使用电源系统,至少要半年给电池充电一次,充满为止。

六、连接图

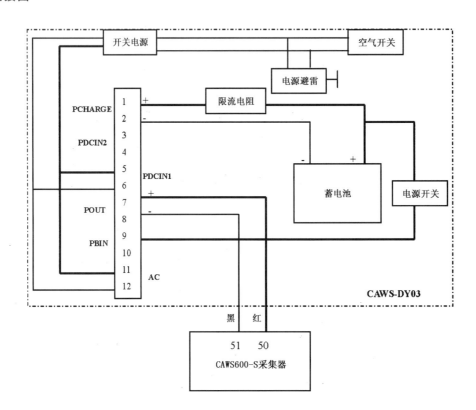

第六节　传感器的连接和维护

一、温湿度传感器的维护

1.温湿度传感器接线如下图:

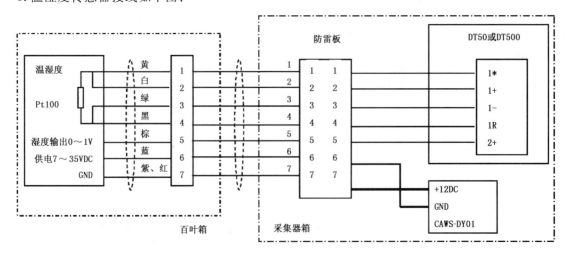

2.常见故障处理方法

故障 1:空气温度示值超差。

处理方法:

(1)用模拟校准器对采集器进行校准,确认采集器通道是否正常;

(2)取下温度传感器在防雷板上的插头(防雷板 1～4 号线),用万用表电阻 200 Ω 档量取:温度传感器标号 1,2 任一端与 3,4 任一端之间的电阻值是否在 80～120 Ω 之间;

(3)用万用表电阻 200 Ω 档量取:温度传感器标号 1,2 端之间的电阻值是否在 1～8 Ω 之间,3,4 端之间的电阻值是否也在 1～8 Ω 之间。

(4)若以上(2)、(3)项测量中,有一项指标超出范围,应在百叶箱内传感器与接线的接头处继续测量,且注意观察接头是否有接触不良的现象。如果,以上测量均不能满足(2)、(3)项测量中的要求,则应更换温度传感器。

(5)用标准表与其共置于同一相对稳定环境中,对比是否一致。

故障 2:空气温度缺测、空气温度示值为-24.6℃,且长时间不变。

处理方法:此故障一般为温度传感器断线所致,应按故障 1 中,第(2)、(3)项所列方法处理。

空气温度传感器故障软件测试方法:

(1)进入采集器终端模式;

(2)点击屏幕左下角手形标记后,点击屏幕中部的文本区;

显示当前温度

　　　键入命令 30CV(回车)

显示当前温度对应的电阻值

　　　键入命令 1R (4W,II)(回车)

(3)根据当前温度及当前温度对应的电阻值判断温度传感器正常与否。

故障 3:湿度示值超差或缺测。

处理方法:

(1)用模拟校准器对采集器进行校准,确认采集器通道是否正常。

(2)取下湿度传感器在防雷板上的插头(防雷板 5 号线),注意该插头不要与其他插头短路。用万用表电压 20 VDC 档测量:湿度传感器信号插头第 5 脚与防雷板第 7 脚之间的电压应为 0～1 V。

(3)用万用表电压 20 VDC 档测量:防雷板 6,7 脚之间电压应为 12 VDC 左右。

若第(2)项测量中,指标超出范围,则应在百叶箱内传感器与接线的接头处继续测量,且注意观察接头是否有接触不良的现象。如果,以上测量均不能满足第(2)项测量中的要求,则应更换湿度传感器。

湿度传感器故障软件测试方法

(1)进入采集器终端模式;

(2)点击屏幕左下角手形标记后,点击屏幕中部的文本区;

显示当前湿度

　　　键入命令 36CV(回车)

显示当前湿度对应的电压值

　　　键入命令 2+V(回车)

(3)根据当前湿度及当前湿度对应的电压值判断湿度传感器正常与否。

二、气压传感器的维护

1.气压传感器接线

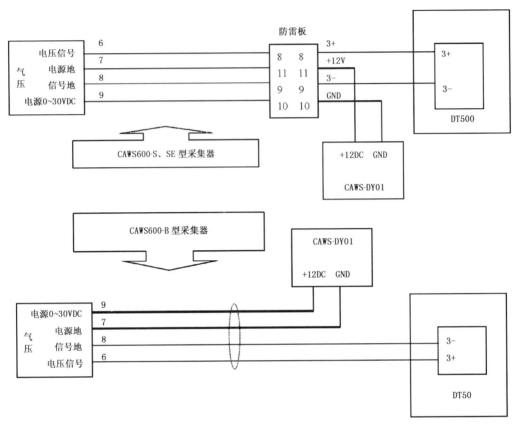

气压传感器安装于 CAWS600 机箱之内,通过静压管与外界大气相通。

内部连接如下图:

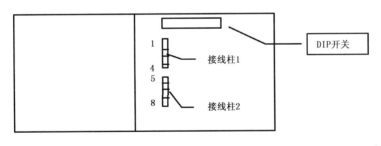

内部连接图

供电连接:

接线柱 2: 5   电源＋;

          6   电源一;

          7   外触发 CTRL;

2.常见故障处理方法

PTB220 气压传感器无需定期或预防性的维护措施。为保证±0.2hPa 的精度,建议每年对照良好的便携标准仪器检查一次。

故障 1:气压示值超差或缺测。

处理方法:

(1)用模拟校准器对采集器进行校准,确认采集器通道是否正常;

(2)用万用表电压 20 VDC 档量取气压传感器信号端:对 CAWS600-S、SE 型机,防雷板 8,9 脚之间电压应为 0～2.5 VDC;对 CAWS600-B(S)型机,接在 DT50 模拟通道 3＋、3－ 端口之间电压应为 0～2.5 VDC;

(3)取下气压传感器接头,用万用表电压 20 VDC 档测量:气压传感器接头供电;第 7 脚与第 9 脚之间的电压应为 12 VDC 左右;

(4)用标准表与其共置于同一高度的环境中,对比是否一致。

故障 2:气压输出值为 400～500 hPa 之间,且长时间不变。

处理方法:此故障一般为气压传感器信号线断线所致。

气压传感器故障软件测试方法:

(1)进入采集器终端模式;

(2)点击屏幕左下角手形标记后,点击屏幕中部的文本区;

显示当前气压

　　键入命令 84CV(回车)

显示当前气压对应的电压值

　　键入命令 3V(U)(回车)

(3)根据当前气压及当前气压对应的电压值判断气压传感器正常与否。

三、翻斗式雨量传感器的维护

1.电缆安装连接图

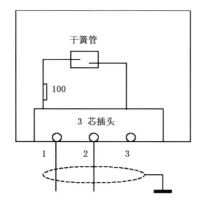

2.使用维护和故障排除

日常维护:定期检查漏斗通道中是否有碎片,入口和出口处是否有堵塞物。除去污物并清洁滤网(入口处的滤网可以取下来清洗)。如果必要,漏斗表面可用中性洗涤剂清洗,但清洗后严禁用手触摸翻斗内部。

常见故障处理方法:

故障:雨量超差。

处理方法:

(1)用模拟校准器对采集器进行校准,确认采集器通道是否正常;

(2)用量杯量取 10 ml 水缓慢注入雨量筒承水器,查看是否显示值为 15.6 mm 降雨量;

(3)直接用手翻动计数翻斗,用万用表电阻导通档直接量取输出信号,导通次数与翻动次数是否一致,否则更换干簧管。

四、风传感器的维护

1.风传感器电缆线的连接

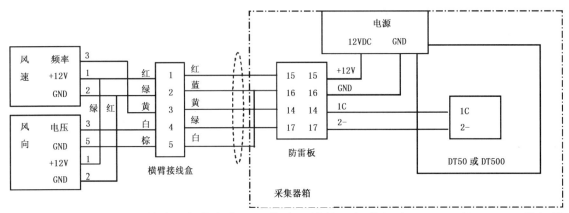

风速传感器安装:风速传感器安装在位于风横臂一端的一根外径为 48 mm、长 50 mm 的短管上。因传感器由下部的插头接电,所以管子的内径为 36 mm。完成电气连接后,把传感器装入短管上,并拧紧紧固侧顶螺丝。

电气连接:　　1　　+12V

　　　　　　　2　　GND

　　　　　　　3　　F;频率

　　　　　　　4

　　　　　　　5

风向传感器安装:风向传感器安装在位于风横臂一端的一根外径为 48 mm、长 50 mm 的短管上。因传感器由下部的插头接电,所以管子的内径为至少 38 mm。完成电气连接后,把传感器装入短管上,将风向传感器上下指示线对齐且调整"N"指向正北方向,并拧紧紧固侧顶螺丝。

电气连接:

格雷码输出	电压或电流输出	电压输出
19 芯插头	19 芯插头	10 芯插头
1:D+;10~14VDC	4:+12V	1:+12V
2:GND	5:电源 GND	2:电源 GND
4:G0	6:电压输出	3:
5:G1	7:电流输出	4:电压输出
6:G2	8:信号 GND	5:
7:G3		6:信号 GND
8:G4		
9:G5		
10:G6		
11:G7		
12、13:HTING;20VDC/AC		
14、15:HTING;20VDC/AC		

2.日常维护和故障处理

风向传感器日常维护:

如果使用得当仪器无需维护,若严重污染,将会堵塞转动部件与静止部件之间的缝隙,要清除积聚的污垢。

仪器工作几年后,轴承会出现磨损情况。表现为风杯部分响应灵敏度降低。此时应将仪器送回厂家修理。轴承每年必须通过转动传感器的轴目测检查一次,检查时要先卸下风向标,正常情况下,轴应该转动灵活,无明显噪声。

风速传感器日常维护：

如果使用得当仪器无须维护,若严重污染,将会堵塞转动部件与静止部件之间的缝隙,要清除积聚的污垢。

仪器工作几年后,轴承会出现磨损情况。表现为较高的启动转矩或风杯不能长期连续转动。此时应将仪器送回厂家修理。每年必须通过转动传感器手柄目测检查一次。检查时先要卸下风杯。中心轴转动应当灵活润滑,感觉不到明显噪声。

故障 1:风速示值超差或缺测。

处理方法：

(1)用模拟校准器对采集器进行校准,确认采集器通道是否正常；

(2)用万用表电阻 20VDC 电压挡量取:防雷板标号 15 端与 16 端之间的电压值是否在 12V 左右,逐级量值至横臂接线盒处；

(3)用万用表电阻 20VDC 电压挡量取:防雷板标号 14 端与 16 端之间的电压值是否在 6V 左右,逐级量值至横臂接线盒处；

故障 2:风向示值超差或缺测。

处理方法：

(1)用模拟校准器对采集器进行校准,确认采集器通道是否正常；

(2)用万用表电阻 20 VDC 电压挡量取:防雷板标号 15 端与 16 端之间的电压值是否在 12 V 左右,逐级量值至横臂接线盒处；

(3)用万用表电阻 20 VDC 电压挡量取:防雷板标号 17 端与 16 端之间的电压值是否在 0~2.5 V之间,逐级量值至横臂接线盒处。

风速传感器故障软件测试方法：

(1)进入采集器终端模式；

(2)点击屏幕左下角手形标记后,点击屏幕中部的文本区；

显示当前风速

　　　键入命令 3CV(回车)

显示当前风速对应的频率值

　　　键入命令 1HSC(回车)

(3)根据当前风速及当前风速对应的频率值判断风速传感器正常与否。

风向传感器故障软件测试方法：

(1)进入采集器终端模式；

(2)点击屏幕左下角手形标记后,点击屏幕中部的文本区；

显示当前风向

　　　键入命令 4CV(回车)

显示当前风向对应的电压值

　　　键入命令 2−V(回车)

(3)根据当前风向及当前风向对应的电压值判断风向传感器正常与否。

五、地温变送器和地温传感器的维护

1.地温变送器和地温传感器的电缆连接

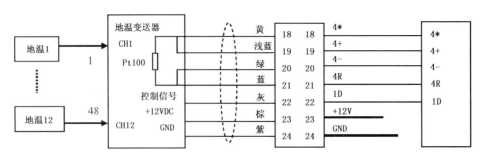

WZP1温度传感器是用来精确测量土壤温度和水温的传感器,传感器的精度和稳定性依赖于Pt100型铂电阻元件的特性及精度级别。传感器配有15 m、10 m的屏蔽电缆。

地温传感器共12支,其中地表温4支,5 cm、10 cm、15 cm、20 cm、40 cm、80 cm、160 cm、320 cm浅层和深层地温各一支,均为标准4线制铂电阻测温(40 cm、80 cm、160 cm、320 cm深层地温应配有套管)。测量原理是铂导体电阻值随温度升高而增加的特性,具体测量方法如下:

测V_1、V_2值即可求得R_t:

$$R_t = R_0 * V_1 / V_2$$

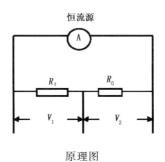

原理图

铂电阻计算公式:$R_t = R_0 \times (1 + At + Bt^2)$

换算出温度计算公式:$t = a + b \times R_t + c \times R_t^2$

a、b、c为常数。

t为温度(℃),R_0为标准电阻值100 Ω。

地温传感器的主要性能:准确度:±0.3℃;

灵敏度:0.385Ω/℃;

测量范围:−50～80℃;

尺寸:直径5 mm,长130 mm。

地温变送器CAWS-BS01是基于电子开关的多路分配器,作为个别传感器与CAWS600系列自动气象站的接口。

CAWS-BS01具有低功耗、低输入阻抗、宽供电范围的特点,主要性能:

供电   8～18 VDC

使用环境条件

环境温度: −40～+60℃

环境湿度: 0～100%RH

平均无故障时间: >2000 h

逻辑图如下:

地温变送器的安装要求:

(1)距深层地温、浅层地温传感器连线中间位置。

(2)安装于专用的支架上,距地面至少50 cm。

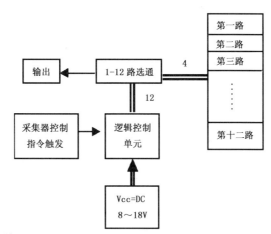

（3）固定紧固，保证良好接地。

地温变送器的安装步骤：

（1）确认内部各部分都紧固在机箱内。

（2）通过密封锁头连接电源、通信线。

（3）通过密封锁头连接所有传感器电缆到 CAWS-BS01 的相应通道上。

（4）安装 CAWS-BS01 在支架上。

（5）拧紧密封锁头。

（6）机箱内走线要整齐，绕开接线端子。

（7）盖紧机箱盖，保证机箱密封良好。

2.常见故障处理

故障 1：出现地温间歇性的不正常。

解决方法：这种情况很有可能是地温变送器受到干扰造成的。还有可能是该传感器位于 CAWS-BS01 地温变送器的接线端松动，请检查并拧紧。

故障 2：地温输出值均为－24.6℃。

解决方法：这种情况很有可能是地温变送器电路板故障所致，检查时可将地温传感器信号插头取下（防雷板 18～21 端口），并将空气温度传感器插头（防雷板 1～4 端口）取下，插入地温传感器插座内。

故障 3：地温值偏小。

解决方法：（1）人工观测与器测的对象毕竟不是同一个对象，一般来说地温场的恒定是一个长期的过程，土壤松紧程度、土质等因素对其都会有一定的影响。这是最常见的一种情况。（2）测量过程导致这种现象，如果传感器本身不稳定或者各级连接线接触不良也会测量超差，所以请仔细观察一下它的波动范围，如果连续的一段过程上下波动比较大，就有可能是这个原因引起的。

地温传感器故障软件测试方法：

（1）进入采集器终端模式；

（2）点击屏幕左下角手形标记后，点击屏幕中部的文本区；

显示地表温

　　键入命令 44CV（回车）

依次显示 5～320 cm 地温

　　依次键入命令 50～57CV（回车）

显示当前地温对应的电阻值

　　键入命令 4PT385（回车）

（3）根据当前地温及当前地温对应的电阻值判断地温传感器正常与否。

六、蒸发传感器的维护

1.蒸发传感器电缆线连接

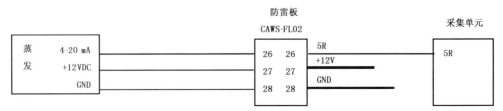

AG1-2超声波蒸发传感器测量蒸发液面高度,适用于植物园、植物及种子培养单位、农业研究机构测量植物需水量及人工给水量。

2.常见故障处理

故障:蒸发示值超差,及缺测。

处理方法:

(1)用模拟校准器对采集器进行校准,确认采集器通道是否正常;

(2)用万用表电流200 mA挡量取:蒸发信号线(防雷板第26脚)的电流应为4～20 mA;

或用万用表电流20 V挡量取:蒸发信号线(防雷板第26脚)与地(防雷板第28脚)之间的电压应为0.3～2.1 V之间;

(3)用万用表电流20 V挡量取蒸发传感器供电是否为12VDC左右;

(4)如果以上(2)、(3)项检查中任意一项指标超出范围,应更换蒸发传感器。

蒸发传感器故障软件测试方法:

(1)进入采集器终端模式;

(2)点击屏幕左下角手形标记后,点击屏幕中部的文本区;

显示当前蒸发

　　键入命令18CV(回车)

显示当前蒸发对应的电流值

　　键入命令5♯I(回车)

(3)根据当前蒸发及当前蒸发对应的电流值判断蒸发传感器正常与否。

七、总辐射表的维护

1.总辐射表电缆线连接

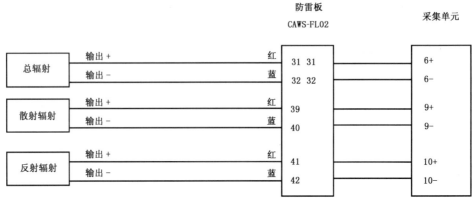

2.常见故障处理

(1)如发现计算机上显示结果为0或无数据显示

分析如下：

如果数据为 0，首先检查辐射表的输出是否为 0，方法是：将防雷板处 31、32 号端子拔下，将数字万用表拨到 2 kΩ 电阻挡，然后测量 31、32 两端是否有约 200 Ω 电阻，如有电阻存在，表没有问题，可往后查。如果电阻为 0，说明辐射表和导线之间有短路现象。拔下辐射表的插头，直接量插座 1 针和 2 针之间电阻，如果还为 0，说明辐射表内短路，需送回厂家修理。

如果无数值显示，先检查辐射表输出是否处于开路状态，同样将 31、32 号端自拔下，用数字万用表（2 k 档）测量，如显示为"1"，说明开路，再检查辐射表与导线之间是否有断开现象。拔下辐射表插头，测量插座 1 针、2 针的电阻值，如显示"1"，说明辐射表内开路，否则导线有问题。

（2）如果对输出的辐照度有质疑，将数字万用表拨到 200 mV 档，红表笔接到 31 号端子，黑表笔接到 32 号端子，在太阳光下测量输出电压值 V。按下列公式计算当时的辐照度：

$$E = V/K$$

E 为辐照度 W/m^2，V 为信号输出 μV，K 为辐射表的灵敏度 $\mu V/(W/m^2)$。

如果该值与计算机显示相同，说明该表的灵敏度需要检查，否则应检查计算机内参数设置是否有误。

总辐射表故障软件测试方法：

（1）进入采集器终端模式；

（2）点击屏幕左下角手形标记后，点击屏幕中部的文本区；

显示当前总辐射

　　键入命令 61CV（回车）

显示当前总辐射对应的电压值

　　键入命令 6V（回车）

（3）根据当前总辐射及当前总辐射对应的电压值判断总辐射正常与否。

反射辐射表故障软件测试方法：

（1）进入采集器终端模式；

（2）点击屏幕左下角手形标记后，点击屏幕中部的文本区；

显示当前反射辐射

　　键入命令 63CV（回车）

显示当前反射辐射对应的电压值

　　键入命令 10V（回车）

（3）根据当前反射辐射及当前反射辐射表对应的电压值判断反射辐射正常与否。

散射辐射表故障软件测试方法：

（1）进入采集器终端模式；

（2）点击屏幕左下角手形标记后，点击屏幕中部的文本区；

显示当前散射辐射值

　　键入命令 67CV（回车）

显示当前散射辐射对应的电压值

　　键入命令 9V（回车）

（3）根据当前散射辐射及当前散射辐射对应的电压值判断散射表正常与否。

八、直接辐射表的维护

1. 直接辐射表的电缆连接

2. 常见故障处理

如果跟踪不正常，则检查 37，38 号端子之间的电压是否在 12 V 左右，并把对时开关打开，看其能否

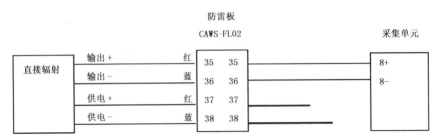

正常转动,如果对时准确,说明直接辐射表电机及控制器没有问题,如果直接辐射表光筒上的光点跟踪不准确,则检查正南正北线是否正确,仪器是否水平,纬度是否调好等。如果跟踪正常而数值异常,则拆下 35,36 号接线端子,用数字万用表 2 kΩ 电阻挡,测量其输出电阻是否约为 70 Ω,如果有电阻,说明正常。如果没有电阻,检查导线是否接触良好。如果还要进一步确认一下,那么,将数字万用表拨到 200 mV 电压挡,红表笔接到输出导线 35 号端子上,黑表笔接到输出导线 36 号端子上,将光筒上光点对准太阳光检查是否有电压,然后把保护罩盖上,检查输出电压应为 0。如果符合上述条件,则说明辐射传感器正常。如果还是不正常,则应从接线端后查,确认辐射变送器到防雷板,再到采集单元的导线是否接触良好,再量一下采集单元上的 8+、8一 是否有电压输出,方法同上,如果正确,请检查采集单元和软件。

　　直接辐射表故障软件测试方法:

　　(1)进入采集器终端模式;

　　(2)点击屏幕左下角手形标记后,点击屏幕中部的文本区;

　　显示当前直接辐射

　　　　键入命令 65CV(回车)

　　显示当前直接辐射对应的电压值

　　　　键入命令 8V(回车)

　　(3)根据当前直接辐射及当前直接辐射表对应的电压值判断直接辐射正常与否。

九、净辐射表的维护

1.净辐射表的电缆线连接

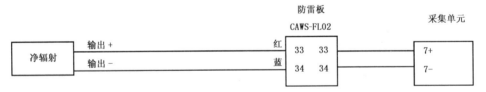

2.常见故障处理

净辐射表出现故障和处理方法基本与总表相同。

　　正常情况下它的内阻值应在 200 Ω 左右。如果其数值出现异常,则测量传感器插头上输出导线间的电阻值(将万用表拨到 2 kΩ 电阻挡)。看是否在正常范围内,然后将万用表拨到 200 mV 挡,红表笔插到输出导线正端,黑表笔插到输出导线负端,测量其输出电压是否会随光照强度的变化而变化。如果符合上述条件,则说明辐射传感器正常,否则应检查其接线端子、辐射变送器、防雷板和进入采集系统的导线,最后测量采集器输入端 7+、7一输出电压是否正确,如果正常,请查采集器和软件是否正常。

　　净辐射表故障软件测试方法:

　　(1)进入采集器终端模式;

　　(2)点击屏幕左下角手形标记后,点击屏幕中部的文本区;

　　显示当前净辐射

　　　　键入命令 69CV(回车)

显示当前净辐射对应的电压值

键入命令 7V(回车)

(3)根据当前净辐射及当前净辐射表对应的电压值判断净辐射正常与否。

第七节　设备故障排除流程

一、设备故障排除流程

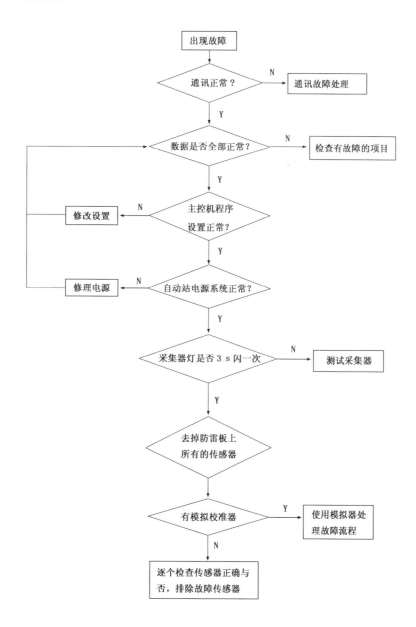

二、通信故障检测流程

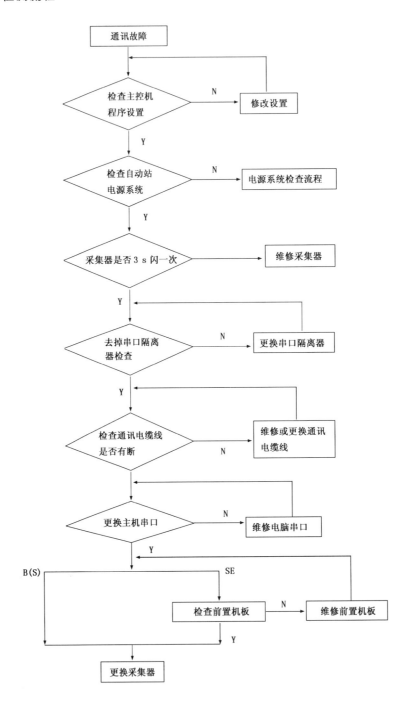

三、自动气象站电源系统检测流程

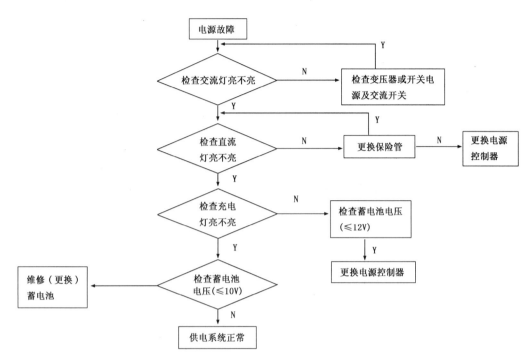

四、地温故障检测流程

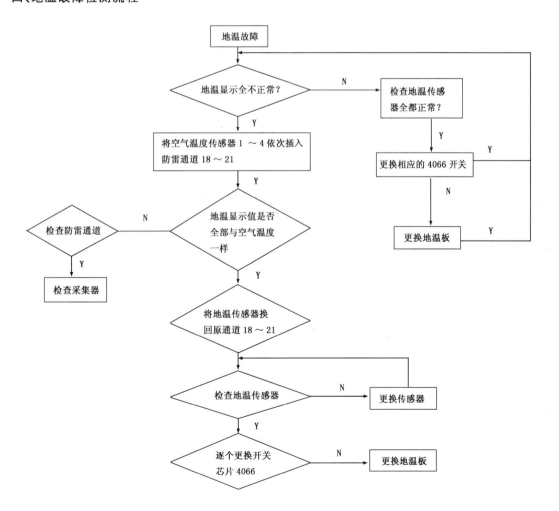

五、传感器安装检测流程

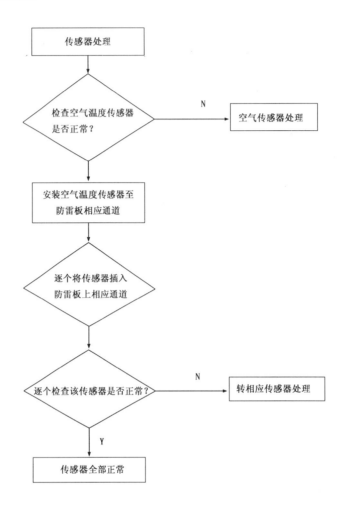

六、使用模拟器处理故障流程

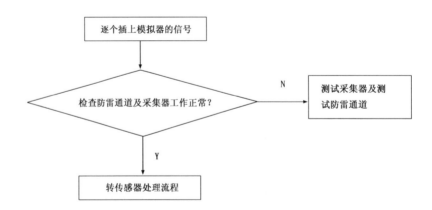

第八节　软件诊断命令集

在采集通信软件的"采集器终端维护"工具栏或其他终端程序中(比如超级终端)对采集系统(DT)进行检查:

步骤如下:

1.确认使用串口线连接 DT 与计算机,连接口参数是:

4800,N,8,1,流程控制 XON/XOFF

2.确认 DT 电源正常供电

3.在终端程序中发送以下指令,用于检查传感器的工作或与 DT 的连接情况

TEST——收到 PASS 字符,可确认 DT 模拟信号端口正常

一、CAWS600-S(SE)型自动气象站

注:CAWS600-S(SE)(SE 型需要通信电缆直接到 DT)

工程量测试:		物理量测试:	
3CV	——风速瞬时值	1HSC	——计数
4CV	——风向瞬时值	2—V	——电压值(0—2.5V)
22CV	——1 分钟雨量	2HSC	——计数
30CV	——1 分钟气温	1R(4W,II)	——电阻值
36CV	——1 分钟湿度	2+V	——电压值(0—1V)
84CV	——1 分钟气压	3V(U)	——电压值(0—2.5V)
44CV	——地表温		
50…57CV	——地温		
18CV	——蒸发	5♯I	——电流值(4—20mA)
61CV	——总辐射	6V	——电压值(0—20mV)
63CV	——反射辐射	10V	——电压值(0—20mV)
65CV	——直接辐射	8V	——电压值(0—20mV)
67CV	——散射辐射	9V	——电压值(0—20mV)
69CV	——净辐射	7V	——电压值(0—20mV)

二、CAWS600-B(S)型自动气象站

工程量测试:		物理量测试:	
3CV	——风速瞬时值	1HSC	——计数
4CV	——风向瞬时值	2—V	——电压值(0—2.5V)
22CV	——1 分钟雨量	2HSC	——计数
30CV	——1 分钟气温	1R(4W,II)	——电阻值
36CV	——1 分钟湿度	2+V	——电压值(0—1V)
84CV	——1 分钟气压	3V(U)	——电压值(0—2.5V)
44CV	——地表温		
50…57CV	——地温		

第九节　运行中出现问题解答

一、采集通信

1.某台站在运行软件后出现"信道 A 错误"的提示,重启计算机后仍然解决不了,请问该如何处理?

答复:信道 A 出现错误一般是由于通信问题引起的,首先请检查软件设置是否正常,看通信口的状态参数是否设置得正确(com1 4800,n,8,1),选用机型是否吻合,若正确则关闭计算机,检查所有通信走线,观察是否有接触不良或错接。其次看采集器是否工作,即检查采集器机箱右上角的状态灯是否闪烁。若采集器灯不闪,则需检查自动站供电系统是否正常,如果以上状态均为正常,则需去掉通信线上的一对串口隔离器(必须两个都去掉),看能否正常通信,如果可以,就更换串口隔离器。如果还不行,则可能是计算机串口故障,需更换计算机串口,重新设置计算机通信口为(com2 4800,n,8,1)。

2.某些台站偶尔出现能 ping 通省中心站 IP 地址(X. 25 网),但自动、人工都不能正常上传数据。软件升级 6.0 后,有时还是如此,但可利用 FTP 上传。请问什么原因? 是否与中心站通信软件有关?

答复:关于不能正常上传数据的问题。这种情况与中心站主控软件没有多大关系,但是一般与中心站服务器的容量和通信链路的负荷有一定关系,比如说,在全省所有台站一齐向服务器 ftp 传送的情况下,往往会有个别台站挤不进来的情况发生。对于这种情况发生相对多一些的台站,建议这样操作:(1)将其自动上传的时间设置相对地与其他台站错开一些。(2)在发生这种情况的当时,重新启动计算机或自动站软件,然后手工或自动上传,看是否能正常。

3.在 Z 文件中经常发现乱码的问题。在进行资料查询的时候,经常会发现数据出现了乱码,各项观测要素的值出现了非法的值,不知道这是什么原因?

答复:出现这个问题可能是主要由于下面这个原因造成的。有些台站的观测人员经常想打开 Z 文件查看记录,于是将 Z 文件关联到了 WORD、记事本或写字板等软件,而 Z 文件又有本身固定的文件格式,在经过这些文件的处理后,会将其本身的一些状态信息加到 Z 文件当中,所以造成了 Z 文件的格式错误。所以,如果出现这样的情况,请检查 Z 文件的打开方式,如果错误地关联到了 WORD、记事本或写字板等文字处理软件,请按以下的操作进行:(1)打开 WINDOWS 资源管理器;(2)打开工具中的文件夹选项;(3)选中文件类型;(4)找到错误关联的 Z 文件的后缀名,例如:2003 年的文件就是 003;(5)删除该种文件类型;(6)确定或者关闭退出就可以了。同时要求大家不要随便利用其他软件打开所有自动站相关的文件,这样可能会造成系统的文件遭到破坏,影响自动站业务系统的正常运行。

4.关于软件的几个问题。

(1)在中心站发广播信息,显示的是成功发送,但是在下面台站却没有收到,为什么? 如何解决?

(2)下面台站的软件设置没有发生变换,但是有时突然会发生能够 ping 通主站,但是报文发不上来的情况,将软件关闭,重启计算机后,问题解决,请问这是什么原因? 如何解决?

答复:(1)关于第一个问题,主要是由于你们没有采用拨号的方式来进行广播信息的操作。因为,在每个站的站址参数里面包含一项通信方式的设置,将其设置成为你们所利用的通信方式就应该没有问题。

(2) 关于 ftp 文件的问题,我们现在初步认为网络的原因导致了系统的工作异常。但是其中有可能是软件的原因,可能是在网络状况恢复后,软件没有释放空间,软件升级后会解决这些问题。

5.软件升级前后某台站发现数据文件重复卸载的现象。即某时次数据文件正常卸载,而后一时次又重新卸载上一时次数据文件。如果有降水,降水量会取代重复卸载时次的降水量,造成降水量丢失或增多现象。

答复:造成这种现象的主要原因是:定时数据卸载的过程中出现错误组(采集器或通信线路在工作

中受到某种干扰)。旧版软件中对错误组的处理是自动删除,但这样造成的后果是引起个别时候定时数据缺测。现在6.0新版软件中,在出现错误组的情况下并不会自动清空采集器,而是通过一个提示条提醒观测员当前时次出现错误组,建议他手工卸载数据,如果多次人工卸载数据依然存在错误组的现象,则可以判定某种干扰的数据已经存在采集器中,这时最好的解决办法就是在人工卸载的界面下选中"清除采集器"复选框,然后再卸载一次数据;这样就会将正确的数据再次存盘,而将错误的数据抛弃,同时让采集器复位,以后的数据也恢复正常。请提醒观测员同志在这种情况下及时地进行上述操作!

6.某站在上传正点数据时,出现计算机时钟停顿,同时屏幕显现"计算机时钟不一致或通信错误"提示,正确上传数据结束后,计算机时钟又恢复正常,我们通过与采集器时间对比,发现二者并无不一致,请问是什么原因?

答复:这可能是在通信传输的过程当中,进程之间的影响,出现这个问题,可能是由于网络传输或者建链过程耗费的时间太长造成的,和网络速度有关。

7.(1)自动站中心站不处理子站上传的状态文件,还有少量R文件也不处理,造成服务器上(aws-data目录中)累积了大量文件,引起处理机经常出错(错误提示为"文件太多"),何故?

(2)子站信息输入后不能保存。

(3)监控中心更新子站信息时提示网络不通,不能更新,但可以ping通中心站,不知是什么原因?

答复:状态文件肯定是会处理的,这个问题出现的主要原因是由于台站上传的数据文件太多的原因。因为作为正常的情况来讲,每个小时只会传输本个小时内的数据文件,不知道现在还是不是有以前的数据文件,同时可以看一下没有处理的状态文件是哪个站的,可以再和我们联系。关于第2个和第3个问题,是由于相同的原因造成的,因为在操作的过程当中,使本地的数据库的内容和服务器上的内容不符造成的。

8.(1)安装运行后不能进行拨号连接,只能关闭采集通信软件后才能进行拨号连接(运行采集通信软件时正常,任务栏中信道N显示为9600、网络通信端口参数为8000)。

(2)每日0时编发天气报时,0时各要素均显示缺测,只能把日期调到前一天24时,才能显示出当日0时的数据,但这样编出的报文的文件名是前一天的,这种问题能否解决?最好是在0时编天气报时能像其他时次一样编发(未组建中心网站)。

(3)编发气候月报时,仍按其他报一样每十组换一行,但我们现在编发的气候月报是按65个字符换一行,不知道中国气象局的规定是怎样的,如果是按65个字符换一行,你们的软件能否改动一下?

(4)自动气象站采集通信软件中资料栏里的辐射数据统计及月报表的操作说明在帮助中并没有提到生成的报表文件放在哪个地方?另:太阳辐射软件中能否增加从自动站报表文件中读取日照时数的功能?

(5)能否说明一下重装程序后,哪些参数需要重新设置,哪些工作需要在软件运行前做?

答复:

(1)采集通信软件目前是按照组网的工作方式编制的,它占用了上传通道,在组网情况下它将自动进行数据和报文的传送。当然,报文由测报软件生成,采集通信软件自动根据编报时选择的路由信息将报文传出,在自动不成功的情况下也可以启动其手工上传的功能。

(2)测报软件目前的设计主要只考虑一天8个时次的编报任务,满足中国气象局的相关要求,对于各省定的一些问题,由于因省而异,原则上不是解决的目标。

(3)如果编报正式上业务(自动站第二年以自动站业务为准时),相应格式自然全国统一,软件会按照新规范的要求加以调整,届时以软件为准。

(4)正如您在问题中所提到的,目前我们提供两种辐射报表的制作方式,应该说各有优势,现阶段请您挑选一个适合您的方式。自动气象站采集通信软件中资料栏里的辐射数据统计及月报表的操作说明尚未来得及补上,其报表文件存放在/awsrep目录中,它是以Excel表格的格式存放,您可以用Microsoft Excel程序查看或打印。

(5)总的来说,重装程序所需要保存的参数都存放在/awsinf目录和安装目录下所有的 *.mdb 文件中,只要做好这些文件的备份就有可能恢复到重新安装前的状态。顺便提一下,对于数据,您需要独立地做备份。

9. 由于需要通过电话拨号上传报文,由于采集通信软件占用了通信端口,所以采取了先进行电话拨号,再启动采集通信软件的方法,使得电话拨号能随时使用。请问,这样对采集数据是否有影响?

答复:这么做是可以的,但是一旦您省里面自动站组网建立起来以后就不要这么做了。您还要注意一个问题,就是最好让采集通信软件完成了该时次的数据定时卸载以后再退出去拨号。

10. 自动站组网后一直发现一个问题,在 Web 中查询定时资料时,每次正点和正点后一小时的资料是相同的,且只有一个站出现此问题。请指点此问题出在什么地方。

答复:从两个方面检查此问题:(1)从子站的角度,您可以通过日志查询该站上传的 A * * * * YYMMDDHH. DAT 文件处理过程。看看是否有同一时次的数据处理两遍的情况,或一个时次上传了两份数据的情况。(2)从中心站的角度,如果问题不出现在子站上,建议您对中心站软件的子站参数进行一下检查,或干脆删除该站,然后重新添加该站的所有信息(请注意保持该站的唯一)。

11. 在卸载定时数据时(包括人工卸载),总是有一个错误组,开关采集器和重装软件都不能解决问题。

答复:如果卸载后因为有一个错误组而导致温、压、湿、风等定时数据都缺测的话,那么99%是因为软件型号安装有误造成的。建议:卸载您原来的自动站程序,从光盘或本站下载最新的 CAWS600S 软件重新安装一次,应该能解决此问题。

12. 市局要求自动站正点数据上传到省局服务器,而且还要上传到市局服务器,请问这个功能可以实现吗?

答复:软件目前不允许这么做,建议市局通过主干网络从省局获取数据,这将是全国通用的做法!

13. 我站的自动站主机如果网络出现了故障,数据无法在规定时间上传,任务栏右下角的"自动站"会变成"正在上传"字样,好像死机了一样,即使网络恢复正常,也必须强行关机,重新启动才能恢复,请问这是软件问题吗?经常重新启动计算机会对自动站数据采集、上传产生影响吗?

答复:网络故障了当然就不能正常上传数据了。所以请尽量保证在上传文件时网络是通的。重新启动计算机对数据采集没有影响,但是尽量不要在正点前后重启计算机。

14. 右上角标题栏提示时间不一致或通信故障,我看了一下采集器时间和本机系统时间几乎不差,怎么会出现此提示呢?接着下一分钟数据似未更新。我把程序关闭后重启一切正常。倘若不重启会出现什么严重问题?

答复:采集器的时间和计算机的时间一定要保持一致,计算机才能正确接收采集器的数据。您说的这种情况需要您核对时间,然后重新启动采集通信软件。如果不处理,那么可能会导致数据缺测,另外计算机因操作系统问题,需 2 天重新启动一次计算机。

15. 通信软件中状态 N 显示黄色,绿色,红色各代表什么?

答复:绿色表示信道正常,黄色表示信道不正常,红色都表示信道正忙。

二、电源系统

1. 某站配备的是 DY03 电源,蓄电池的电压一直在 12.5～12.7 V 之间,且一直处于充电状态。请问是不是电源有问题?

答复:DY03 电源充电是充到 14.5～14.7 V 之间为充满,但是一旦停止充电,电池电压立刻降到13V 左右,可以用万用表监视充电状态,看看到底是充到多少电压时停止充电的,如果一直为充电状态,那么 DY03 电源控制器可能有问题。

2. DY03 电源给蓄电池充电到 14.7 V 后,如停止充电,电池电压马上下降到 12.7 V 左右。如果长时间这样,实际上蓄电池并没有完全充满,时间长了会导致电池容量下降,如果能改进一下,给电池充电到 14.7 V,停止充电后,电压不马上就下降到 12.7 V,而是在放电时慢慢的降到 12.7 V 再开始充电。这样即可以延长供电时间,又有利于保护蓄电池。以上提法,是否可行?

答复:关于 DY03 电源有关电池充放电问题,充电器是自动控制的,充电器如能自动充放即为正常,有关电池电压问题,只要其电平在 11～14.7 V 之间均为正常,具体电压的变动与用电情况、温度、电池寿命和很多因素有关。

3.市电突然断了,采集器也跟着没有电,造成丢失数小时的数据。原因应该是电源控制器有故障,电源不会自动切换,该如何处理?

答复:请先更换电源板上的保险管,然后检查蓄电池的电压,就是电源板下方左边的两根线。把它拔出来后量一下它们之间的电压。应该在 11～15 V 之间,如果电池电压过低(8 V 以下),就应更换蓄电池。

三、温湿度传感器

1.新更换了温湿度传感器之后,温度现在已经恢复了正常,但相对湿度一直都是 100%,该湿度传感器是否有故障?

答复:请你根据接线图,检查一下接线,主要问题应该是由于接线的原因造成的,用万用表量一下湿度的电压(防雷板 5,7 脚之间),可以查到是哪里出现的问题。注:湿度传感器信号线如果没接上,其显示值也为 100%。

2.某站近期相对湿度一直就是 100%,发现不对后,把温湿传感器中的过滤纸清理了一下,当时采集通信软件中的数值下降到 87%,接近人工数据,可没过 5 分钟,又变回到了 100%,我又试了几次,结果都是一样,请问这是哪里出问题? 过滤纸如何清洗?

答复:滤纸可用清水漂洗,自然晾干后重复使用,如太脏可更新。由于 HMP45D 传感器为进口器件,我方无配件,如需要可与我公司市场部联系。

3.某站的相对湿度时好时坏(一直是 100%),最近发现每日 1－8 时就坏,白天有时候又会好,今日到现在还没有正常,不知是什么原因,该从哪里检查?

答复:湿度时好时坏则首先怀疑为接触不好,请检查温湿传感器的 5,6,7 号端子是否接触良好。

四、雨量传感器

1.无雨时,实时界面显示有雨量,如何处理?

答复:①雨量筒内可能有积水,清洗雨量传感器。②检查雨量电缆线接头和端子处是否有松动、接触不良现象。③在数据采集器上 D2 与地之间有一个 1 μF 电容,检查电容是否损坏。

2.正点前的每分钟雨量,存放在哪个文件中?

答复:每小时的分钟雨量存储在软件安装目录下 Zfile 文件夹下的 ZZ 文件中。具体路径如下(D:/AWDNET/Zfile/zz)。

3.某些台站相继出现降雨偏小或降雨过后一天左右,还有降水记录的现象,经多次查找,确定故障原因:雨量桶内过滤网被柳絮等细小毛物堵住,使雨水存在桶内,不能及时下流。此问题在平时维护时很难发现,因只看外边过滤网是否堵住。目前应急办法:平时将雨量桶盖住。

答复:雨量桶集水漏斗过滤网是可以拆装的,根据规范应定期将其拆下后清洗,保证雨量桶滤网清洁。

4.某站在一次降水过程中 14 时 30 分至 16 时 15 分之间有降水,自动站实时窗口显示降水量为 8.7 mm,但逐日数据维护中自记降水栏 14－15 时为 7.1 mm,15－16 时为 7.1 mm,16－17 时为 0.1 mm,共计 14.3 mm。请问实时窗口中显示的是不是每小时降雨量? 如果下一个时次没有降水那么实时窗口中是否应显示"N",而且逐日数据维护中相应时次的降水量是否也应该改变呢(本次降雨过程人工观测降水量为 8.5 mm)?

答复:降水数据以定时数据为准,因为定时数据是在采集器中形成的。而 B(S)型实时界面下的降水量乃通过每分钟降水量(雨强)不断累计而成,在每次实时通信都正常的情况下,累计雨量应该是此刻的日累计;但如果受到干扰,比如中间关闭过实时界面、某些时候实时通信受到干扰时,很有可能对实时界面上的降水量的值产生干扰。

5. 软件更新后,某站雨量出现新问题:在地面测报业务软件"自动站"菜单中"正点资料查询"和"数据维护"菜单中"修改自动站 Z 文件"中的雨量一项均为灰显(数据框中有数据,但不可修改),然而实时数据遥测界面为实显,如何处理?

答复:请将测报软件 OSSMO.exe 替换为此前站上正常使用的那个 OSSMO.exe,如果操作恢复到此前的模样,可能与测报软件的修改有关。

6. 6.0 版本中每小时降水显示的问题还没有解决,在前一小时有降水,可后来没有降水的情况下,不能清零,照常显示有降水的情况下有量。

答复:该降水量为日累计量,在过日界的时候清零,它不影响定时记录。它的准确度取决于每次实时数据的量的累计,如果每次实时数据都正常,它应该和定时数据的日累计一致。

7. 某自动站,22 时 52 分开始降雨,到 1 时 43 分停止,量较大,达 20 多毫米,自动站"实时遥测数据观测"显示总量为 22.3 mm,人工站实测值为 21.4 mm,相差不多,很正常,02 时编天气报时发现 6 小时降水量才 2.0 mm,后打开正点数据查询发现数据不对,总量只有 2.0 mm,检查雨量计传感器正常,而且自动站屏幕一直显示总量为 22.3 mm,不知是何原因?

答复:实时界面下正确,说明传感器、采集器都是正常工作。建议您:(1)通过测报软件的"降水资料查询"查一下您所列的这段时间的降水量。或者通过自动站数据查询,看看降水资料是否已保存到 Z 文件。(2)如果 Z 文件中降水资料齐全,请清理 B 文件,其中可能有超前数据。(3)为不影响编报,请通过"采集编报"的"校对气温、气压、降水量"功能调整编报降水数据。

8. 某站在安装自动气象站时,用 314 cm^2 口面积雨量筒专用量杯量取 10 mm 水量,倒入自动站雨量传感器中,在软件中显示的降水量为 15.7 mm。但 9 月 6 日 22 时至 9 月 7 日 17 时有降水,人工量得降水量为 26.3 mm,自动站软件显示的是 26.0 mm,这就与建站时的测量有矛盾,为何?

答复:自动站和人工站的雨量采集数据均有精度误差的允许范围,指标均为 4%,26.3 和 26.0 表明二者均正确。由于自动站和人工站的口径不一样,所以数据会不一样,但测量结果是一致的。

9. 清除雨量时的问题。在无雨时往雨量传感器内加入一定量的水清洗,在清除此雨量值时出现正点前不能在 Z 文件修改的问题,我想可能是因为数据没有卸载的原因,可等到正点数据卸载后,Z 文件改了,又出现不能修改 A 文件的降雨量数据的问题,应该如何做才能上传一个正确的 A 文件呢?

答复:清洗雨量桶时请将传感器插头拔下,就不会产生这种情况了。

10. 人工站当有微量降水时,人工输入编报,可在自动站采集时是大于等于 0.1 mm 时才有数值显示,请问自动站软件如何处理与这微量值相关的发报、报表问题,是不是人工输入编报?

答复:自动站不能记录微量降水,如需要记录,只有人工输入。

五、气压传感器

1. 气压值不稳定,有风时(风力在 3~5 m/s)气压值会偏大 2~3 hPa。

答复:气压值不稳定的原因,如果没有风时气压正常,则说明气压传感器正常。出现风时气压才偏大,则请检查一下静压管及其导管是否正常。

2. 自动气象站气压示值两个时段即早上 6—8 时,晚上 18 时左右出现气压示值偏高 10~20 hPa,不知什么缘故?

答复:建议您检查气压传感器的接线包括接地,可能是因为接触不好导致的干扰造成的。

3. 自动站正常运行了一年多,但近期 PTB220 气压传感器每天早上、晚上气压值比正常高十多百帕,而且气压值出现不正常的时间和探空雷达开机运行时间相吻合(自动站与探空雷达离得很近),开始我们判断是雷达干扰,但将自动站交流供电关闭,完全用直流供电运行了两天,气压值依旧出现波动,和以前出现的情况的时间相同。请问是 PTB220 有问题,还是屏蔽问题?

答复:出现这种情况,应该是干扰引起的。请仔细检查自动站接地是否良好。

六、风传感器

1.关于风向的问题。某台站的风向标摆动正常,但数据始终为"0",重启计算机、采集器均不起作用。

答复:请用万用表测试一下风向的信号输出。若风向标在转动,信号输出范围在 0~2.5 V 之间变化。若在电缆线连接正常的情况下还没有电压输出,就要考虑更换传感器了。

2.关于风速偏小的问题。

答复:请观察风速传感器工作时的状态,如果没有出现转动异常情况,则说明传感器工作正常。自动站观测数据与人工观测数据不符不能说是自动站观测错也不能说是人工观测错,这是两种不同的观测方式。如果出现风速传感器转动异常,则说明风速传感器出现了问题,若自动站采集器运行一段时间后,风速记录比实际风速小得较多,则可能是早期的采集器程序抗干扰性较弱而产生的后果,这需要升级您的采集器程序,升级办法,请您和生产厂家联系。

3.查询不到大风记录。自动气象站观测到有 17.7 m/s 的大风,在正点记录中也查询到,但在大风记录查询中却找不到该记录,这是什么原因?

答复:请在采集通信软件中点击出系统——本站参数设置,然后找到自动站数据路径,在该页面下重新选择以下 D:\\AWSNET\\ZFILE,然后应用或确定存盘。应该就能解决此问题。

4.关于风向的问题。某站某日极大风风向为 SSE,风速为 9.4 m/s,时间是 14 时 58 分,而最大风向为 NNW,风速为 5.6 m/s,时间是 14 时 59 分,我们知道风向有误,却无法找到出现这种现象的原因,请问是什么原因造成?

答复:极大风和最大风是不同的概念,极大风是三秒钟平均风(阵风)的极值,而最大风是十分钟平均风中挑出的最大值,二者在数值和时间上肯定不一致,一般来说,最大风比极大数值要小很多,这些定义在 CIMO 指南(WMO)和观测规范中都有明确规定。有关极大风向,由于其定义是当出现极大风速的那一瞬间的对应风向,其方位无法按常规目测的方法衡量,由于风场的脉动,很有可能方向在那一瞬间是此种数据,这也是自动测风能准确捕获瞬间数据的特点。如果传感器有故障,只有很小的概率就只出现在极大风的那一瞬间,而其他时间段都是正常的。

5.有关大风问题:风速为多大时,该自动站软件认为是大风,并有大风报警记录?某站出现的大风记录为 10.9 m/s,是否正确?

答复:记录大风警报的界限值是根据采集通信软件的本站参数设置来设定的。具体设置地方是在本站参数设置的第三页传感器参数表内,分为一级和二级报警设定。一般情况下一级报警为 17.0 m/s,二级报警为 24.0 m/s。当达到报警界限时软件就会记录下当时的大风数据。你可以检查一下参数是否设置正确。

七、地温传感器

1.某台站 20 cm 地温与人工观测比对,发现数值偏小,该如何解决?

答复:对于所有自动站传感器,在出厂前中国气象局都要委托相关管理部门对其进行严格的检定,超标则予以淘汰,作为地温传感器来讲,误差在 0.3℃ 以内是允许的范围。对于您发现的与人工数据相比偏小的情况,我们认为一般有几种情况:(1)人工观测与器测的对象毕竟不是同一个对象,一般来说地温场的恒定是一个长期的过程,土壤松紧程度、土质等因素对其都会有一定的影响。这是最常见的一种情况。(2)测量过程导致这种现象,人工观测是将地温表取出来读数,已离开了测量点,而自动测量是在规定的深度直接测量,这点会带来差别的。(3)如果传感器本身不稳定或者各级连接线接触不良也会测量超差,所以请您仔细观察一下它的波动范围,如果连续一段过程上下波动比较大,就有可能是这个原因引起的。

2.某自动站 15 cm 地温个别时次出现负值,其他要素和 15 cm 的其他时次均正常。请问是何原因?

答复:请您检查一下 15 cm 地温的接线端子,看看地温变送器中相应位置是否出现松动或有雨水渗入、蛛网的情况。

3.某台站的 0 cm 地温最近一直出现间歇性显示不正常,地温变送器里面的接线柱也拧紧了,传感器测试正常,软件升级后问题依然如故,如何解决?

答复:判断为 4066 模拟开关的问题,建议全部更换地表温度传感器对应的 4066 模拟开关。

4.某站在安装调试运行了一个星期后发现全部地温组出现恒定负值(即 -24.6 ℃),请问如何处理?

答复:此现象可能有几种原因:(1)接线接触不良;(2)检查地温变送器中各插入芯片是否插到位;(3)检查地温变送器的接地。

5.某站 15 cm 地温不正常。晚上比其他三支地温表低,接近 5 cm 地温,白天则高,傍晚为过渡期。其极值均比 0 cm 的日极值低和高,最高接近 42℃,这是不可能的。检查地温变送器的接头无松动,拔下测量接线电阻,红红、蓝蓝均为 5.5Ω,红蓝为 121.5Ω,接好后查看实时监控为 36.7℃;把采集器 1234 插头插到地温插座上,则四个浅层地温均为 30.4℃,与空气温度几乎一样。这是何故?

答复:将此传感器拿出,放入盛水的容器中,用台站的玻璃表同其一起放入同一容器中比对,如差别较大,该传感器可能损坏。

6.某站浅层地温常出现 -245 这样的数字(当然在不正常的值中还有其他数值,只是 -245 的数字比较多),不知是何原因? 还有为什么出现不正常的时次不是连续的,而只是单个的某一小时?

答复:不正常值的出现是因为地温接触不好,请仔细检查地温的接线(-245 为地温的悬空值)。

7.某站各层地温在阴雨天气时与人工实测值基本一致,但若是晴天或是冰冻天气时,地面 0 cm、5 cm、地面最高、最低值相差较大(注:实测与自动站相对比为表层到 20 cm 呈差值减少状,一般 10~20 cm 相接近)。如 1 月 24 日 20－08 时实测地面最低气温为 -5.9℃,而自动站却为 -2.7℃。虽然实测和自动站观测时间相对提前,但地面最低不应该相差那么大啊! 不知何故?

答复:这是由于地面最低温度的挑取时段不一样造成的。比方说:人工最低时段在 20－08 之间,而 08 时的最低地面温度只是在 07－08 之间。这个最低的差别在测报软件中得到了处理。

八、蒸发传感器

1.蒸发自动观测的原理。

我们采用的超声波液面蒸发传感器所测量到的信号是"水位高度"值,①对于实时数据,每分钟获得一个"蒸发水位",然后减去前一分钟的"蒸发水位"取绝对值,得到本分钟的"蒸发量"。②对于定时数据,每个正点获得一个"蒸发水位",然后减去前一时次的"蒸发水位"取绝对值,得到本时次的"蒸发量"。

2.观测中几种情况的处理。

(1)晴天且无人工干预的情况下,软件按照确定的时间分别获取"蒸发水位",在软件中计算出蒸发量并自动存盘。

(2)有降水且无人工干预的情况下,软件自动获取"蒸发水位",并在蒸发量计算中主动考虑降水量造成的影响。所以,如果雨量传感器正常工作且软件界面上的"蒸发水位"在 0~100 mm 之间(不包括 0 和 100),在这种情况下也完全不必人工干预。

(3)晴天液面高度即将低于测量范围("蒸发水位"接近 0 mm)或雨天液面高度即将高于测量范围("蒸发水位"接近 100 mm)时,需要人工加水/舀水,调整水位后,需要人工干预计算机,其目的是:清除由于水位变化而引起的蒸发量变化;其原因是:水位的高度是自动测量的,人工干预后,从本小时的正点到人工干预计算机的时间段内的蒸发量将清零;其方法是:双击实时界面上的蒸发文字,然后加以确认。

（4）蒸发池干涸（水面低于传感器测量的下线）/或蒸发池溢流,这种两情况应该尽量避免,如果出现这种情况将导致蒸发量低于实际值或始终为 0,其后果相当于缺测,补救措施为:在测报软件中,通过⊥修改自动站 Z 文件⊥或⊥逐日地面数据维护⊥,人工录入人工观测的蒸发量。

3.基于上面所阐述的原因,大家应该尽量保证⊥蒸发水位⊥随时都在一个比较合适的水平,那么何时主动地进行人工干预比较合适呢? 在正点刚过,且蒸发量等于 0 的时间段内,调整水位最好,且调整好后,人工干预计算机,以清除由于水位变化而引起的蒸发量变化。

九、辐射传感器

1.辐射自动站台站参数有错如何更改? 某站日射开始运行以来,从 H 文件转换为 R 文件后,台站参数总是有误,正确应是纬度 27.03°N,经度 118.19°E,而错成纬度 27.02°N,经度 118.11°E;造成报表审核单提示:"R 文件首部参数与台站参数表不符"请问如何更正。

答复:台站经纬度信息的输入对于有辐射的站来说可能要出现多次,具体来说测报软件中按照"度.分"格式输入,采集通信软件中体现的"度.度",辐射报表程序中再按照"度.分"的方式输入一次。可能后面软件升级中会解决多次输入的问题,目前请您注意只要报表上出来的格式是正确的就行了。

2.(1)自动站辐射实时卸载的时间指的是什么时间? 是否应为地方时的正点时间? 可某站却在北京时 10 分(地方时 20 分)卸载,这是否有误?

(2)在 MOS 辐射软件中的月报表中的观测起止时间指的是否是日出时间,还是别的什么? 如果是日出时间则为什么不对?

答复:(1)自动站辐射实时卸载的时间应为地方时的整点。请检查自动站参数是否都设置正确,特别是本站参数里的经纬度,这些可能是因为参数没有设置正确而导致的。

(2)观测起止时间是指日出日落的地方平均太阳时的整点时间。如某日日出时间为 04 时 35 分,日落时间为 19 时 25 分,则观测起止时间记录为 0420。在进行数据维护时,观测起止时间从 R 文件中读取,若 R 文件中无此记录或其时间与日出日落时间矛盾(开始时间不得早于日出时间,结束时间不得后于日落时间),程序自动计算其值并显示在表格中,用户可以修改,起止时间修改后将对不在其时间范围内的记录置空。

3.某站(1)有好几个时次的时总辐射为 0 或者是小于相应时次的净辐射。(2)在白天个别总、净辐射时累积量为负值或有时晚上净辐射为正值。

答复:这可能是因为插头和端子接触不良所致,请您仔细检查一下辐射表的插头和接在采集器内的端子处是否有接触不良的情况,并且检查辐射表的信号线屏蔽接地状况,排除线路上的干扰。

十、其他问题

1.联想微机时钟变慢问题。使用联想微机作为台站业务自动站用机时,经常发现时钟会变慢。

答复:这是联想微机本身造成的,与业务软件没有关系。要解决这个问题,请在本网站下载安装补丁。

2.以前软件有并轨运行设置,现在 6.0 版程序去掉是出于什么原因? 现在 Z 文件是不是可以随时修改错误的数据?

答复:并轨运行与单轨运行在软件上的一个突出区别就是并轨运行不可以修改 Z 文件,而单轨运行可以修改 Z 文件。并轨运行的主要目的在于通过一年或更多的时间获取纯粹机测的数据和人工数据来做统计分析以及资料同化。由于本软件在个别省份已经正式业务化,其他省份也将业务化,而是否允许修改 Z 文件也变成了一个省局业务管理规定的问题,所以在软件中的单、并轨问题取消了。而是否修改 Z 文件的问题请根据省局的业务管理规定执行。

3.在操作基数中,日照、天气现象中的每项次如何理解,如何计算?

答复:本问题与规范没有关系,与业务规章制度有关系,每项次是指每一个操作项目都要分别计算基数,没有进行本项操作则没有基数。

4.计算机经常死机。我站自动站主机经常夜间死机,导致数据不能正常卸载。请问是不是软件的问题?

答复:计算机经常死机并不一定都是由软件引起的,硬件故障,操作系统有问题都可能导致计算机死机。您可以先格式化 C 盘重装一次系统。

第十节　中尺度自动气象站组网

一、中尺度自动气象站网中心站

中尺度自动气象站网中心站包括两部分的内容:

1. 中尺度自动气象站网络控制系统,用于数据的终端显示;

2. 中尺度自动气象站网络通信系统,用于数据的接收。

中尺度自动气象站网中心站采用 PSTN、SMS 和 GPRS 三种不同的通信方式来上传各个子自动气象站的气象数据(具体的请参阅下面的通信系统部分)。

中尺度自动气象站网中心站的软件配置包括:

▷ Microsoft Windows 2000 Server

▷ Microsoft Office 2000

▷ SQL Server 2000

▷ 华创升达中尺度自动站安装盘

二、中尺度自动气象站网络控制系统的安装

1.打开安装盘,双击 CAWSSCADA 图标,开始安装;

2.输入密码 www.huatron.com(注意大小写),单击"下一步"继续;

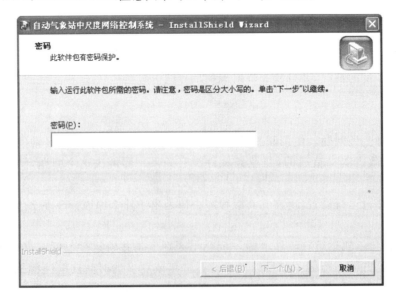

3. 在下面的安装中继续单击"下一步";

4. 仔细阅读完许可证协议内容后,接受协议并单击"是"按钮继续安装;

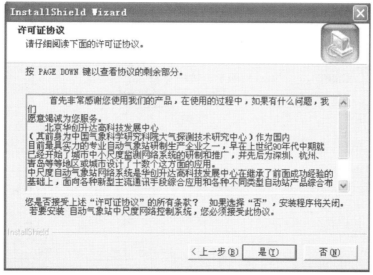

5. 阅读安装信息内容,单击"下一步";

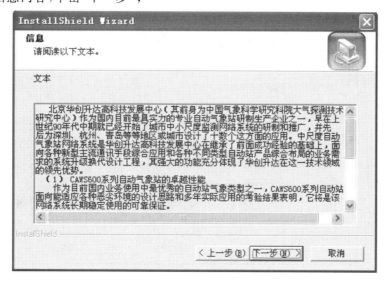

6.输入您的相关信息,确认无误并单击"下一步"继续;

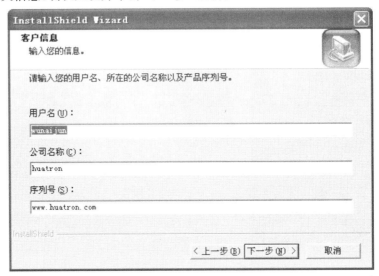

7.选择安装程序的安装文件夹,单击"浏览"可以选择合适的安装目录;采用默认方式,单击"下一步"继续;

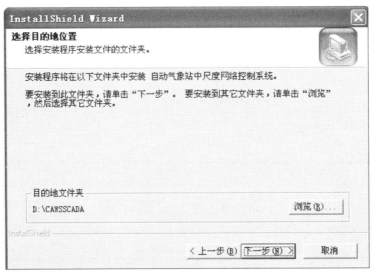

8.安装类型选择"典型",单击"下一步"继续;

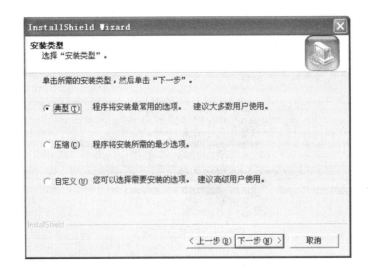

9.选择程序文件夹,可采用默认的文件夹名称,也可以从列表中选择,确认后单击"下一步"继续安装;

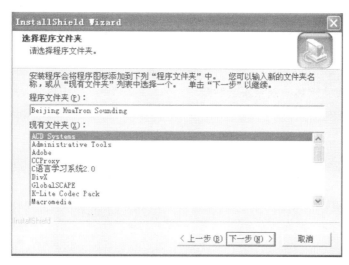

10.下面开始文件复制进行最后的安装,点"上一步"可以更改您的设置;确认正确以后单击"下一步"完成最后的安装;

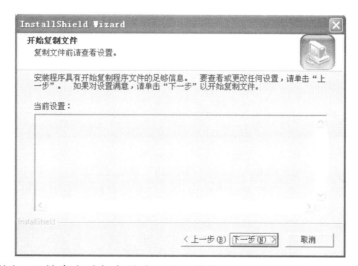

11.单击"完成"按钮,以结束自动气象站中尺度网络控制系统的安装,

程序会在桌面上自动创建快捷方式如下图,双击即可使用。

三、中尺度自动气象站网络控制系统参数配置

1. 系统参数配置

（1）时钟设置

时钟设置是对系统时钟进行更改。更改完时间点"应用",则更改计算机系统时间。

（2）通信口设置

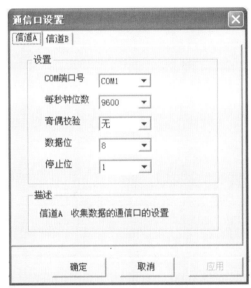

选择需要设置的信道,对通信口的参数进行设置。一般的参数设置见上图。

（3）调制解调器参数设置

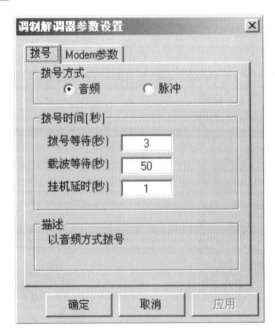

在这项设置中拨号方式选择音频,拨号等待设为 3 s,载波等待设为 50 s,挂机延时设为 1 s。Modem 参数不需用户改动。

（4）站址参数设置

● 站址参数设置中,通过选择站号对需要更改的台站的信息进行增加,删除,更改。

● 台站所插入的 SIM 卡中包括数据传输号码及语音传输号码(即平时所指手机号码),其中在数传中输入 SIM 卡数据传输号码,在短信中输入语音传输号码。

● 其中 XY 坐标,是指该站在地图中的坐标位置,具体数字可以通过画图程序,将鼠标放在该站的位置,状态栏里显示的数字就是该站的 X、Y 坐标。

● 型号,通信方式,密码和前置机根据各台站具体情况选择输入。

● 如果该站支持拨号收集数据则选中支持拨号,如果该站需要收集数据则选中开通。

● 收集数据的时次,表示该站需要在每天哪个时次进行数据收集的操作。

（5）图形参数设置

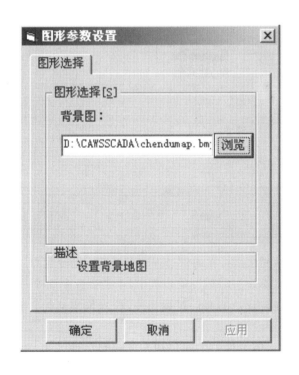

图形选择是指在软件上加载当地地图,支持 bmp 格式图形。

(6)数据库设置

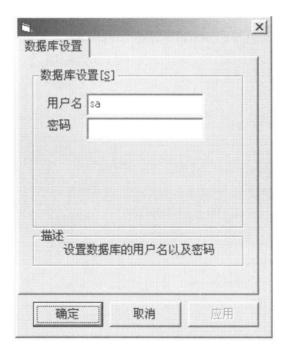

数据库设置是指收集来的数据所存放的数据库的用户名和密码,其中用户名为 sa,密码为空。

(7)系统设置

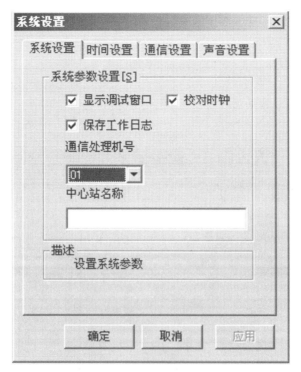

● 系统设置中,显示终端调试是指在通信过程中是否显示命令窗口,一般用户不需要选中该项,只有在调试过程中或者对网络的状况进行监测的过程中,才需要选中该项。

● 校对时钟,是指是否在与台站的通信过程当中,校准采集器的时钟,这样才能保证时间的一致性,所以应该选中该项。

● 保存工作日志是指将通信过程中的通信状态保存到文件当中,为了更好地分析系统的运行状况，以及分析系统所出现的问题，所以选中该项，系统会自动删除过期的日志文件。

　　● 输入中心站名称。

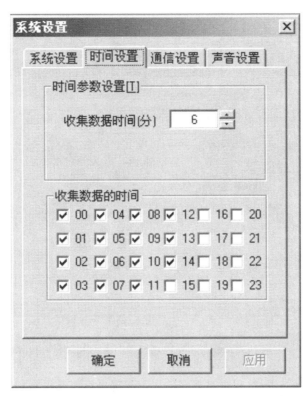

　　收集数据时间，是指通过选择需要收集数据的时次，对所有需要在该时次收集数据的台站进行数据收集，可以通过选择收集数据时间（分）来选择收集的起始时间。

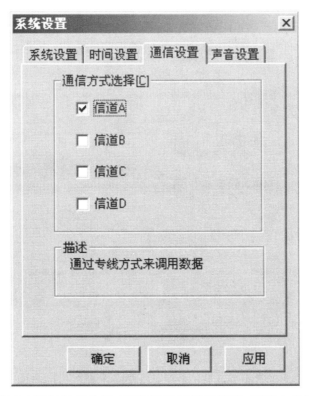

　　本系统支持四个信道同时进行数据收集，可以根据系统的情况，对以上参数进行更改。

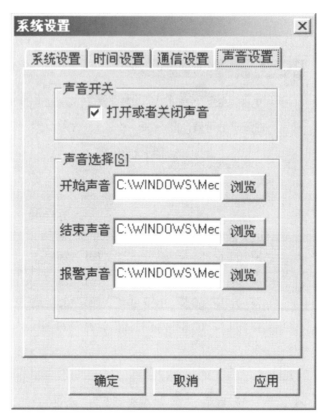

声音设置是指在系统的运行过程中对系统的运行状况进行声音提示,开始声音是系统开始进行收集的声音提示,结束声音是结束数据收集时的声音提示,报警声音是,在系统工作有问题的时候的声音提示。

(8)用户密码更改

用户在更改密码时先输入旧密码,然后输入新密码然后再确认。点确定则修改成功。原始密码为八个空格。

2．自动站资料

(1)单站资料查询

单站资料查询,首先选择所需查询站号,然后选择所需查询资料的时间,则可查看定时数据,日统计数据,如有定时加密数据,则还显示定时加密数据。

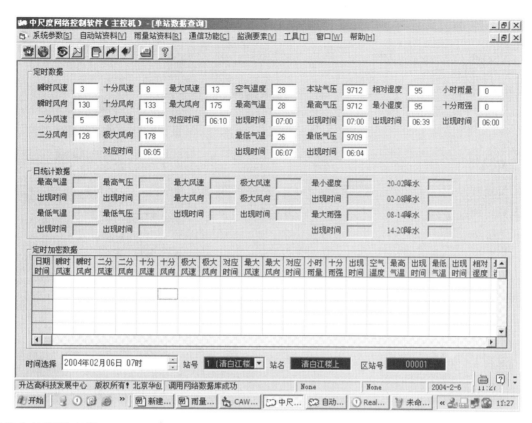

（2）全站资料查询

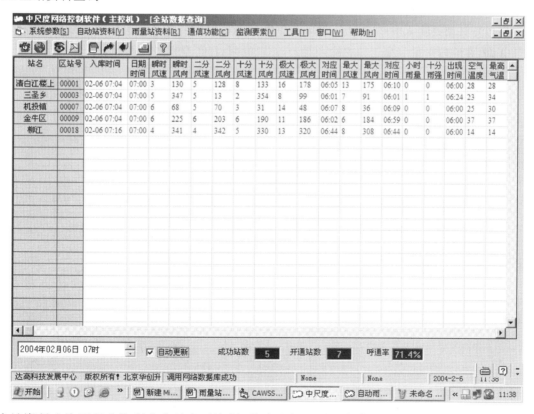

　　全站资料查询可以查询所有台站定时资料,首先选择所需查询资料的时间,则显示所有收集数据成功台站的定时资料。同时显示开通站数,成功站数和呼通率。

　　3.雨量站资料

（1）观测数据查询

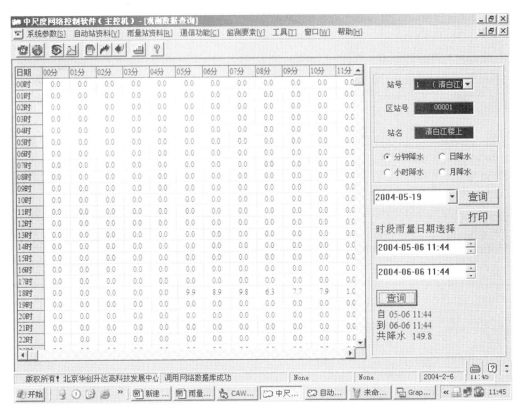

　　观测数据查询提供查询各台站雨量资料的观测数据，首先选择站号，可以选择查询分钟、小时、日、月的降水资料。按格式输入时间后，点查询就可以看到所选时间的各种降水资料。本软件还提供时段雨量统计查询，在时段雨量日期选择中输入起始，结束时间，即可显示时段雨量统计。

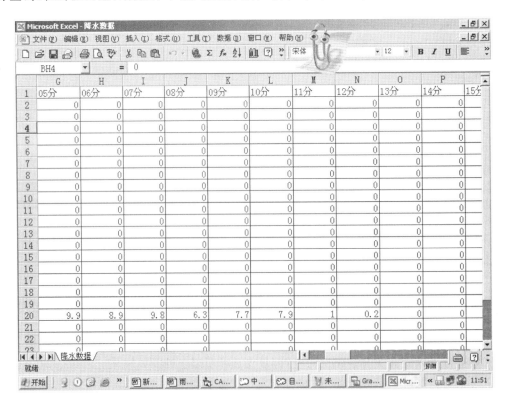

如需打印降水资料则点击打印,通过 Excel 报表打印。

(2)降水要素月量值图

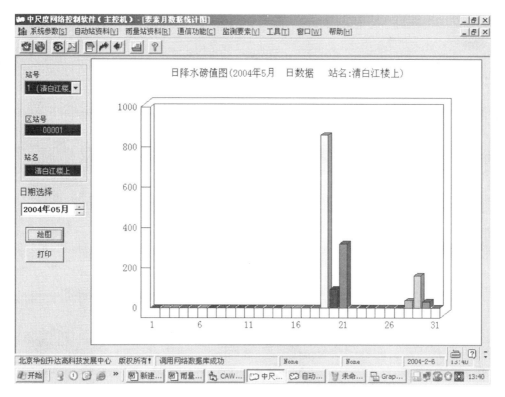

降水月量值图是用来直观地在图中显示一个月中每日降水量,首先选择台站号,然后选择查阅月份,点击绘图,则可对所选台站的该月雨量数据进行雨量磅值图的分析。

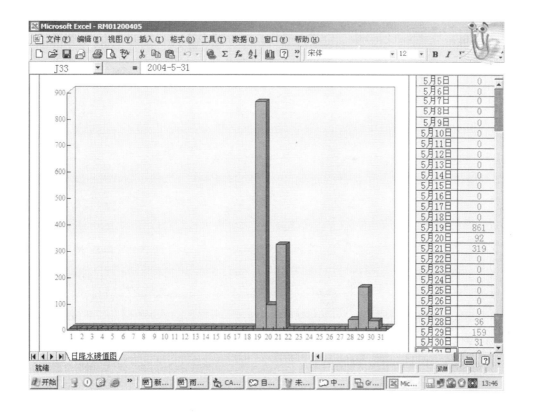

如需打印降水月量值图则点击打印,通过 Excel 报表打印。

(3)降水要素年量值图

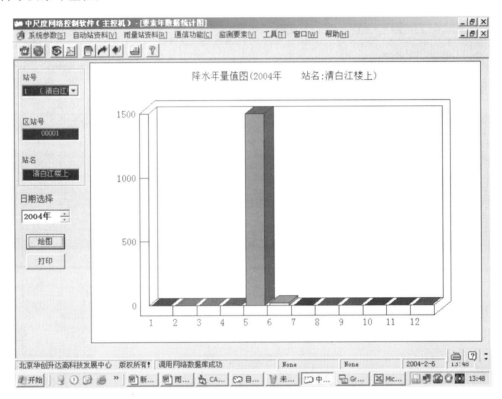

降水年量值图是用来直观地在图中显示一年中每月降水量,首先选择台站号,然后选择查阅年份,点击绘图,则可对所选台站的该月雨量数据进行雨量磅值图的分析。

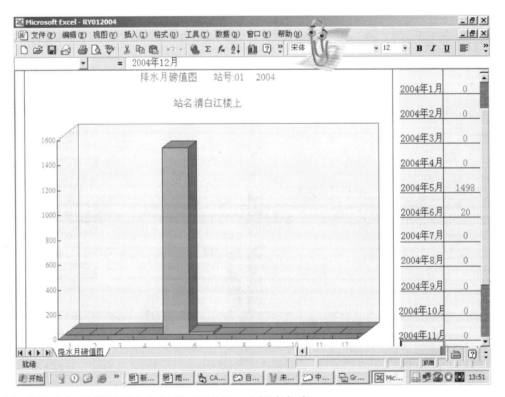

如需打印降水年量值图则点击打印,通过 Excel 报表打印。

4．通信功能

（1）实时监控

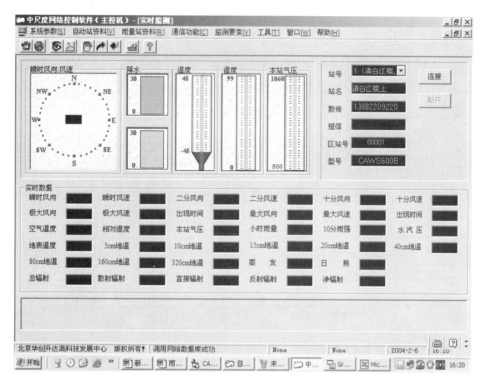

实时监控提供各台站实时资料的监控查询，首先选择台站号，然后点击连接，则可显示该站各要素的实时数据，查询完毕后点击断开，即断开拨号连接。

（2）终端维护

此项是用来有线控制台站 MODEM 的参数情况。

5．监测要素

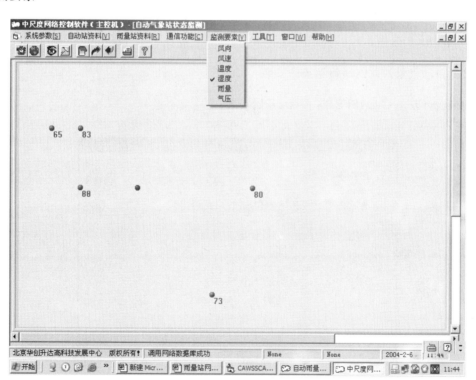

检测要素提供在图中直观显示各要素实时数据。选择所需查询要素,即可在图中显示各站实时数据,有数据站用绿色表示,无数据站用红色表示。

6.通信工具

(1)调制解调器初始化

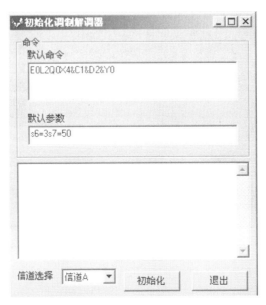

首先,将调制解调器正确地连接到串口上,选择需要初始化的信道,点击初始化,便可以对调制解调器进行初始化,具体的参数根据调制解调器型号的不同而不同,可以参照调制解调器的参数命令。

(2)工作日志

工作日志是保存通信过程中的通信状态的文件,通过工作日志可以更好地分析系统的运行状况,以及分析系统所出现的问题,系统会自动删除过期的日志文件。

7.窗口转换

窗口转换是用来切换各种已打开的应用窗口。

8.帮助系统

可以使用帮助文档来解决您的疑难问题。

四、中尺度自动气象站网络通信系统的安装

1.打开安装盘,双击 CAWSPSTN 图标,开始安装;

2.输入密码 www.huatron.com(注意大小写),单击"下一步"继续;

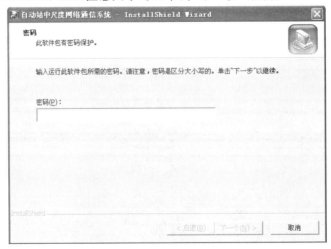

3.在下面的安装中继续单击"下一步";

4.仔细阅读完许可证协议内容后,接受协议并单击"是"按钮继续安装;

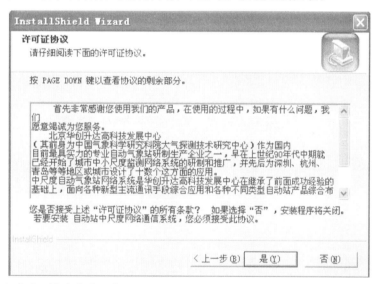

5.阅读安装信息内容,单击"下一步";

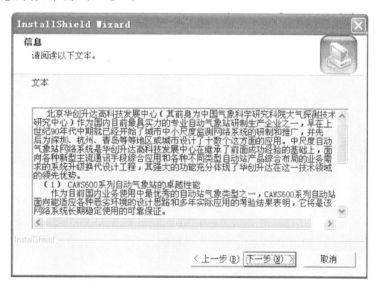

6. 输入您的相关信息，确认无误并单击"下一步"继续；

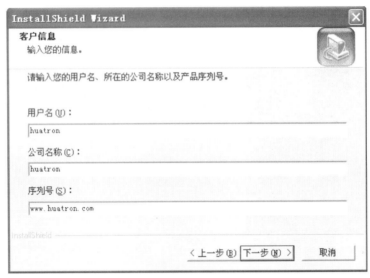

7. 选择安装程序的安装文件夹，单击"浏览"可以选择合适的安装目录；采用默认方式，单击"下一步"继续；

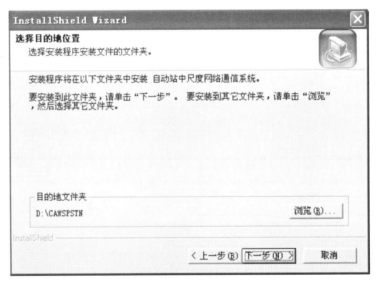

8. 安装类型选择"典型"，单击"下一步"继续；

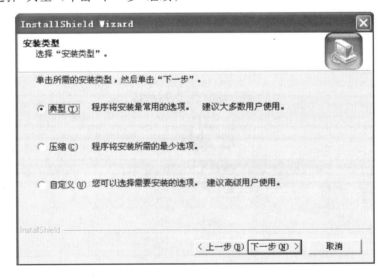

9. 选择程序文件夹,可采用默认的文件夹名称,也可以从列表中选择,确认后单击"下一步"继续安装;

10. 下面开始文件复制进行最后的安装,点"上一步"可以更改您的设置;确认正确以后单击"下一步"完成最后的安装;

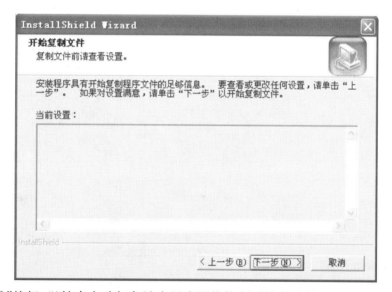

11. 单击"完成"按钮,以结束自动气象站中尺度网络控制系统的安装,

程序会在桌面上自动创建快捷方式如下图,双击即可使用。

五、中尺度自动气象站网络通信系统配置

1. 简介

中尺度网络通信系统,用于中尺度网络通信处理,使用 GPRS,SMS,PSTN 三种通信方式,平时使用 GPRS 上传数据至中心站服务器,再由 FTP 从中心站服务器传至数据服务器,如 GPRS 网络出现暂时故障,系统自动切换至 SMS 短信上传数据,如还有上传失败情况,则使用 PSTN 拨号下拉取得数据。

2. 设置

中尺度网络通信系统的设置在中尺度网络 PSTN 通信系统窗口中进行设置。

(1)时钟设置

时钟设置是对系统时钟进行更改。更改完时间点"应用"则更改计算机系统时间。

(2)通信口设置

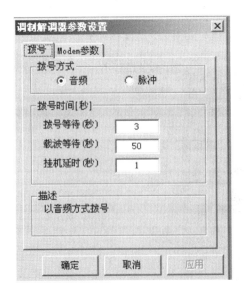

(3)调制解调器参数设置

(4)服务器参数设置

在设置服务器参数之前,首先需要在通信服务器以及数据服务器上设置两个默认 FTP。

● 打开管理工具中的 Internet 信息服务,右键点击默认 FTP 站点,选择新建中的虚拟目录。

● 命名为 AWSDATA

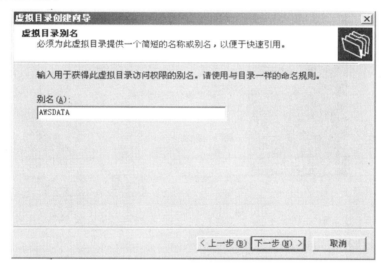

● 通信服务器的目录路径为 APP:\CAWSNETCENTER\DAT

数据服务器的目录路径为 APP:\CAWSSCADA\NETDAT

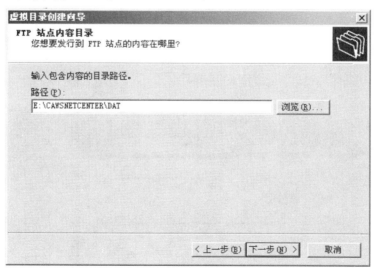

● 选择权限为读取和写入

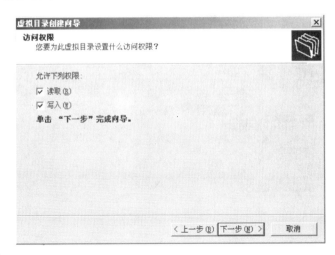

● FTP 建立完成

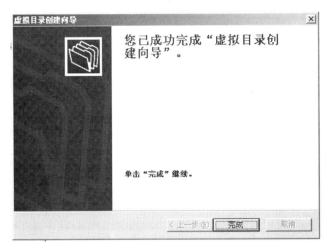

建立 FTP 成功后,设置服务器参数设置,输入数据服务器和 PTF 服务器 IP 地址,用户名和密码分别为登录计算机的用户名和密码,路径为 AWSDATA/。

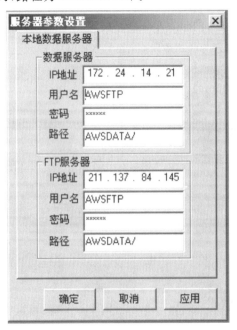

（5）站址参数设置

输入台站各项参数,通信选择 GPRS,选择支持拨号和开通。

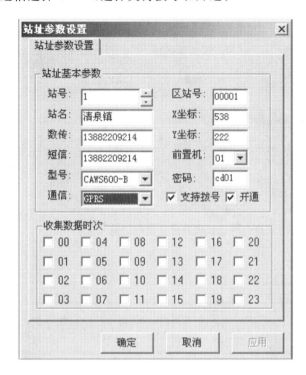

（6）系统设置

在系统设置里选择显示调试窗口,校对时钟以及保存工作日志。

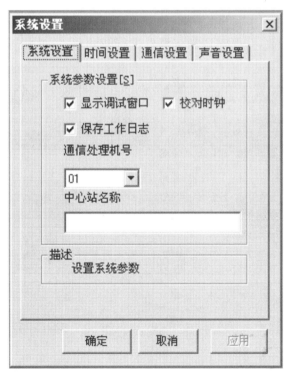

通信设置中信道 A 到信道 D 是用于 PSTN 拨号使用,最多可以一次性使用 4 个 MODEM,信道 E 和 F 是用于 SMS 使用。

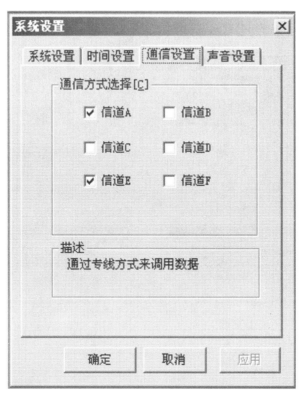

3．PSTN 通信系统使用

（1）多站收集和全站收集

可以选择一次性全站收集数据和选择几个站收集数据。

（2）调制解调器初始化

首次使用 PSTN 拨号之前，需要对调制解调器进行初始化，选择相对应信道和命令参数进行初始化。

（3）台站通信设备参数

对台站通信设备可以进行远程参数设置。

4. FTP 通信系统

FTP 通信系统运行时，可以保证 FTP 传输的正常进行，所以平时需将程序一直运行，在终端检测窗口中可以反映出 FTP 的实时工作状态。

5. SMS 通信系统

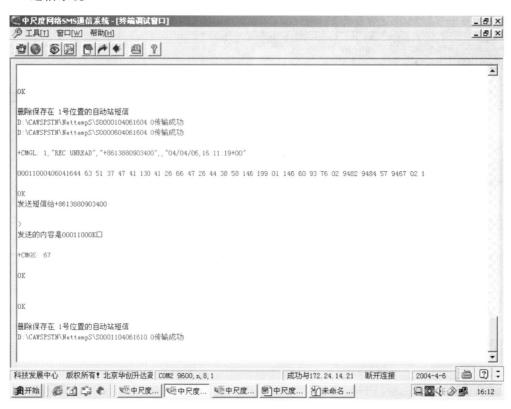

　　SMS 通信系统在运行时,可以保证 SMS 短信传输的正常进行,平时需要将程序一直运行,在终端调试窗口中可以显示出实时的工作状态。

　　(1)远程 MODEM 参数设置

　　选择站号可以远程对 MODEM 进行参数设置,设置内容见下图。

(2)采集器命令设置,包括三条命令:

① DT,是 MODEM 对采集器取日期和时间。

② U,MODEM 取采集器中的定时数据。

③ CLAST,MODEM 删除采集器中数据。

分别可以对这三条命令设置起始时间和间隔时间。输入起始时间和间隔时间,点击设置,收到 Modem 短信回应后则参数设置完毕。

(3)GPRS 调制解调器设置

GPRS 调制解调器设置内容为 IP 地址,端口号,接入点以及通信协议,此处 IP 地址,端口号为中心站 FTP 服务器地址,端口号。接入点为 CMNET(中国移动),通信协议包括 T(TCP/IP) U(UDP) F(FTP),此处使用 F(FTP)协议。

GPRS 调制解调设置中的报警电话和短信中心电话,都为中心站通信处理机接的 MODEM 中 SIM 卡电话号码。起始时间为 GPRS 传输失败后切换短信传输的时间。间隔时间为 60 min。通信方式分 GPRS,SMS 和 GPRS&SMS 三种,一般使用 GPRS&SMS 方式。

GPRS 调制解调器设置波特率为 4800,协议为 N81。

(4)静态参数命令设置 Modem 的区站号和密码,输入区站号和密码,点击设置,收到 Modem 短信回应后则参数设置完毕。

6. GPRS 中尺度中心站 Server Tcp 通信服务器

打开安装盘,您会看到图标  ,将其拷贝到 CAWSSCADA 自动站中尺度网络控制系统软件的安装目录下,即可完成此部分的安装。

注意:Server Tcp 通信服务软件是用于中尺度自动站的数据接收的核心,如果没有打开,数据就不会上传上来,因此为了保证数据的上传顺利和完整,此软件在系统安装完毕以后要始终处于运行状态!

六、SQL Server 2000 安装指南

1. 把 SQL2000 的安装盘放入光盘驱动器中,系统自动运行出现以下画面:

鼠标单击"安装 SQL Server 2000 组件";

2. 单击"安装数据库服务器"继续安装；

3. 在出现的欢迎界面中单击"下一步"；

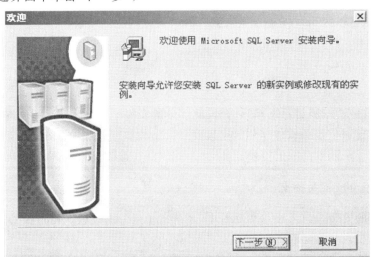

4. 选择要创建 SQL Server 的计算机的名称,选择第一项:本地计算机,单击"下一步"；

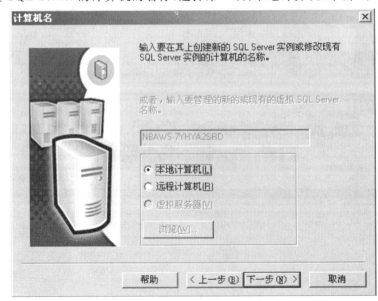

5.选择"创建新的 SQL Server 实例,或安装客户端工具";

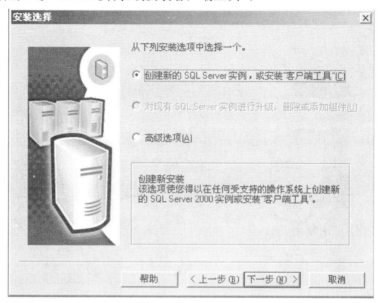

6.按照提示输入您的名字和公司名称;

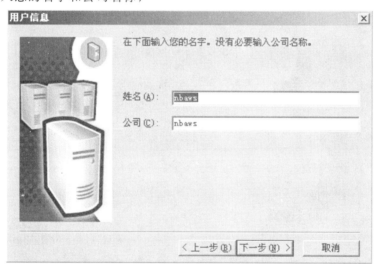

7.接受许可证协议中的所有条款,单击"是"继续安装;

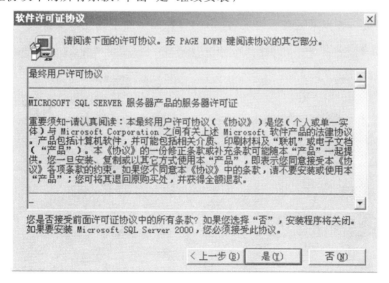

8.选择安装"服务器和客户端工具";

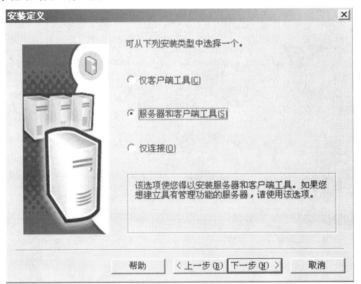

9.选择"默认"安装;

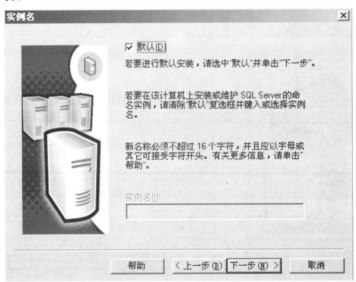

10.安装类型选择"典型"并单击"下一步"继续完成安装,目的文件夹下的数据文件点击"浏览"设置为 D:\SQLDATA 目录,如果不存在该目录,首先在 D 盘驱动器下建立该文件夹;

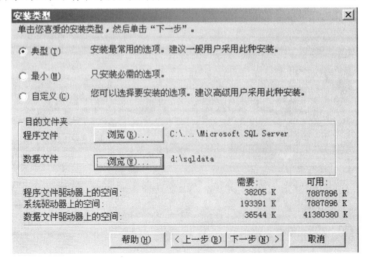

11. 选择"对每个服务使用同一账户，自动启动 SQL Server 服务"，在服务设置里选择"使用本地系统账户"；

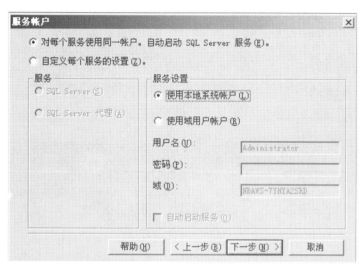

12. 选择"混合模式"，密码设置为空；

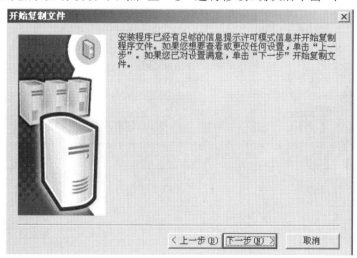

13. 您的设置已经完成，如有改动可以点"上一步"进行修改，确认后单击"下一步"开始复制文件；

14.在"许可模式"中选择客户设备数量(可自己定义),确认后单击"继续"开始安装;系统正在安装 SQL Server 2000,请耐心等待;

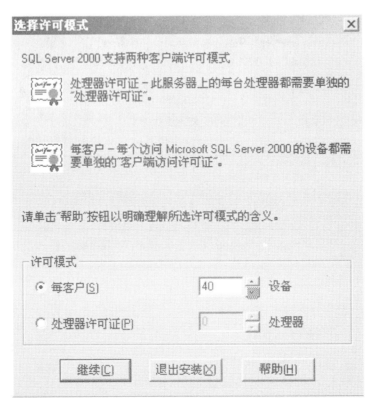

15.单击"完成"以结束最后的安装;现在您可以使用 SQL Server 2000 。

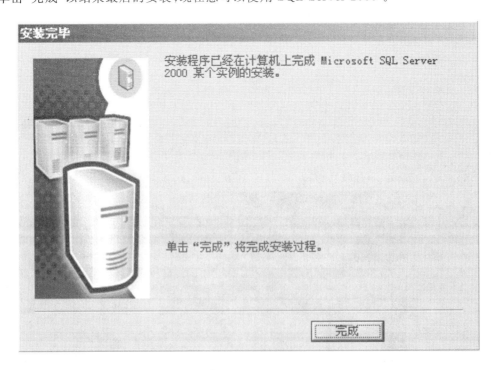

七、CAWS600B 数据库建立与 ODBC 数据源配置

1. CAWS600B 数据库建立

(1)在"程序"→"Microsoft SQL Server"中打开"企业管理器",如下图所示:

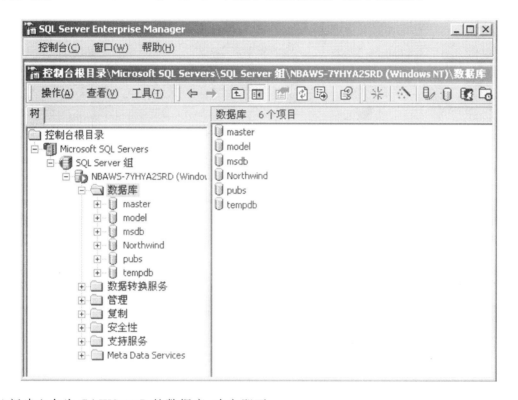

(2)新建立名为 CAWS600B 的数据库,确定即可;

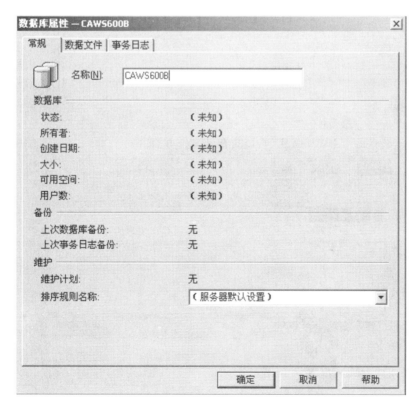

（3）在"程序"→"Microsoft SQL Server"中打开"查询分析器"，在出现的如下图面中点确定；

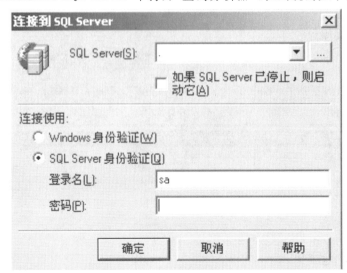

（4）查找到建立的 CAWS600B 数据库；

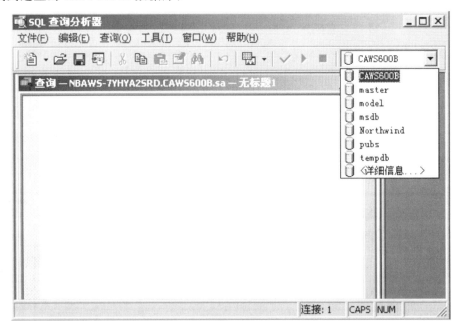

（5）找到位于安装盘的 CAWS600B. SQL 的查询文件并打开；

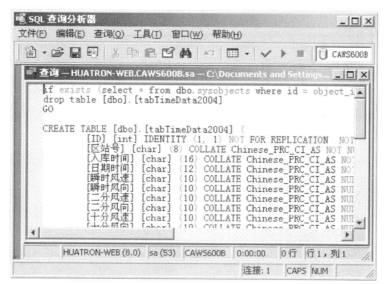

（6）执行查询文件，显示命令已成功完成；数据库建立完毕，关闭窗口就可。

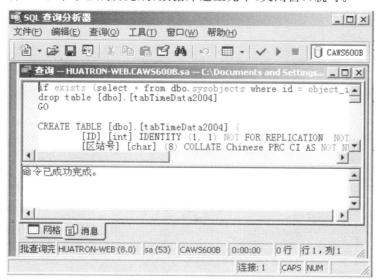

2. ODBC 数据源配置

（1）"控制面板"中找到"数据源（ODBC）"，选择"系统 DSN"；

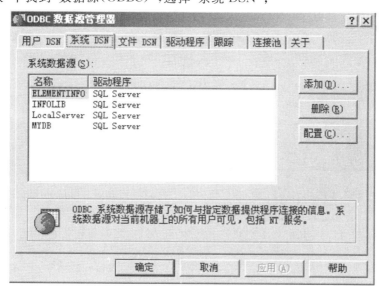

(2)单击"添加"按钮,创建 SQL Server,点完成;

(3)如下图所示,名称中输入 CAWS600B,描述为 SA,服务器选择安装的数据库的名称;设置完毕后单击"下一步";

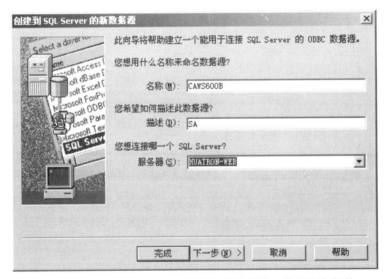

(4)选择"使用网络登录 ID 的 Windows ND 验证",单击"下一步"继续安装;

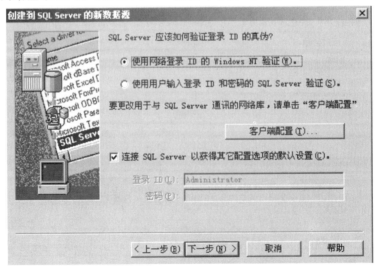

　　(5)更改默认的数据库为上面所建立的 CAWS600B 数据库(可以使用下拉菜单选择),其他设置采用默认方式,单击"下一步";

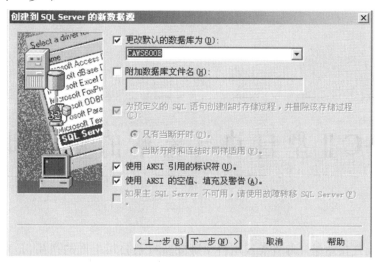

　　(6)在下图中不用修改设置,单击"完成"继续;

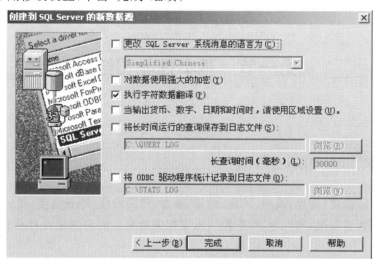

　　(7)点击"测试数据源",显示"测试成功"后,即是完成 ODBC 数据源配置。

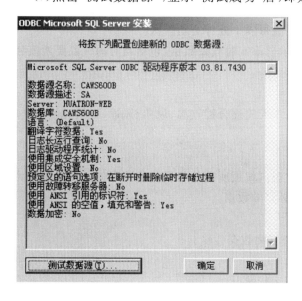

第七章

ZQZ-CⅡ型自动气象站的使用和维护

ZQZ-CⅡ型自动气象站是江苏省无线电科学研究所有限公司生产的产品,是对地面气象数据进行实时采集、计算处理、数据存贮和显示、报文报表编制和组网通信的小型自动天气观测系统,用于台站自动化业务测报。

第一节　基本性能和结构

一、功能

ZQZ-CⅡ型自动气象站的主要功能有:

1. 测量

能自动测量气压、温度、湿度、风向、风速、雨量、草面/雪面温度、地表温度、浅层地温、深层地温等气象要素,可计算生成露点温度、水汽压、海平面气压等相关要素。能对测量及计算得到的数据进行质量控制。

2. 显示

数据采集器前面板上有数码管显示器,可通过面板上的按键查看日期、时间以及实时气象数据,其中阵风风向、风速每隔 3 秒钟更新一次,其余气象要素值每隔 1 分钟更新一次。

配备微机和"测报业务软件"后,可以在微机上显示全部实时气象数据,包括当时的气象要素值和极值以及极值出现的时间。

3. 存贮

数据采集器内可保存 7 天的正点气象观测资料和 3 天的逐分钟气温、风向、风速、雨量、湿度和气压观测资料。

4. 查询

在数据采集器上可查询最近一个时次的正点定时观测编报所需的各项气象要素值。在微机故障或市电停电时,可通过这种查询方式为人工编发报提供必要的数据。

5. 通信

通过标准 RS-232C 串行通信口与微机进行命令交互和数据传输。

6. 远程运行监控

可在计算机上监测数据采集器、电源、传感器等的运行情况。

7. 编发报

配备计算机和"测报业务软件"后,可生成中国气象局规定格式的正点地面气象要素数据文件、分钟地面气象要素数据文件、实时地面气象要素数据文件、大风数据文件等自动站数据文件,并可实现自动编发报和编制报表。对云、能见度、天气现象等气象要素,可人工观测后将数据输入计算机。

二、性能

1. 测量性能

ZQZ-CⅡ型自动气象站的主要测量性能见表 7-1。

表 7-1 主要测量性能指标

气象要素	测量范围	分辨率	准 确 度	采样速率	计算平均时间
气温	$-50\sim+50℃$	0.1℃	$\pm0.2℃$	6 次/分	1 min
风向	$0\sim360°$	3°	$\pm5°$	60 次/分	3 s、2 min、10 min
风速	$0\sim60$ m/s	0.1 m/s	$\pm(0.5+0.03V)$m/s	60 次/分	3 s、2 min、10 min
雨量	雨强 $0\sim4$ mm/m	0.1 mm	≤10 mm 时:±0.4 mm; >10 mm 时:±4%	有雨即采	显示累计值
气压	$550\sim1060$ hPa	0.1h Pa	±0.3 hPa	6 次/分	1 min
相对湿度	$0\sim100\%$	1%	≤80% 时:±4%; >80% 时:±8%	6 次/分	1 min
地表温	$-50\sim+80℃$	0.1℃	$\pm0.5℃$	6 次/分	1 min
浅层地温	$-40\sim+60℃$	0.1℃	$\pm0.4℃$	6 次/分	1 min
深层地温	$-30\sim+40℃$	0.1℃	$\pm0.3℃$	6 次/分	1 min

2. 其他技术指标

采集器时钟精度:月累计误差≤30 s;

采集器和传感器的功耗:<5 W;

遥测距离:≤150 m;

采集器数据存贮容量:可存贮 7 天的正点观测资料及 3 天的逐分钟观测资料;

后备电源续电能力:后备电源内置 38Ah/12V 的蓄电池,市电停电时,可供采集器和传感器正常工作 3 天。

三、设备组成

ZQZ-CⅡ型自动气象站由传感器、数据采集器、后备电源、微机、UPS、打印机及电缆等组件组成,见图 7-1。

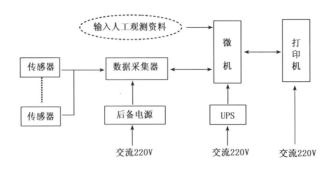

图 7-1　设备组成示意图

四、对外的输入输出接口

1. 数据采集口

根据气象要素传感器输出信号的不同,ZQZ-CⅡ型自动气象站的数据采集口可分为数字量采集口、模拟量采集口和智能传感器接口。

风向、风速和雨量的输出信号为数字量。其中风向信号为 7 位格雷码,风速和雨量传感器则输出脉冲信号。

湿度和温度类传感器的输出信号为模拟量。其中温度通过铂电阻阻值的大小来反映,湿度传感器则输出 0～1V 的直流电压(对应 0～100％RH)。

气压传感器已智能化,其自身带有 RS-232C 串行通信口,可直接通过串行通信口读取气压值。

2. 通信接口

通信接口为标准 RS-232C 串行通信口。通过该串行通信口,可与微机实现直接电缆连接以进行本地终端通信,也可以外接有线 MODEM、GPRS/CDMA 无线通信模块、数传电台等实现远程通信。

通信参数为:速率 9600bps(早期的 ZQZ-CⅡ型自动站为 4800bps),无校验,8 位数据位,1 位停止位。

用于本地终端通信的电缆两端分别采用一个 9 芯孔式 D 形连接器和一个针式 D 形连接器,其接线图见图 7-2。

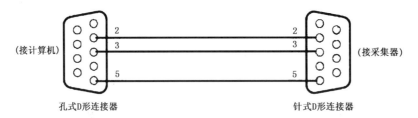

图 7-2 本地终端通信电缆接线图

3. 电源接口

ZQZ-CⅡ型自动气象站可使用交、直流两种电源,数据采集器上提供了 220V 交流电源插座和直流电源插座两个电源接口。

第二节　传感器

ZQZ-CⅡ型自动气象站的气象要素传感器包括风向、风速、温度、湿度、气压、雨量和地温等。这些传感器用于把气象要素的变化量转换成电信号,并以数字量形式送入微机进行处理。

一、传感器选型及检定周期

表 7-2 选配的传感器及检定周期表

气象要素	传感器型号、名称	生产厂家	检定周期
风向	EC9-1 高动态性能测风传感器	长春气象仪器研究所	1 次/2 年
	ZQZ-TF 型测风传感器	江苏省无线电科学研究所有限公司	1 次/2 年
风速	EC9-1 高动态性能测风传感器	长春气象仪器研究所	1 次/2 年
	ZQZ-TF 型测风传感器	江苏省无线电科学研究所有限公司	1 次/2 年
温度	HMP45D 湿度与温度探测器	芬兰 Vaisala 公司	1 次/2 年
相对湿度	HMP45D 湿度与温度探测器	芬兰 Vaisala 公司	1 次/半年
雨量	SL3-1 型遥测雨量传感器	上海气象仪器厂	1 次/2 年
气压	PTB220 系列数字气压表*	芬兰 Vaisala 公司	1 次/年
地温	ZQZ-TW1 温度传感器	江苏省无线电科学研究所有限公司	1 次/2 年
草温/雪温	ZQZ-TW1 温度传感器	江苏省无线电科学研究所有限公司	1 次/2 年

* 早期的 ZQZ-CII 型自动气象站采用太原航空仪表有限公司生产的 ZGⅡ型智能化振动筒压力传感器。

二、传感器使用

1. 风传感器

选用 ZQZ-TF 型测风传感器或 EC9-1 型测风传感器均可。

风向传感器和风速传感器一般安装在风传感器支架（也称为横臂）上使用，见图 7-3。

图 7-3　测风传感器安装示意图

风向传感器与横臂的电气连接为 12 芯插头座，风速传感器与横臂的电气连接为 7 芯插头座，这两个传感器的电源和信号线最终在横臂上汇总到一个 12 芯插座上，并通过 12 芯屏蔽信号电缆与数据采集器相连接，见图 7-4。

2. 温湿度传感器

温湿度传感器采用芬兰 Vaisala 公司制造的 HMP45D 温度与湿度探测器。

HMP45D 的感温元件为 Pt100 铂电阻。Pt100 具有良好的温度特性，其电阻值随温度的变化而变化，0℃时电阻值为 100Ω，其他温度点电阻值近似为 $R=100+0.39t$，式中 t 为温度值。例：10℃时电阻值为 103.9Ω 左右，−10℃时电阻值为 96.1Ω 左右。通过测量电阻值的变化可计算出温度的变化。为提高温度测量精度，消除信号电缆导线电阻的影响，一般采用四线制测量电路。

HMP45D 的感湿元件为高分子湿敏电容。高分子湿敏电容的电容 C_H 随高分子膜的吸、放湿而变化，C_H 是 RC 振荡电路中的重要参数。测出 RC 振荡电路的频率即可计算出 C_H 值，从而计算出大气相对湿度值。进行温度补偿和其他计算处理后，相对湿度值将更为精确。

ZQZ-CⅡ型自动站为 HMP45D 提供的电源电压为＋12V。HMP45D 的湿度输出信号为直流 0～1 V（对应 0～100％RH 的湿度值）。

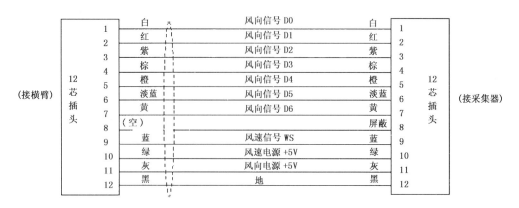

图 7-4　测风传感器信号电缆接线图

温湿度传感器与数据采集器之间用一根 8 芯屏蔽电缆相连,其中 4 芯为温度传感器铂电阻四线制引线,另 4 芯分别为湿度传感器的电源、电源地、信号输出、信号地。温湿度传感器与数据采集器之间的信号电缆接线图见图 7-5。

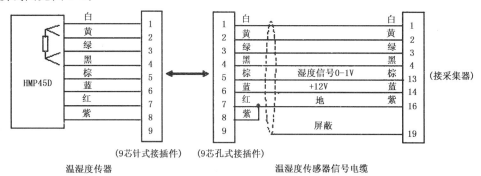

图 7-5　温湿度传感器信号电缆接线图

3. 雨量传感器

雨量传感器采用 SL3-1 型遥测雨量传感器。

雨量传感器和数据采集器之间用 2 芯屏蔽信号电缆连接,如图 7-6 所示。

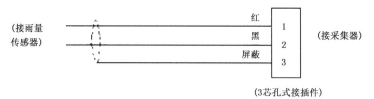

图 7-6　雨量传感器信号电缆接线图

4. 气压传感器

现阶段为 ZQZ-CⅡ型自动气象站配备的气压传感器为芬兰 Vaisala 公司制造的 PTB220 数字气压表。

PTB220 是一个智能化的传感器,可通过 RS-232 串行通信口直接输出气压值。PTB220 用于 ZQZ-CⅡ型自动气象站时,其通信参数已由自动站生产厂家在出厂时置为:波特率 2400bps、无校验、数据位 8、停止位 1。

气压传感器一般安装在数据采集器内。数据采集器为 PTB220 气压传感器提供的电源电压为 +12V。

5. 地温及草面/雪面温度传感器

地温包括地表温、浅层地温和深层地温。地温传感器和草面/雪面温度传感器是相同的,其感温元件为 Pt100 铂电阻,电阻值随温度的变化而变化,采用四线制测量电路测量电阻值的变化可计算出温度的变化。

　　地温传感器和草面/雪面温度传感器共 10 只,分三组经接线盒汇总后,通过信号电缆连接至数据采集器。见图 7-7。

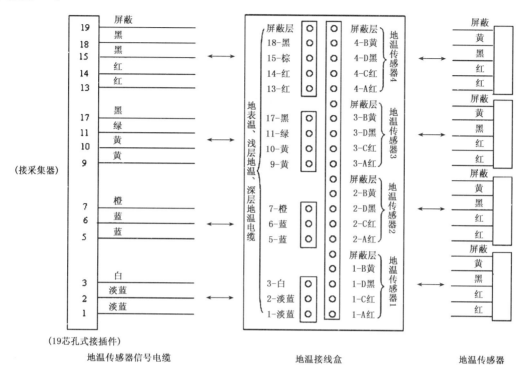

图 7-7　地温传感器信号电缆接线图

　　草面/雪面温度传感器和地表温传感器各 1 只,合用一个接线盒,经接线盒后汇总成一根信号电缆接到采集器。其中草面/雪面温度传感器接在接线盒的"地温传感器 3"位置,地表温传感器接在"地温传感器 2"位置。

　　浅层地温传感器共 4 只,分别是 5 cm、10 cm、15 cm 和 20 cm 地温传感器。这 4 只传感器合用一个接线盒,经接线盒后汇总成一根信号电缆接到采集器。接线盒接线时,5 cm、10 cm、15 cm 和 20 cm 地温传感器分别对应接线盒的"地温传感器 1"、"地温传感器 2"、"地温传感器 3"和"地温传感器 4"。

　　深层地温传感器共 4 只,分别是 40 cm、80 cm、160 cm 和 320 cm 地温传感器。这 4 只传感器合用一个接线盒,经接线盒后汇总成一根信号电缆接到采集器。接线盒接线时,40 cm、80 cm、160 cm 和 320 cm 地温传感器分别对应接线盒的"地温传感器 1"、"地温传感器 2"、"地温传感器 3"和"地温传感器 4"。

三、传感器的维护

请参阅本章第六节相关内容。

第三节　采集器

一、基本结构

　　数据采集器是 ZQZ-CⅡ型自动气象站的核心,所有传感器、微机、后备电源都与数据采集器相连接。

　　打开数据采集器机箱的上盖板,可以看到其内部结构情况,见图 7-8。

　　数据采集器机箱内部的主要部件包括主板、电源板、显示板、变压器、气压传感器。机箱的前面板主要布置数码管显示器和按键,后面板主要布置开关和连接线缆的插座。

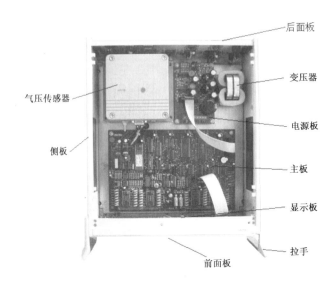

图 7-8　数据采集器结构图

1. 主板

主板是数据采集器的核心部件,数据采集、计算、存贮、显示、通信等均由主板来控制实现。

主板上有几个插座,一个标识号为 1XP3,用于与电源板连接;一个标识号为 1XP4,用于与显示板连接。标识号为 1XP1 和 1XP2 的两个插座装在主板印制板的反面,从正面只能看到插座的两排焊点。这两个插座用于与传感器信号连接,其引脚定义见图 7-9 和表 7-3。

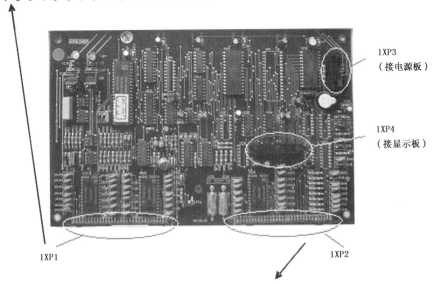

图 7-9　主板及其接插件

表 7-3　主板印制板插座 1XP1 和 1XP2 引脚定义表

序　号	代　号	说　明
1	a1,b,c1,d1	气温传感器四线制接法的四根导线的代号
2	a2,b,c2,d2	(原来的湿球温度传感器,现暂不用)
3	a3,b,c3,d3	(原来的地表温传感器 1 四线制接法导线代号,现暂不用)*
4	a4,b,c4,d4	地表温传感器四线制接法的四根导线的代号
5	a5,b,c5,d5	草面/雪面温度传感器四线制接法的四根导线的代号
6	a6,b,c6,d6	(原来的地表温传感器 4 四线制接法导线代号,现暂不用)
7	a7,b,c7,d7	5 cm 地温传感器四线制接法的四根导线的代号
8	a8,b,c8,d8	10 cm 地温传感器四线制接法的四根导线的代号
9	a9,b,c9,d9	15 cm 地温传感器四线制接法的四根导线的代号
10	a10,b,c10,d10	20 cm 地温传感器四线制接法的四根导线的代号
11	a11,b,c11,d11	40 cm 地温传感器四线制接法的四根导线的代号
12	a12,b,c12,d12	80 cm 地温传感器四线制接法的四根导线的代号
13	a13,b,c13,d13	160 cm 地温传感器四线制接法的四根导线的代号
14	a14,b,c14,d14	320 cm 地温传感器四线制接法的四根导线的代号
15	RH	湿度信号输入线的代号
16	D7	直流供电状态信号线
17	D6…D0	七位格雷码风向信号所用的七根信号输入线的代号
18	WS	风速信号输入线的代号
19	PR	雨量信号输入线的代号
20	Txd	向气压传感器发出信号的导线的代号
21	Rxd	从气压传感器接收信号的导线的代号
22	x	保留

　*早期的 ZQZ-CⅡ型自动气象站采用 4 只地表温传感器同时测量后求平均值的方法来得到地表温度,现仅采用 1 只地表温传感器测量。

　　2.电源板

　　数据采集器可使用交流或直流两种电源,这两种电源均来自后备电源箱。电源板的功能就是实现交流/直流变换和直流/直流变换,输出＋5 V、＋12 V、−12 V 三组直流电源给采集器和传感器使用,见图 7-10。

　　3.变压器

　　变压器的作用是将 220 V 交流电变换成 14 V 交流电,向电源板的交流/直流电路提供输入电源。

　　4.显示板

　　显示板安装在前面板的背后,因它紧靠前面板并竖立安装,故不易发现。显示板上装有键盘、显示接口器件,使前面板具有按键和显示操作功能。

　　5.前面板

地　12V　5V　地　蓄电池　交流14V
　　　　　　　直流12V

图 7-10　电源板

前面板上有 LED 数码管显示器、运行指示灯以及多个数据查询键和功能键,如图 7-11。

图 7-11 数据采集器前面板

数据采集器正常工作时,运行指示灯每隔 1 秒钟闪烁一次,因此亦称为"秒闪灯"。

按键的使用方法详见自动站用户手册。

6.后面板

后面板上有交流电源插座、直流电源插座、保险丝座、电源开关、风向风速传感器电缆插座、温湿度传感器电缆插座、地表温(草温)传感器电缆插座、浅层地温电缆插座、深层地温电缆插座、雨量传感器电缆插座、本地终端接口、备用通信口、0—1 开关等,如图 7-12 所示。

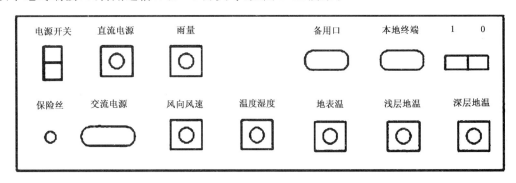

图 7-12 数据采集器后面板

0—1 开关是起数据保护作用的。该开关拨在"1"的位置时,数据存贮器的的数据受保护,即使此时按了复位键,此前的测量数据也不会丢失,我们称之为处于数据保护状态。如果在该开关置于"0"位置时按复位键,则采集软件将对采集器进行全面初始化,并把数据存贮器里的所有数据都清除掉,我们称之为总清零。

在采集器开机时,应将 0—1 开关拨在"0"位置,然后上电,使系统得到全面的初始化;采集器进入正常运行状态后,应及时将 0—1 开关拨到"1"位置进入保护状态。

7.气压传感器

气压传感器是一个智能化传感器,通过 RS—232C 串行通信口接入采集器主板。

ZQZ—CⅡ型自动气象站出厂时,气压传感器已直接安装在数据采集器内。

二、电路原理

1.信号测量电路

(1)风向信号输入和变换电路

风向传感器输出的信号是 7 位并行格雷码。风向信号输入和变换电路方框图见图 7-13,原理图见图 7-14。

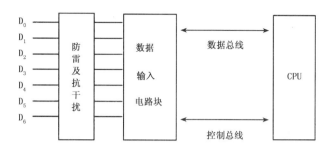

图 7-13 风向信号输入和变换电路方框图

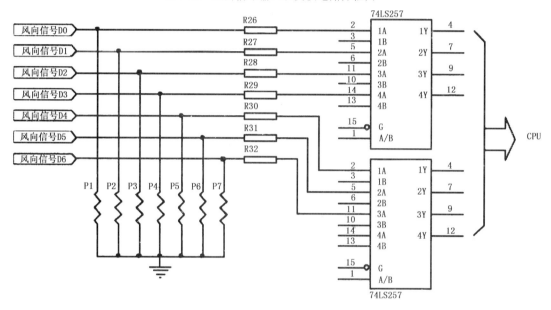

图 7-14 风向信号输入和变换电路原理图

该电路主要由二块 TTL 集成电路 74LS257 组成,74LS257 为数据选择电路,每块 74LS257 有 4 个 2 选 1 数据选择器,并且是三态输出。通过输出控制线(G)和选择线(S)二根控制线来控制其工作状态,见图 7-15。

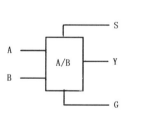

G	S(A/B)	A	B
0	0	Y	X
0	1	X	Y
1	X	X	X

(a) 单个数据选择器   (b) 功能逻辑图

图 7-15 74LS257 功能图

线路中将每个数据选择电路的 A 接到风向传感器的输出端,Y 接到 CPU 相应的数据总线上(高低位相对应),二块 74LS257 共有 8 个数据选择电路,用其中 7 个选择电路。G 和 S 控制线接到 CPU 的 I/O 控制线上。当 CPU 要读风向值时,只要使 G 和 S 控制线分别为 0(低电平),读出 CPU 数据总线上的值,即是风向传感器输出的格雷码数据。不读风向值时,G 为高电平,数据选择器处高阻悬空状态。

只要 CPU 控制线 G=0(低电平),S=1(高电平)即可读到 B 口的内容。

(2)风速信号输入和变换电路

风速传感器为三杯式风杯组件,通过风杯旋转,霍尔元件感应,输出脉冲信号,脉冲的频率与风速成正比。CPU 读出其脉冲频率即可计算出风速。风速信号输入和变换电路方框图见图 7-16,原理图见图 7-17。

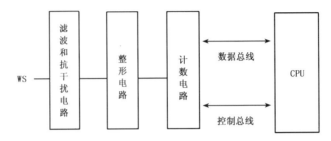

图 7-16   风速信号输入和变换电路方框图

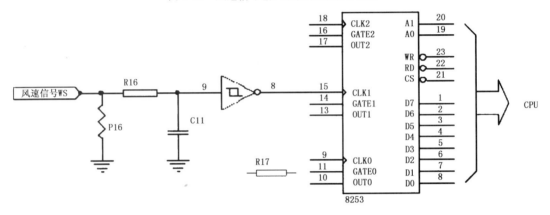

图 7-17   风速信号输入和变换电路原理图

线路中 P16 为压敏电阻,防止过高电平通过风速传感器及其电缆窜入损坏线路,R16 和 C11 是 RC 滤波电路,通过一反相施密特触发电路,起整形输入脉冲波形的作用。为测量风速脉冲频率输入,扩展了一片可编程计数器 8253,8253 具有三个功能相同的 16 位计数器,每个计数器的工作方式及计数常数分别由软件编程选择。风速测量计数用了三个计数器中的一个(另外二个分别用于雨量和温度的测量)。

风速传感器输出的脉冲信号通过电缆传到采集器,经滤波和整形电路后,由可编程计数器计数,CPU 通过控制线,每秒钟读取计数器中内容获得风速值。

(3)气压信号输入和变换电路

气压传感器内有微处理器,属智能传感器,通过 RS-232 串行通信口将气压测量数据传送给采集器。气压信号输入和变换电路方框图见图 7-18,原理图见 7-19。

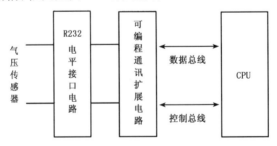

图 7-18   气压信号输入和变换电路方框图

MC1488 将传给气压传感器的 TTL 电平信号转换为 RS-232C 电平信号,并发送出去。

MC1489 将传感器发来的 RC-232C 电平信号转换成 TTL 电平信号给可编程通信电路。

由于 CPU 只提供一个串行通信口(已用于本地通信),采集器扩展了一片通信接口芯片 8251。它一方面将气压传感器输出的串行数据变为并行数据送给 CPU,另一方面又将 CPU 发出的并行命令数

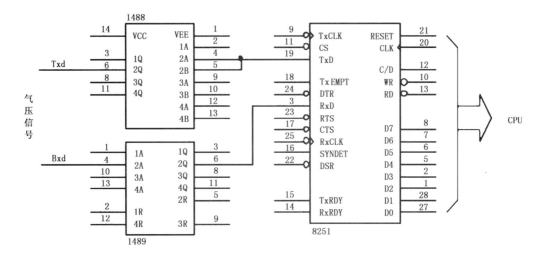

图 7-19　气压信号输入和变换电路原理图

据变为串行数据发给气压传感器。

（4）雨量信号输入和变换电路

雨量传感器为翻斗式雨量计，传感器的计数翻斗翻转一次，输出一个脉冲信号，为 0.1 mm 雨量值。雨量信号输入和变换电路方框图见图 7-20，原理图见图 7-21。

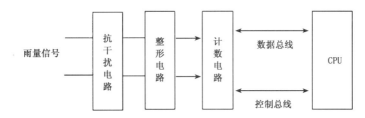

图 7-20　雨量信号输入和变换电路方框图

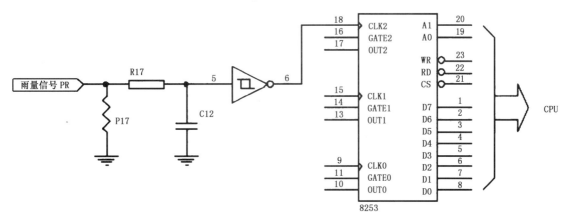

图 7-21　雨量信号输入和变换电路原理图

雨量信号输入和变换电路与风速信号输入和变换电路相类似。雨量脉冲信号被滤波和整形后由计数器计数，CPU 每隔一分钟读取该计数器的内容获得雨量值。

（5）温度信号输入和变换电路

气温、草面/雪面温度、地表温、浅层地温和深层地温均采用同一类型的传感器（Pt100 铂电阻）。

本线路中采用一个信号测量电路、信号放大电路和 A/D 转换电路，通过前端加入多路模拟开关来达到测量不同传感器的目的。

由于铂电阻阻值随温度变化而变化的灵敏度较小（大约每度变化 0.39Ω），为消除长线和接触电阻等影响,达到高精度的测量要求,采用四线制电路方式测量铂电阻的变化。每个温度传感器引出 4 根线,每端 2 根,连到采集器,4 根线分别为传感器激励电源 a 端、传感器激励电源地 b 端、信号输出 c 端和信号地 d 端,见图 7-22。

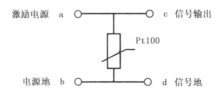

图 7-22　温度传感器四线制接法

温度信号输入和变换电路方框图见图 7-23。

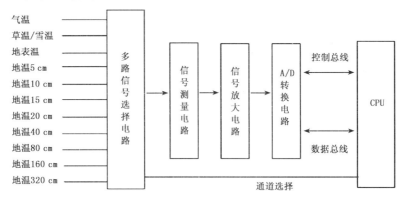

图 7-23　温度信号输入和变换电路方框图

该部分电路由多路信号选择电路、信号测量电路、信号放大电路和 A/D 转换电路组成,下面分别介绍。

● 多路信号选择电路

原理图见图 7-24。

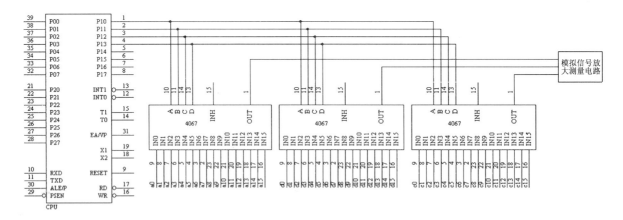

图 7-24　多路信号选择电路原理图

由三块 16 通道模拟开关组成,分别引入各个温度传感器的激励电源 a 端、信号 c 端、信号地 d 端,另一个电源地线 b 为公共接入,完成对各个温度传感器信号的多路选择。

多路模拟开关在 CPU 通道选择线的控制下,选中某一路传感器作为输入测量信号。

16 通道模拟开关选择功能见图 7-25。$X_1 \sim X_{16}$ 分别接到传感器,A、B、C、D 为 CPU 的通道选择控制线;A、B、C、D 输出一组值,输出端 Y 将接通相应的输入 X 端。

● 信号测量电路

原理图见图 7-26。

2.5V 精密电压基准源 MC1403、运算放大器 LF353 与相关阻容元器件组成恒流源,作为温度传感器的

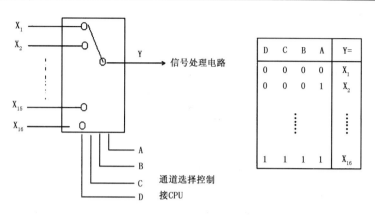

图 7-25　模拟开关选择功能图

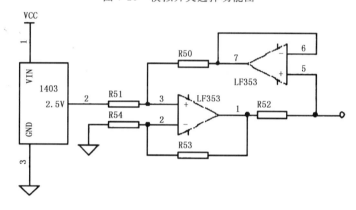

图 7-26　模拟信号测量电路原理图

激励电源(即传感器 a 端和 b 端),起到 R/V 转换目的,即将温度—电阻量变化转变为温度—电压量变化。

● 信号放大电路

原理图见图 7-27。

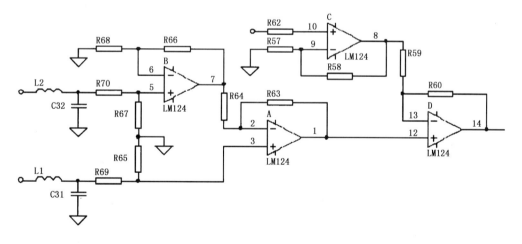

图 7-27　信号放大电路原理图

主要由一块 LM124 组成,LM124 内含四个运算放大器,组成二级差分放大电路,当温度从−50～80℃变化时,在铂电阻上 c,d 端产生的电压大约在 0～150 mV 之间变化,放大器的作用是将测量范围内的传感器信号放大到 0～5 V 的电压信号,供 A/D 转换电路转换。

● A/D 转换电路

ZQZ-CⅡ型自动气象站采用硬件与软件组合的一个双积分 A/D 转换电路,双积分 A/D 电路由电子开关、积分器、比较器、计数器和控制逻辑等部件构成,方框图见图 7-28。

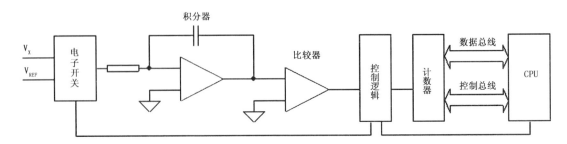

图 7-28 A/D 转换电路方框图

进行一次 A/D 转换时,控制逻辑使电子开关把被测电压 V_x 加到积分器的输入端,在固定时间 T 内对 V_x 积分,接着控制逻辑电子开关将积分器的输入转接极性和 V_x 相反的基准电源进行反积分,反向积分时,积分器输出斜率是恒定的,比较器检测到积分的输出过零时停止积分器工作,求出反向积分时间 T_1 就测量出 V_x,反向积分时间 T 由计数器计数得到。这种 A/D 转换器,转换速度较低,比较适合像温度信号这类变化较慢的信号,而且它精度较高,抗干扰性能较好。

原理图见图 7-29。

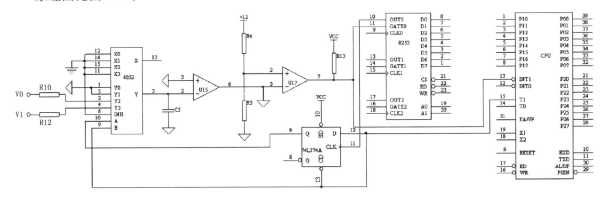

图 7-29 A/D 转换电路原理图

图中 CD4052 是一个双 4 选 1 模拟开关,选择积分器的输入,积分器由运算放大器 LF356 与相应积分电容组成。LM311 为一电压比较器,74LS74 为一双 D 触发器,用其中一个 D 触发器作为 A/D 转换中心的控制逻辑电路,计数采用 8253 可编程控制计数器中的计数口 1(其中计数口 2 用于风速,计数口 3 用于雨量)。转换结果由 8253 通过数据总线传给 CPU。

(6)湿度信号输入和转换电路

湿度信号输入和转换电路方框图见图 7-30,原理图见图 7-31。

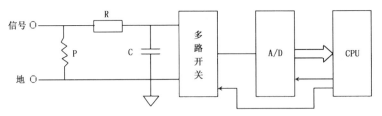

图 7-30 湿度信号输入和变换电路方框图

湿度信号(0~1V 电压信号)经抗干扰和滤波电路后通过模拟开关切换至 A/D 转换电路,直接进行 A/D 转换。它与温度传感器共用一个 A/D 转换器。

2.数据通信电路

ZQZ-CⅡ型自动气象站提供了一个标准的 RS232C 串行通信口,用于数据采集器与微机的通信。通信电路方框图见图 7-32,原理图见图 7-33。

其中 MC1488 为传输线驱动器,将 CPU 输出的 TTL 电平信号转换成 RS232C 电平信号送给微

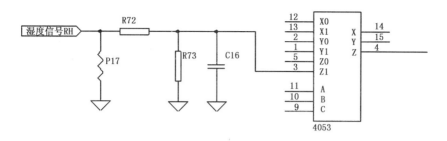

图 7-31　湿度信号输入和变换电路原理图

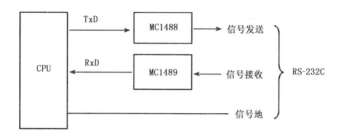

图 7-32　本地通信电路方框图

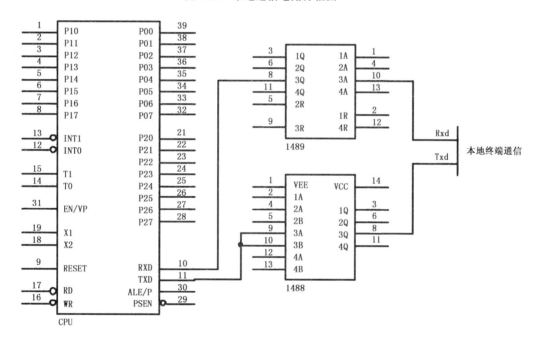

图 7-33　本地通信电路原理图

机；MC1489 为传输线接收器，接收到微机的 RS-232C 电平信号后，转换成 TTL 电平信号，送给 CPU 处理。

3.键盘显示电路

数据采集器前面板上有 16 个按键、8 位数码管、和 13 个指示灯。这些键盘显示功能由键盘显示电路完成，除了 CPU 在主板上之外，其余电路都单独放在一块显示板上。键盘显示电路方框图见图 7-34。

Intel8279 芯片是一种通用的可编程的键盘、显示接口器件，单个芯片就能完成键盘和 LED 显示两种功能，只要 CPU 给它设定键盘扫描和数码显示方式命令，它能不断控制显示块显示 CPU 要求它显示的内容，另外，一旦有键按下，8279 将中断请求 CPU，并按该键的内容作相应的处理。

由于系统需 8 位数码显示，而 8279 本身无 8 位位选线，电路中加一个 74LS138 3—8 译码电路，以

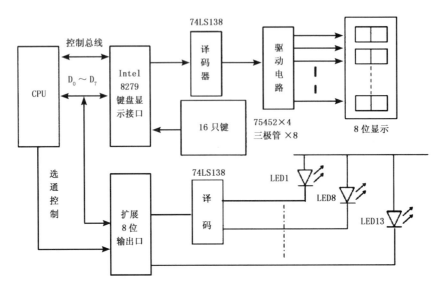

图 7-34　键盘显示电路框图

扩展显示位数。每位显示器均要加入驱动电路,以增大输出电流,保证数码管发光亮度。该电路采用轮流显示方式显示,数码管有段选驱动和位选驱动二种,这里段选用三极管驱动,位选用 75452 电路驱动。

13 只指示灯用于指示相应按键,以指示显示的内容。在 CPU 总线上扩展一块 74LS377 8 位并行 I/O 接口电路,由于需 13 只指示灯,再通过一 3-8 译码电路 74LS138 产生 13 路指示灯控制电路,CPU 根据按下的键使其相应的指示灯点亮。

4.电源变换电路

后备电源提供交流 220 V 和直流 12 V 的电源给数据采集器,数据采集器内部需进行电源变换后才能为主板和传感器提供所需要的+5 V、+12 V 和-12 V 三组工作电压。在这里,电源变换分为交流/直流变换和直流/直流变换两种,如图 7-35 所示。

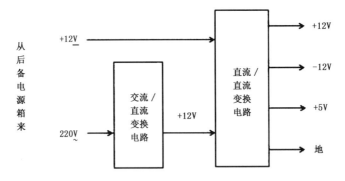

图 7-35　电源电路方框图

交流/直流变换电路中,220V 交流电经变压器降压为 14V 的交流电,然后进入一个由 4 只整流二极管组成的桥式整流电路,使交流电变为直流脉动电流,再经滤波电路和稳压电路,输出+12V 直流电压,供直流/直流变换电路变换为采集器电路所需的几种电压,见图 7-36。

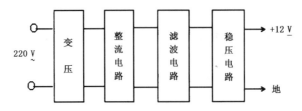

图 7-36　交流/直流变换电路方框图

后备电源箱中的蓄电池或交流/直流变换电路仅提供＋12 V 一路电压,而自动气象站系统中需＋5 V、＋12 V 和－12 V 三路电压,直流/直流变换电路的功能就是再从＋12 V 电压中变换出＋5 V 和－12 V 二路电压。见图 7-37。

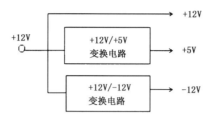

图 7-37　直流/直流变换电路方框图

电源变换电路的原理图见图 7-38。

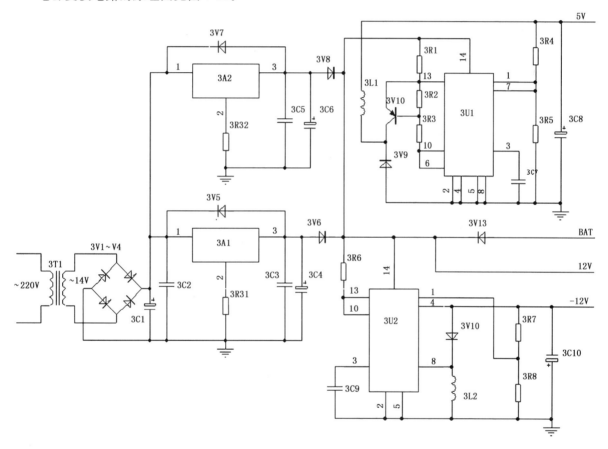

图 7-38　电源变换电路

第四节　电　源

ZQZ-CⅡ型自动气象站的电源系统分两部分,一是采集器内部的电源变换电路,二是后备电源箱。采集器内部的电源变换电路在上一节中已介绍,本节着重介绍后备电源。

后备电源箱为自动气象站系统提供 220 V 交流和 12 V 直流电源,其内部装有蓄电池。市电(指 220 V 交流电)正常时,后备电源箱用市电供电,起安全隔离和抗干扰作用;无市电时,自动切换至蓄电池供电。

目前与 ZQZ-CⅡ型自动气象站配套的后备电源有 ZQZ-PD 型电源(图 7-39)和 ZQZ 电源(图 7-40)

两种。早期的 ZQZ-CⅡ 型自动气象站多采用 ZQZ 电源,目前则多采用 ZQZ-PD 电源。

图 7-39　ZQZ-PD 电源

图 7-40　ZQZ 电源

为方便大家使用与维护,下面对这两种后备电源分别进行说明。

一、ZQZ-PD 电源

1. 原理框图

该电源箱具有电涌冲击保护、输出过压过流及直流欠压报警电路等保护功能,交、直流电压均有电压表指示。原理框图见图 7-41。

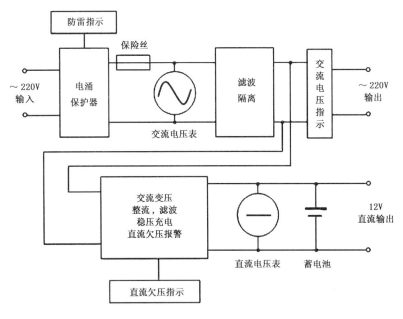

图 7-41　ZQZ-PD 电源原理框图

2. 主要技术指标

- 交流输入:220 V±10%
- 交流输出:220 V±10%
- 额定功率:30 W
- 直流输出:标称电压 12 V
- 蓄电池容量:38Ah/12 V
- 直流欠压指示:<11 V 时
- 工作环境温度:0～+40℃
- 工作环境湿度:0～90%RH
- 电涌电压保护水平 U_p:1000 V
- 电涌保护器Ⅱ级试验 I_{max}:20 kA (8/20μs)

3.前后面板说明

· 输入交流电压表:显示输入交流电的电压。当交流输入断电时,显示为 0 V。

· 输出直流电压表:显示输出直流电源的电压,即蓄电池两端的电压。

· 交流电压指示灯:交流电压输出正常时,该指示灯亮(绿色);没有交流电输入或电源本身故障时,该指示灯灭。

· 直流欠压指示灯:当输出的直流电压低于欠压保护设定值(11 V)时,该指示灯亮(闪烁)。

· 防雷第一级第一组故障指示灯:第一级第一组防雷器件正常时,该指示灯灭;第一级第一组防雷器件损坏时,该指示灯亮(红色)。

· 防雷第一级第二组故障指示灯:第一级第二组防雷器件正常时,该指示灯灭;第一级第二组防雷器件损坏时,该指示灯亮(红色)。

· 防雷第二级正常指示灯:第二级防雷器件正常时,该指示灯亮(绿色);第二级防雷器件损坏时,该指示灯灭。

· 保险丝:交流输入保险丝安装在后面板上,出厂配置为 2.5 A/250 V 的熔丝管。

4.安装及使用

(1)将 ZQZ-PD 型电源安放在适当的位置,将后面板上的外壳接地柱可靠接地。

(2)将自动气象站采集器的电源开关置于"关"的位置。

(3)将交流电源输出和直流电源输出电缆插头,插入采集器后面板上的对应插座。

(4)将交流电源输入电缆插头,插入市电的电源插座上。

(5)检查以下指示:

· 输入交流电压表:220 V±10%

· 输出直流电压表:10～14.2 V

· 交流电压指示灯:绿灯亮

· 防雷第二级正常指示灯:绿灯亮

确认上述指示正常,即可接通采集器的电源开关,使之通电工作。

5.维护

(1)保持本产品的整洁,上面无覆盖物。

(2)不要随意搬动,以免拉松连接电缆。

(3)在市电良好的地区,应定期对蓄电池充、放电。可每隔 2～3 个月,切断市电一天,给蓄电池放电的机会,以免电极硫化。当蓄电池放电到直流欠压报警指示灯闪烁时,接通市电,防止过度放电。

(4)保险丝断是常见故障。保险丝断的现象是输入交流电压表无显示,交流电压指示灯不亮,因防雷器接在保险丝前,故防雷第二级正常指示灯亮,此时,更换保险丝即可。

二、ZQZ 电源

ZQZ 电源的原理框图见图 7-42。

该电源采用了电源避雷器、瞬态二极管、电源滤波器、隔离变压器等抗干扰措施,以防止雷击及电源端进入的各种干扰。

打开电源箱上盖,可看到箱内装有带通滤波器、隔离变压器、避雷器、蓄电池、充电变压器、充电印制板、指示灯和保险丝等如图 7-43 所示。

蓄电池充电电路与上一节介绍的交流/直流变换电路基本相似,通过交流变压、桥式整流、滤波和稳压输出直流电给蓄电池充电,只是输出额定电流要大,输出的电压也相对要高,因为蓄电池是 12V,充电电压约需 13.8V 左右,原理图见图 7-44。

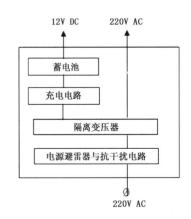

图 7-42　ZQZ 电源原理框图

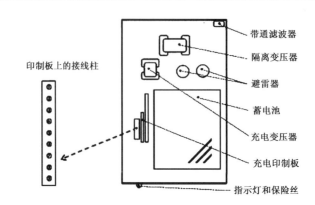

印制板上的接线柱

带通滤波器
隔离变压器
避雷器
蓄电池
充电变压器
充电印制板
指示灯和保险丝

图 7-43　ZQZ 电源箱内部结构图

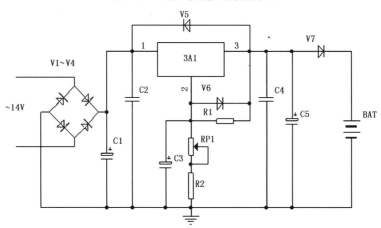

图 7-44　蓄电池充电电路原理图

三、蓄电池

ZQZ-PD 电源箱和 ZQZ 电源箱中均配备有 38 Ah/12 V 的阀控式铅酸蓄电池。

有市电时,后备电源箱用市电供电,蓄电池处于浮充状态;无市电时,蓄电池处于放电状态,可保证采集器和传感器在停电情况下连续工作三天。

蓄电池应该定期进行维护,以延长其使用寿命。蓄电池如果长时间不放电,会使电池极板硫化,引起内阻增大、容量减少、负载能力下降。

维护可采用"人为放电"的方法,每隔 2~3 个月,对后备电源停供市电一天,让蓄电池对外供电。

第五节　采集软件

一、采集软件的结构和基本功能

自动气象站是一个具有多个数据通道的连续测量系统,它需对多个传感器进行控制、测量和数据计算,它们的计算方法、测量和计算的时间间隔各不相同,而且要求各个参数分别可以随时修改;另外,它还需和外部通信,执行各种通信命令。这些操作均需并行执行,互不相干,但有时还需要互相协调。因此,要求自动气象站的运行程序具有多种复杂的控制、管理和处理功能,满足实时采集各种数据的要求。

为此,ZQZ-CⅡ型自动气象站采用了一个实时多任务操作系统,它可同时运行 16 个任务,每个任务可独享 MCS-51 单片机的工作寄存器,以及内部 RAM 的大部分单元(包括堆栈区)和其他特殊功能寄存器。这个操作系统由任务调度、任务通信、实时时钟、输出输入及中断管理四部分组成。

每个任务有三种状态：运行态、就绪态、休眠态。运行态就是该任务处于运行状态，这时它可独占 CPU 和其他一些资源，但每次只能有一个任务处于运行态；就绪态就是该任务现在已具备运行条件，但由于已有其他任务在运行，故它只能处于等待状态；休眠态就是该任务需等待某项资源或某个事件的发生（如定时时间到），这时它无法进行运行，处于停止状态，只有当条件满足后，才能进入运行态或就绪态。

任务的状态和转换见图 7-45。任务的这些状态之间的转换由任务调度程序用优先级调度算法来控制，以保证实时性要求较高的任务（例如风速风向）优先得到控制权。

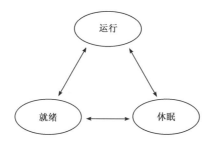

图 7-45　任务的状态和转换

各任务之间有时需进行通信，包括同步操作和互斥处理等。本系统采用信号量方法来完成任务通信，建立资料申请子程序（PSOP）和资料释放子程序（VSOP），以完成两个任务之间的同步运行，也可完成对各种不可共享资源如 A/D 转换器、串行通信口、公共数据区等的互斥操作。

各个任务的定时操作由定时控制程序和定时器中断处理程序来完成，具有计算年、月、日、时、分、秒、10 ms 的功能，并可完成各任务所需的定时或延时操作。可延时 10～2550 ms。也可定时 10 s、几分钟或每天几点执行一次操作。

各任务输入、输出操作采用中断方式。有串行口输入和串行口输出等几种系统调用，前者每调用一次，输入一个字符；后者每调用一次，输出一批数据。

数据采集器内部软件框图见图 7-46。

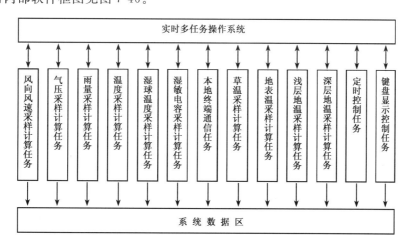

图 7-46　采集软件框图

自动气象站的各个任务处于并行运行状态，但它们具有优先级关系，数据采样计算任务的优先级较高。其中风向、风速采样计算任务优先级最高，因为风速是采用计数器计数来测量的，测量的时刻与计数脉冲的多少有很大关系，所以它的实时性最强。

在实时多任务操作系统中各个任务的结构除了任务间通信外，与只完成单一任务的一般微机程序相同。

由于采用了实时多任务操作系统,就可以很方便地实现扩充和修改,这给积木式结构的自动气象站在扩充测量要素(传感器),增加和减少测量项目方面带来了很大的便利。也可以很容易地移植到其他应用场合。

ZQZ-CⅡ型自动气象站能够采集气温、湿度、地温、气压、风向、风速、雨量等气象要素传感器输出的模拟量或数字量数据,完成数据的预处理、质量控制、计算瞬时值,平均值、极值及其出现的时间,并可按命令的要求从串行通信口输出。

各个任务运行之前,采集软件先要进行初始化,如 CPU 工作寄存器初始化、数据存贮器初始化、I/O 口初始化、计数器初始化、通信口初始化、日期时间置初值等。

二、采集软件流程图

以下列出采集软件中几个主要任务的流程图,包括任务调度(图 7-47)、风向风速采样计算任务(图 7-48)、温度类采样计算任务(图 7-49)、雨量采样计算任务(图 7-50)、定时控制任务(图 7-51)、本地终端通信任务(图 7-52)。

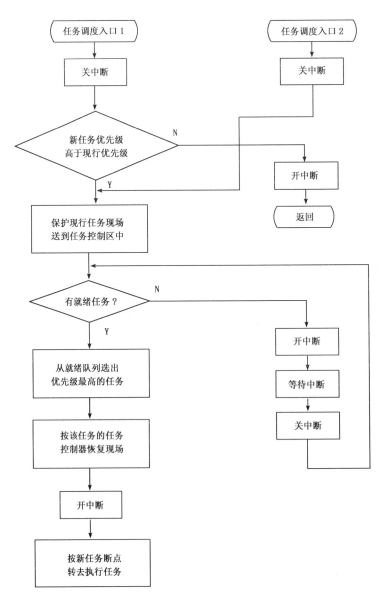

图 7-47　任务调度任务流程图

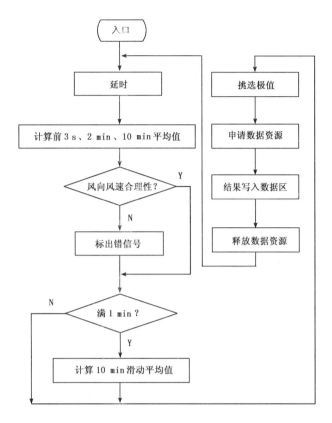

图 7-48　风向风速采样计算任务流程图

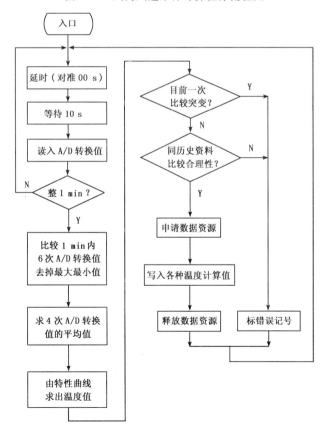

图 7-49　温度类要素采样计算任务流程图

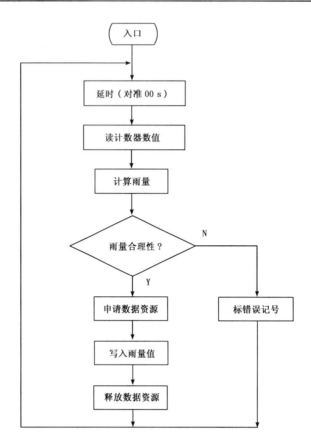

图 7-50 雨量采样计算任务流程图

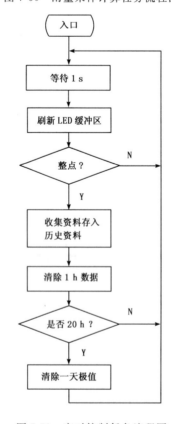

图 7-51 定时控制任务流程图

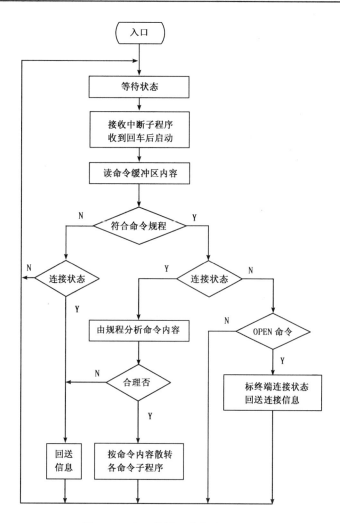

图 7-52　本地终端通信任务流程图

第六节　整机的使用和维护

一、安装

ZQZ-CⅡ型自动气象站的安装可分为电缆敷设、传感器安装、采集器及后备电源安装、采集器试运行、微机和 UPS 及打印机安装、业务软件安装及运行等多个步骤。

安装前,安装人员应该先熟悉自动气象站的全套设备,熟悉各组件的接口及安装接线图。ZQZ-CⅡ型自动气象站的安装接线图见图 7-53。

气压传感器已安装在数据采集器中,其他传感器安装在室外,通过六根信号电缆与室内的数据采集器相接。其中,风向传感器、风速传感器合用一根,温度传感器、湿度传感器合用一根,雨量传感器独用一根,草面/雪面温度传感器和地表温传感器通过同一个接线盒合并成一根电缆,浅层地温传感器、深层地温传感器各为一组传感器,每组各有四只地温传感器,通过各自的接线盒分别合并成一根电缆。

电缆两端均有中文文字标志,以防接错。

数据采集器和后备电源箱之间有二根电缆,一根为直流,一根为交流。这两根电缆在后备电源箱上,是不可拆的。

采集器与微机用通信电缆相连(见图 7-2 本地终端通信电缆接线图);微机与打印机用数据电缆相

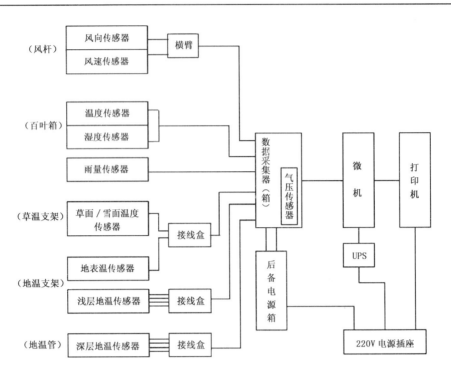

图 7-53　自动气象站安装接线示意图

连；微机与 UPS 用电源电缆连接。

后备电源箱、UPS 电源、打印机各有电源电缆接到电源插座上。

1. 敷设电缆

一般情况下，电缆的敷设总是由室外远端向室内。

电缆要穿在防护套管中，以防止鼠咬。单根电缆先穿入 φ50 的小管，再汇集在 φ100 的大管中通向室内。

接至采集器的电缆的长度多在几十米至一百米以上，分叉、转弯的地方很多，敷设电缆时必须多人合作，并分段进行。

拉动电缆时，切勿用力过猛，以免电缆被拉断或形成死弯。

电缆在防护套管内均成自由伸直状态，室外不留多余的电缆，室内多余的电缆可盘成圈放在木箱中。有的台站把暴露在空气中的电缆全用套管套起来，例如风向风速电缆在风杆上的部分和温湿度电缆在百叶箱下的部分，这对防止老化有好处。

地温传感器接线盒放在通往地温观测处的地沟的终端处，在敷设好电缆后，建议用砖和砂浆将接线盒围在一个上有盖子的基本密封的六面立方体内。底部应有小的流水孔（可流水而老鼠无法钻入）。

2. 传感器的安装

(1)风向、风速传感器的安装

风向传感器、风速传感器固定在横臂上后安装在观测场的风杆（塔）或平台上。横臂两端圆筒上方内装的 7 芯和 12 芯插头分别用于连接风速传感器和风向传感器。横臂一端圆筒下方内装有 12 芯电缆插座.用于连接 12 芯风向风速总输出信号电缆。

风向风速传感器的安装按以下顺序进行：

● 组装传感器

请阅读传感器制造厂编写的《传感器使用说明书》，按说明书的要求将拆散包装的传感器组装好（风向传感器具有方向性，注意组装时风向标组件不要装反）。然后，在室内将风向风速传感器安装在横臂相应的圆筒上。

● 上风杆

可将传感器、横臂、风向风速电缆连接成一体后用绳子拉到风杆顶部。一定要注意避免风传感器与风杆碰撞(如采用可放倒式风杆应在地面上安装)。

● 指北

把风传感器横臂中间的支柱装入气象台站风杆(塔)上的三角形底座,并拧紧固定螺栓,横臂应垂直于台站的盛行风。

稍稍松开风向传感器与横臂圆筒间的固定螺钉,根据台站的南、北标志物,转动风向传感器,使风向传感器上的指北线标志对准北方。然后固定好风向传感器与横臂圆筒间的固定螺钉。

● 紧固

再检查一下传感器与横臂、横臂与三角形底座间的紧固情况,将未拧紧的螺钉拧紧。

● 顺风杆而下,间距1m,用尼龙卡条将风向风速电缆扎紧在风杆上。注意:信号不宜拉紧电缆在横臂下的部位不宜拉得太紧,应留有余量,以利装拆横臂。

电缆穿在防护管内后方可引入地沟。

(2)温湿度传感器的安装

将温湿度传感器悬挂在百叶箱的中央,其感应部分的中心点距地面1.5m。它们在百叶箱内的连接电缆悬挂在百叶箱的防辐射衬板上,在百叶箱外的连接电缆穿入防护套管后引入地沟。

安装时,别忘了取下温湿度传感器头部的黄色帽套。

(3)雨量传感器的安装

雨量传感器安装在已预埋好三个紧固螺钉的水泥基座上,也可以用膨胀螺钉固定之。安装时一定要调整好传感器底座的水平,使水平泡在中心圆圈内,然后拧紧螺母,并涂上黄油以防锈蚀。

将雨量传感器的筒身拆下,雨量信号电缆从传感器底座下面穿过底座上的圆孔引入,接在传感器的接线柱上。信号电缆的筒外部分穿入防护套管后引入地沟。

雨量传感器中翻斗上的橡皮筋是运输过程中起保护作用的,安装时别忘了将它们拆除。

还要检查各个翻斗翻转是否灵活,若发现有难以解决的问题,应与厂方联系。最后将雨量传感器的筒身套在底座上,拧紧筒身与底座间的三个固定螺钉。

(4)草面/雪面温度传感器的安装

草面/雪面温度传感器共有一只,出厂时,已将传感器、引线、接线盒(与地表温度传感器合用)、至采集器的连接电缆连成一体。

现场安装时,将传感器固定在专用支架上,安装在地温场西面1m处。传感器安装在离地6cm高度处,并与地面大致平行。

传感器的引线应穿在套管内埋入地下,不宜露在地面。由于传感器与接线盒已连成一体,故实际操作时是先套上一段套管,再将传感器固定在草面/雪面温度传感器专用安装架上。

接线盒能防水,可放在地沟内,但不宜浸在水中,故不宜放在沟底。

(5)地表温和浅层地温传感器的安装

地表温度传感器共一只,浅层地温传感器共四只,出厂时,已将传感器、引线、接线盒、至采集器的连接电缆连成一体。

为了安装浅层地温传感器,使用了一个"⊥"型专用架,从"⊥"型架的顶端开始,每隔5cm钻有一个孔,即0cm、5cm、10cm、15cm和20cm共钻五个传感器安装孔,孔的大小正好让铂电阻温度传感器插入并可用螺母固定。

在观测场的地表温及浅层地温观测点挖一个小坑,将传感器支架垂直放入坑内,传感器在支架的南侧,注意支架的安装深度,以保证五只传感器定位在离地面0cm、5cm、10cm、15cm和20cm的深度上,再慢慢地将挖出的土壤填回坑内,使每个传感器与土壤紧密接触而又不改变其位置。地表温传感器应该一半埋在土中,一半露出地面。

传感器的五根引线应穿在一根套管内埋入地下,不宜露在地面。由于传感器与接线盒已连成一体,故实际操作时是先套上一段套管,再将传感器固定在安装支架上。

接线盒能防水,可放在地沟内,但不宜浸在水中,故不宜放在沟底。

(6)深层地温传感器的安装

深层地温传感器共有四只,测点深度分别为 40 cm、80 cm、160 cm、320 cm。安装时,使用气象部门已广泛采用的直管地温表安装管(见图7-4)。

每只深层地温传感器的安装方法是一样的,先把木杆及外管分别按 40 cm、80 cm、160 cm、320 cm 的长度配对组合好,然后按以下步骤安装:

● 护管、木杆和温度传感器的组装

* 旋下内管铜盖,将传感器插入护管并通过,把一支软木塞套于传感器根部电缆上,并把导热块套于传感器的金属管上,要求金属管端部球面与导热块端面相平;

* 将软木塞、传感器及导热块推入护管中,使导热块突出护管端面 10 mm;

* 内管铜盖中装入适量铜屑,护管在垂直状态下,将铜盖拧入护管上,并把传感器与导热块推实,以保证热传导性良好;

* 把另一支软木塞从护管上端沿电缆塞入护管适当位置;

* 将木杆插入护管中,并把传感器引线压入导线槽(指木杆上的凹槽)中,要求护管中的电缆保持适当的自由度,固定所有的木螺钉;

* 木杆上有几处凹槽,又称封闭槽,在封闭槽中缠上毡条并用金属细线扎两条,使之扎紧。

● 安装外管

把连接好的地温表安装外管垂直插入相应的观测点内,以红色深度标志线为基准,使外管露出地面部分为 40 cm。外管四周用细碎泥土塞紧。

● 总装

* 注入适量铜屑至外管底端铜盖中;

* 将组装好的护管、木杆和温度传感器插入外管;

* 拧下提环及防水盖,拧松六角螺母,调整调节螺丝,使护管底部铜盖与外管底部铜盖接触良好,同时调节螺丝端面应比外管端面高出 10 mm。用扳手拧紧六角螺母,装上提环及防水盖。注意:调节螺丝的扁平面应与木杆导线槽底平面平行,导线应有一定自由度,并从外管上端出线槽中出线。

地温表安装管外的传感器引线应埋入地下,不宜露在地面。

接线盒能防水,可放在地沟内,但不宜浸在水中,故不宜放在沟底。电缆应穿在防护套管内。

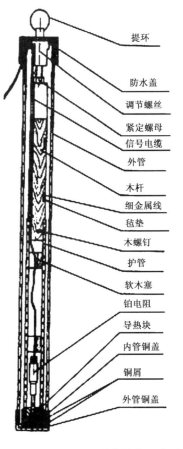

图7-54 地温表安装管结构示意图

3.采集器系统的连接

采集器系统的连接按以下步骤进行:

(1)将六根传感器电缆插头一一插入采集器后面板上对应的插座并拧紧,完成传感器与采集器的连接。

(2)将后备电源箱上的交流输出电缆和直流输出电缆接到采集器后面板上相应的电源插座上。

(3)将后备电源箱的接地端与大地相连接。

(4)接通后备电源箱的电源,电源箱红色指示灯亮,表明电源已接通。

二、使用

传感器及后备电源连接到数据采集器上后,就组成了一套能自动观测地面气象要素的自动观测系统,即在没有微机的情况下,也能自动观测地面气象要素。数据采集器内可存贮7天正点观测的气象数据,有LED数码管可以显示实时气象要素,还可以通过"定时"键调出最近的一次正点数据用于发报。

1.开机

数据采集器开机前,请先把后面板上的0—1开关置于"0"的位置,然后接通电源开关,前面板上的运行指示灯开始一亮一暗闪烁,此时再把0—1开关拨到"1"的位置。

2.对时

数据采集器开机后,显示的时间是00—00—00,须先根据当前的北京时间,通过前面板上的日期键、时间键、修改键和箭头键设置采集器的日期和时间,然后再运行微机上的测报业务软件。

日期和时间设置好之后,自动站观测时钟以采集器时钟为准。运行测报业务软件后,微机会与采集器自动对时。

采集器的时钟不带电池,断电后时钟即不正确了。因此采集器断电一次,就必须重新设置日期和时间一次! 时间设置要准确,应经常与标准北京时对时,以校正采集器的时钟。

3.复位键的应用

数据采集器正常运行时,请不要随意按复位键。当采集器与微机通信出现问题或显示出错时,可能是因操作不当或强干扰导致I/O口异常,此时可按复位键使系统恢复正常。注意,此时后面板上的0—1开关应处于"1"位置,否则复位之后将把所有数据,包括日期、时间都清除掉。只有在按复位键后故障仍消除不了的情况下,才尝试将0—1开关拨到"0"位置后再按复位键以进行系统重启。

4.定时键在人工编发报中的作用

通过采集器上的定时键,可以显示最近一次的正点定时观测编报所需的各项气象要素值,共20组。按定时键后,数码管显示器上会自动滚动显示数据,每组数据显示10 s。如果此时按↑键或↓键,则显示上一组或下一组数据。这在微机故障或停电时特别有用,它可以为人工编发报提供必要的数据(含天气报、重要天气报、航危报、台风报等)。显示标志、顺序及内容如下:

01　2 min平均风向;

02　2 min平均风速;

03　气温;

04　露点温度;

05　本站气压;

06　海平面气压;

07　3 h变压;

08　24 h变压;

09　24 h变温;

10　24 h内最高气温;

11　24 h内最低气温;

12　12 h内最低地温;

13　1 h内累计雨量;

14　3 h内累计雨量;

15　6 h内累计雨量;

16　24 h内累计雨量;

17　1 h内极大风速时风向;

18　1 h内极大风速;

19　6 h内极大风速时风向;

20　6 h内极大风速。

5.日常观测

数据采集器处于连续工作状态,即使在市电停电的情况下,仍由后备电源中的蓄电池供电而继续工作。

采集器面板上显示的阵风风向、风速值每 3 秒钟更新一次,其余气象要素的实时数据每分钟自动更新一次。若连续 5 min 内没有任何按键操作,则数码管显示器会自动熄灭,这并非故障。

采集器将正点和逐分钟的观测数据存贮下来,可以存贮 7 天的正点数据和 3 天的逐分钟数据。联机状态下的微机通过测报业务软件会定时收集这些数据。若自动收集未成功,可人工干预,进行补收。

当发现自动观测项目缺测时,应立刻进行人工补收。

三、维护

1. 日常维护

应安排定期检查维护,宜每月进行一次。并警惕危害性天气如雷电、大风、沙尘天气(包括浮尘、扬沙、沙尘暴)、冰雹、高温、严寒、长期浓雾等给仪器设备带来的损害。

(1) 传感器的维护

● 风传感器的维护

观察风传感器转动是否灵活,若有怀疑,可在 1 级风时再观察,若确实不灵活,应更换风传感器,对换下的风传感器作清洗处理。清洗后仍不灵活的应作报废处理。

冰雹、雷电、大风、扬沙等有可能损坏风传感器,在这些灾害性天气过后应仔细检查风传感器有否受损。

● 雨量传感器的维护

雨量传感器的核心部件为三只翻斗,没有电子元件,理论上是最可靠的传感器,实际上是问题最多、最需要维护保养的传感器。

在雨量较少、灰尘较多的台站,雨量筒的承水口漏斗处容易被灰沙堵塞。引起堵塞的还有树叶、草叶、昆虫尸体等。若雨量示值滞后于下雨,多半是承水口漏斗处被堵塞。

夏季,雨量筒内部可能结有蜘蛛网,影响翻斗翻转。为防止蜘蛛等小昆虫进入筒内,一个简便易行的方法就是在雨量筒内放些樟脑丸,可起到一定的驱虫作用。

当雨量示值严重小于人工测量值时,多半是翻斗翻转不正常。下雨时,雨量不计数,多半是翻斗被卡住、导线接触不良或干簧管故障。

要经常拆下筒身予以检查。应注意轻轻拆装,千万不能撞击翻斗而引起翻转。若要清洗漏斗和翻斗,应旋下采集器后面板上的雨量插头。

观测场上喷洒药水时,过量的油性药水进入雨量筒沾黏在翻斗上会影响雨量筒的精度,且清洗困难。若要喷洒药水,应在雨量筒上加盖后再作业。

● 温湿度传感器的维护

若发现温湿度传感器头部保护罩内的滤膜有灰尘时,可用干软毛刷轻轻刷除。

● 气压传感器的维护

气压传感器安装在室内的数据采集器内。采集器应避免放置在靠近空调出风口的地方使用,以使气压传感器气嘴口空气与周围环境空气保持一致。

气压传感器系进口传感器,且室内工作环境较好,在发现性能下降之前,一般可不维护。

● 地温传感器的维护

安放地面温度传感器和浅层地温传感器的裸地,地面应疏松、平整、无草,雨后及时耙松板结的泥土。保持地面温度传感器一半埋入土中,一半露出地面。埋入土中的部分必须与土壤紧密接触,不可留有空隙;露出地面的部分若有异物附着时,应及时清除。雨后引起地温场下陷的,天晴后应及时进行修整。

雨后和雪融后,应检查深层地温硬橡胶套管内是否有积水,若有,应用头部缚有棉花或海绵的细杆插入管内将水吸干。若经常积水,应查出原因予以修理。

（2）电缆和插头座的维护

电缆和插头座的损坏主要有以下几个方面：

● 电缆老化开裂。暴露在露天的，若干年后在表面能见到开始老化开裂的痕迹。

● 鼠咬。外加防护套管后应能避免鼠咬，但要检查套管有否损坏。

● 插头座锈蚀。室外的插头座尤其容易锈蚀。

● 插头座松动。金属疲劳、锈蚀引起的，或被外力拉松。

电缆与插头座的维护主要是加强检查，及时发现上述原因造成的损坏，及时更换性能变坏的电缆或插头座。

（3）采集器和微机的维护

● 采集器的维护

* 保持采集器的整洁，上面无覆盖物。

* 不要随意搬动，以免拉松后面板上的接线。

* 不要随意操作后面板上的电源开关、0－1 开关和前面板上的复位键，以免形成误操作。

● 微机和打印机的维护

按随机附带的说明书维护。

在微机中，不要安装与气象业务无关的软件，但建议安装正版的杀毒软件。

（4）蓄电池的维护

蓄电池的维护常为人们所遗忘。ZQZ-CⅡ型自动气象站使用阀控式铅酸蓄电池，"免维护"并非是在使用过程中不需要维护和保养，其意思仅是相对于开口蓄电池而言，这种阀控式铅酸蓄电池不像开口蓄电池那样需要加水和调节酸密度，即免维护。

要延长蓄电池的使用寿命，请关注：在经济发达地区高质量的市电下，蓄电池几乎没有放电机会，这会使电池极板硫化，引起内阻增大、容量减少、负载能力下降。所以，每隔 2～3 个月，人为地放一次电是必要的。

在台站"人为放电"可这样操作：对后备电源而言，每隔 2～3 个月，对后备电源停供市电一天；对 UPS 而言，UPS 的软件功能强大，可按用户手册，在软件中进行设置。

2. 现场校验及周期检定

现场校验和周期检定由省级技术保障部门负责。省级技术保障部门应按有关规定定期到台站对自动气象站进行检查、校验及周期检定。

四、故障的分析、判断和排除方法

1. 现场判断故障的原则、步骤和方法

当自动气象站出现故障时，只要掌握故障分析和判断的基本原则，按照一定的步骤去排查，则可凭台站人员具备的基础知识和经验，而无需电子方面高深的专业知识和复杂的仪表，即能找到和排除故障。

（1）故障分类

● 气象要素测量性能下降

即一般所说的超差或测量数据严重错误，其特征是自动气象站正常。这类故障的判断和排除比较容易，故障原因多半是传感器性能下降引起的。

● 自动气象站工作不正常

即自动气象站无法正常完成采集、计算、存贮、显示、通信等功能。这类故障原因较多，判断和排除比较困难。属于软件方面的，多半是强干扰引起的，如雷电；属于硬件方面的，多半是电源系统故障引起的。有时，强雷电能损坏采集器，导致自动站不能正常工作。

● 测报业务遇麻烦

即使用测报业务软件进行采集编报、数据维护、报表处理时会出现一些小的错误。

这里只讨论前两类故障。

（2）故障分析和判断的基本原则

当自动站出现故障时，要冷静对待，不要手忙脚乱，要掌握以下基本原则，仔细分析，进行排查。

● 安全原则

发现故障时，除非危及人身安全或设备财产，一般不要关电源。因为有些故障在断电重启后不能复现，即无法再分析和排除故障。

需要插拔电源时，请牢记：采集器、后备电源、微机、UPS、打印机都与市电相接，插拔电源插头时，千万要注意安全。

只有专业维修人员才能打开带市电的自动站各组件。

如果把后备电源的市电插头与市电脱开，用后备电源中的蓄电池向采集器供电，则排查采集器故障时就不会有高压危险。

● 逻辑原则

逻辑原则指依据电原理分析的原则。

当发生故障时，应依据电原理进行分析。

例如，某一气象要素值超差或明显不正常，多半是相应的传感器或连接线路故障，不太可能是采集器产生故障，更不太可能是微机或电源故障造成的。

反之，若采集器显示不正常，错误很多或数码管显示器显示的值与按键不对应，或数码管有显示而秒闪灯（运行指示灯）不闪，这多半是采集器故障。软件引起的故障可用"总清零"的办法试图解决，总清零无效时，可能是采集器硬件有问题了。

采集器什么显示都没有时，请首先检查电源系统。

要进行充分的分析和列出众多的故障可能性，找出最符合逻辑即最符合电原理的故障原因，从而判别故障部位。

● 分解原则

自动气象站的组件很多，有时，分析的结果可能有多个原因和可能有多个组件产生故障，在这种情况下，就要断开部分连接线，把产品分成几个部分，缩小范围进一步检查分析。

在图 7-1 所示的自动气象站设备组成示意图中，把数据采集器与微机间的信号线断开、把微机与打印机间的信号线断开，自动气象站就被拆成采集器系统、微机系统和打印机三个独立部分，如图 7-55 所示。

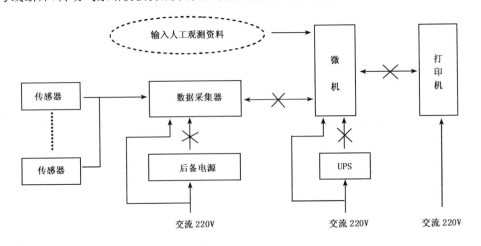

图 7-55　分拆 ZQZ-CⅡ型自动气象站

在微机系统中，把微机和 UPS 脱开，可分别寻找微机和 UPS 的故障。

在采集器系统中，可以把后备电源脱开，用市电直接对采集器供电，这样就可以在采集器和传感器这个范围内寻找故障。

如果把采集器与传感器一一断开,则可进一步缩小判别故障的区域,故障部位可被锁定在传感器和连接导线处这一很小的区域内。

例如,有的台站因遭受过雷击而自动站出现多处故障现象,这时,就宜于把自动站分拆成几个有独立功能的小系统,多个故障现象将被分散在几个小系统中,相对独立的因果关系使故障判别变得容易。

● "替代"原则

依据电原理进行分析,可大体上分析出故障部位,但没有得到证实。最简单而又可信的证实就是用好的组件"替代"坏的组件,此时故障现象就会消失。事实上,若故障现象消失,显示"替代"成功,表明分析判断正确,与此同时,维修也就成功了。

注意:"替代"时,必须切断电源,严禁带电操作。以免损坏自动站设备。

● 记录原则

要把自动站的故障现象、故障判别和维修过程、维修结果记录在案,这对台站积累经验非常有用。同时,还应反馈给制造商,制造商将据此而提高产品质量。

(3)故障分析和判断的基本方法

● "替代"的方法

依据电原理图,进行逻辑分析,确定故障部位。

用好的组件替代"坏"的组件,故障现象消失,则说明分析判断是正确的。

● 测量的方法

如果台站没有备用组件,此时,可用万用表测量电参数,分析判断出可能故障的组件,然后再联系有关部门进行维修。

测量电参数时,一般使用万用表,请注意万用表的"档"、"量程"和"极性"。还请注意,万用表的"测笔"较粗,操作稍有不当,单笔同时触及二个"点"时,便会导致印制板线路短路。

(4)故障分析和判断的基本步骤

若要进行一次全面的检查,故障分析和判断的基本步骤可按图 7-56 所示的流程进行。

2.用"替代"的方法判断故障

(1)传感器故障的判断和替代

当发生"气象测量要素性能下降"类故障时,自动站总呈正常工作状态,只是一个或多个气象要素测量数据超差,这类故障是容易判断的。

● 气压传感器故障的判断和替代

分析一段时间(如一周)内自动站测量的气压数据和人工测量的气压数据之差值,若差值较大,则疑气压传感器故障。

气压传感器安装在采集器机箱内,请按以下步骤装拆:

关闭总电源 → 拆下采集箱的上盖板上 4 只固定螺钉,卸下上盖板 → 拔去与气压传感器连接的插头 → 拆下固定气压传感器的 4 只螺钉 → 换上备件,上紧传感器 4 只固定螺钉 → 连接底板与传感器间的连接插头 → 盖好上盖板并作固定。

若自动站测量的气压值与人工测量的气压值一致了,则说明换下来的气压传感器"故障"了,反之,则可能是台站上的水银气压表"故障"了。

● 温度和湿度传感器故障的判断和替代

温度和湿度敏感元件装在同一只传感器中,即芬兰 Vaisala 公司制造的 HMP45D 湿度与温度探头。

分析一段时间(如一周)内自动站测量的温度数据和人工测量的温度数据之差值,若差值较大,则疑温度传感器故障。

分析一段时间(如一周)内自动站测量的湿度数据和人工测量的湿度数据之差值,若差值较大,则疑湿度传感器故障。

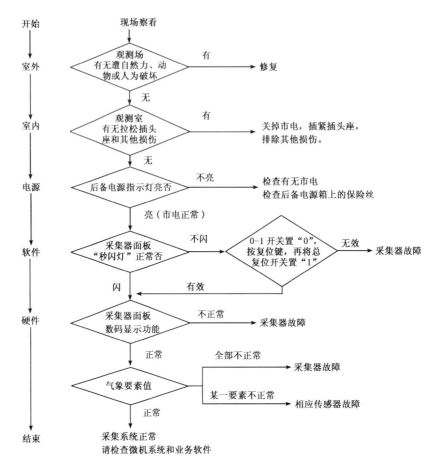

图 7-56　故障分析和判断的基本步骤

温湿度传感器安装在观测场的百叶箱内,用航空插头座与电缆接连,装拆时,脱开航空插头座,换上新的温湿度传感器即可。

台站水银温度表和通风干湿表测量的气温和相对湿度是比较可信的,若自动站测量的温湿度值与人工测量的温湿度值一致了,则说明换下来的温湿度传感器"故障"了,反之,则要进一步分析,可怀疑电缆或采集器故障等。

● 风传感器故障的判断和替代

自动站测量的风向值与人工测量的风向值有相符率的概念,一般情况下可达70%以上。若观测场的地形或周围的环境稍差,相符率低于70%也是有的。如果风向相符率很低甚至风向仅出现在圆周坐标的一部分区域内,则疑风向传感器故障。

自动站测量的风速值与人工测量的风速值之差值较大或起动风速明显变大,则疑风速传感器故障。

风向传感器与连接电缆、风速传感器与连接电缆均用航空插头座连接,台站使用塔式风杆时,需爬到风杆顶上去装拆,台站使用倒伏式风杆时,需把风杆倒下来后再装拆。

若自动站测量的风向、风速值与人工测量的风向、风速值一致了,则说明换下来的风传感器"故障"了,反之,则要进一步分析,可怀疑电缆或采集器故障等。

● 雨量传感器故障的判断和替代

分析一段时间内自动站测量的雨量数据和人工测量的雨量数据之差值,若差值较大,则疑雨量传感器故障。

更换雨量传感器时,一般可只更换装有三只翻斗的支架整体,而不更换底座和筒身。

若自动站测量的雨量值与人工测量的雨量值一致了,则说明换下来的雨量传感器"故障"了。注意,比对时,仍需在下了一定量的雨后再比对。反之,则要进一步分析,可怀疑电缆或采集器故障等。

检查电缆和采集器故障时,可把雨量筒接线柱上的两根导线拆下,在采集器通电的情况下,把两根导线的头碰接若干次,每碰接一次,示意下了 0.1 mm 的雨,在采集器前面板读出数码管的示值,示值正确,则采集器和电缆均无故障。

雨量传感器的精度较差,误差超过 4% 是常有的事,但可校正其准确度。

● 地温传感器故障的判断和替代

地温传感器由铂丝绕制而成,气温传感器用薄膜工艺制成,本公司制造的地温传感器,其准确度可高于气温传感器。但由于地面环境的特殊性,如平整程度、颗粒大小、松疏关系、干湿情况不同,特别在刚安装时,自动与人工测量相比,地温的一致性远不如气温的一致性好,零点几甚至 1～2℃ 的差值尚属正常。但是,自动站测量的地温值与人工测量的地温值随时间的变化曲线应当接近,阴雨天时,其间的差值应当比晴天小。

打开地温接线盒上盖,可见到如图 7-57 所示的印制板,右边一排接线柱接 4 只传感器,左边一排接线柱接与采集器连接的电缆。

印制板上右边的 A、B、C、D 表示一只传感器四线制接法的四根线。地表温传感器、浅层地温传感器、深层地温传感器所用的接线盒是一样的。举例说明:印制板上"地温传感器 3"表示该接线盒用于浅层地温测量时,这里接 15 cm 地温传感器;该接线盒用于深层地温测量时,这里接 160 cm 地温传感器。草面/雪面温度传感器对应印制板上"地温传感器 3",地表温传感器对应印制板上"地温传感器 2"。

印制板上左边的阿拉伯数字表示与采集器连接电缆插头座的编号。传感器与采集器间的电缆均选用航空插头座连接,脱开插头座,无论在插头一边还是插座一边,插脚的旁边总有一编号,这一编号与印制板上左边的阿拉伯数字是一致的。

松开接线柱上相应的螺钉,即可拆装地温传感器。

拆装地温传感器系野外作业,应注意防尘,导线接头和接线盒内不能被泥沙污染。

(2)采集器故障的判断和替代

当电源供电正常而自动站工作不正常时,应检查采集器有否故障。

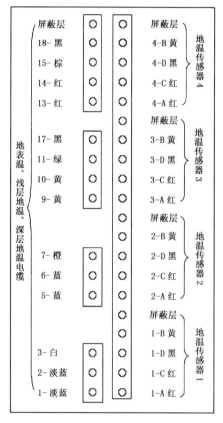

图 7-57　地温接线盒内部接线图

可见的采集器故障现象有:

· 前面板上的数码管不显示;

· 数码管旁边的"秒闪灯"不闪;

· 数码管显示乱码;

· 采集器与微机无法通信等。

判断采集器有否故障时,应先对采集器总清零,排除软件的故障。

通信有故障时,应先在微机上重新启动"自动气象站监控软件",接收正点数据时,多补收几次,即先检查"地面气象测报业务软件",再怀疑采集器的通信口故障。

判断采集器有否故障时,先宜把采集器与微机间的通信电缆断开。若采集器显示都正常,怀疑采集器与微机间通信故障时,才把通信电缆接上。

采集器与传感器、后备电源、微机的连接电缆的插头座都在后面板上,断电后,一一脱开即可。

(3)电源系统故障的判断和替代

电源正常供电是自动站正常工作的前提,电源故障会使自动站呈现不正常工作状态,因此,若自动站工作不正常时,应首先检查电源系统。

电源系统分二部分,一部分在后备电源箱中,主要为蓄电池及其充电电路以及市电的抗干扰电路;一部分在采集器中,主要为低压电源的产生和直流/直流变换电路。有市电时,采集器由市电供电;无市电时,采集器由蓄电池供电。

检查电源系统的故障宜用万用表,将在后面再讨论。

后备电源箱上的指示灯是市电指示灯,此灯灭,则可能无市电、可能指示灯坏、可能保险丝断。

要强调的是:电源插头座被拉松是常见的不是故障的故障,请予以特别关注。

有时,保险丝断,无市电了,指示灯也灭了,但值班员未发现。采集器由蓄电池供电,蓄电池的电也用完了,直至自动站呈现不正常状态才发现。应务必避免这种情况。

后备电源箱上有三根电缆,一根为市电电源的输入连接线,其余二根为向采集器供电的交流连接线和直流连接线,后备电源箱的"替代"是非常方便的。

3.用测量的方法判断故障

台站如果有备用组件,宜用"替代"的方法证实和排除故障。如果没有备用组件,则需用测量电参数的方法进行排查故障。

以下介绍用测量电参数的方法排查故障。

(1)电源系统的故障判断

电源正常供电是自动站正常工作的前提,因此,判断自动站故障时总是先检查电源系统有否故障。

● 故障判断流程

电源系统有两部分,一部分在后备电源箱中,一部分在采集器中。故障判断时,先检查一下后备电源箱的指示灯,再打开采集器机箱,测量电源印制板上的接线柱上的导电点,检查各点电压是否正常。如有必要,再打开后备电源的机箱,作进一步的检查。

电源系统的故障判断可参考图7-58:

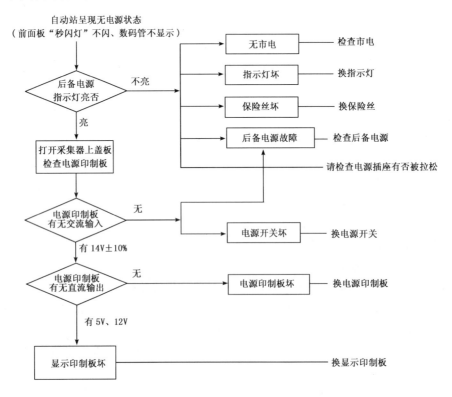

图 7-58 电源系统故障判断流程图

● 采集器内电源的故障判断

故障判断测量点在电源印制板的接线柱上,见图 7-10。用万用表测量接线柱上的电压,可检查采集器电源是否正常。

注意:测量交流用交流档,测量直流用直流挡,量程亦不能搞错。

● 后备电源的故障判断

以 ZQZ 电源为例,其电源箱内部结构见图 7-43。

测量后备电源时,请把充电印制板与蓄电池的连线脱开,并注意绝缘。

注意:测量在通电情况下进行,请注意安全。

在带通滤波器上,可测量市电是否正常。

在蓄电池上,可测量蓄电池电压是否正常。

在充电印制板的接线柱上,3、4 脚为充电印制板的交流输入,来自于充电变压器副边;2、8 脚为充电印制板的直流输出,与蓄电池相接,14 V 多一点。

如果充电印制板的输出不正常,请更换充电印制板。

（2）传感器的故障判断

● 故障判断的测量点

传感器故障判断的测量点都在主板印制板上,请见图 7-9 中接插件 1XP1 和 1XP2 的引脚定义。

● 温度传感器的故障判断

此时,测量的是温度传感器的电阻,请关断采集器的电源,用万用表的电阻挡测量。

以测量 5 cm 地温为例:四根导线的代号是 a_7、b、c_7、d_7,由图 7-22 温度传感器四线制接法可知:

电阻 a_7、b＝导线 a_7 的电阻＋温度传感器的电阻＋导线 b 的电阻,在主板接插件 1XP1 的第 8 脚和第 31 脚间测量。

电阻 c_7、d_7＝导线 c_7 的电阻＋温度传感器的电阻＋导线 d_7 的电阻,在主板接插件 1XP2 的第 15 脚和主板接插件 1XP1 的第 22 脚间测量。

电阻 a_7、c_7＝导线 a_7 的电阻＋导线 c_7 的电阻

电阻 b、d_7＝导线 b 的电阻＋导线 d_7 的电阻

以上阻值约在 80Ω 至 150Ω 间,其中 100 m 导线的电阻约在 10Ω 左右。

测量电阻只能测出温度传感器有否断路,无法测出温度传感器有否"漂移"。

● 湿度传感器的故障判断

此时,测量的是湿度传感器的信号电压,属在线测量。用万用表直流挡在主板接插件 1XP1 的第 32 脚与主板下方的金属安装板（以下简称底板）间测量。

所有的地线都汇总在底板上。

与湿度 0～100％RH 相对应的湿度信号电压为 0～1 V。

● 风向传感器的故障判断

此时,测量的是风向传感器的信号电平,属在线测量。用万用表直流挡分别在主板接插件 1XP2 的第 23、24、25、26、27、28、29 脚与底板间测量。

风向传感器的测量必须两人完成,一个人在风杆上慢慢转动风向传感器,另一个人用万用表测量。请注意安全。

可看到万用表电压示值在跳动,高电平大于 3.5 V,低电平小于 1.5 V。

测量某一脚与底板间的电平,若风向传感器转动一周后仍无跳动现象,则疑为该位或该位的连接导线故障。

● 风速传感器的故障判断

此时,测量的是风速传感器的信号脉冲,属在线测量。用万用表直流挡在主板接插件 1XP2 的第 32 脚与底板间测量。

风速传感器的测量必须两人完成,一个人在风杆上慢慢转动风速传感器,另一个人用万用表测量。请注意安全。

风速传感器正常时可看到万用表电压示值在频繁跳动。

用万用表只能测出风速传感器及其导线有否断路,无法测出风速传感器的准确度。

● 雨量传感器的故障判断

拆除雨量传感器筒身,脱开接线柱上的导线,用万用表的电阻挡测量接线柱,翻转计数翻斗,每翻转一次,万用表通断一次。若万用表也随之通断一次,说明干簧管工作正常,否则可判断为干簧管故障。

● 气压传感器的故障判断

气压传感器已经智能化,可方便地将其与微机连接,参照《PTB220 Series Digital Barometers User's Guide》中 CHAPTER7 ADJUSTMENT AND CALIBRATION 的说明进行检查。

(3)恒压源的故障判断

在采集器主板上有一恒压源 MC1403,此恒压源涉及温湿度测量正常与否,应测量其电压是否正常。

恒压源的测量部位如图 7-59 所示:

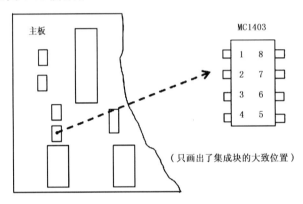

图 7-59 恒压源测量点

上图中,MC1403 的第 4 脚为地,第 2 脚的输出为 2.5V。

(4)用 ZQZ-JC 型气象要素信号发生器判断采集器的故障

ZQZ-JC 型气象要素信号发生器(以下简称信号发生器),由江苏省无线电科学研究所有限公司制造,是一种专门模拟各种常用气象要素传感器,如气压、风向、风速、降水、温度(气温、地温)和湿度等传感器输出信号的仪器。见图 7-60。

把信号发生器设定的模拟传感器输出信号输入自动气象站采集器,正常情况下自动气象站采集器显示的测量值应与信号发生器的设定值一致,否则自动气象站采集器可能存在故障。

● 信号发生器的工作原理

信号发生器主要由单片微处理器和显示、操作键等外围电路组成。组成框图如图 7-61 所示。

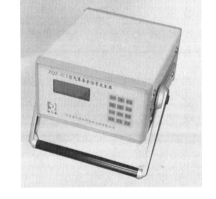

图 7-60 ZQZ-JC1 型气象要素信号发生器

液晶显示器显示选定气象要素的设定输出信号值,出厂时各气象要素默认的初始值除气压为 1000.0 hPa 外,其余均为 0。

12 个操作键用于选定气象要素和修改该气象要素输出信号值,当选定某一气象要素时,该键左上角部位的指示灯亮。

信号发生器各要素的输出信号分别通过后面板的 7 个插座输出,仪器工作时输出口一直保持输出状态。

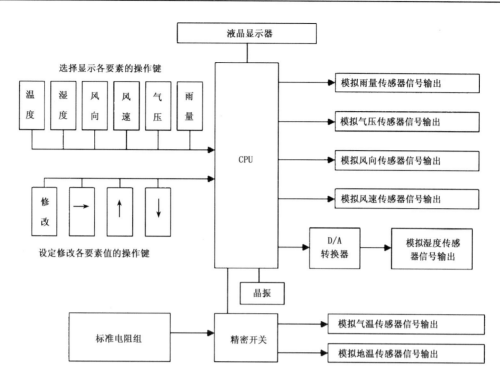

图 7-61　信号发生器结构框图

信号发生器模拟风速传感器的输出信号是一定频率的脉冲信号,其频率与风速成正比:V(m/s)＝0.1F(Hz)。频率范围:0～600 Hz(TTL 电平),最大误差±1 Hz;对应风速为 0～60.0 m/s 时,最大误差±0.1 m/s。

信号发生器模拟风向传感器的输出信号是按照长春气象仪器研究所"EC9-1 型高动态性能测风传感器"的并行 7 位格雷码输出信号格式编写的。

信号发生器模拟气压传感器的输出信号是一个通过 RS232 口输出的数据信号,数据格式与芬兰 Vaisala 公司的 PTB220 气压计的数据输出格式完全相同,同时也兼容山西太行航空仪表有限公司的 ZGⅡ型气压传感器。

信号发生器模拟雨量传感器的输出信号是一系列脉冲信号,脉冲数与雨量成正比,每个脉冲代表 0.1 mm 雨量。每分钟输出脉冲数:0～40 个,最大误差±1 个;对应每分钟雨量为 0～4.0 mm,最大误差±0.1 mm。

信号发生器模拟湿度传感器的输出信号是一个幅度在 50～1000 mV 间的直流电压信号,最大误差±1 mV。对应的相对湿度为 5％～100.0％,最大误差±0.1％。

信号发生器模拟温度传感器(包括气温、地温)用了八个精密电阻,分别代表 Pt100 铂电阻在 0℃,＋10℃,＋30℃,＋50℃,＋80℃和 －10℃,－30℃,－50℃八个温度点的电阻值。相应的选择电路将某一个精密电阻与采集器的"多路信号选择电路"输入端相接,例如,100Ω 精密铂电阻的四根导线与"多路信号选择电路"的 a_7、b、c_7、d_7 端相接,自动站采集器前面板的数码管应显示 5 cm 地温,单位为℃。

所有的气象要素模拟输出信号,均经过专门的误差分析和误差分配,使输出信号最大误差符合检定采集器的准确度要求。

适用的气象传感器型号规格见表 7-4。

● 信号发生器的技术性能

工作温度:0～＋40℃

相对湿度:≤90％

电源:220V AC

功耗:<2.5 W

表 7-4 主要技术参数

气象要素	设定范围	分辨力	最大误差	适用传感器
气压	500.0～1100.0 hPa（连续可设）	0.1 hPa	无附加误差	PTB220；ZGⅡ型或同类
风向	0～360°（连续可设）	1°	无附加误差	EC9-1 或 ZQZ-TF
风速	0～60.0 m/s（连续可设）	0.1 m/s	±0.1 m/s	EC9-1 或 ZQZ-TF
相对湿度	5.0%～100.0%（连续可设）	0.1%	±0.1%	HMP45D 或同类
雨量	0～4.0 mm/min（连续可设）	0.1 mm	±0.1 mm/min	SL3-1 型或同类
温度	−50℃，−30℃，−10℃，0℃，10℃，30℃，50℃，80℃（八个点）	0.1℃	±0.1℃	Pt100 铂电阻

● 信号发生器的使用方法

· 将信号发生器的信号输出口通过电缆连接到被测仪器的对应输入口,如图 7-62 所示。连接时注意电缆插座上的文字标识,以免插错。

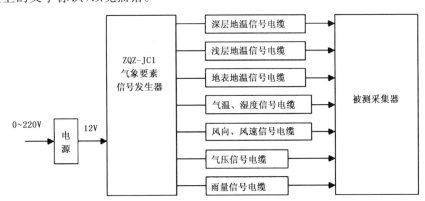

图 7-62 信号发生器连接示意图

· 先打开被测采集器的电源,采集器正常工作后再打开信号发生器电源。测试完成后,先关信号发生器电源,再关采集器电源。

· 测试过程:信号发生器上电后,默认的各气象要素输出初始值为:气压 1000.0 hPa,湿度、风向、风速、雨量、气温和地温均为 0,此时按设定键无效,按一下某选择键时,其键左上角部位的指示灯亮,可令液晶显示器显示相应的气象要素输出的数值。并可结合"修改"、"⇨"、"⇧"、"⇩"四个设定修改键对显示的数值进行更改,也即更改了输出数据。

在显示状态下,若持续 5 min 没有任何按键操作,则进入黑屏状态。

当某要素设定值超出设定范围时,该要素对应键左上角部位的指示灯闪烁,提醒您该要素设定值超范围。

下面以湿度为例,说明操作过程。

按一下"湿度"键,键左上角部位指示灯亮,液晶显示器显示当前湿度信号输出值,单位为"%RH",显示格式为 RRR. R。

按一下"修改"键,液晶显示器上数值的第一位闪烁,该位即为当前被修改位。若需修改,则通过"⇧"或"⇩"键来调整到所需要的数字。按一下"⇨"键,闪烁位右移,移到要修改的数字位。若需修改同样通过"⇧"或"⇩"键来调整到需要的数字,依此类推,当所需设定值完成后,再按一次"修改"键予以确认,至此设定完成,信号发生器"湿度"输出值为设定值。

正常情况下,自动站采集器数码管显示的湿度值应与它相同或接近。

一个湿度点设定值测试完后,通过上述修改和确认顺序,可进行另一个湿度点的设定和测试。

其他几个要素设定值的显示格式如下:

风向: DDD 单位为°。

风速: SS.S 单位为 m/s。

气压: PPPP.P 单位为 hPa。

雨量: R.R 单位为 mm。

温度: TTT.T 单位为℃。

"温度"设定值修改时,只需用"⇧""⇩"键循环选择即可。

"雨量"信号输出为每分钟雨量值,由于采集器和信号发生器时序不完全相同,因此在信号发生器雨量值修改设定的当前一分钟内,采集器显示的该分钟雨量并不等于设定值,但采集器在修改确认后下一分钟采集的雨量应等于设定值(注意:采集器显示的是累积雨量)。

当"雨量"值修改并设定为"0"时,按"雨量"键为手动控制输出脉冲信号,即按一下输出一个脉冲信号。

4. 疑难故障判断示例

(1)示例一:通信不正常。见图 7-63。

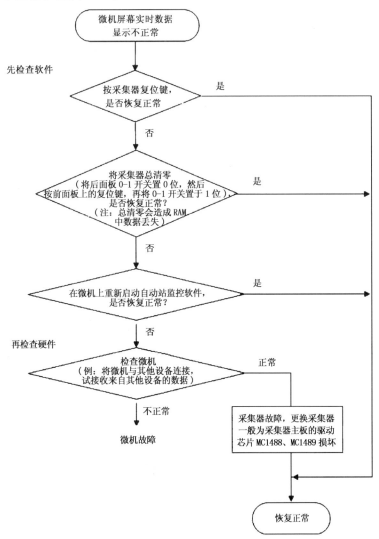

图 7-63 通信故障判断流程图

（2）示例二：采集器运行指示灯（秒闪灯）不闪。见图 7-64。

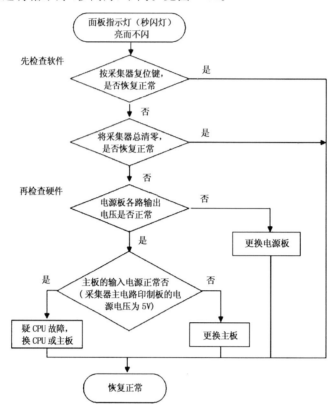

图 7-64　采集器运行指示灯故障判断流程图

（3）示例三：蜂鸣器常鸣。见图 7-65。

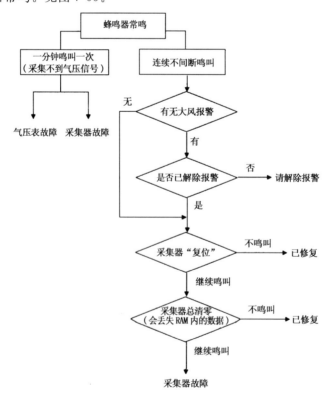

图 7-65　蜂鸣器常鸣故障判断流程图

五、常见故障现象及分析排除

表 7-5　常见故障及排除方法

序号	现象	可能的原因	排除方法
1	风速值偏小	・风速传感器内部轴承脏或磨损。	・清洗或更换风速传感器
2	风速值总为 0	・风速传感器内部轴承脏或磨损,致使起动风速变大,风较小时不转动。 ・传感器损坏(例如被雷击)。 ・电缆损坏(信号电缆或横臂中电缆)。 ・采集器主板上风速信号电路损坏。 ・冬季风速传感器被雨凇、雾凇冻住。	・清洗或更换风速传感器。 ・检修或更换风速传感器。 ・检修或更换电缆。 ・检修或更换主板。 ・清理雨凇或雾凇。
3	风向值不正确	・风向传感器中一路或几路光电电路损坏。 ・电缆损坏。	・检修或更换风向传感器。 ・检修或更换电缆。
4	温度/地温显示缺测或低于−40℃	・传感器损坏。 ・信号电缆损坏。	・更换温度传感器。 ・检修或更换电缆。
5	湿度总是显示 90% 以上或 100%,有时显示缺测	・湿度传感器处于连续高湿状态下,引起失效(常出现在大雾后,传感器保护罩内水汽较大,甚至结露)。 ・湿度传感器故障。	・启用备份传感器;将换下的传感器保护罩拆下,吹干。 ・更换温湿度传感器。
6	雨量值偏小	・雨量传感器漏斗、翻斗或滤网堵塞。	・清洗。
7	下雨时雨量值总为 0	・雨量传感器漏斗、翻斗堵塞,或被蜘蛛结网挂住。 ・干簧管损坏。 ・雨量信号电缆损坏。 ・采集器主板雨量信号电路损坏。	・清洗。 ・更换干簧管。 ・检修或更换电缆。 ・检修或更换主板。
8	海平面气压不对	・采集器内的气压传感器海拔高度设置不正确。	・重新设置(在自动气象站监控软件中,打开"自动站维护"—"采集器终端"菜单,输入"PLEVEL n"命令,n 以分米(0.1m)为单位,不带小数点,如气压传感器海拔高度为 15.5 米,则输入"PLEVEL 155"并回车)。
9	气压显示缺测,蜂鸣器鸣叫	・市电停电或采集器保险丝断,后备电源中蓄电池过放电。(这种情况下,往往湿度也是不正常的。) ・气压传感器故障。 ・采集器主板中气压信号电路故障。	・更换保险丝或采取其他补救措施。 ・更换气压传感器。 ・检修或更换主板。
10	市电停电后,后备电源不起作用或供电时间很短	・后备电源箱保险丝断,使有市电时未能对蓄电池进行充电。 ・后备电源箱充电电路损坏。 ・后备电源箱蓄电池损坏,充不进电。	・更换保险丝。 ・更换充电板。 ・更换蓄电池。
11	微机与采集器通信失败	・通信电缆未插紧。 ・软件原因。 ・软件参数设置不正确。 ・电脑串口故障。 ・采集器主板故障。	・检查并插紧通信电缆。 ・重新启动自动站监控软件。 ・重新设置参数(在自动气象站监控软件中,打开"自动站维护"—"自动站参数设置"—"基本参数"菜单,在"自动站驱动程序"选项中选"ZQZ-CⅡB.DRV",在"端口设置"选项中选"9600,N,8,1,无")。 注:早期的自动站中应选"ZQZ-CⅡ.DRV"和"4800,N,8,1,无"。 ・换另一个串口或换一台电脑试一下。 ・检修或更换主板。

第七节 早期 ZQZ-CⅡ型自动气象站的改造

一、新、旧规格 ZQZ-CⅡ型自动气象站的区别

早期的 ZQZ-CII 型自动气象站是按 1987 版《地面气象观测规范》和数据文件格式设计的,目前生产的自动气象站则符合 2003 版《地面气象观测规范》和新的数据文件格式。新、旧规格 ZQZ-CII 型自动气象站的主要区别见表 7-6。

表 7-6　新、旧规格自动气象站的主要区别

项目	旧规格自动气象站	新规格自动气象站
型号及名称	ZQZ-CⅡ型自动气象站	ZQZ-CⅡ1 型自动气象站
资料存贮	只保存正点定时资料	除保存正点定时资料外,还保存逐分钟的气温、风向、风速、雨量、湿度和气压。
地表温测量	用 4 个传感器	用 1 个传感器
草面/雪面温度测量	不支持	支持,用 1 支传感器
串口通信参数	4800,N,8,1	9600,N,8,1
自动站驱动程序	ZQZ-CII. DRV	ZQZ-CIIB. DRV

二、早期 ZQZ-CⅡ型自动气象站的改造方法

早期的 ZQZ-CII 型自动气象站通过更换数据采集器主板等改造工作,就可以升级为新规格自动气象站。改造时,需要自动站生产厂家提供新的主板和草面/雪面温度传感器支架。

具体改造方法和操作步骤如下:

1. 数据采集器的改造

(1)关掉采集器电源,拆下机箱上盖板;

(2)拆除原主板,将新主板安装在原主板安装位置,安装时将主板与采集器上的插头座(1XP1 和 1XP2)对准后均衡用力插上,然后用螺钉紧固;将主板上与电源板、显示板连接的电缆连接好;

(3)盖好机箱的上盖板;

(4)将采集器后面板上的 0—1 开关拨在"0"位置,然后接通采集器电源开关,采集器正常运行后,将 0—1 开关拨到"1"位置;

(5)通过采集器前面板上的按键将日期和时间设置好;

(6)在微机上启动"自动气象站监控软件";

(7)打开监控软件主菜单"系统参数"下的"选项"下拉菜单,在"运行设置"中将数据采集选项打"√",数据备份打"√",时间同步频率选"5";

(8)在监控软件主菜单"自动站维护"下拉菜单"自动站参数设置"下:"基本参数"选取驱动程序 ZQZ-CⅡB. DRV,"端口设置"选用户使用的端口号,波特率:9600bit,奇偶校验位:N(无),数据位:8,停止位:1,控制位:无。

注意:请务必先通过采集器面板设置好日期时间后再启动自动站监控软件。

2. 地表温和草面/雪面温度传感器的改造

(1)打开地表温传感器接线盒,拆下地表 1 和地表 4 二个地表温传感器的信号电缆。

（2）从地表温传感器支架上取下地表 1、地表 3、地表 4 三个地表温传感器。

（3）将地表 3 地表温传感器安装在草面/雪面温度传感器支架上（安装位置见第六节相关内容）。地表 1、地表 4 二个地表温传感器则不再使用，用户可留作备份，供以后维修时更换使用。

改造后，地表温和草面/雪面温度可以在数据采集器前面板上按地温键读出，其中："地温 000"即地表温，"地温 001"即草面/雪面温度。

第八章

ZQZ-A 型自动气象站的使用和维护

ZQZ-A 型自动气象站是江苏省无线电科学研究所有限公司生产的中小尺度自动气象站产品。该自动气象站适用于我国新一代综合气象观测系统中组成区域天气观测网的区域天气观测站,广泛用于对地面中小尺度灾害性天气的组网监测。

图 8-1 是典型的地面中小尺度自动气象站组网系统拓扑图。系统由四部分组成:各种自动气象站组成的监测子系统、通信子系统、中心站(包括采集软件、数据库和业务应用软件等)、信息发布子系统。

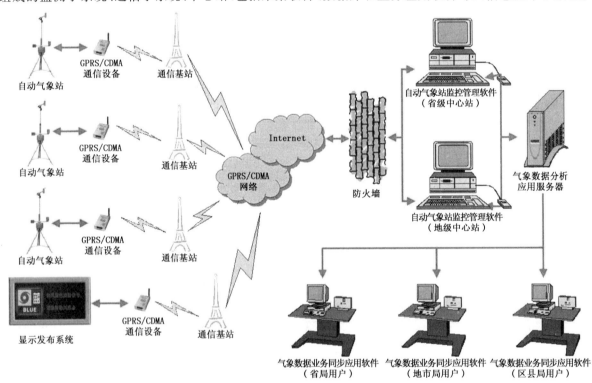

图 8-1　地面中小尺度自动气象站组网系统拓扑图

目前系统组网所用的通信技术主要采用无线 GPRS/CDMA 1X 技术。在没有无线 GPRS/CDMA 1X 网络的地方可以采用卫星 DCP 平台,在少数站点,也可以采用或兼容有线通信方式,如 RS232/RS485、CAN、PSTN 等。

中心站主要负责数据的收集、数据质量检查、自动站状态监控管理、数据库管理、业务应用产品的生成等。

信息发布平台主要通过 GSM(SMS 短信)/GPRS/CDMA 1X 无线网络和 Internet 发布各种预警信息和监控管理信息。

系统中的自动气象站以 ZQZ-A 型自动气象站为主,同时兼容江苏省无线电科学研究所有限公司生产的其他产品或其他厂家的产品。

下面着重介绍 ZQZ-A 型自动气象站。

第一节　基本性能和结构

一、产品特点

ZQZ-A 型自动气象站是适用于野外无人值守环境、全天候、全自动化运行的系列化中小尺度自动气象站,可以根据观测要素的多少分为多种规格,如:单要素站(单雨量站)、二要素站(温雨站、测风站)、四要素站(温度、雨量、风向、风速),也可以根据用户需求添加湿度、气压等其他要素组成多要素站。见图 8-2。

a. 单雨量站实物效果图

b. 自动温雨站实物效果图

c. 自动测风站实物效果图

d. 多要素自动站实物效果图

图 8-2　ZQZ-A 系列自动站气象站(太阳能供电)

ZQZ-A 型自动气象站具有以下特点:

· 全自动、野外工作,工作环境温度范围宽
· 微功耗,采集器功耗仅 0.4W
· 支持交流供电,更适合太阳能供电
· 支持多种通信方式:无线有 GSM(SMS)/GPRS/CDMA 1X,卫星 DCP;各种有线通信方式
· 大容量数据存储

· 模块化设计,易于安装和维护

二、主要功能

ZQZ-A 型自动气象站具有以下基本功能:

1. 数据采集

按照《地面气象观测规范》规定的采集速率对经过信号调整处理后的传感器信号进行扫描采样,对模拟信号进行 A/D 转换并计算,对数字量信号进行采样处理,完成各气象要素的数据采集。

2. 数据处理

对上述采集的原始数据按相关规范进行数据质量检查和计算,得到相应的符合要求的测量数据和各种监控信息。

3. 数据存贮

按规定格式进行数据存贮。

4. 数据传输

根据选定的通信方式和通信模块,用相应的通信协议实现与中心站的数据传输和命令交互。

三、主要技术性能

1. 测量性能

ZQZ-A 型自动气象站的主要测量性能见表 8-1。

表 8-1 ZQZ-A 型自动气象站的主要测量性能

要素	测量范围	分辨率	准确度	采样速率	计算平均时间
风向	0～360°	2.8°	±5°	6 次/分	3 s,2 min,10 min
风速	0～75 m/s	0.1 m/s	±(0.3+0.03V)m/s	6 次/分	3 s,2 min,10 min
气温	−50～+50℃	0.1℃	±0.2℃	6 次/分	1 min
湿度	0～100%RH	1%RH	±5%RH(>80%RH 时) ±3%RH(≤80%RH 时)	6 次/分	1 min
雨量	0～999.9 mm 雨强 0～4 mm/min	0.1 mm	±0.4 mm(≤10 mm 时) ±4%(>10 mm 时)	有雨即采	累计
气压	550～1060 hPa	0.1 hPa	±0.3 hPa	6 次/分	1 min

2. 其他技术指标

环境条件:温度:−40～+50℃

湿度:0～100%RH

电源电压:交流:额定电压 220V±20%

直流:额定电压+12 V

采集器时钟精度:月累计误差≤15 s

采集器(不含传感器)功耗:0.4 W

整机(含传感器、采集器、GPRS 通信模块)平均功耗:

二要素以下:0.6 W

四要素:0.7 W

六要素:1 W

采集器数据存贮容量:可存贮一个月的正点数据及 7 天以上的加密数据。

耐连续阴雨天数:太阳能供电的自动站,耐连续阴雨天数可由用户指定,用户未指定时由厂家按用户所在地气候特征分别按 15 天、10 天或 7 天选定。

四、设备组成

ZQZ-A 型自动气象站由数据采集器、传感器、通信模块、电源和安装结构件等组成,见图 8-3。

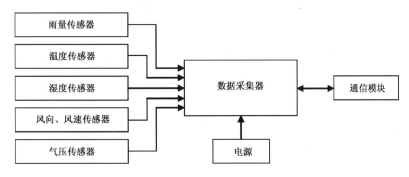

图 8-3　设备组成原理图

五、输入输出接口

1.数据采集口

根据气象要素传感器输出信号的不同,ZQZ-A 型自动气象站的数据采集口可分为数字量采集口、模拟量采集口和智能传感器接口。

风向、风速和雨量的输出信号为数字量。其中风向信号为 7 位格雷码,风速和雨量传感器则输出脉冲信号。

湿度和温度传感器的输出信号为模拟量。其中温度通过铂电阻阻值的大小来反映,湿度传感器则输出 0~1 V 的直流电压(对应 0~100％RH)。

气压传感器已智能化,其自身带有 RS-232C 串行通信口,可直接通过串行通信口读取气压值。

2.通信接口

通信接口为标准 RS-232C 串行通信口。通过该串行通信口,可与计算机实现直接电缆连接以进行本地终端通信,通信参数为:4800,e,8,1(即:速率 4800 bps,偶校验,8 位数据位,1 位停止位)。

用于本地终端通信的电缆两端均为孔式 9 芯串口插头,其接线图见图 8-4。

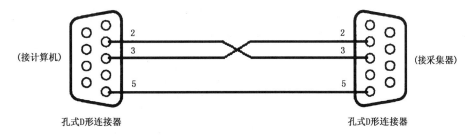

图 8-4　本地终端通信电缆接线图

ZQZ-A 型自动气象站通过串口外接 GPRS/CDMA 无线通信模块等,可以实现远程通信及组网。如果需要,GPRS 无线通信模块还可以实现多通道通信,即自动站数据可以同时发往多个不同的中心站(需对 GPRS 无线通信模块进行特定的参数设置)。

海岛和少数边远地区若不在 GPRS/CDMA 1X 网络覆盖范围内,也可以通过卫星 DCP 平台进行数据传输。

需要时,也可以通过有线方式实现数据传输,如 RS-485、CAN、PSTN 等。其中 1 km 以内可选用 RS-485,5 km 以内可选用 CAN。

3.电源接口

ZQZ-A 型自动气象站有交流和太阳能两种供电方式。采用交流供电时,提供了 220 V 市电接口;采用太阳能供电时,提供太阳能电源接口。

第二节 传感器

ZQZ-A 型自动气象站的气象要素传感器包括风向、风速、温度、湿度、气压和雨量等。

一、传感器选型

表 8-2 传感器选型

气象要素	传感器型号、名称	生产厂家
风向	ZQZ-TF 型测风传感器	江苏省无线电科学研究所有限公司
风速	ZQZ-TF 型测风传感器	江苏省无线电科学研究所有限公司
温度	ZQZ-TW2 温度传感器	江苏省无线电科学研究所有限公司
	HMP45D 湿度与温度探测器	芬兰 Vaisala 公司
相对湿度	HMP45D 湿度与温度探测器	芬兰 Vaisala 公司
雨量	SL3-1 型遥测雨量传感器	上海气象仪器厂
气压	PTB220 系列数字气压表	芬兰 Vaisala 公司
	GQY-1D 型数字式智能气压传感	北京力龙威华测控技术有限公司

二、传感器使用

1. 风传感器

风向传感器和风速传感器一般安装在风传感器支架(也称为横臂)上使用。

风向传感器与横臂的电气连接为 12 芯插头座,风速传感器与横臂的电气连接为 7 芯插头座,这两个传感器的电源和信号线最终在横臂上汇总到一个 12 芯插座上,并通过 12 芯屏蔽信号电缆与数据采集器相连接。

数据采集器的风传感器信号接口处已标有信号电缆的芯线颜色,安装时按颜色将信号电缆连接到相应的接线端子上即可。风传感器信号电缆芯线定义见图 8-5。

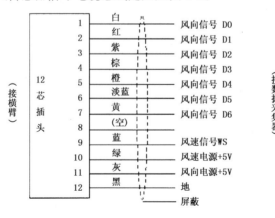

图 8-5 测风传感器信号电缆芯线定义

2. 温度传感器

需测量温度而不需测湿度时,选用 ZQZ-TW2 型温度传感器;既测温度又测湿度时,选用 HMP45D

传感器。无论是 ZQZ-TW2 型还是 HMP45D 型,感温元件均为 Pt100 铂电阻。为提高温度测量精度,有效消除传感器引线电阻引起的测量误差,温度传感器一般采用四线制接法,见图 8-6(a)。

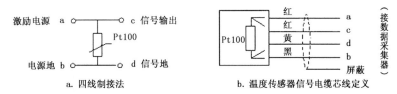

a. 四线制接法　　　　　　b. 温度传感器信号电缆芯线定义

图 8-6　温度传感器四线制接线图

温度传感器安装在防辐射罩(百叶箱)内使用。

数据采集器的温度传感器信号接口处已标有信号电缆的芯线颜色,安装时按颜色将温度传感器信号电缆连接到相应的接线端子上即可。ZQZ-TW2 温度传感器信号电缆为 4 芯屏蔽电缆,其芯线定义见图 8-6(b);HMP45D 型传感器信号电缆芯线定义见图 8-7。

3.湿度传感器

温湿度传感器与采集器之间用一根 8 芯屏蔽电缆相连,其中 4 芯为温度传感器铂电阻四线制引线,另 4 芯分别为湿度传感器的电源、电源地、信号输出、信号地。

数据采集器的温湿度传感器信号接口处已标有信号电缆的芯线颜色,安装时按颜色将温湿度传感器信号电缆连接到相应的接线端子上即可。温湿度传感器信号电缆芯线定义见图 8-7。

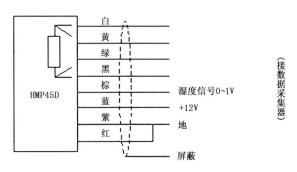

图 8-7　温湿度传感器信号电缆芯线定义

4.雨量传感器

雨量传感器和数据采集器之间用二芯屏蔽信号电缆连接,见图 8-8。

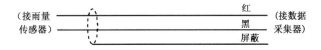

图 8-8　雨量传感器信号电缆接线图

5.气压传感器

气压传感器是智能化的传感器,通过 RS-232 串行通信口输出气压值。气压传感器的通信参数为:波特率 2400 bps、无校验、数据位 8、停止位 1。

气压传感器一般出厂时已安装在采集箱内,可直接使用。

第三节　数据采集器

数据采集器也称为主控器,是自动站的核心,其主要功能是数据采集、数据处理、数据存储和数据传输。ZQZ-A 型自动气象站的数据采集器是一款微功耗设计、高度集成化、模块化的微型单片机嵌入式系统,具有体积小、集成度高、功耗低、可靠性高等优点。其系统组成见图 8-9,实物图见图 8-10。

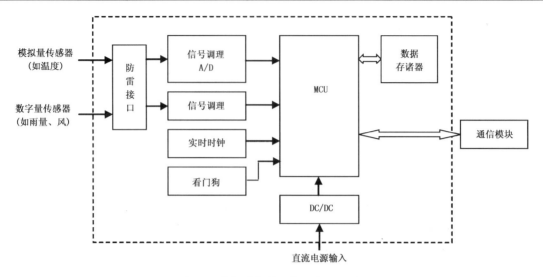

图 8-9　数据采集器系统组成原理图

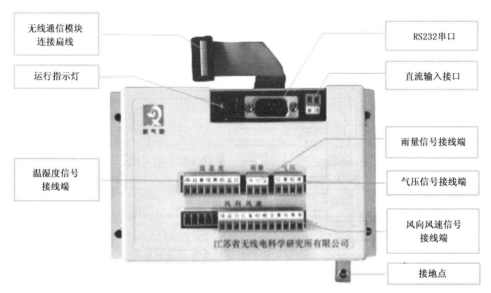

图 8-10　数据采集器实物图

　　MCU 是采集器的心脏部分,ZQZ-A 型数据采集器采用 ARM 系列的 32 位 MCU 来构建硬件平台,外部扩展了程序存贮器、数据存贮器、可编程定时计数器、可编程通信接口等。采集器的实时数据采集控制、数据的计算处理、计算参数的修正、数据质量控制、数据的存贮、与外部的数据通信以及系统的自检、故障诊断等均由 MCU 来控制完成。

　　数据采集器是一个具有多个数据通道的连续测量系统,需对多个气象要素传感器进行控制、数据采集和数据计算处理,它们的计算方法、采集和计算的时间间隔各不相同,另外,它还需要和外部通信,执行各种通信命令,这些操作均需并行执行、互不干扰、互相协调。为此,采集器软件采用一个实时多任务操作系统(RTOS)来实现多种复杂的控制、管理和处理功能。

第四节　电　源

　　ZQZ-A 型自动气象站既可以使用交流供电,也可以使用太阳能供电。

　　鉴于 ZQZ-A 型自动气象站的微功耗特性,除少数气候特征不适合太阳能使用的地域或自动站安装点环境有限制的场合外,一般建议用户选用性价比较高的太阳能供电方式。

一、交流供电方式

交流供电方式原理见图 8-11。其中交流输入额定电压为 220 V,开关电源输出为 13.8 V。

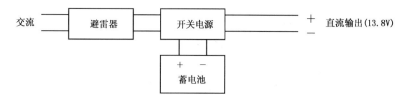

图 8-11　交流供电方式

二、太阳能供电方式

太阳能供电方式原理见图 8-12。太阳能电池板和蓄电池的规格根据耐连续阴雨天数指标进行配置。

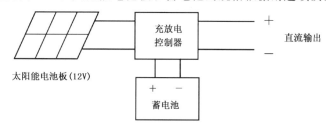

图 8-12　太阳能供电方式

三、太阳能电池及充放电控制器

太阳能电池是把光能直接转换成电能的一种半导体器件。太阳能电源具有许多优点,如安全可靠,无噪音,无污染;能量随处可得,无需消耗燃料;无机械转动部件,维护简便,使用寿命长;可以无人值守,也无需架设输电线路;用于自动气象站,防雷性能优于交流电。

太阳能充放电控制器主要功能是对蓄电池进行过充电保护和过放电保护,可避免来自太阳能电池板的电能对蓄电池的过度充电;当负载运行造成蓄电池深度放电时,会自动切断负载以保护蓄电池。

蓄电池低电压切断功能(深度放电保护)是通过电压控制的,当蓄电池的电压达到 11.5 V 时,控制器切断负载输出。

1.控制器的连接

见图 8-13。

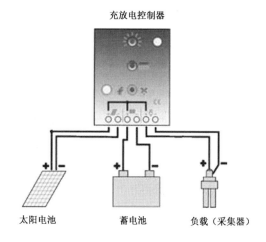

图 8-13　太阳能充放电控制器的连接

2.控制器的显示

控制器配有 LED 指示灯,显示控制器的运行状态,同时还有声音报警信号。见图 8-14。正常运行状态下,控制器显示太阳能电池板的充电状态,显示蓄电池电压状态,还包括负载输出的状态。

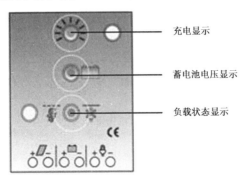

图 8-14　太阳能充放电控制器状态指示灯

充电显示
蓄电池电压显示
负载状态显示

（1）充电显示

充电显示灯亮表示太阳能电池正在对蓄电池进行充电,灯灭表示不充电。见图 8-15。

太阳能电池板供电(LED灯亮)　　　　　　　　　太阳能电池板不供电(LED灯不亮)

图 8-15　太阳能充放电控制器充电显示

（2）蓄电池电压显示

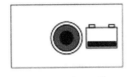　　　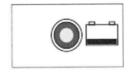　　　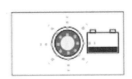

蓄电池电压正常　　　　　蓄电池电压低　　　　　蓄电池电压很低
（LED不亮）　　　　　　　（LED亮）　　　　　　　（LED闪烁）

图 8-16　太阳能充放电控制器的蓄电池电压状态显示

（3）负载状态显示

如果发生深度放电、负载短路或过载,控制器的负载输出将关闭。相应的指示信息见图 8-17。

正常运行(LED灯不亮)　　　　深度放电保护(LED灯亮)　　　　过载或短路(LED灯闪烁)

图 8-17　太阳能充放电控制器负载状态显示

3.控制器故障描述

见表 8-3。

表 8-3　太阳能充放电控制器故障描述

故障	控制器显示	原因	排除
控制器负载端无输出	LED 灯亮	蓄电池没有电	当蓄电池电压充到 12.5 V 时,负载端将自动重新连接
	LED 灯闪烁	负载过流或短路	关闭负载,排除故障,控制器会在最多一分钟内重新接通负载
蓄电池工作一会儿就没电了	LED 灯亮	蓄电池老化,容量低	更换蓄电池
蓄电池白天不充电	LED 灯不亮	太阳能电池板安装不良,或极性接反	排除安装不良及极性接反等故障

第五节　通信模块

　　ZQZ-A 型自动气象站采用 GPRS DTU 或 CDMA DTU 构建全透明传输、永远在线的无线数字数据专用网络。DTU——数据终端单元(Data Terminal Unit),本文中我们称为无线通信模块或简称为模块,属智能型数据通信终端,安装设置完成后,连接到数据采集器上即可使用,正常运行时无需用户介入。

　　使用模块进行无线通信时,需要给模块装上天线和 SIM 卡/UIM 卡。见图 8-18、图 8-19。

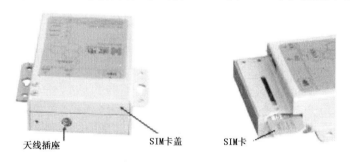

天线插座　　　　　SIM 卡盖　　　　SIM 卡

图 8-18　GPRS 模块

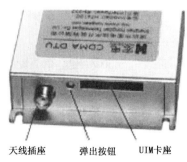

天线插座　　弹出按钮　　UIM 卡座

图 8-19　CDMA 模块

在 ZQZ-A 型自动气象站中,模块通过连接扁线与采集器串口相连接。扁线中包含模块电源线,插上扁线就可同时给模块接通电源。

模块面板上提供 3 个状态指示灯,见图 8-20。

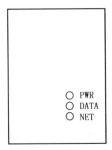

图 8-20　通信模块指示灯

a. GPRS 模块工作状态指示

PWR 灯:正常登录时,每隔 8 秒钟亮一次。

DATA 灯:平时不亮,有数据收发时闪烁。

NET 灯:有网络信号时,该灯常亮。

b. CDMA 模块工作状态指示

PWR 灯:正常登录时,每隔 1 秒钟亮一次。

DATA 灯:平时不亮,有数据收发时闪烁。

NET 灯:有网络信号,每 0.5 秒闪烁一次。

模块加电后,PWR 灯亮,如果同时闪烁,表示模块工作正常,如果 DATA 灯闪亮表示数据口有数据输入/输出,NET 灯常亮表示已经找到网络。

PWR 灯闪烁较快时,表示模块未能登录到网络;闪烁较慢时,表示模块已登录到网络。具体指示信息,见上面相关指示灯状态说明。

第六节　安　装

自动气象站建站时,应注意以下几个问题:

1. 使用 GPRS/CDMA 1X 无线通信方式时,在选址时应确认当地无线网络信号良好。在高压线下、重型设备工厂附近,甚至在移动基站附近的某个方向(由于其天线波瓣效应)及其他有较强电磁感应信号源的场合,无线信号都会受到较强干扰,不宜安装。

2. 如选用交流电供电方式,请确保电源接入处应有比较稳定的 220V 市电,不宜选用单位自发电或其他的临时线路。

3. 使用太阳能电源时,太阳能电池板周围不能有高大的建筑物、树木等遮挡物,否则将影响太阳能电池的工作效率。

判断参考标准是:冬天上午 10 点到下午 3 点之间保证太阳能电池板有完整的太阳照射。

一、设备安装

第一次安装 ZQZ-A 型自动气象站时,应先进行中心站的开局工作,安装中心站软件,并调试确保通信链路畅通。

进行自动气象站设备的现场安装前,应事先准备好开通 GPRS 业务的 SIM 卡(采用 CDMA 模块的则为 UIM 卡)。

1. 风传感器及风杆的安装

(1)将铰链式固定座安装在预先浇铸的基座上,调节水平后将下方二只螺母固定。

(2)在地面上将三根主杆依照大小排好。先将风传感器信号电缆穿过固定座,再依次穿入三根主杆。信号电缆带插头的一端应在风杆顶部穿出,用于接到风传感器横臂上;另一端从风杆底部穿出,稍后用于接至数据采集器。

(3)将三根主杆用不锈钢螺钉连接起来,并与固定座连接好。在风杆顶端将风传感器横臂固定在上面,使之与主杆保持垂直且与地面保持水平。

(4)按照风向风速传感器的说明书将传感器组装好。分别把风向、风速传感器安装在横臂上,旋转风向传感器使指北针基本水平,然后紧固风向、风速传感器。将信号电缆接到横臂插座并拧紧,并将信号电缆扎紧在横臂上。

（5）将风杆拉索抱箍固定在主杆的相应位置（分别离底座6.5 m和9.3 m处）。

注意：带绝缘端子的上、下二根拉索须安装在风杆同一侧。

（6）将避雷装置安装好，避雷引下线沿上层拉索中带绝缘子的那根自上而下，每隔1 m用扎线将引下线捆扎在风杆拉索上。最后将引下线可靠接至地锚旁的垂直接地体上。

注意：避雷引下线应捆扎在拉索绝缘端子的下方！

（7）将风杆竖起，检查指北针的方向是否指向正北。如有误差则松开原固定的地脚螺母，旋转整个风杆确保指北针指向正北。而后固定所有的地脚螺母。六根钢拉索套上PVC保护管后与三个固定环连接，并用收紧装置收紧。在拉索收紧过程中，应在至少二个不同的方向目测风杆是否垂直于地面。

（8）将避雷引下线与地网连接好。

2. 雨量传感器的安装

（1）雨量传感器安装在预先浇铸预埋件的混凝土基座上。

（2）将雨量信号电缆穿入防护管，电缆带插片的一头用于接雨量传感器，另一头引到数据采集器处，稍后用于接至采集器。

（3）卸下雨量传感器不锈钢外筒，把雨量信号电缆带插片的一头从下往上从雨量传感器底盘的穿线孔中穿出，按电缆芯线颜色把插片接在相应颜色的接线柱上（红对红，黑对黑），并旋紧接线柱的紧固螺母。旋紧时注意用力不要太大，以免因接线柱背面的焊片跟转而损坏干簧管。

（4）在三个地脚螺丝上先分别拧上一个M8螺母，这三个螺母实际上起到调节雨量筒水平的作用。把雨量传感器底盘的三个安装孔分别套入这三个螺丝然后分别调节下面的三个螺母使雨量传感器底座呈水平状态，即水平泡在中心圆圈内，然后在三个螺丝上再分别拧上一个M8螺母并旋紧。

（5）建议用剪刀把固定翻斗用的橡皮筋剪断并拿走，轻轻拨动各翻斗外壁以检查其能否灵活翻转。最理想的方法是缓慢地在承水漏斗处加适量的水，检查各层翻斗是否灵活翻转。同时可用万用表电阻挡在两个接线柱上检查干簧管是否工作正常，计数翻斗每翻动一次，万用表应检测到一次通断过程。

（6）套上不锈钢外筒，并旋紧外筒壳紧固螺钉。

（7）用接地线把雨量筒外壳（可选某个地脚螺丝）与地网连接好。

3. 立柱的安装

采用太阳能供电时，建议将采集器、太阳能电池板、温（湿）度传感器及防辐射罩单独安装在一个独立的立柱上。该立柱离雨量传感器和风杆（或风塔）应有一定的距离，一般不少于2 m左右。

立柱的安装比较简单，将立柱底座固定在预埋件上即可，并注意调整好底座的水平，底座的固定螺母一定要旋紧以防日后松动。

4. 太阳能电池的安装

（1）将太阳能电池板正面朝南安装（一般情况朝南偏西10°～20°），安装方向应倾斜，仰角按所在地理位置而确定，一般在当地纬度的基础上再加10°，见图8-21（a）。

（2）用U形不锈钢抱箍把太阳能电池板安装支架固定在立柱上，然后把太阳能电池板装在支架上，调整角度后拧紧。

（3）太阳能电池板的二芯电源输出线通过立柱上端的穿线孔进入立柱后，从立柱下端穿线孔引出，穿线过程中应避免二根电源芯线短路，特别是在有太阳时（该电源线端头的红色保护用胶带纸直到进入采集箱接线时才能去掉）。

注意：只要太阳能电池板暴露在太阳光线下，马上就会产生电压！

（4）当需要将太阳能电池板固定在风杆上时，情况与上类似。

（5）太阳能电池板实物安装图见图8-21（b）。

5. 防辐射罩和温（湿）度传感器的安装

防辐射罩的底板上面有温（湿）度传感器支架和磁座天线固定板。温（湿）度传感器支架既适用于单

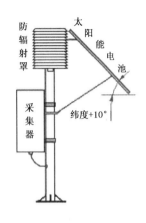

a.太阳能电池安装示意图

b.太阳能电池实物安装图

图 8-21   太阳能电池板的安装

温度传感器,亦适用于温湿度传感器,通过将传感器支架两面互换来调整适应。单温度传感器安装在支架顶部的固定座内,温湿度传感器安装在支架侧面的 U 型卡箍内。

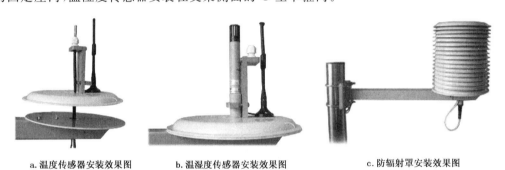

a.温度传感器安装效果图   b.温湿度传感器安装效果图   c.防辐射罩安装效果图

图 8-22   温(湿)度传感器及防辐射罩的安装

(1)先松开防辐射罩三个底脚元宝螺母,使底板与外罩分开。

(2)单温度传感器的安装:调整传感器支架,使有温度传感器固定座的一侧朝向底板中心位置,旋松固定座,将温度传感器从下往上穿过底板中心圆孔,插入固定座孔中,旋紧固定座即可,见图 8-22(a)。

(3)温湿度传感器的安装:调整传感器支架,使有温湿度传感器 U 型卡箍的一侧朝向底板中心位置,松开卡箍,将温湿度传感器从下往上穿过底板中心圆孔,用卡箍将其固定在传感器支架上。固定时,注意应使卡箍卡在温湿度传感器的下半段。然后将温湿度传感器头部的黄色帽套摘掉,见图 8-22(b)。

(4)将通信模块的磁座天线吸附在天线固定板上,其引线从防辐射罩底板中心圆孔穿出。

(5)将温(湿)度传感器电缆和天线从防辐射罩支架外侧管内穿入,从另一侧下面的穿线孔穿出。

(6)将防辐射罩底板安装到防辐射罩支架上。

(7)用圆形不锈钢抱箍把防辐射罩支架固定在立柱上。固定前应调整安装高度,根据气象观测规范的要求,确保传感器感应头部分距地面 1.5 m。防辐射罩一般可安装在立柱(或风杆)的西面。

(8)套上防辐射罩外罩,并用元宝螺母将其拧紧,见图 8-22(c)。

(9)传感器电缆和天线应从立柱上的穿线孔进入立柱内部并从立柱下部的穿线孔引出后,再进入采集器。

(10)防辐射罩安装在风杆上时,方法与上类似,只是所有电缆线沿风杆外壁走线。

注意:装防辐射罩外罩前,请确保温湿度传感器头部的黄色帽套已摘掉!

6.采集器的安装

(1)用两个 Ω 型抱箍将数据采集器固定在立柱上。安装高度一般为采集器底端距地面约 40～50 cm,低洼地段可以再高一点,以防极端天气条件下可能被淹。采集器正面一般朝北,也可根据现场情况改变朝向(若没有立柱,则采集器安装在风杆上,方法与此类似,此时采集器正面的朝向应在风杆倾倒方向的侧面或反面)。

(2)将采集箱底部的防水接头螺圈拧下,将风信号电缆、雨量信号电缆和温(湿)度信号电缆依次穿过螺圈后从防水接头中穿到采集箱内。采集器的信号接线端子上用文字标示出了传感器的名称以及信号电缆芯线颜色,电缆接入时注意一一对应即可。

注意:接线时要注意芯线与接线端子完全接触,切勿使接线端子的金属片轧在芯线包皮上。

(3)线接好后将防水接头的螺圈拧紧。

(4)用接地线把采集器底部的接地铜螺钉与地网连接好。

7.通信模块的安装

通过 GPRS 网络或 CDMA 1X 网络进行无线通信时,分别采用 GPRS 通信模块或 CDMA 通信模块。

(1) GPRS 模块的安装

GPRS 模块的 SIM 卡从左上部的侧面插入,装入或取出时需要打开 SIM 卡盖。插入时请注意 SIM 卡的缺口朝外,并将 SIM 卡插入到位,见图 8-18。

GPRS 模块的磁座天线吸附在装温(湿)度传感器的防辐射罩内,天线带插头的一端从采集器下端穿线孔引入采集器,直接插入模块顶部的天线插座即可。

插入 SIM 卡和天线后,重新装上 SIM 卡盖并固定,以防 SIM 卡和天线移位或脱落。

(2)CDMA 模块的安装

CDMA 模块的 UIM 卡从顶部插入或弹出。用一尖状物体顶触 UIM 卡座旁边的弹出按钮,弹出 UIM 座套,将 UIM 卡接触簧片朝外,插入 UIM 卡座即可,见图 8-19。

CDMA 模块的磁座天线吸附在装温(湿)度传感器的防辐射罩内,天线带插头的一端从采集器下端穿线孔引入采集器,直接拧到模块顶部的天线插座即可。

8.蓄电池的安装

蓄电池安装在采集箱内。

把蓄电池专用连接线接在蓄电池上,务必注意正负极(棕色或橙色接正极,黑色接负极)。为减少接触电阻,螺钉应确保旋紧。

卸下采集器内的电池仓压条,将蓄电池小心地装入电池仓。把蓄电池连接线另一头的输出插头与采集器内的直流输入插头对接起来即可。

9.电源接入

(1)太阳能输出电源接入

将太阳能电池板的二芯输出电源线穿过采集箱底部穿线孔后引入采集箱,并接到充电控制器相应接线端,注意正负极不能接反,黑线为负极。

(2)交流电源引入

在确保交流电源关断的前提下,把电源线穿过采集箱底部相应的穿线孔引入采集箱,松开采集箱内的三芯电源插座盖,将电源线分别接到插座的 L(火线)、N(零线)、PE(专用保护零线)三个接点上,复查无误后才能盖上插座盖并固定好。送电后用万用表量一下插座上的电压,在 220 V 左右表示交流接入已正常。

二、现场测试

开机运行后,采集器上的运行指示灯正常情况下应该每秒钟闪烁一次(一秒钟点亮,一秒钟熄灭),故运行指示灯也称为秒闪灯(使用交流供电时,正常情况下开关电源的红色指示灯常亮,避雷器绿色指示灯常亮)。

将通信模块的连接扁线脱开,用本地终端通信电缆将笔记本电脑的串口和采集器上的串口连接,运行串口通信软件(如 Windows 自带的超级终端或其他串口软件,通信参数为 4800,e,8,1),输入 TEST 命令后回车,如有数据返回则表明通信正常。

往雨量筒缓慢倒入少量的水,然后用 TEST 或 SAMPLES 命令读取数据,判断风向、风速、雨量、温度等数据是否异常。

确认数据无误后,将本地终端通信电缆从采集器上脱开,将扁线连接到通信模块上,此时模块上电工作。模块上电约半分钟后(个别站点可能会延长到1~2分钟),观察模块指示灯情况以判断是否正常登录到网络。登录后,请与中心站操作人员联系,告知该站的台站名和通信模块 ID 号,让其在中心站软件中添加台站后收集实时数据,确认收到数据后表明自动站已正常工作,安装已成功。

注意:模块加电前,务必确认扁线连接正确,不要插反! 加电前,务必连接天线,以免射频部分阻抗失配,从而损坏模块!

第七节　维护与维修

ZQZ-A 型自动气象站虽是高度自动化的仪器,一般情况下不需要日常维护,但周期性的维护仍不可避免,同时维护也是延长自动站正常运行寿命、保证观测数据质量的重要手段。

一、周期性维护

建议汛期每1~2个月,非汛期每3~4个月到现场对自动站例行维护一次,现场检查维护内容有:

1.雨量传感器

在雨量较少、灰尘较多的台站,雨量筒的承水口漏斗处容易被灰沙堵塞。引起堵塞的还有树叶、草叶、昆虫尸体等。若雨量示值滞后于降雨,多半是承水口漏斗处被堵塞。

夏季,雨量筒内部可能结有蜘蛛网,影响翻斗翻转。为防止蜘蛛等小昆虫进入筒内,一个简便易行的方法就是在雨量筒内放些樟脑丸,可起到一定的驱虫作用。

当雨量示值严重小于人工测量值时,多半是翻斗翻转不正常。下雨时,雨量不计数,多半是翻斗被卡住或导线接触不良。

2.风传感器

现场观察风传感器转动是否灵活,若有怀疑,可在1~2级风时再观察,若确实不灵活,说明风传感器起动风速变大,应更换风传感器,对换下的风传感器作清洗处理。

冰雹可能会打坏风传感器,下过冰雹后必须仔细检查风传感器有否受损。

3.太阳能板

例行检查或有机会到现场时,务必用柔软的抹布把太阳能电池板表面的灰尘、鸟粪等擦干净,擦拭过程可适当加一点水。

4.使用倾倒式风杆的台站,应检查6根拉索的松紧程度,不适当的应加以调整;同时特别注意拉索的基础有无松动现象,如有的话应当场或事后马上采取补救措施予以加固。

5.使用交流电的台站,检查采集器外电源线的安全情况。

二、传感器标定

按《地面气象观测规范》,所有传感器都应进行周期性标定。

三、其他事项

1.蓄电池

凡使用太阳能的台站,由于蓄电池每天处于频繁充放电过程中,根据台站具体情况,一般2~3年应更换新电池。使用交流电的台站，由于电池鲜有放电机会，长时间工作后，电池也会出现极板硫化，引起内阻增大、容量减少、负载能力下降甚至损坏，此时也应更换电池。

2. 风传感器

风传感器系轴承传动传感器，工作时间长后可能因灰尘和轴承磨损引起起动风速变大，测量误差偏大等现象。一般内陆地区 2～3 年、沿海地区 2 年左右、海岛和电厂附近等重腐蚀地区 2 年之内应清洗维护一次，具体参见风传感器使用说明书。

3. 风杆拉索

使用倾倒式风杆的台站，风杆拉索应视台站具体情况每 2～3 年更换一次，腐蚀严重的地方应缩短更换周期。

四、常规的现场维护流程

见图 8-23。

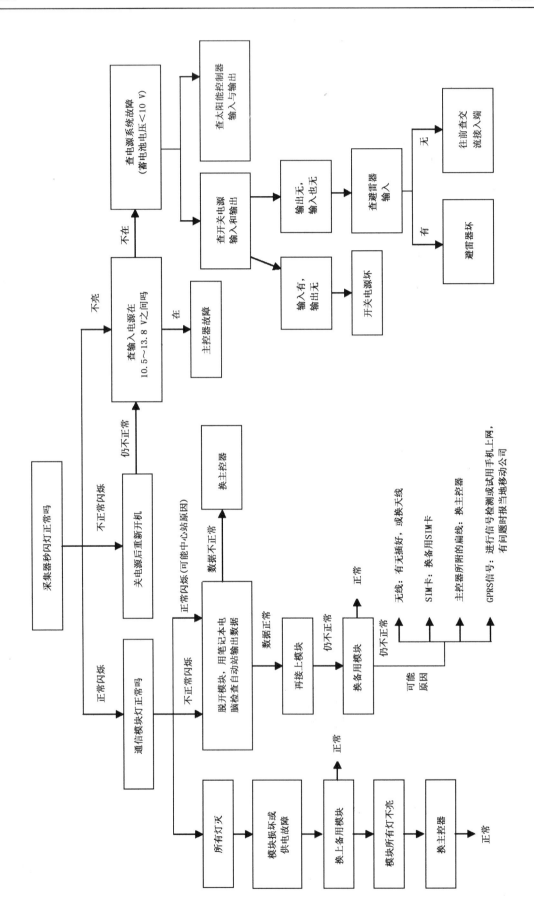

图 8-23　常规故障检测流程

五、常见故障案例分析

下表列出了自动气象站运行使用中遇到的一些故障实例和分析排除方法。

表 8-4 常见故障案例

序号	现象	原因	排除方法
1	下雨时雨量值总为 0	· 雨量传感器漏斗、翻斗堵塞,或被蜘蛛结网挂住。 · 干簧管损坏。 · 雨量信号电缆损坏。 · 采集器雨量信号电路损坏。	· 清洗。 · 更换干簧管。 · 检修或更换电缆。 · 检修或更换采集器(主控器)。
2	现场通信模块指示灯显示工作状态不正常,中心站收不到数据	· SIM 卡欠费。 · 现场 GPRS/CDMA 1X 信号不佳。 · SIM 卡故障。 · 模块损坏。	· 给 SIM 卡充值。 · 请移动/联通公司调整当地信号强度。 · 用备用 SIM 卡替换确认。 · 更换模块。
3	现场通信模块指示灯显示运行正常,但中心站收不到数据	· 中心站软件中相关台站参数、ID、通信方式等参数设置错误。	· 重新设置正确的参数。
4	无线通信有时正常,有时不正常。	· 通信模块连接扁线、天线、SIM 卡等接触不良。 · 现场信号不稳定,或台站位于 2 个或多个移动基站的交界地带。	· 将扁线、天线、SIM 卡等重新紧固,或更换。 · 请移动/联通公司调整当地信号强度。
5	太阳能供电的自动站,中心站白天收得到数据,晚上收不到。	· 蓄电池与充放电控制器之间未连接好,晚上蓄电池未放电。 · 蓄电池因性能下降或损坏而充不进电。 · 自动站周围有树木、建筑等障碍物,影响阳光照射到太阳电池上,降低了太阳能的利用效能,致使蓄电池充电不足。	· 将蓄电池可靠连接到充放电控制器上(通过接插件)。 · 更换新蓄电池。 · 清除障碍物,或考虑迁站。
6	阳光很充足,自动站却不工作。	· 太阳能电池输出线未可靠连接到充放电控制器上。 · 蓄电池电压太低,控制器过放电保护切断负载。 · 控制器故障。	· 将太阳能电池输出线可靠连接到充放电控制器上。 · 蓄电池充足电后故障会自行解除。 · 更换控制器。(请参考表 8-3)

第九章

DYYZ-Ⅱ型自动气象站的使用和维护

DYYZ-Ⅱ型自动气象站是长春气象仪器厂生产的用于天气观测站网的自动气象站,可对地面气象多种要素(空气温度、相对湿度、大气压、风向、风速、雨量、地温)进行定时自动采集、计算、处理、存储和通信。

第一节　DYYZ-Ⅱ型自动气象站的基本性能

一、技术参数

1. 气压
测量范围：500～1100 hPa
准 确 度：±0.3 hPa
分 辨 率：0.1 hPa
2. 温度
测量范围：−50～+50℃
准 确 度：±0.2℃
分 辨 率：0.1℃
3. 湿度
测量范围：0～100%RH
准 确 度：±4%
分 辨 率：1%RH
4. 风向
测量范围：0～360°
准 确 度：±5°
分 辨 率：3°.
起动风速：≤0.5 m/s
5. 风速
测量范围：0～60 m/s
准 确 度：±(0.5+0.03V) m/s,V—实际风速
分 辨 率：0.1 m/s
起动风速：≤0.5 m/s

6. 降水量

测量范围：0～4 mm/min（雨强）

准 确 度：≤10 mm 时，±0.4 mm

　　　　　＞10 mm 时，±4％

分 辨 率：0.1 mm

灵 敏 阈：0.2 mm

7. 草温/雪温

测量范围：－50～＋80℃

准 确 度：±0.3℃

分 辨 率：0.1℃

8. 地温

测量范围：－50～＋80℃

准 确 度：±0.5℃

分 辨 率：0.1℃

9. 有线遥测距离：≤150 m

10. 交流电源：180～240 V，50±2Hz

11. 数据采集器功耗：≤5 W

12. 绝缘电阻：＞100 MΩ

13. 通信波特率：4800 bit

14. 时钟走时精度：月累计误差≤30 s

15. 工作环境：

(1)室内部分：

温度范围：0～40℃

相对湿度：≤95％RH

(2)室外部分：

温度范围：－50～＋50℃

相对湿度：≤100％RH

(3)抗 阵 风：75 m/s

16. 可靠性：MTBF(Q1)≥2500 h

17. 仪器维修时间：MTTR≤1 h

二、系统功能

1. 数据采集器可实时显示时间和各气象要素数据。

2. 每小时正点自动测量、显示、存储当时的气压、气温、草温/雪温、地温、相对湿度、风向、风速、累计雨量及极值数据。

3. 具有不间断连续采样和存储的功能（ 市电停电情况下,自动供电系统可保证采集器连续正常工作 72 小时）。

4. 采集器可存储 72 小时整点数据和 72 小时每分钟气压、气温、相对湿度、风向、风速和雨量数据。

5. 采集器设有 232 接口,每分钟与系统管理计算机通信一次,配备相应的通信设备,可实现有线或无线远距离通信功能。

6. 显示数据具有汉字提示。

7. 自动生成实时数据文件、定时数据文件。

8. 自动生成大风数据文件,具有大风报警功能。

9. 配备有中国气象局统一使用的地面气象测报业务软件,可编发定时地面天气观测报、天气加密报、重要天气报、航危报、气象旬(月)报、雨量报,可打印月报表。

第二节　DYYZ-Ⅱ型自动气象站的工作原理

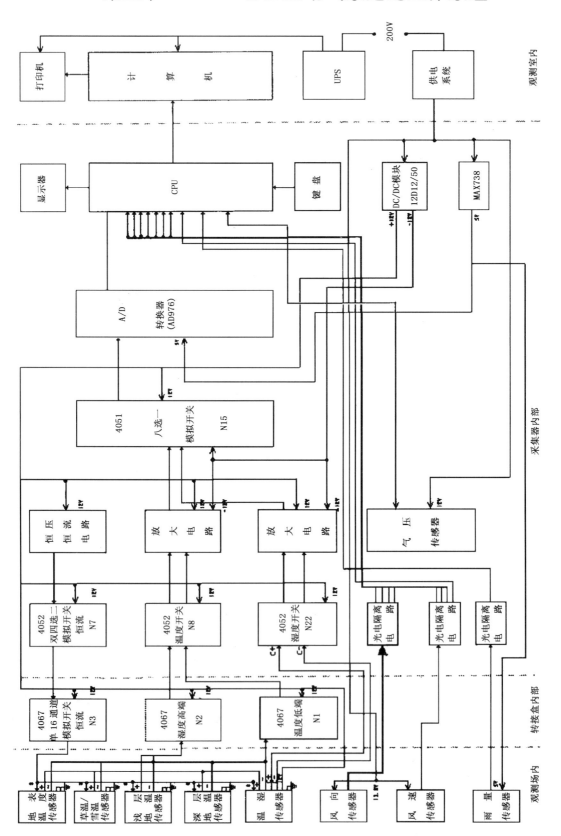

图9-1　DYYZ自动站整机原理框图

一、系统工作原理

自然环境气象参量的变化,引起各气象要素传感器变化,使得相应的传感器输出的电信号产生变化。气压、温度、湿度、地温、风向、风速和雨量诸要素传感器所感应的不同物理量,经过相应的电路,转换成标准的电压模拟量和数字量,然后由数据采集器 CPU 按时序采集、计算,得出各个气象要素的实时值,可供实时显示。采集器每分钟向数据处理微机发送数据,数据处理微机每分钟即可更新一次数据，正点数据存盘。同时以统一规格的数据形式进行显示、存储、打印,这就是Ⅱ型自动气象站的简单工作原理。

二、传感器工作原理

1.气压传感器

图 9-2　气压传感器

采用芬兰 Vaisala 公司生产的 PTB220 气压表作为测量气压的传感器,该传感器为石英真空电容式气压传感器,具有良好的复现性和稳定性。电容的真空间隙受外界压力而变化,石英电容量随之变化。通过精密 RC 振荡电路,使气压变化与频率变化产生对应关系,通过测量频率而实现对气压的测量。

2.温湿度传感器(Vaisala 温湿传感器)

图 9-3　温度/湿度传感器

(1)温度传感器

采用 Pt100 型铂电阻作为测量温度的传感器,铂电阻具有较高的稳定性和良好的复现性。随温度变化,铂电阻的阻值也发生变化,在一定测量范围内,温度和阻值是呈线性关系的。配备精密的恒流源使模拟电压和温度呈线性关系,通过 A/D 转换,经采集器 CPU 解算处理,得到相对应的温度值。

(2)湿度传感器

采用湿敏电容作为湿度测定传感器。由于空气湿度变化使湿敏电容值改变,在一定测量范围内,空气相对湿度和湿敏电容值是对应关系,经电路转换为湿度与频率对应关系,经 F/V 转换将标准模拟电压送给 A/D 后,再经采集器的 CPU 解算处理,得到相应的湿度值。

3.风向传感器

选用单叶式风向标作为测风向的传感器,采用七位格雷码盘进行光电转换,将轴角位移转换为数字信号,经采集器的 CPU 根据相应公式解算处理,得到相应的风向值。

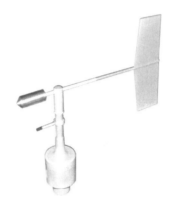

图 9-4　风向传感器

4.风速传感器

采用三杯回转架式风速传感器作为测量风速的传感器，利用光电脉冲原理。风杯带动码盘转动，光敏元件受光照后输出脉冲，经采集器 CPU 根据相应的风速计算公式解算处理,获得相应风速值。

图 9-5　风速传感器

5.雨量传感器

采用称量翻斗式雨量传感器测定降水量,通过上翻斗、计量翻斗和计数翻斗（干簧管触点闭合）获得数字量,每一个脉冲信号表示降水量 0.1 mm,经采集器的 CPU 解算处理,得到相应降水量值。

图 9-6　雨量传感器

6.草温/雪温、地表、浅层地温、深层地温传感器

图 9-7　地温传感器

采用 Pt100 铂电阻作为测定草温/雪温、地表、浅层和深层地温传感器，原理与测温传感器相同。

三、数据采集器工作原理

1.数据采集器构成

数据采集器由接口单元、信号处理、电源变换、单片机部分、通信控制、显示及键盘单元和存储单元构成，原理框图如图 9-8。

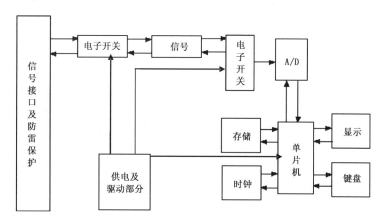

图 9-8　采集器原理框图

2.数据采集器工作原理

在系统采集软件的支持下，数据采集器的中央处理器(CPU)按时间顺序对气温、湿度、风向、风速、降水、气压等信号依次进行定时采集、运算、处理、显示、存储和通信。

3.数据采集器采样和处理

(1)数据采集器对气压、温度、湿度、信号每 10 秒钟采集 1 个样本，1 分钟采集 6 个样本，剔除 1 个最大值，剔除 1 个最小值，余下 4 个样本作为该分钟的平均值，并在其中选取极值。

(2)数据采集器对风向风速信号以每秒钟采集 1 个样本。计算 3 秒钟滑动平均，1 分钟和 2 分钟滑动平均。以 1 分钟为步长，计算 10 分钟滑动平均。最大风速及相应的风向出现的时间从 10 分钟平均值中挑取。极大风速及其相应的风向和出现的时间，从滑动过程中的 3 秒钟平均值中挑取。

(3)数据采集器对雨量信号采样速率小于 1 ms 可实现记录 1 h，3 h，6 h，24 h 累计雨量值，采集器实时显示的雨量为当前 1 h 累计值。

四、室外转接盒工作原理

Ⅱ型自动气象站共有 15 支传感器，其中 14 支传感器安装在室外观测场。14 支传感器分别由各自专用信号电缆接入室外转接盒。气温、草温/雪温、地温传感器信号通过电子开关选通与湿度信号经 7 芯电缆(信号 1)接入数据采集器。风向，风速,雨量传感器信号经转接盒汇接后，经 19 芯电缆(信号 2)接入数据采集器。

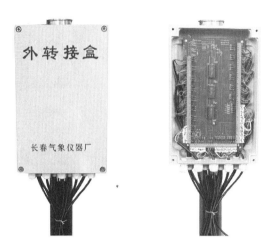

图 9-9　外转接盒

五、电源系统工作原理

1. 供电系统

供电系统由 1 只 13.8 V、3 A 充电器、1 块 38Ah 免维护蓄电池、电压电流表、报警电路板和机箱组成。在 220 V 交流电下,充电器自动给蓄电池浮充电,确保供电系统在 220 V 交流电断电时,Ⅱ型自动站能够连续正常工作 72 h。当蓄电池电压低于 11 V 时,供电系统会自动报警提示。

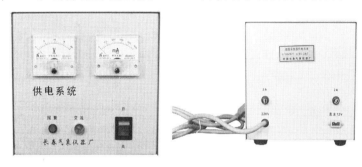

图 9-10　供电系统

2. UPS 电源系统

UPS 电源系统由 1000VA UPS 电源主机,4 块 65AH 免维护蓄电池及电池柜组成,确保 220V 交流电中断时计算机打印机可以工作 4 h。

图 9-11　UPS 电源

第三节 DYYZ-Ⅱ型自动气象站的电路原理

一、供电系统

供电系统是指为整套自动站供电的设备,既包括采集器供电,也包括传感器供电。220 V市电经过保险丝加到恒压限流的充电器上,充电器的输出端接到电池上,给蓄电池充电,通过开关K1、电流表(500 mA)、保险丝,送到输出插座上。系统加有电压表(20 V)、低压报警板、报警指示灯和交流指示灯等。报警板上放大器的一个输入端接系统电压采样值,另一个输入端接标准电压采样值,当输入电压变化时,其输出电压就会发生变化,输出电压的改变就改变了三极管的工作状态,从而使供电系统发出声光报警信号。

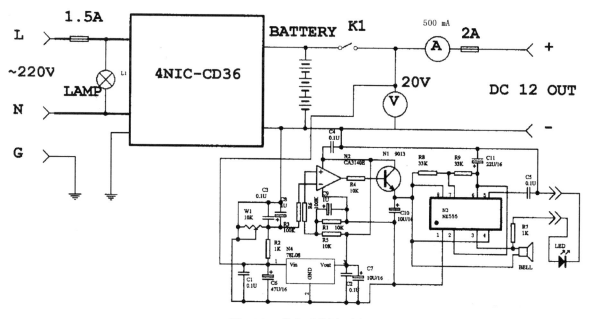

图 9-12　供电系统原理图

二、采集器供电

供电系统为采集器提供基本工作电压,配备不同的电源变换芯片,获得不同的电压值,以适合不同电路需要。

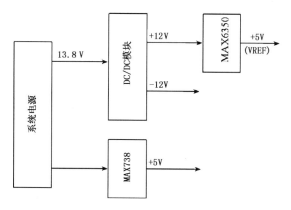

图 9-13　电源变换框图

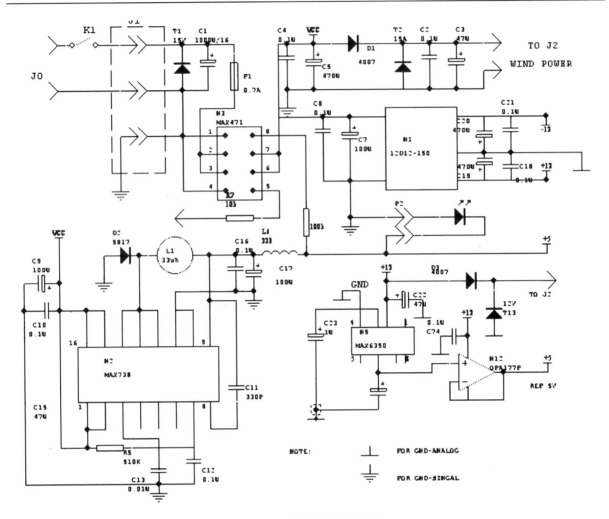

图 9-14　采集器供电原理图

1.由供电系统送过来的 DC12V(VCC)通过机箱上的插座(J0)和开关(K1)加到插座(J1)上,经过滤波、防雷和电流采样电路(N3)加到模拟板上。

2.加到模拟板上的 DC12V(VCC)一路通过 D1、T2、C2、C3 、J2 加到采集器后面的转接板上,经过19 芯电缆传到外转接盒,给风传感器提供供电;一路通过 C14、C15、J5 加到 PTB220 型气压传感器;一路经过 C8、C7 滤波加到 DC/DC 模块(N1),并经 R12、R11 采样加到电子开关(N15)、隔离驱动 (N16)、插座 J4,送到数字板上的 AD 转换器,经过单片机解算后显示出原始电压值;一路经过 C9、C10 滤波加到 PWM 调置 DC 5V 降压稳压器(N2),输出 5V 的稳压电源经过插座 J4 提供给数字板。

3.DC/DC(N1)输出的 ±12V 的电压经过滤波加到模拟板上。+12V 一路经过 D3 隔离、T13、J2 加到采集器后面的转接板上,再经过 7 芯电缆传到外转接盒上,给外转接板及温湿传感器供电;一路经过 C22 滤波加到集成电路(N5)提供稳定的 REF 电源。

4.DC/DC 输出的 +12V 电压经 R9、R8 采样;−12V 电压经 R15、R14 采样后传到电子开关(N15)上,经隔离驱动 (N16)、插座 J4,传到数字板上的 AD 转换器,经过单片机解算后显示出当时的原始电压值;+12V 经过 D4、D5 及 C57 滤波给驱动电路的提供电压。

5.基准电源 REF。一路供电路采样及恒流,另外一路通过集成电路(N12)驱动后经过插座 J4 给数字板上的 A/D 转换器提供模拟电源。

三、气压信号采集、处理

由传感器输出的信号(RX、TX)经过插件送到数字板上,经过 N21 送入单片机,经过单片机解算后显示出气压值。

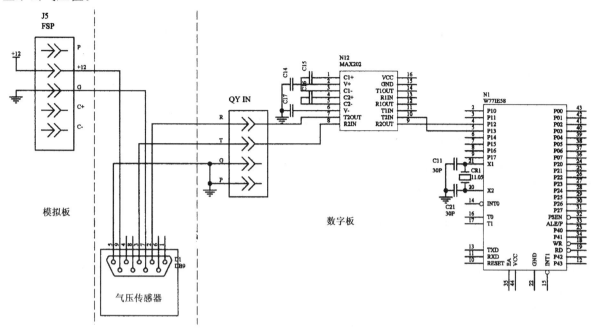

图 9-15　气压信号原理图

四、温度（含地温）信号采集、处理

为把温度传感器的电阻变化量转变为电压变化量，需给其提供一稳定电流，称之为激励源。

1. 激励源原理

基准电压加到电阻 R16 上产生一电流，该电流经过 C35、L2 滤波后到达集成电路 N7 上，通过切换给温度传感器提供恒定的电流。其中 N6、R17、R18、R19 是为了保证输出电流的稳定，C36、C37 是电源滤波电容。

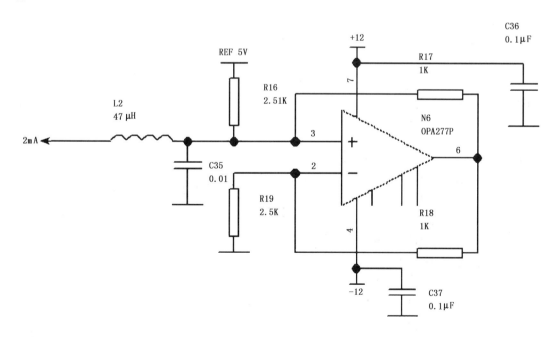

图 9-16　激励源原理图

2.温度信号采集

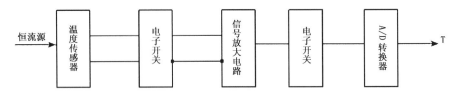

图 9-17 温度信号处理框图

激励源送到电子开关 N7 上,经过切换后再进行滤波(R44、L4)、防雷(T16)处理,处理后的信号通过 7 芯电缆送到外转接盒内转接板上。到达转接板上的信号经过 R3、L2 滤波后通过电子开关 N3 切换到不同的温度通道上,同时在切换到某一温度通道时,便会在该 Pt100 铂电阻上产生一个电压信号,此电压信号的高端和低端经过传感器电缆分别回传到转接板上的电子开关 N2、N1 上。送到 N2、N1 上温度信号经切换后其高端信号经过 R4、L3 滤波、低端信号经过 R5、L4 滤波处理后,由 7 芯电缆回传到采集器内。在采集器内,信号经过防雷(T15、T14)、滤波(R45、L3;R46、L5)处理后,送到电子开关 N8 上,再经过切换送到主仪表放大器 N9 上,经过放大并与参考电压比较后送到第二级放大器 N11 上,再次放大后送到电子开关(N15)上,其输出信号经 N16 隔离驱动后由插座 J4 传到数字板上的 AD 转换器上,再经过单片机解算显示出温度值。

另外,本电路采集到另外两种不同信号:一个是温度的校正信号;一个是电路基准信号。温度的校正信号采集过程是这样的:激励源送到电子开关 N7 上,经过切换送到采样电阻 R24 上,并在该电阻上产生一个电压信号,此电压信号的高端和低端经过电子开关 N8 切换到仪表放大器 N9 上,经过放大并与参考电压比较后,送入第二级放大器 N11 上,再次放大后送到电子开关(N15)上,其输出信号经 N16 隔离驱动后由插座 J4 传到数字板上的 AD 转换器上,每次采集此信号时,得到的电压值与单片机内输入的原始值进行比较,如有偏差则进行温度订正;电路基准信号采集过程是这样的:由 REF 5V 电压经过 R20、R21 分得一个基准电压,此电压信号的高端和低端经过电子开关 N8 切换到仪表放大器 N9 上,

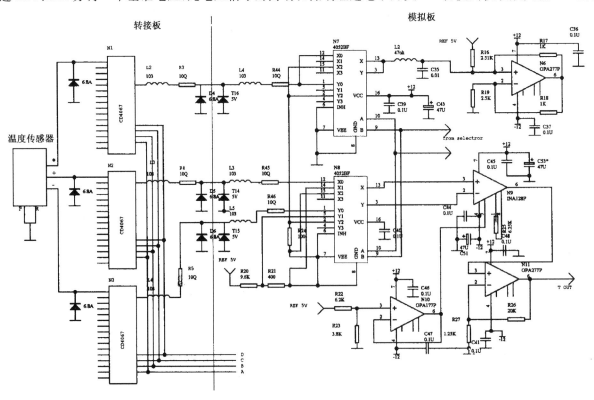

图 9-18 温度原理图

经过放大并与参考电压比较后再送到第二级放大器 N11 上，再次放大后送到电子开关(N15)上，其输出信号经 N16 隔离驱动后由插座 J4 传到数字板上的 AD 转换器上，经过单片机解算显示出原始电压值。此数值作为监控的一个项目。

五、湿度信号采集、处理

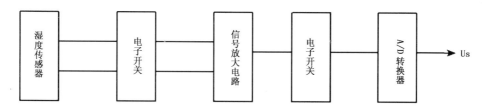

图 9-19　湿度信号处理框图

湿度传感器输出的电压信号(0～1V)经过信号电缆传到外接线盒内的转接板上，经过防雷保护(T2、T3)后，由 7 芯电缆回传到采集器内。在采集器内，信号经过防雷(T18、T17)及滤波处理后送到电子开关 N22 上，经过切换送到主仪表放大器 N13 上，经过放大并与参考电压比较后送到电子开关(N15)上，其输出信号经 N16 隔离驱动后由插座 J4 传到数字板上的 AD 转换器上，经过单片机解算后显示出湿度值。

本电路还同时采集到另外一种不同信号即电路基准信号，由 REF 5V 电压经过 R20、R21 分得一个基准电压，此电压信号的高端和低端经过电子开关切换到仪表放大器 N22 上，经过放大与参考电压比较后，输出信号加到电子开关(N15)上，其输出信号经 N16 隔离驱动后由插座 J4 传到数字板上的 AD 转换器上，经过单片机解算显示出原始电压值。此数值作为监控的一个项目。

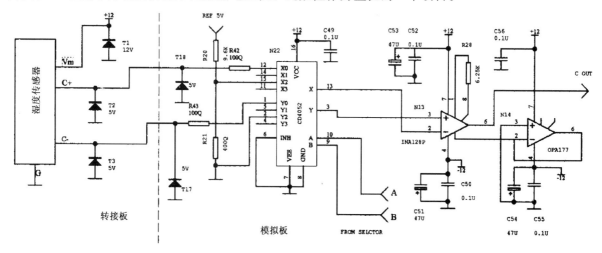

图 9-20　湿度原理图

六、风信号采集、处理

1. 风向传感器电路

风向传感器电压原理图见图 9-21。

2. 风速传感器电路

风速传感器电压原理图见图 9-22。

3. 风向、风速信号采集、处理

风向、风速传感器的输出信号经过信号电缆传到外接线盒内的转接板上，经过防雷保护(T39、T40、T41、T42、T43、T44、T45、T46)后经 19 芯电缆回传到采集器内。在采集器内，信号经防雷保护(T3、T4、T5、T6、T7、T8、T9、T10)后由插座 J3 送到数字板上，在数字板上信号经过光耦(N9、N1)隔离整形后送入单片机,经过单片机解算后显示出此时的风向及风速值。

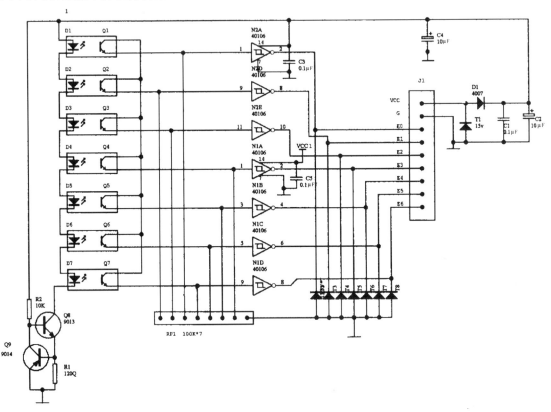

图 9-21　风向传感器电路原理图

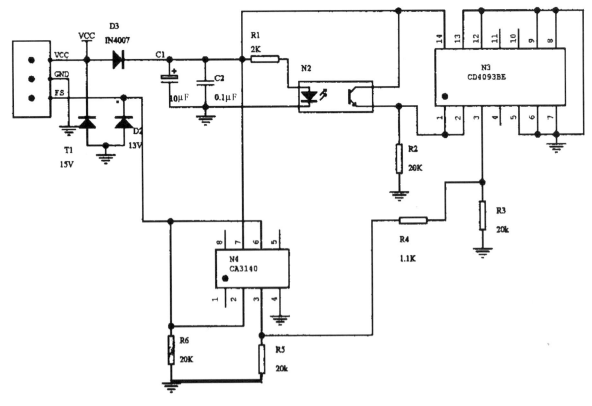

图 9-22　风速传感器电路原理图

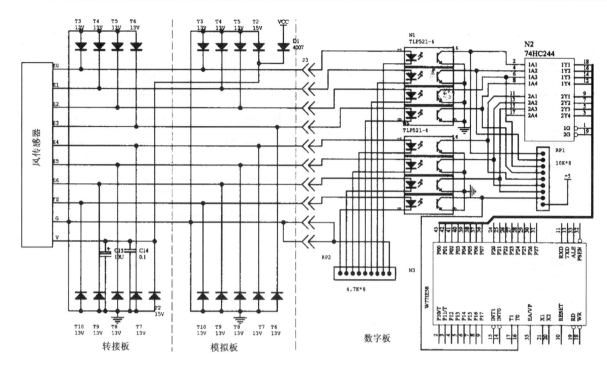

图 9-23　风信号处理原理图

七、雨量信号采集、处理

雨量传感器的输出信号经过信号电缆传到外接线盒内的转接板上,经过防雷保护(T38、T37)后由 19 芯电缆回传到采集器内。在采集器内,信号经防雷保护(T11、T12)后由插座 J3 送到数字板上,在数字板上信号经过光耦(N10)隔离整形后送入单片机,经过单片机计算显示出此时的雨量值。

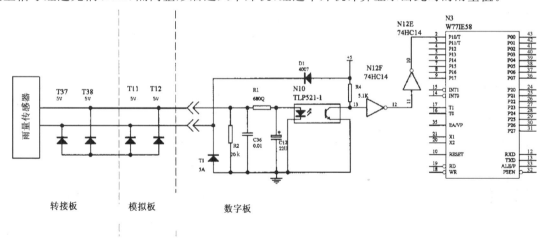

图 9-24　雨量信号处理原理图

八、键盘及显示

1. 键盘原理

采集器前面板贴有薄膜按键开关,当其中某个按键按下的时候,CPU 就会得到相应信号,并根据采集器当前状态,显示出相关内容。

2. 显示原理

采集器配有 LCD 液晶显示窗,与按键配合使用,读取采集器内存储的各气象要素值。瞬时数据中,风向、风速数据是 3 秒钟更新一次,其他要素每分钟更新一次。CPU 通过 P14 控制显示器的背景光。

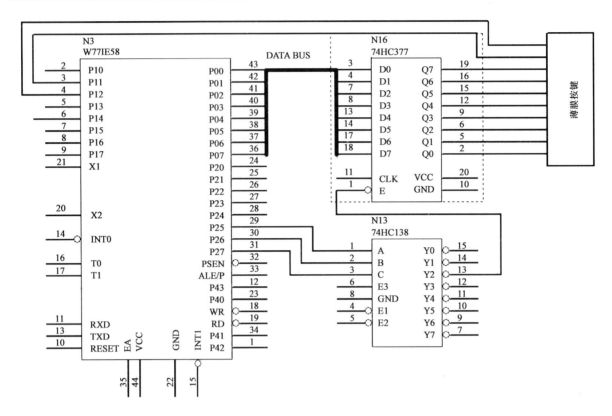

图 9-25　按键原理图

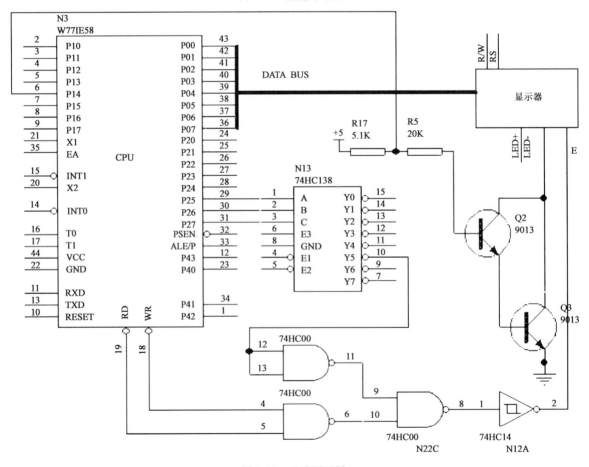

图 9-26　显示原理图

九、通信

采集器配有标准 RS232 接口,正常工作状态下,采集器与监控计算机每分钟进行一次数据传输,必要时,计算机可以对采集器进行对时、清空、复位等操作。

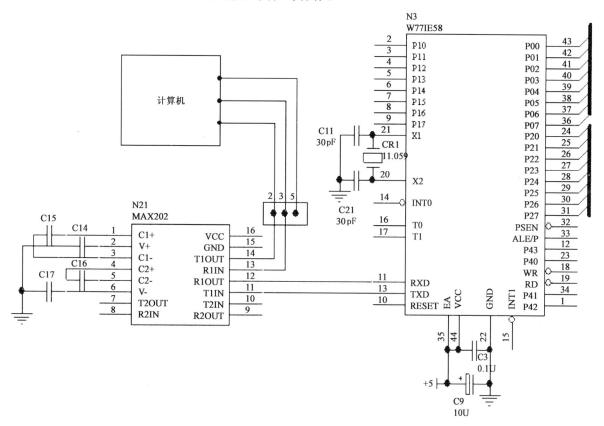

图 9-27　通信原理图

第四节　传感器信号测量及判断

一、温度传感器信号(在线断电测量)

温度采用四线制原理,消除了线电阻的影响。其焊接方法见图 9-28。

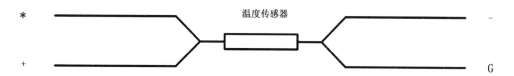

图 9-28　温度传感器出线图

温度信号电阻计算方法 $R = R_0 + 0.3909 \times T + R$ 线

其中 $R_0 = 100\ \Omega$; T 为实时温度值; R 线为线电阻(10 Ω 左右)。

1.气温传感器

打开室外信号转接箱,在线路板上找到标有"HP"的接线端子,测量标有"＊"端子和标有"＋"端子之间的电阻值应小于10Ω,测量标有"－"端子和标有"G"端子之间的电阻值应小于10Ω,测量标有"＋"

端子和"－"端子之间的电阻值应在正常范围内。

2.地温传感器(共有草温/雪温、地表、浅层地温、深层地温共计 10 支)

打开室外信号转接盒,在线路板上找到相应标志的传感器,测量标有" * "端子和标有"＋"端子之间的电阻值应小于 10Ω,测量标有"－"端子和标有"G"端子之间的电阻值应小于 10Ω,测量标有"＋"端子和标有"－"端子之间的电阻值应在正常范围内。

二、湿度传感器信号(带电测量)

用万用表测量标有"HP"标志处"＋"端子与"－"端子之间电压,其值应在 0～1 V 之间,计算方法是 $V=US\times 10$ mV 其中 US 是实际的相对湿度值。

三、风向传感器信号(带电测量)

风向传感器的测量必须两个人完成。一个人在风杆上慢慢转动风向传感器,另一个人打开外转接信号箱,用万用表电压挡测量标有"WIND"标志处的端子,正表笔接测试点(E0～E6),负表笔接"G",正常情况下其电压值应该有高低变化(高电平大于 7 V,低电平小于 1 V)。

四、风速传感器信号(带电测量)

转动风杯,用万用表频率档测量标有"WIND"标志的"FS"端子与"G"端子之间应有频率变化。

五、雨量传感器信号(断电测量)

打开雨量传感器外罩,用万用表通断档测量接线柱,同时拨动记数翻斗,每翻一下,万用表应导通一次。

六、气压传感器信号(带电测量)

参照传感器说明书,使用串口调试软件读取数据,看其是否正常。

由于我们的采集软件与传感器的通信参数不一致,我们编制了专用气压参数设置软件,用以设定气压传感器,下面是软件的具体操作步骤:

第一步:打开软件,点击"停止位"下面的"打开串口\关闭串口"按钮,使"停止位"下面的灯处于绿灯状态。

第二步:给传感器接通电源,观察芬兰气压传感器设置工具窗口是否接收到"PTB220 / 3.05";如果没有收到,保持"停止位"下面的灯处于绿灯状态,调整"串口"、"波特率"、"数据位"、"停止位"等参数,然后重新给传感器加电,直到接收到"PTB220 / 3.05"为止。

第三步:当收到"PTB220 / 3.05"时,这时"参数设置"按钮处于可用状态,点击"参数设置"按钮,进行参数设置,当它灰显(即不可用)时进行下一步操作。

注意:如果"参数设置"按钮点一下,仍然不灰显,继续点"参数设置"按钮,直到它灰显为止。

第四步:当"参数设置"按钮灰显时,"确认设置"按钮处于可用状态 。点击"确认设置"按钮,这时当前参数已经被改为"4800 N 8 1 H"。

第五步:点击"接收气压数据"按钮,这时就可以接收气压数据了。

如果"接收气压数据"按钮灰显(即不可用),这时必须重新给传感器加电,然后再点击"接收气压数据"按钮即可。

注:①"程序复位"按钮功能:将参数复位到"9600 E 7 1 H"。

②"关闭程序"按钮功能:将程序关闭。

第五节 关键测试点

一、电源测试点

1. 输入电压 13.8 V

此电压正常应为(13.8±3%)V(此时应有交流电),测量模拟板上的电容 C4 两端的电压。

2. 供给风传感器的电压

此电压正常应为(13.2±3%)V(此时应有交流电)测量模拟板上的防雷管 T2 两端的电压。

3. 数字 5 V

此电压正常应为(5±3%)V

模拟板:测量模拟板上的标有"P2"处。

数字板:测量数字板上的 J1 插座标有"GND""+5V"标志的两点之间的电压。

LCD 显示器:测量显示器上的插座的 1 脚与 2 脚之间的电压。

4. ±12V 的电压

测量模拟板上的标有"P3"处,正常应为±(12±3%)V。

5. 供给温湿度传感器及外转接板上的电压

测量模拟板上的防雷管 T13 两端的电压,正常应为(11.4±3%)V。

6. REF 5V(基准电压)

测量模拟板上 R16 旁标有"5V"字样的两点之间的电压,正常为(5±5%)V。

7. 控制开关的驱动电压

测量模拟板上的二极管 D5 的负极对地的电压,正常为(10.4±3%)V。

8. 提供给 A/D 转换器的模拟电压

测量模拟板上集成电路 N22 的 6 脚对地的电压,正常为(5±1%)V。

测量数字板上集成电路 N6 的 27 脚对地的电压,正常为(5±1%)V。

9. 外转接板上

风传感器供电:测量板上的防雷管 T47 两端的电压,此电压正常应为(12.6±3%)V(此时应有交流电)。

线路板上供电:测量板上的防雷管 T1 两端的电压,此电压正常应为(11.8±3%)V。

温湿传感器供电:拔下传感器,测量传感器接头 DB9 芯的接头的 3 脚与 4 脚之间的电压(注意千万不要短路),此电压正常应为(11.8±3%)V。

二、控制开关的测量方法

测量外转接板上的防雷管 T48,T49,T50,T51 的负极对地电压应该有高低变化,高电平应为 10 V 左右,低电平应为 0.5 V 左右,高低电平变化的间隔时间由 T48,T49,T50,T51 逐渐延长。

三、采集器内温、湿度信号的测量方法

1. 湿度输出信号的测量方法

测量 N13 的 6 脚对地的电压应为 $V=9 \times U_s \times 10$ mV

2. 温度输出信号的测量方法

测量 N11 的 6 脚对地的电压应为 $V=17 \times (1800.00 - R_T \times 18)$ mV

R_T 为实时温度所对应的电阻值

第六节　常见故障分析及处理方法

一、供电系统

供电系统前面板配有直流电压表、电流表、交流供电指示灯、低压报警灯、后面板接有交流输入保险丝及直流输出保险丝,这两个保险丝皆为熔断式,一旦烧毁,不可恢复。

1. 插上交流电源线,电源指示灯不亮

(1)检查供电系统交流电是否正常?

(2)检查机箱后面板的交流 1.5 A 保险丝,如果烧断,不要轻易接上保险丝,待排除故障后再接上;

(3)打开机箱,检查接插件。如有松动,旋紧;

(4)上述正常,指示灯损坏,更换指示灯。

2. 打开供电系统电源开关,交流指示灯正常而电压表指示直流不正常

(1)首先测量蓄电池电压是否正常? 如不正常,检查充电器及电池;

(2)检查电源开关及电压表头是否正常? 如不正常,更换损坏器件;

(3)检查各接触点是否良好? 如有松动,旋紧。

3. 供电系统声光报警

(1)断电时间过长(大于 72 小时),导致电池过度放电,及时充电;

(2)电池损坏,已无法充电,更换电池;

(3)充电器损坏,导致电池无法充电,维修充电器;

(4)报警线路板故障,更换报警板。

二、外接线盒

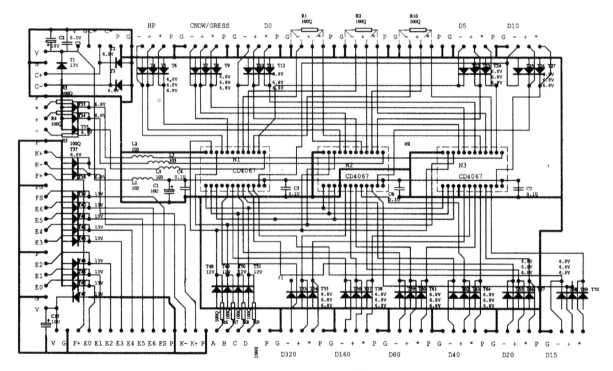

图 9-29　外转接板原理图

1.某路地温(含气温)不正常,为固定值

(1)检查接插件,如松动,请旋紧;

(2)CD4067BF 损坏,更换芯片;

(3)防雷管损坏,更换防雷管;

(4)如上述均正常,更换外围板。

2.所有温度均不正常,而湿度正常

(1)接线盒内 CD4067BF 损坏,更换芯片;

(2)防雷管 T33、T34、T35 损坏或漏电,更换防雷管;

(3)如上述均正常,更换外围板。

3.湿度为固定值不变,而温度正常

(1)信号开路,检查接插件,如有松动,请旋紧;

(2)传感器损坏,更换传感器;

(3)防雷管(T2,T3)击穿或漏电,更换防雷管;

(4)如上述均正常,更换外围板。

4.温度(含地温)混乱

(1)电子开关 CD4067BF 损坏,更换芯片;

(2)某一路控制开关的防雷管(T48~T51)击穿短路或漏电,更换防雷管;

(3)电路板被空气腐蚀,导致线路板漏电,更换外围板。

5.风向不正常或风速不正常

(1)接插件松动,如有松动,旋紧;

(2)防雷管(T39~T46)损坏或漏电,更换防雷管。

6.雨量不正常

(1)检查接插件,如有松动,旋紧;

(2)防雷管 T37,T38 损坏或漏电,更换防雷管

三、采集器

1.采集器的组成结构

为了便于维修,把采集系统做成两部分,一部分完成与外转接板的信号汇接和电源变换,以及对模拟信号的选通、放大、处理等功能,称之为模拟板;一部分用来完成对数据的采集、计算、存储、显示等功能,称之为数字板。

图 9-30 为模拟板的实物图,器件功能见表 9-1。

图 9-30　采集器模拟板

表 9-1 模拟板主要器件表

编号	型号	功能
N1	12D12-50	DC/DC 稳压器
N2	MAX738AEWE	稳压器
N3	MAX471EPA	电流传感放大
N4	AD590	温度变换器
N5	MAX6350	稳压器
N6/N11/N26	OPA277	差动放大器
N7/N8/N22	CD4052BF	双四选二模拟开关
N9/N13/N23	INA128P	运算放大器
N10/N12/N14/N16/N24/N25	OPA177	差动放大器
N15/N21/N27	CD4051	八选一模拟开关
N18	TLP521-1	光电耦合器
N19/N20	TLP521-4	光电耦合器
T1~T21	P6KE＊＊A	防雷管

图 9-31 为数字板的实物图,器件功能见表 9-2。

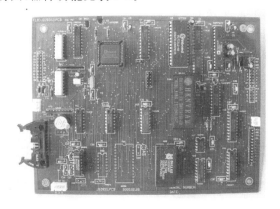

图 9-31 采集器数字板

表 9-2 数字板主要器件表

编号	型号	功能
N3	W77IE58	CPU
N4	74HC373	八 D 锁存器
N13	74HC138	3 — 8 线译码器
N8	27C512	程序存储器
N18	DS12C887	时钟芯片
N14	HK1265	数据存储器
N12	74HC14	六反相施密特触发器
N17	MAX705EPA	复位芯片
N7	74HC08	两输入端四与门
N22	74HC00	两输入端四与非门
N21	MAX202CPE	通信芯片
N12	74HC244	单向八路三态缓冲器
N15/N16/N23	74HC377	八 D 触发器
N 5/N11	74HC32	两输入端四或门
N6	AD976AAN	A/D 转换器
CR1	11.0592M	晶振

　　判断采集器故障时须保证外围部分正常,可以用我厂系统监控软件进行故障判断。采集系统工作正常时各项参数值见表9-3。

表 9-3　采集器参数值表

序号	项目	正常值	备注
1	系统电压(V)	13.8±10%	此时供电系统应有交流电
2	系统电流(mA)	200±15%	
3	系统温度(℃)	$T+15$	T为当时室内温度
4	+12V 电压(V)	12.0±5%	
5	−12V 电压(V)	−12.0±5%	
6	基准电阻(Ω)	100.00±5‰	
7	干球基准电压(mV)	1778.26±1%	
8	湿度基准电压(mV)	1801.92±1%	

　　2.采集器常见故障分析及处理方法：

　　(1)打开电源开关,采集器无显示 ,指示灯不亮。

　　出现这种现象说明数字5伏电压异常,主要查数字板和电源变换芯片(MAX738)。按以下处理流程图处理。

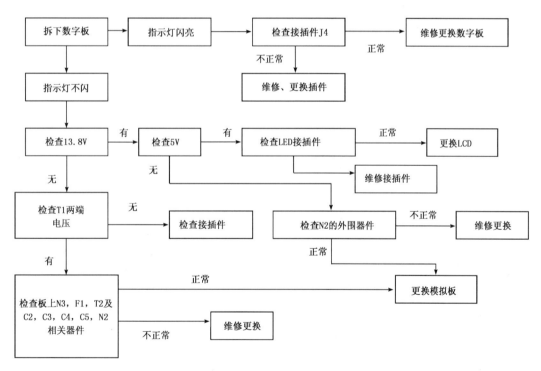

　　① 检查数字板及其器件；

　　② 检查模拟板电源变换芯片(MAX738)及其外围相关器件；

　　③ 检查系统供电保护用防雷管(T1)、保险丝(F1)。

　　(2) 所有模拟量均不正常,数字量正常按以下处理流程图处理

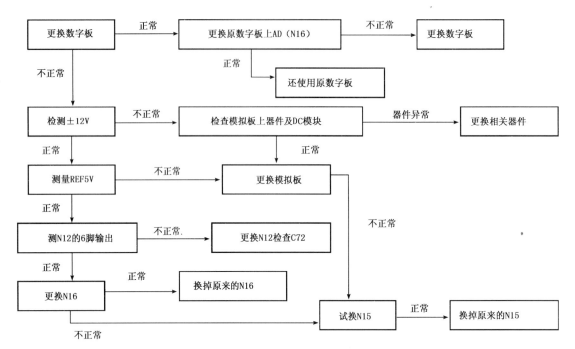

① 检查数字板上 A/D 转换器及其控制电路；
② 检查 A/D 转换器上基准电压；
③ 检查模拟板上基准电压输出是否正常；
④ 检查模拟板上基准电压输入即 DC 模块输出是否正常；
⑤ 检查模拟量选通开关(N15)是否正常。

（3）温度不正常,地温正常

首先检查电缆、接插件及判断传感器是否正常,下一步检查转接盒。

按以下处理流程图处理：

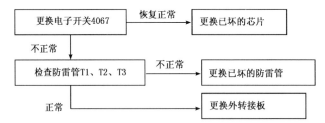

① 检查激励源输出是否正常；
② 检查温度选通开关 N7/N8 是否正常；
③ 检查温度防雷管 T15/T16/T14 是否正常；
④ 检查模拟量选通开关(N15)是否正常。

（4）湿度不正常,而其余均正常

首先保证监控项目正常,传感器输出正常,电缆连接正常。

① 检查激励源输出是否正常；
② 检查湿度选通开关 N22 正常；
③ 检查温度防雷管 T17/T18 是否正常；
④ 检查模拟量选通开关(N15)是否正常。

（5）气压不正常,而其余均正常

首先排除传感器本身故障,如输出正常,检查、更换相关器件,参见气压原理图。

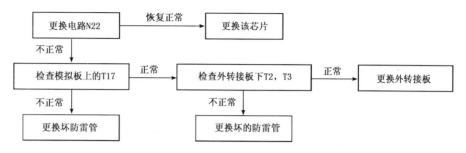

（6）风向风速均不正常，而其余正常

首先排除传感器本身故障以及电缆的故障，然后按如下的流程图进行检查，处理流程图如下：

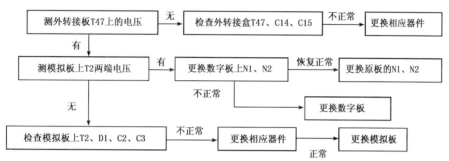

（7）风向不正常，而风速正常

检查传感器及电缆，如正常进行如下操作。

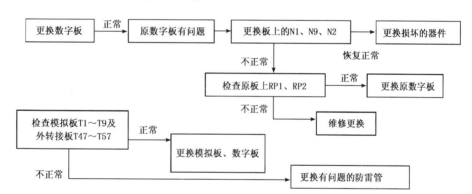

① 检查接插件是否有松动；

② 检查数字板上风向整型光耦 NI、N9 是否正常；

③ 查看模拟板上风向防雷管 T3～T9 是否正常。

（8）风速不正常，风向正常

在排除传感器及电缆故障后，故障现象仍存在，做如下检查：

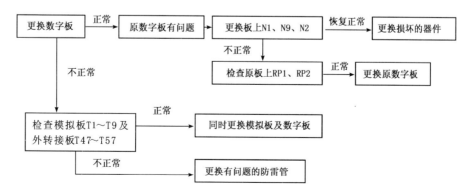

① 检查接插件是否有松动；

② 检查数字板上风速整型光耦 N9 是否正常；

③ 查看模拟板上风向防雷管 T10 是否正常。

（9）雨量不正常

在排除传感器及电缆故障后，故障现象仍存在，做如下检查：

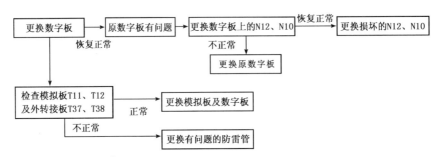

① 检查数字 5V 电压是否正常；

② 检查数字板上雨量整型光耦 N10 是否正常；

③ 查看模拟板上雨量防雷管 T11、T12 是否正常。

（10）LCD 器显示无背光

检查接插件，如正常进行如下操作。

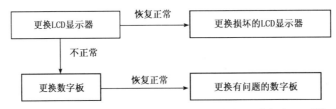

开机后测量 N3 的 5 脚对地的电压应该在 3.5V 以上，否则该芯片损坏，更换芯片。如上述电压有，则检查外围器件 Q2，Q3，R4，R5，更换损坏的器件。

（11）LCD 显示数字混乱

① 首先启动软件终端维护，将采集器清空，如恢复正常则由于干扰造成单片机工作混乱。

② 更换数字板上芯片 N14，如恢复正常则原芯片损坏，更换芯片。

③ 经上述处理仍不正常更换数字板。

（12）采集器与计算机无法通信

① 首先判断计算机以及软件是否一切正常？

② 检查外部通信线是否连接可靠？

③ 更换数字板上 N21 集成电路，如恢复正常则原芯片损坏，更换芯片。

④ 经上述处理仍不正常则更换数字板。

（13）采集器时钟不走

① 清空采集器。

② 更换数字板上的芯片 N14、N18，如恢复正常则原芯片损坏，更换芯片。

③ 经上述处理仍不正常则更换数字板。

（14）面板部分按键失效，或全部失效

首先检查接插件，如正常进行如下操作：

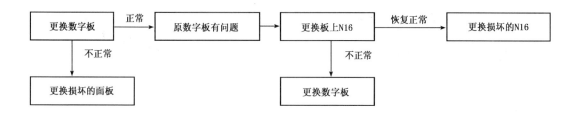

第七节　通信测报软件维护

具体软件操作详见华云公司的使用说明,下面仅就改型后的一些设置予以介绍。

一、采集器驱动程序的设置

打开自动气象站监控软件,点击"自动站维护"选项,在下拉菜单中选择"自动站参数设置"项,输入密码后,点确定就会出现"自动站参数设置"对话框,如下图所示,选择 DYYZ Ⅱ B 型即可。

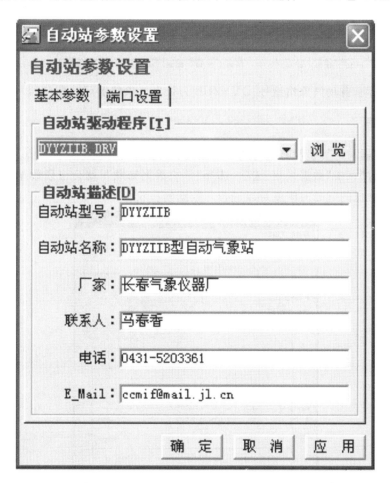

二、如何判断所安装的软件是否与本自动站配套

软件安装完成后,进入自动气象站监控软件,如下图所示:

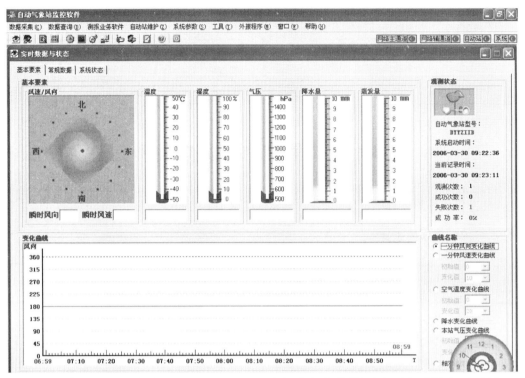

注意:在右上角标有自动气象站型号,DYYZIIB 为长春气象仪器厂改型自动站配置型号。

三、卸载分钟数据

当某种原因采集器与计算机没有进行实时数据传输,电脑就会缺少分钟数据,这时,我们可以打开"自动气象站监控软件"点击"数据采集"选项,选择"常规数据卸载",就会出现数据卸载对话框,如下图所示,选择所要卸载数据的起始时间就可以进行对数据的补收。

第十章

DYYZ-Ⅱ(L)型中小尺度自动气象站的使用与维护

　　DYYZ 型中小尺度自动气象站(二要素、三要素、四要素、六要素、七要素不同站型)是由长春气象仪器厂生产的用于区域无人值守自动气象站建设的设备。它可自动观测地面空气温度、风向、风速、降水、相对湿度、大气压力、地温等气象要素,为气象预报、区域性灾害天气预警服务提供准确、及时的数据资料支持。设备支持 GPRS、GSM 无线通讯方式。若干中小尺度自动气象站子站,一个数据接收、管理中心站,采用公网通信系统,可组成一个区域气象观测网络系统。

第一节　DYYZ-Ⅱ(L)型自动气象站的基本性能

一、技术参数

1.气压

测量范围:500～1100 hPa

准　确　度:±0.3 hPa

分　辨　率:0.1 hPa

2.温度

测量范围:−50～+50℃

准　确　度:±0.2℃

分　辨　率:0.1℃

3.湿度

测量范围:0～100%RH

准　确　度:±3%、≤80%RH 时,±8%、>80%RH 时

分　辨　率:1%RH

4.风向

测量范围:0～360°

准　确　度:±5°

分　辨　率:3°.

起动风速:≤0.5 m/s

5.风速

测量范围：0～60 m/s

准　确　度：±(0.5＋0.03V)m/s，V—实际风速

分　辨　率：0.1 m/s

起动风速：≤0.5 m/s

6.降水量

测量范围：0～4 mm/分(雨强)

准　确　度：≤10 mm 时，±0.4 mm

　　　　　＞10 mm 时，±4％

分　辨　率：0.1 mm

灵　敏　阈：0.2 mm

7.地表温

测量范围：－50～＋80℃

准　确　度：±0.5℃

分　辨　率：0.1℃

8.供电方式：太阳能供电为主,市电为辅。

9.设备平均功率：≤2 W

10.绝缘电阻：大于 100 MΩ

11.通信模式：GPRS、RS485、RS232、TCP/IP 协议及其他组网方式。

12.通讯波特率：4800 bit

13.时钟走时精度：月累计误差≤30 s

14.工作环境

温度范围：－50～80℃

相对湿度：≤100％RH

抗　阵　风：75 m/s

15.可靠性：MTBF(Q1)≥3000 小时

16.仪器维修时间：MTTR≤1 小时

二、系统功能

1.DYYZ 型中小尺度自动气象站,可实时对空气温度、相对湿度、气压、风向、风速、降水、地温诸气象要素进行采集、处理、存储和通信。

2.采集器内存储 144 小时分钟观测数据以及 180 天的正点观测数据。

3.每分钟更新一次数据。

4.配置的太阳能供电系统可保证自动气象站在连续无日照的情况下正常工作 10 天。

5.设备支持有线或无线通信。通过 RS-232 接口,外接远程通信模块后,可支持 500 m 视距通信;采用 GPRS/CDMA 无线模块,标准的串口通讯协议及 TCP/IP 协议,可实现远距离无线或有线通信。

6.设备具有多级系统防雷保护措施,可防止和减弱直击雷和感应雷对设备的损坏。

7.设备具有时间校准功能。

第二节　DYYZ-Ⅱ(L)型自动气象站的工作原理

DYYZ 型自动气象站由传感器、数据采集器、通信模块、防雷保护装置、系统电源、密封机箱、支撑风杆和防辐射罩共八个部分组成。

一、系统工作原理

温度、湿度、气压、风向、风速、降水湿度、气压要素传感器实时感应不同的气象物理量,经过相应的电路转换成标准的电压模拟量和数字量,然后由数据采集器 CPU 按时序采集、计算、存储,得出各个气象要素的实时值,整点数据存盘,同时以统一规格的数据形式进行显示、存储和通信(图 10-1)。

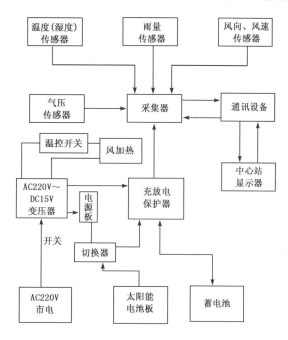

图 10-1　原理框图

二、传感器工作原理

1.温度传感器、湿度传感器、气压传感器、风向传感器、风速传感器、雨量传感器的工作原理,请参阅第九章 DYYZ-Ⅱ型自动气象站的相关内容。

2.数据采集器工作原理

(1)数据采集器构成

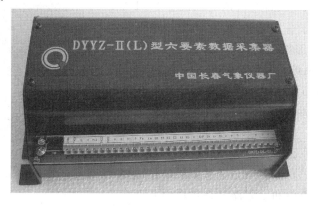

图 10-2　数据采集器外形图

数据采集器由接口单元、信号处理、电源变换、单片机部分、通讯控制、显示及键盘单元和存储单元构成。原理框图如下(图 10-3):

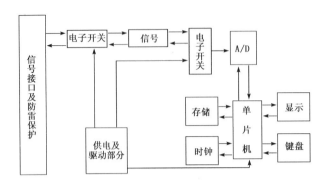

图 10-3　数据采集器原理框图

（2）数据采集器工作原理

在系统采集软件的支持下,数据采集器,中央处理器(CPU)按时间顺序对气温、湿度、风向、风速、降水、气压信号依次进行定时采集、运算、处理、显示、存储和通讯。

（3）数据采集器采样和处理

请参阅第九章 DYYZ-Ⅱ型自动气象站的相关内容。

（4）数据采集器内监控信号

本设备具有监控信号,可提供中心站对设备运行情况进行监控。

三、通讯模块

采用专业厂家生产的 GPRS 模块进行通讯,该产品具有低功耗、高可靠性等优点。

四、供电系统

供电系统由市电接入保护装置、太阳能电池板、电源控制器和蓄电池组成。

市电供电是由变压器降压后,经过整流滤波稳压后经过控制器对蓄电池进行充电。太阳能电池板将太阳的光能转化为电能后,输出直流电流经电源控制器存入蓄电池中,提供系统供电。设备供电是由控制器对交流电和太阳能对电池充电进行自动切换,即有市电时,市电对电池充电,市电异常时由太阳能对电池进行充电。

（1）电源控制器（图 10-4）：

a. 对电池进行过放电保护,即当电池电压低于 11.1 V 时将使电池不再放电,为了保护电池,只有当电池电压恢复到 12.6 V 时,才恢复对系统供电。

b. 对电池进行过充保护,即当电池电压高于 14.0 V 时将不会对电池充电,为了保护电池,只有当电池电压回落到 13.2 V,才恢复对电池充电。

c. 指示功能

供电模式指示:即保护器标有"Power"字样的指示灯,当只是市电供电时其颜色为"绿色";当只是太阳能供电时其颜色为"深红色";当是市电和太阳能混合供电时其颜色为"浅红色"。

图 10-4　电源控制器外形图

电池状态指示:保护器标有"Led"字样的指示灯,当电池电压大于 13.0 V 时,其颜色为"绿色";当电池电压位于 13.0～12.0 V 之间时,其颜色为"红绿色"交替快速闪烁;当电池电压位于 12.0～11.1 V 时,其颜色为"红色"快速闪烁;当电池电压小于 11.1 V 时,其颜色为"红色"频率为 1 Hz 慢速闪烁。

（2）太阳能电池

根据站型配置功率不同的 22 W、30 W、40 W 性能优良的太阳能电池板。

(3)蓄电池

根据站型配置功率不同的 24 AH、34 AH、38 AH 耐低温性能优良的蓄电池。

五、防雷保护

系统配有避雷器和接地装置,内部对所有传感器的信号及供电加了保护电阻和 TVS 瞬变电压抑制器,多级防雷的措施能够有效避免和减弱各种雷电对设备正常运行所带来的影响。

六、采集系统机箱

采用专业厂家生产的金属机箱,具有防锈蚀、防老化、抗干扰、防辐射、防尘、防雨淋、密封良好等性能,外防辐射罩采用不锈钢材料制造(图 10-5)。

图 10-5　机箱外形图　　　　　图 10-6　防辐射罩外形图

(7)风杆

采用铝合金材料制成,具有材质好、自身重量轻等特点,表面采用静电喷涂处理后具有良好的抗腐蚀能力,高度为 10 m。

(8)防辐射罩

防辐射罩为圆形多层百叶结构,具有良好的防辐射和自然通风性能,用于安放温度(湿度)传感器防止太阳辐射(图 10-6)。

第三节　DYYZ-Ⅱ(L)型自动气象站中心站软件

DYYZ-Ⅱ(L)型中小尺度自动气象站,通过无线组网方式工作,各站数据通过 GPRS 设备上传到中心站,在中心站经系统软件处理,按一定格式存储各气象要素值,并通过网页形式把数据显示出来,相关人员可通过 IE 浏览器浏览各站数据(以吉林省高密度自动观测站网为实例)。

第一次访问时,输入网站 IP 地址 http:218.62.41.108/正常浏览,系统会提示"网站需要 Adobe SVG Viewer 控件来支持地图显示",并出现"【下载】Adobe SVG Viewer"按钮,点击该处即可下载该控件,下载完毕后进行安装,在安装时会出现"软件许可证协议",点"接受"即可,安装完毕后重新打开 IE 浏览器就可以进入吉林省高密度自动观测站网浏览了,如下图。

该图分为图形显示区、左侧菜单区、右侧菜单区,在左侧菜单内,有"实时数据查询"、"历史数据查询"及"模糊查询"等功能按钮,可对各气象要素查询;在右侧菜单中有"区域放大"、"全部地图"、"测量距离"、"最后来报"、"剩余电量"、"调节放大倍数"、"调节温度(雨量、风速)阈值"等功能按钮,可对图形显示区显示内容进行调整;图形显示区可根据需要显示所要查询的内容。

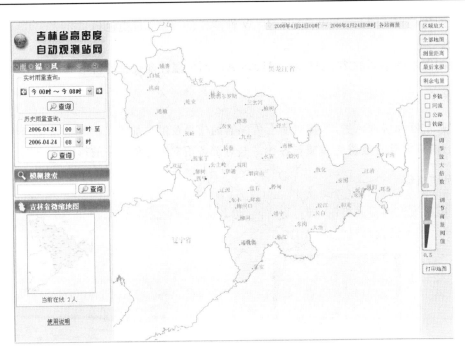

软件运行环境要求:

(1)Internet Explorer 6.0。

(2)1024×768 的显示分辨率。

一、地图缩放功能

通过"区域放大"、"调节放大倍数"、"全部地图"等按钮可实现对地图的放大及缩小功能。

1.击右侧菜单中的"区域放大"按钮,按下鼠标左键在地图页面拖拉选取放大区域。

2.通过拖拉右侧菜单中的"调节放大倍数"的调节按钮,使地图实现缩放功能。

3.选择"全部地图"按钮,即可恢复至全省地图状态。

二、雨量数据查询

1. 实时雨量查询

点击左上角的"雨",进入雨量查询页面。默认显示值是当天 0 点至当前小时的雨量累计值,可以点击下拉菜单中的任意时间段进行当天数据查询。

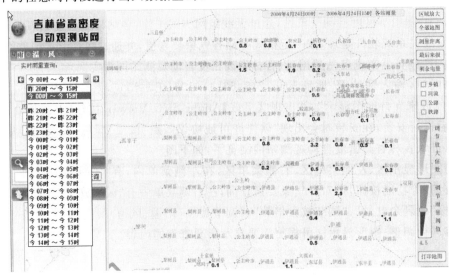

2. 历史雨量查询

点击左上角的"雨",进入雨量查询页面。在"历史雨量查询"栏选择起始时间,点击"查询"按钮即可查询该时间段的雨量数据。

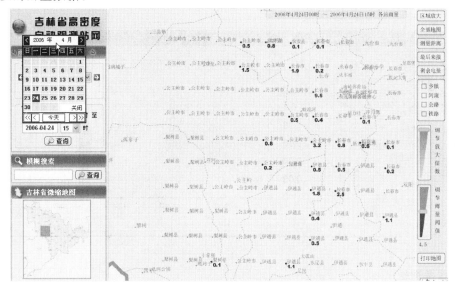

3. 单站雨量查询

在上图中点击要查询的站点,即可进入该站雨量查询页面。默认显示是当天 0 点至当前小时的雨量值。

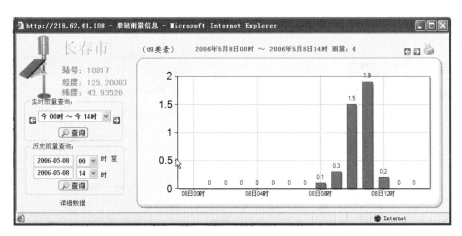

点击柱状图后,还可以查询该时段进行数据查询,数据显示以 10 分钟为步长。

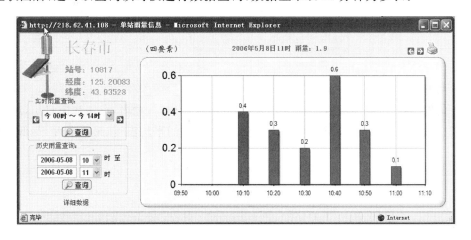

在"实时雨量查询"一栏的下拉菜单中任意选择一时间段,可对该时段进行数据查询。

在"历史雨量查询"一栏的下拉菜单中选择需要查询的日期、时间,点击"查询"按钮即可查询该时间段的所有雨量数据。

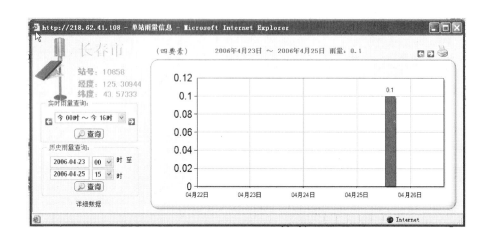

三、温度数据查询

1. 单日温度查询

点击左上角的"温",进入温度查询页面。默认显示值是当天 00:10 的温度数据,点击步进方向按钮,可实现十分钟步进的数据显示,也可以点击选择相应的日期,或通过滚动条来改变相应的时间查询显示,时间间隔为 10 分钟。

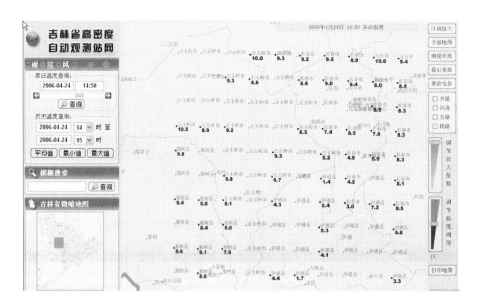

2. 历史温度查询

点击左上角的"温",进入温度查询页面。在"历史温度查询"一栏内,点击弹出日历,选择起始时间,点击"平均值"、"最大值"、"最小值"按钮便可查询该时间段内的平均温度、最高温度、最低温度。

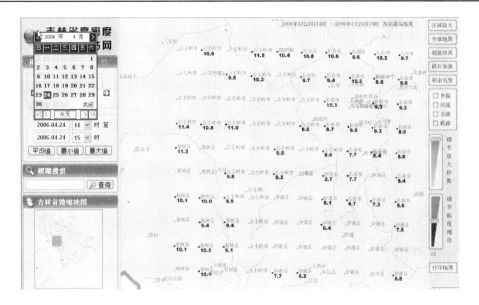

3.单站温度查询

在上图中点击要查询的站点,即可进入该站温度查询页面。选择起始时间,点击"查询"按钮即可查询该时间段的所有温度数据。

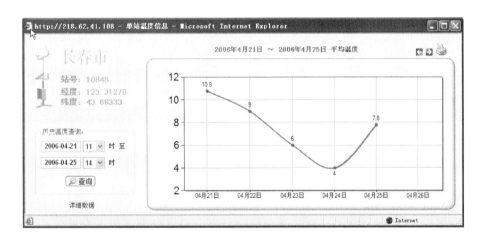

在上图中,点击某日温度值即可查询该日温度数据,如下图。

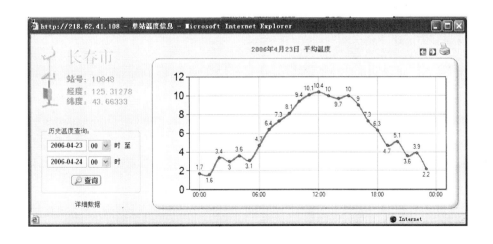

四、风场数据查询

1. 单日风场查询

点击左上角的"风",进入风向、风速查询页面。默认显示值是当天00:10的风向、风速数据,点击步进方向按钮,可实现十分钟步进的数据显示,也可以点击选择相应的日期,或通过滚动条来改变相应的时间查询显示,时间间隔为10分钟。

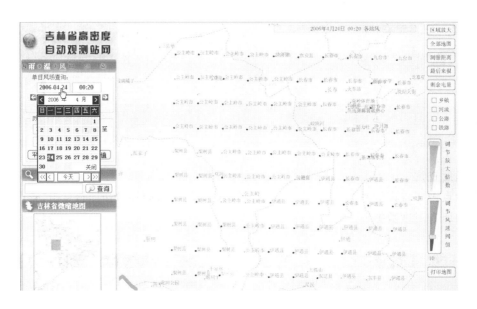

2. 历史风场查询

点击左上角的"风",进入风向、风速查询页面。点击"历史风场查询",选择起始时间,点击"平均值"、"极大值"、"最大值"按钮便可进行相关查询。

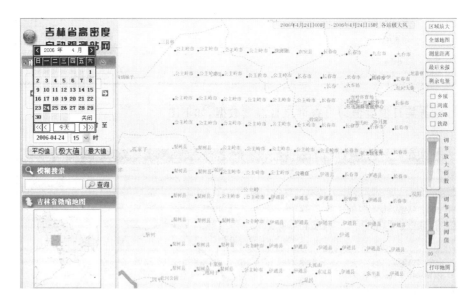

3. 单站风场数据查询

在上图中点击要查询的站点,即可进入该站风向、风速查询页面。选择起始时间,点击"查询"按钮即可查询该时间段的所有风向、风速数据。

五、整点数据查询

进入单站数据查询页面,点击"详细数据"按钮,即可进入该站整点数据统计页面。

[返回首页]　查询日期: 2006-04-23　　StationID: 10816　　站号: 10816　　SIM卡: 13943098496　　站名: 长春市

四要素　整点数据统计　　　[前一天]　[后一天]　　[刷新到当前]

时间	雨量	气温	最高气温	最低气温	二分钟风	最大风	极大风	电站电量	缺报次数
24:00		1.2	2.4	1.1				100%	
23:00		2.3	4.9	2.3				100%	
22:00		5	5.8	5				100%	
21:00		5.7	6	5.7				100%	
20:00		6	6.7	5.8				100%	
19:00		6.7	7.7	6.7				100%	
18:00		7.6	9	7.5				100%	
17:00		9	9.8	9				100%	
16:00		9.6	11.3	9.5				100%	
15:00		10.2	11.4	10.1				100%	
14:00		11.5	11.5	10.3				100%	
13:00		10.8	11.4	10.2				100%	
12:00		10.7	11.4	10				100%	
11:00		10.2	10.5	9.1				100%	
10:00		9.1	9.2	7.8				100%	
09:00		8.3	8.3	6.9				100%	
08:00		7	7	5.3				100%	
07:00		5.3	5.3	2.5				100%	
06:00		2.5	2.5	.9				85%	
05:00		.9	.9	.2				80%	
04:00		.6	1.7	.6				80%	
03:00		1.4	1.6	.4				80%	
02:00		1.4	1.5	1				80%	
01:00		1.1	2.5	1.1				80%	

安徽省气象技术装备中心

当时间栏显示为红色时,表示该时段内分钟数据不完整,可以通过查询分钟数据来查看。

六、分钟数据查询

进入整点数据查询页面,选择所要查询的时间段,即可进入分钟数据查询页面。

开始时间: 2006-04-24 14:00:00　　StationID: 10816　　站号: 10816　　SIM卡: 13943098496　　站名: 长春市

四要素　分钟数据查询　　　[前一小时]　[后一小时]　　[刷新到当前]

时间	雨量	温度	平均风向	平均风速	瞬时风向	瞬时风速	极大风向	极大风速	复位	电站电压
15:00		8.5								13.50
14:59		8.3								13.50
14:58		8.3								13.40
14:57		8.5								13.40
14:56		8.9								13.50
14:55		8.5								13.50
14:54		8.4								13.40
14:53		8.4								13.40
14:52		8.5								13.40
14:51		8.8								13.40
14:50		8.8								13.60
14:49		9.1								13.60
14:48		8.9								13.60
14:47		8.5								13.50
14:46		8.5								13.50
14:45		8.7								13.60
14:44		8.6								13.60
14:43		8.4								13.60
14:42		8.3								13.50
14:41		7.8								13.50
14:40		7.6								13.30
14:39		7.7								13.30
14:38		7.8								13.30
14:37		8.0								13.40
14:36		8.1								13.50
14:35		8.5								13.60
14:34		8.5								13.60
14:33		8.1								13.60

七、站点查询

在左侧菜单的"模糊搜索"框中输入想要搜索的站点名称或区站号,即可以查询所有相关的站点,并在地图上以动态的绿色圆圈表示。

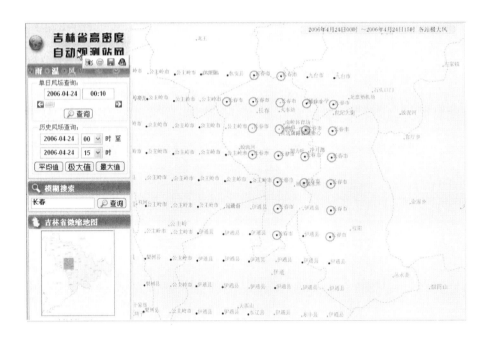

八、其他功能

1. 测量距离

点击右侧菜单中的"测量距离"按钮,在图形区点击测量起始点,再拖拉至终止点,就可以测出地图上任意点间的距离,双击鼠标结束操作。

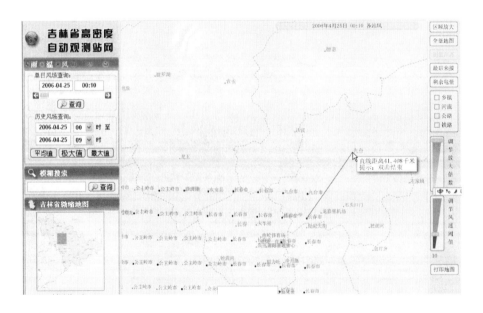

2. 发报站监测

点击"最后来报"按钮,显示各站最后来报时间,点击"剩余电量"按钮,显示站点的电池电量情况。

3.增减地图上要素

在右侧菜单栏中,通过是否选中"乡镇"、"河流"、"公路"、"铁路"等要素来决定地图上的显示内容。

4.调节阈值

当有数据显示时,通过拖拉右侧菜单的"调节雨量(温度、风速)阈值"来调节显示数据的分界值,也可通过双击按钮下方的数字,在弹出的对话框中输入准确的阈值,当数据超出设定值时,显示为红色,向浏览人员提出警示。

5.打印地图

点击右侧菜单中的"打印地图"按钮,可把显示窗口的内容打印出来。

6.鹰眼快速移动窗口

在左侧菜单中有"吉林省微缩地图"一项,当地图放大后,按住鼠标并拖拉其"鹰眼窗",可快速移动窗口的位置。

第四节　DYYZ-Ⅱ(L)型自动气象站电路原理

一、供电及电源转换电路原理图

根据需要用不同的芯片配置电路,可获得五种工作用电压,即系统电压 VCC(+13.8V)、正电压(+9V)、负电压(-9V)、基准电压 VREF(+5V)、数字电压(+5V)(图 10-7)。

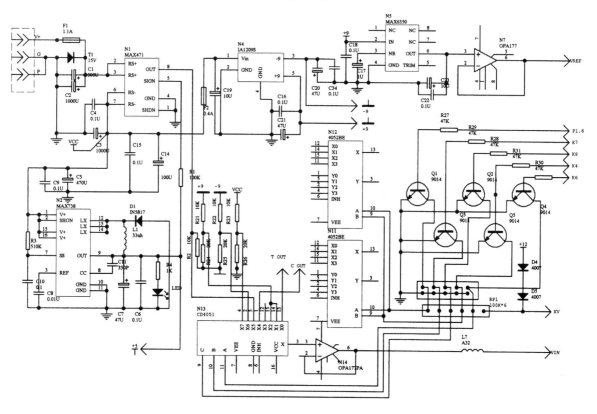

图 10-7　供电及电源转换原理图

1.系统电压 VCC

采用太阳能供电,经过充放电保护器给蓄电池充电,同时给采集器供电,主要作用如下:

a.经过 C5、C9 滤波加到 PWM 调置 DC 5V 降压稳压器(N2)上,使其输出 5V 的稳定电压,给数字板供电；

b. 经过 C14、C15 滤波加到 DC/DC 模块（N4）上，经过变换后输出正、负电压，为模拟电路提供工作用电；

c. 经过 R23、R26 采样加到电子开关（N13）上，经单片机控制其输出由插座 J1 送到数字板上的 A/D 转换器上，经过单片机解算后显示出原始电压值，此数值即为系统电压的监控项；

d. 经过 D3 隔离、T3 防雷保护后，加到风接线端子上，经过 14 芯电缆线给风传感器供电；

e. 给湿度传感器供电。

2. 正、负电压

电源模块 N4 输出的 ±9V 电压经过滤波加到模拟板上，共有以下几个作用：

a. 正电压经过 C18 滤波加到集成电路（N5）上，输出相对稳定的基准电压，供电路采样；

b. 正电压经 R21，R24 采样、负电压经过 R22，R25 采样后，加到电子开关（N13）上，经单片机控制其输出由插座 J1 送到数字板上的 A/D 转换器上，经过单片机解算后显示出原始电压值，此数值即为正、负电压的监控项；

c. 正、负电压经过滤波后，加到信号放大器上，为其提供工作电压；

d. 正电压经过滤波加到电子开关上，使电子开关正常工作；

e. 正电压经过 D5、D6 隔离后，为单片机控制信号提供工作电压。

3. 基准电压 VREF

电压值为 +5V，正电压经过 C18 滤波加到降压稳压器（N5）上，使其输出稳定的 5V 电压，该电压通过集成电路（N7）驱动后由插座 J1 送到数字板，给数字板上的 A/D 转换器提供模拟电压。

4. 数字电压（+5V）

由 VCC 加到降压稳压器（N2）上，使其输出稳定电压，该电压经过插座 J3 给数字板供电。另外，该电压经过限流后，驱动 LED 指示灯。

5. 控制信号

控制信号是指由单片机发出的用以控制模拟开关选通的信号（K5～K8、P 1.6），具体如下：

（1）K6～K8 经过插座 J1 传到模拟板上，驱动三极管 Q2、Q3、Q4，作为电子开关（N13）的通道控制信号；

（2）K5、P1.6 经过插座 J1 传到模拟板上，驱动三极管 Q1、Q5，作为电子开关（N11、N12）通道选择控制信号。

二、温度信号处理电路原理图

温度传感器采用 PT100 铂电阻，利用其阻值随温度变化的特性，采用四线制测量电路测量电阻值的变化可计算出温度的变化。为了取得传感器两端的电压值，我们需要给传感器提供一恒定的电流—激励源，该电流由芯片 LM334 提供（图 10-8）。

激励源经过传感器电缆作用在 PT100 铂电阻上，从而产生一个电压信号，此电压信号的高端和低端经过传感器的电缆分别回传到模拟板上，经过防雷（T15、T16）保护及滤波（R18、R19、L5、L6）处理后，传到电子开关 N12 上，经过切换送到主仪表放大器 N9 上，经过 21 倍放大与参考电压比较后，输出信号加到电子开关（N13）上，经过切换由隔离驱动（N14）、插座 J1 传到数字板的 A/D 转换器上，经过单片机解算出此时的温度值。

温度标准信号：激励源送到 100Q 标准电阻上，产生一个电压信号，此电压信号的高端和低端经过电子开关切换到仪表放大器 N12 上，经过 21 倍放大与参考电压比较后，输出信号加到电子开关（N13）、隔离驱动（N14）、插座 J1，传到数字板上的 A/D 转换器，每次采集温度信号的同时还要采集此信号，得到的两者电压值相比较，换算出温度值。

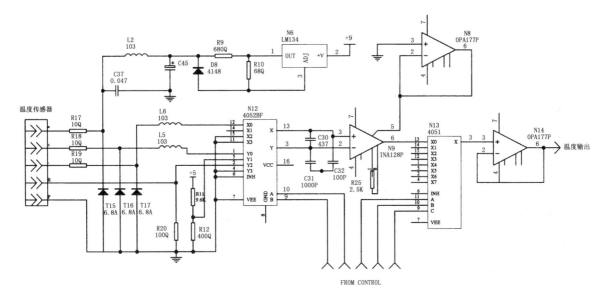

图 10-8　温度信号处理电路原理图

三、湿度信号处理原理图

　　传感器输出的电压信号(0～1V)经过接线端子传到模拟板上,经过滤波、防雷(T13、T14)传到电子开关 N11 上,经过切换送到主仪表放大器 N10 上,经过九倍放大与参考电压比较后,输出信号加到电子开关(N13)上,经过切换由隔离驱动(N14)、插座 J1,传到数字板的 A/D 转换器,经过单片机解算后显示出湿度值(图 10-9)。

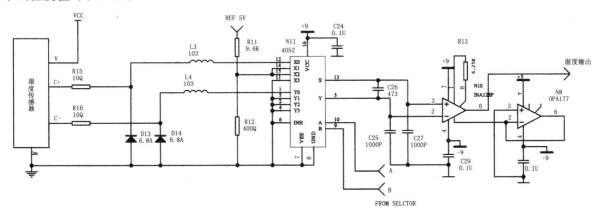

图 10-9　湿度信号处理原理图

四、风信号处理原理图

　　风传感器的输出信号经过电缆传到模拟板上,经过防雷保护(T5、T6、T7、T8、T9、T10、T11、T12)后,由 J3 传到数字板上,经过三极管(Q5～Q12)驱动、隔离整形后送入单片机,再经过单片机解算后显示出此时的风向及风速值(图 10-10)。

五、雨量信号处理原理图

　　雨量传感器的输出信号经过电缆传到模拟板上,经过防雷保护(T2、T3)后,通过光耦(N3)的隔离整形后由插座 J3 传到数字板上,再经过 N8 整形后,送入单片机计数器口,经过单片机计算显示出当前的雨量值(图 10-11)。

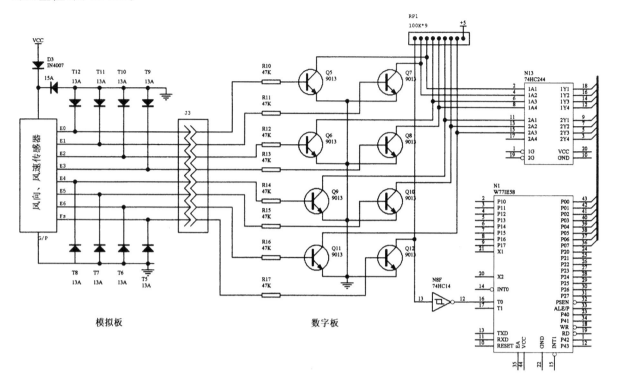

图 10-10　风信号处理原理图

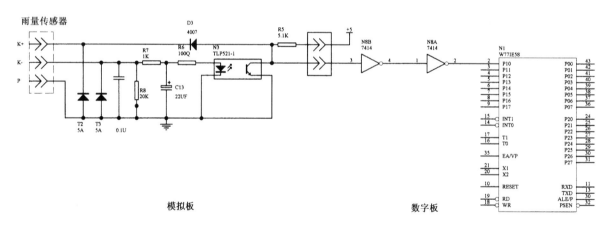

图 10-11　雨量信号处理原理图

六、气压信号处理原理图

气压传感器输出的信号经过电缆传到模拟板上,经过插座 J3 传到数字板上,经过 N11、N12 送入单片机,经过单片机解算显示出此时的气压值(图 10-12)。

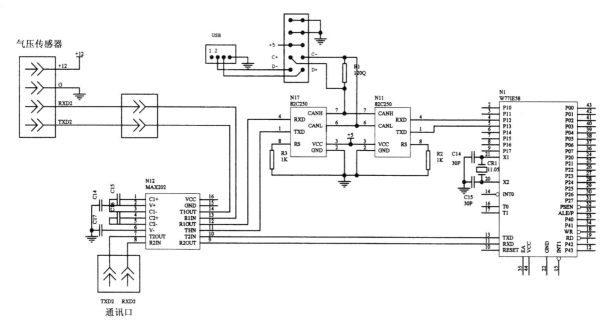

图 10-12   气压信号处理原理图

第五节   DYYZ-Ⅱ(L)型自动气象站传感器信号测量及判断

请参阅 DYYZ 型自动气象站传感器信号测量。

第六节   DYYZ-Ⅱ(L)型自动气象站常用器件测量方法

1. TVP 管

用万用表的 200k 电阻档,红色表笔接二极管的正极,黑表笔接二极管的负极,电阻值大于 150 kΩ 为正常。

2. 太阳能板(应有光照)

拆开与之相连的充电保护器的正极,用万用表直流电压档测量输出端,此时电压应该在 15 V 以上 (视阳光强度)。

3. 快复二极管 1N5817

用万用表的测二极管的正向压降应该为 0.25~0.30 V 之间。

4. 阻排 RPX

首先找到标有‘・’标记的为公共端,然后用万用表电阻档测其余管脚与公共端的电阻值与标称的 值大体相同。

第七节   DYYZ-Ⅱ(L)型自动气象站关键的测试点

1. 输入电压

此电压正常应为 12.5V 左右,测量保护器的输出端电压。

2. 数字 5 V

测量模拟板上的标有'D1'两端的电压,此电压正常为 5 V±3%。

3. ±9 V 的电压

测量模拟板上的电源模块 N9 的输出端,正常为±(9±3%)V。

4. REF 5 V(基准电压)

测量模拟板上 C23 两端之间的电压,正常为 5±5‰V。

5. A/D 转换器的模拟电压

测量模拟板上集成电路 N7 的 6 脚对地的电压,正常为 5±1%V。

6. 风传感器的供电电压

测量模拟板上二极管 D3 负端对地的电压,此电压正常为 11±3%V。

第八节　常见故障分析及处理方法

1. 采集器供不上电

a. 检查充电保护器是否正常(观察指示灯),如不正常检查太阳能电池板、蓄电池及保护器本身是否正常。

b. 检查采集器是否正常(去掉所有外围负载如传感器、GPRS 模块)。

c. 太阳能转换充电器指示灯状态表

蓄电池电压	状态指示灯	充电指示灯	备　　　注
13.6～14 V	绿色	不亮	太阳能板及交流电未连接
13～13.6 V	绿色	不亮	太阳能板及交流电未连接
12～13 V	橙色 22 Hz 快闪	不亮	太阳能板及交流电未连接
11.1～12 V	橙色 10 Hz 慢闪	不亮	太阳能板及交流电未连接
11.1 V 以下	红色 1 Hz 慢闪	不亮	太阳能板及交流电未连接
大于 14 V	绿色	不亮	连接太阳能板未接交流电
13.6～14 V	绿色	红色 20 Hz 闪烁	连接太阳能板未接交流电
13～13.6 V	绿色	红色	连接太阳能板未接交流电
12～13 V	橙色 22 Hz 快闪	红色	连接太阳能板未接交流电
11.1～12 V	橙色 10 Hz 慢闪	红色	连接太阳能板未接交流电
11.1 以下	红色 1 Hz 慢闪	红色	连接太阳能板未接交流电
13.6～14 V	绿色	绿色	连接交流电未接太阳能板
13～13.6 V	绿色	绿色	连接交流电未接太阳能板
12～13 V	橙色 22 Hz 快闪	绿色	连接交流电未接太阳能板
11.1～12 V	橙色 10 Hz 慢闪	绿色	连接交流电未接太阳能板
11.1 V 以下	红色 1 Hz 慢闪	绿色	连接交流电未接太阳能板

2. 温度异常(其他正常)

a. 检查传感器是否正常,接插件是否有松动,如果异常,更换传感器以及插件;

b. 检查模拟板上的防雷管 T15、T16、T17 是否正常,如有异常,更换损坏的防雷管;

c.更换芯片 N12,若恢复正常,则该芯片损坏,更换芯片;

d.检查控制开关 Q1、Q2、Q3、Q4、Q5 及其外围电路是否正常,如有异常,更换损坏器件;

e.更换模拟板,如果恢复正常,证明原来的模拟板存在问题,更换模拟板即可。

3.湿度异常(其他正常)

a.用万用表电压档测量传感器输出是否正常,如果不正常,更换传感器;

b.检查防雷管 T13、T14 是否正常,如有异常,更换损坏的防雷管;

c.更换芯片 N11,若恢复正常,则该芯片损坏,更换芯片;

d.检查控制开关 Q1、Q2、Q3、Q4、Q5 是否正常,如有异常,更换损坏的器件;

e.更换模拟板,如果恢复正常,证明原来的模拟板存在问题,更换模拟板即可。

4.风向异常(其他正常)

a.更换传感器测试一下,如果恢复正常,则更换新传感器;

b.检查防雷管 T5～T11 是否正常,如有异常,更换损坏的防雷管;

c.检查数字板 Q5～Q11、N13 及外围器件是否正常,如有异常,更换损坏的器件;

d.若仍不正常,更换数字板。

5.风速异常(其他正常)

a.更换传感器测试一下,如果恢复正常,则更换新传感器;

b.检查防雷管 T12 是否正常,如不正常,更换损坏的防雷管;

c.检查数字板 Q12 及外围器件是否正常? 如不正常,更换损坏的器件;

d.若仍不正常,更换数字板。

6.雨量异常(其他正常)

a.检查传感器是否正常如有卡滞、堵塞现象;

b.检查防雷管 T2、T3 是否正常,如不正常,更换损坏的防雷管;

c.检查模拟板上光耦(N3)是否正常,如不正常,更换损坏的器件;

d.若仍不正常,更换数字板。

7.气压异常(其他正常)

a.更换传感器试一下,如果恢复正常,则传感器损坏,更换原来的传感器;

b.更换数字板上器件,如果恢复正常,证明原有的器件损坏,更换损坏的器件;

c.更换数字板上的 CPU 测试一下,如果恢复正常,证明原有的 CPU 损坏,更换损坏的 CPU;

d.若仍不正常,更换数字板。

8.采集器数据无法上传

如果所有的子站与中心站均无法通讯,则检查中心站服务器设备以及软件设置;如果某一个子站与中心站无法通讯,则检查子站采集器状态、GPRS 模块以及 SIM 卡的状态。

第十一章

HYA-M06 型自动气象站的使用和维护

HYA-M06 型自动气象站是中国华云技术开发公司生产的一种以 HYA-M100 多要素数据采集器为核心采集器的多要素自动气象站,可以应用于中尺度自动气象监测网,完成对风向、风速、温度、雨量、湿度、气压以及能见度等气象要素的自动观测。

第一节　HYA-M06 型自动气象站的性能与结构

一、HYA-M06 型自动气象站的性能

HYA-M06 型自动气象站能够对风向、风速、空气温度、相对湿度、降雨量、大气压以及能见度等气象要素数据进行自动采集、处理、存储、传输。主要功能包括:

1. 具有内部时钟,内部时钟具有独立的后备电池。

2. 可以选择观测要素,如:风向/风速、温度、雨量、湿度、气压、土壤水分接收数据,另外还可以根据需要扩展其他测量数据,如:蒸发、地温、能见度等。

3. 定时自动采集所选择的观测要素数据,并按照中国气象局制定的观测规范进行数据处理。

4. 可以设置是否对测量要素进行二次订正处理,风向测量可以选择线性多项式进行二次订正处理;风速测量可以选择一次或二次多项式进行二次订正处理;温度测量可以选择一次或二次多项式进行二次订正处理;湿度测量可以选择线性多项式进行二次订正处理;气压测量可以选择一次或二次多项式进行二次订正处理;雨量不进行二次订正。各种测量订正参数可以写入采集器 Flash 中保存。

5. 观测记录数据按照中国气象局制定的观测规范进行处理,每小时记录一组小时观测记录数据。其数据格式参见后面的小时记录数据的格式说明。

小时记录数据存储量:采集器内部存储器最多可以存储 150 天的记录数据。

6. 观测数据和观测记录数据的上传,提供多种读取观测记录数据方式,包括:

(1) 可以设置开启或关闭自动发送小时记录数据方式。如果开启自动发送小时记录数据方式,则每个小时自动发送小时记录数据。

(2) 使用命令读取小时记录数据,可以采用以下 6 种方式读取小时记录数据,即:

①读取全部小时记录数据;

②读取最新的小时记录数据;

③从当前的读取记录指针开始,读取 N 条记录数据;

④读取指定小时时次的一条记录数据;

⑤读取从指定小时时次开始的 N 条记录数据；

⑥读取从指定小时时次开始到指定时次结束时间段内的全部记录数据。

（3）可以设置开启或关闭自动发送分钟观测数据方式，如果开启自动发送分钟观测数据方式，则按照设定的分钟间隔时间，自动发送所有观测要素的分钟观测数据。

（4）可以设置开启或关闭自动发送实时观测数据方式，如果开启自动发送实时观测数据方式，则按照设定的秒钟间隔时间，自动发送所有观测要素的实时观测数据。

（5）使用命令读取实时观测数据。

7. 可以任意设置分钟加密观测，加密时间间隔按照分钟可以通过命令方式随意设定。一旦开启加密观测后，按照设定的加密分钟时段，自动发送分钟加密数据。一旦开启了分钟加密观测之后，分钟加密数据就按照指定的分钟加密间隔自动发送，并同时在加密记录数据存储区中存储分钟加密记录数据。

分钟加密记录数据存储量：采集器内部存储器最多可以存储 512 条的加密记录数据。

分钟加密观测数据与分钟数据的区别：

分钟观测数据只是各个观测要素的一分钟平均观测值。

分钟加密观测数据是加密时间段内的观测数据及相关的统计数据，在格式上与小时记录数据基本类似，只是没有土壤水分的分钟加密数据。

8. 对于读取记录数据，无论是小时记录数据、分钟加密记录数据和还是只读取土壤水分记录数据，都是可以搜索、查找指定时次的记录数据，设置记录读取指针，以便读取一条指定时次的记录数据或读取从指定时次起的 n 条记录数据。

9. 提供了供电电压、CPU 温度以及采集器工作状态等参数检测功能，并把状态参数存储在小时记录中。

10. 为了监控和采集器检定的需要，可以自动发送或命令读取各个测量通道的采样数据。

11. 可以设置修改 RS232 串口通信波特率。

缺省的串口通讯参数：9600 pbs，8 位数据位，1 位停止位，无奇偶校验。

12. 为了适应多种通信设备传输速率的需求，在连续发送记录数据时，可以设置发送完一条记录数据之后，延时若干秒钟再发送下一条记录数据。

13. 采集器设置了开机自检功能，包括：对供电电压进行检查，如果电压过低，则采集器不工作，处于等待状态。

14. 采集器外面板带有测量、通讯状态指示灯，显示采集器的当前工作状态。

15. 直流 12 VDC 供电，工作电流 30 mA。

16. 工作环境温度－40 ～ ＋50 ℃。

二、HYA-M06 型自动气象站结构

HYA-M06 型自动气象站采用的是低功耗设计，所以整个设备结构简单紧凑。

HYA-M06 型自动气象站基本原理结构如图 11-1 所示，包括传感器、主机箱和外接供电电源三大部分。

常规连接的传感器有气压、温度、湿度、风向、风速和降水，可根据需要通过 RS232 串口连接能见度仪。

主机箱是 HYA-M06 型自动气象站的核心部分内有数据采集器、通信模块、直流充电电源或太阳能控制器、后备电池等。

外接供电电源可以是交流市电，这时主机箱内配直流充电电源部件；也可以太阳能电池板供电，这时主机箱内配太阳能控制器。

HYA-M06 型自动气象站的三大部分设计成五个部件组成一套自动气象站设备。这五个主要部件是：数据采集器主机箱、10 m 风杆、风传感器及安装横臂、翻斗式雨量传感器、防辐射通风罩安装套件及

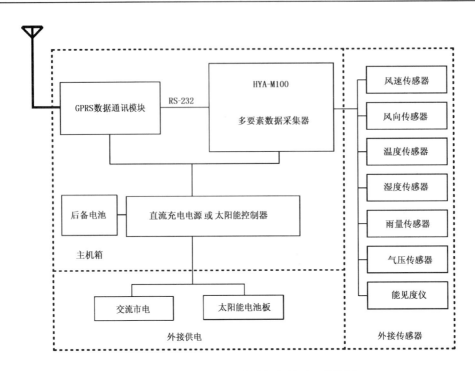

图 11-1　HYA-M06 型自动气象站原理结构图

温湿度传感器（见图 11-2）。如果采用太阳能供电，则还包括一块太阳能电池板。在数据采集器主机箱中，包括：HYA-M100 多要素数据采集器、气压传感器、GPRS 通信模块、供电电源（直流充电电源或太阳能控制器）、后备电池。

　　图 11-2 是 HYA-M06 型自动气象站五个主要部件在现场的实际安装的情况。

　　主机箱的内部结构如图 11-3 所示。数据采集器是一个封闭的独立部件，全部通过上部的两排接线排实现与各传感器和供电电源的连接。气压传感器除连接信号线和电源线外，还需用气管将气压传感器的气嘴与主机箱上的静压孔连接起来。无线通信模块安装在机箱门上，其天线则经机箱下边的线孔引出到机箱外。后备电池的容量则根据无外接电源时，需后备电池独立供电保证自动站正常工作的时间来选配。

图 11-2　HYA-M06 型自动气象站现场实际安装图

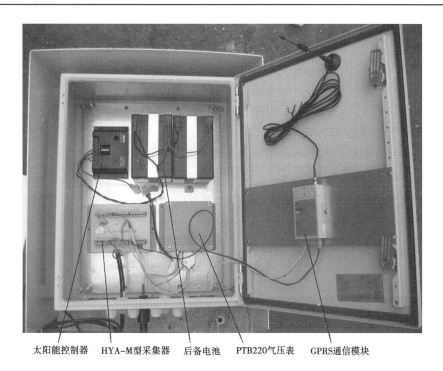

太阳能控制器　HYA-M型采集器　后备电池　PTB220气压表　GPRS通信模块

图 11-3　HYA-M06 型自动气象站内部结构图

第二节　使用的传感器及日常维护

一、风向传感器

风向传感器使用天津气象仪器厂的 EL15-2/2A 型风向传感器,其性能参见第四章第五节。
测量参考电路如图 11-4 所示。

图 11-4　风向传感器测量电路示意图

风向传感器到数据采集器的接线有＋12VDC 电源线、地线和风向信号输出线,具体连接见图 11-11
所示。

二、风速传感器

风速传感器使用天津气象仪器厂的 EL15-1/1A 型风速传感器,其性能参见第四章第五节。
测量参考电路如图 11-5 所示:

图 11-5　风速传感器测量电路示意图

风速传感器到数据采集器的接线有＋12 VDC 电源线、地线和风速信号输出线,具体连接见图 11-11所示。

三、温度传感器

温度传感器使用芬兰 Vaisala 公司 HMP45D 或标准的金属铂电阻 Pt100。

HMP45D 的技术资料参见第四章第一节。

标准的金属铂电阻 Pt100 技术资料参见第四章第一节。

测量参考电路如图 11-6 所示:

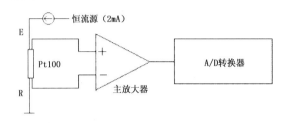

图 11-6　Pt100 温度传感器测量电路示意图

温度传感器有四根引出线 E、＋、－、R。采用典型的恒流电源供电,不平衡电桥测量电路,测量输出的不平衡电压得到温度值。温度传感器四根引出线到数据采集器的具体连接见图 11-11。

四、雨量传感器

雨量传感器采用翻斗式的。翻斗式雨量传感器,在降水时由承水口承接的降水,经过翻斗的翻转,吸合干簧管,产生通断信号,经过计数器电路进行计数处理,换算降水量。

测量参考电路如图 11-7 所示:

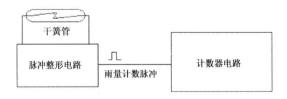

图 11-7　翻斗式雨量传感器测量电路示意图

雨量传感器两根输出引线到数据采集器接线排的具体连接见图 11-11。

五、湿度传感器

湿度传感器使用芬兰 Vaisala 公司 HMP45D。

HMP45D 的技术资料参见第四章第一节。

测量参考电路如图 11-8 所示:

图 11-8　湿度传感器测量电路示意图

湿度传感器的四根引线＋12V 电源、电源地(Gnd)、湿度信号(Rh)和湿度信号地(RhG)到数据采集器接线排的具体连接见图 11-11。

六、气压传感器

气压传感器使用芬兰 Vaisala 公司 PTB220。

PTB220 的技术资料参见第四章第二节。

测量参考电路如图 11-9 所示：

图 11-9　气压传感器测量电路示意图

气压表的四根引线＋12V 电源、电源地（Gnd）、气压信号（Pa）和气压信号地（PaG）到数据采集器接线排的具体连接见图 11-11。

七、传感器的日常维护

为了保证传感器信号的准确性，必须做好对传感器的日常维护。首先必须按由中国气象局职能机构的规定对传感器进行定期检定，在此基础上还必须做好以下的日常维护工作。

1. 定期清洁温度传感器的防辐射通风罩，以确保自然通风的良好性。

2. 降水来临前检查并清理雨量传感器的承水口中的杂物，如：尘土、落叶等，以保证降水通畅地通过承水口流进下面的翻斗。

3. 定期检查雨量传感器中干簧管与磁铁的相对位置，以确保翻斗翻转时干簧管正确可靠地吸合。

4. 雨季到来前检查调整雨量传感器的降雨量输出脉冲数与翻斗翻转次数的对应关系，保证雨量计数脉冲输出的准确性。

有条件时可将雨量传感器排出的雨水收集在储水瓶内，一次降水过程结束后用量杯量出该降水过程的总降水量，用来与雨量传感器测得的降水量做比较，其比较结果可作为对翻斗雨量传感器进行调整的依据。

5. 定期检查湿度传感器防尘罩的通透性，按规定定期更换滤纸。

6. 经常检查并保持机箱上气压传感器的静压管的空气通畅性。

7. 检查风杆避雷接地电阻在正常的范围之内，如果发现接地电阻超标，必须及时处理。

第三节　HYA-M06 型自动气象站数据采集器

HYA-M06 型自动气象站使用的是华云公司组织开发的 HYA-M100 型多要素数据采集器。

一、HYA-M100 型数据采集器原理

HYA-M100 多要素数据采集器为单片机系统，CPU 为 C8051F020。C8051F020 是一种低电压、低功耗的高速 CPU 处理器，工作温度范围－40～85℃。采集器内使用的所有集成电路器件也都是宽温范围的器件，工作温度范围－40～85℃。

采集器有两个 RS-232 通信端口，其中一个可以设置为 RS-485 标准；存储器采用 1MB 的 Flash 存储器；带有时钟芯片；看门狗电路。图 11-10 为采集器的电路原理图。采集器电路主要由 CPU、16 位自校准 A/D 转换器、晶振时钟、1M 字节的 Flash 存储器、看门狗电路、串口驱动电路、AD/AD 电压变换电路等功能电路组件组成。

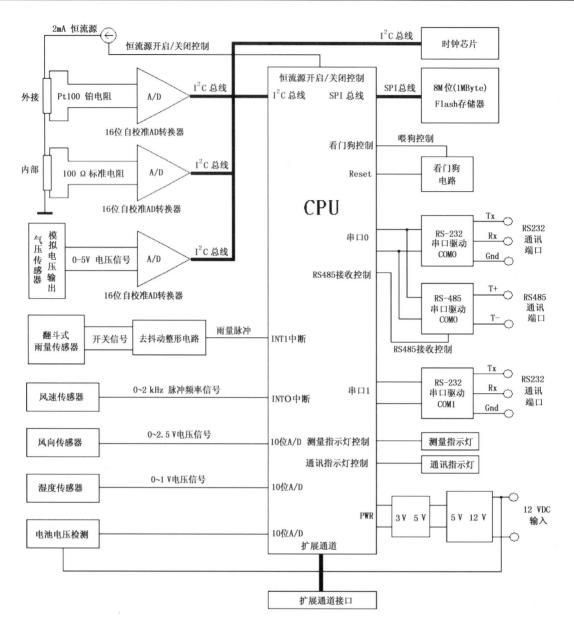

图 11-10　HYA-M100 多要素数据采集器原理图

下面参照采集器原理图分述采集器的工作原理。

1. 温度的采样及数据处理

温度测量采用 Pt100 铂电阻温度测量传感器,四线制测量,2 mA 恒流源激励。在本采集器中使用了两个独立的 16 位、带自校准、I²C 总线标准的 AD(模/数)转换器,分别对测温传感器铂电阻和不随温度变化的标准电阻进行采样,其中使用标准电阻的测量数据对温度测量进行校准,以减小环境变化因素对温度测量产生的误差。由于使用的 AD 转换器采用单电源供电、内部校准方式,所以它的测量稳定性好、精度高、功耗小,而且控制简单。又因为 16 位的 AD 转换器具有足够的精度,因此不需要再加测量放大器,从而进一步降低了测量误差。

温度观测数据采集、处理方法是每 10 秒钟采样一次,每 1 分钟得到 6 个采样数据,去掉一个最高和一个最低采样数据,计算余下的 4 个采样数据的平均值,即为该分钟的温度观测值。

温度观测数据在采集器中记录的方法和内容是每小时记录一条数据,其中包括:该小时时段内的 60 个分钟温度观测值、最高温度、最高温度出现的时间、最低温度、最低温度出现的时间。每小时温度观测记录数据共计 64 个数据,占用 128 个字节存储单元。

2. 雨量的测量及数据处理

雨量传感器为翻斗式雨量计，每 0.1 mm 降雨时翻斗翻转一次，干簧管吸合一下，产生一个通断信号（代表 0.1 mm 的降水量），雨量数据采集电路对雨量翻斗信号首先进行去抖动整形处理，然后接入 CPU 的外部中断 1 触发端，进行采集计数、记录雨量数据。

雨量观测数据在采集器中记录的方法和内容是每小时记录一条数据，其中包括：该时段内的 60 个分钟雨量数据。每小时雨量观测记录数据共计 60 个数据。

3. 风速/风向的测量及数据处理

风速测量使用风杯式传感器，输出重复频率为 0～2 kHz 幅度为 12 V 的脉冲，然后接入 CPU 的外部中断 0 触发端，进行风速脉冲计数和风速数据记录处理。

风向测量使用风标式传感器，输出 0～2.5 V（0～360°）电压信号，以单端测量方式接入 CPU 内置 10 位 AD 的输入端。

风向/风速的数据处理方法：

(1) 每 1 秒钟对风速和风向进行一次数据采样。

(2) 以 1 秒钟为步长（使用 1 秒钟的采样数据作为样本），分别计算 3 秒钟、1 分钟和 2 分钟的滑动平均风速和风向。

(3) 以 1 分钟为步长（使用 1 分钟的平均数据作为样本），计算 10 分钟的滑动平均风速和风向。

滑动平均风速和风向的计算方法，采用由世界气象组织（WMO）推荐的公式：

$$Y_n = K(y_n - Y_{n-1}) + Y_{n-1};$$

其中：$K = 1 - \exp^{-t/\tau}$，$\tau = T/3$ 为平均装置的时间常数；当 $\tau \gg t$ 时，$K \approx 3t/T$。

Y_n 为第 n 次采样平均值。

Y_{n-1} 为第 $n-1$ 次采样平均值。

y_n 为第 n 次采样值。

t 为采样间隔。

T 为平均区间。

表 11-1　计算各种滑动平均使用的参数

计算滑动平均	t 值选取	T 值选取	K 值选取	计算公式	y_n 样本数据
1 秒钟滑动平均	1 s	3 s	$K = 1 - \exp^{-t/\tau} = 0.63$	$Y_n = 0.63 \sim 0.8(y_n - Y_{n-1}) + Y_{n-1}$	1 秒钟的采样数据
1 分钟滑动平均	1 s	60 s	$3t/T = 1/60 = 0.05$	$Y_n = 0.05(y_n - Y_{n-1}) + Y_{n-1}$	1 秒钟的采样数据
2 分钟滑动平均	1 s	120 s	$3t/T = 1/120 = 0.025$	$Y_n = 0.025(y_n - Y_{n-1}) + Y_{n-1}$	1 秒钟的采样数据
10 分钟滑动平均	60 s	600 s	$3t/T = 3/10 = 0.26$	$Y_n = 0.26(y_n - Y_{n-1}) + Y_{n-1}$	1 分钟的平均数据

风向过"0"处理方法：

计算 $E = y_n - Y_{n-1}$　　　若：$E > 180°$，E 减去 360°；

　　　　　　　　　　　　　　$E < -180°$，E 加上 360°；

再以新 E 值计算 Y_n　　　若：算得的 $Y_n > 360°$，则减去 360°；

　　　　　　　　　　　　　　$Y_n < 0°$，则加上 360°。

4. 湿度的测量及数据处理

湿度测量使用湿敏电容式传感器，输出 0～1 V（0～100%）电压信号，以单端测量方式，接入 CPU 内置 10 位 AD 的输入端。

湿度观测数据采集、处理方法是每 10 秒钟采样一次，每 1 分钟采 6 个采样数据，去掉一个最大和一个最小采样数据，计算余下的 4 个采样数据的平均值，即为该分钟的湿度观测值。

湿度观测数据在采集器中记录的方法和内容是每小时记录一条数据，其中包括前 1 小时的最后一分钟的相对湿度观测值（本小时 00 分的相对湿度观测值）、本时段内的最大相对湿度、最大相对湿度出现的时间、最小相对湿度、最小相对湿度出现的时间。每小时湿度观测记录数据共计 5 个数据。

5.气压的测量及数据处理

气压测量使用硅电容压力式传感器,输出 0～5 V(600～1060 hPa)模拟电压信号,该模拟电压信号接入与温度数据采集相同型号的 16 位 AD 转换器。

气压观测数据采集、处理方法是每 10 秒钟采样一次,每 1 分钟得到 6 个采样数据,去掉一个最高和一个最低气压采样数据,计算余下的 4 个采样数据的平均值,即为该分钟的气压观测值。

气压观测数据在采集器中记录的方法和内容是每小时记录一条数据,其中包括前 1 小时最后 1 分钟的气压观测值(本小时 00 分气压观测值)、该时段内的最高气压、最高气压出现的时间、最低气压、最低气压出现的时间。每小时气压观测记录数据共计 5 个数据。

6.电池电压检测

在 12 V 电源供电输入端,以单端测量方式,将 12 V 电压接入 CPU 内置 10 位 AD 的输入端作电池电压监控检测。

7.存储器

HYA-M100 多要素数据采集器的数据记录存储容量为1M 字节的 Flash 存储器,其中分为 16 个存储扇区,每个扇区有 256 个存储页,共计 4096 个存储页,每小时占用一个存储页存储各观测要素的一条本小时记录数据,总计可以存储 4096 个小时的观测记录数据,即 170 天的记录数据。数据记录循环往复。在覆盖旧的存储记录时,是按照扇区的大小擦除记录数据,一次擦一个扇区,而不是擦除一条记录。

Flash 存储器为 SPI 总线串行访问方式。

8.时钟

HYA-M100 多要素数据采集器的时钟采用的是 I²C 总线标准的器件,采用晶振时钟、独立的后备电池,从而保证时钟准确、可靠。时钟精度主要取决于晶振的频率稳定度。

9.看门狗

在 HYA-M100 多要素数据采集器中,为了确保其运行可靠,除了起用了 CPU 内部的看门狗功能之外,还另外增加了外部看门狗电路,有效的双保险,完全能够确保 CPU 程序稳定运行,不会出现死机状况。

二、HYA-M100 型数据采集器的命令集介绍

数据采集器的命令按执行的功能分为四类,即设置基本参数的命令、下载记录数据和设置记录指针的命令、设置测量和订正参数的命令以及调试和测量控制的命令。

采集器命令执行以下要求:

(1)命令和回复数据均为 ASCII 格式。

(2)所有命令字符串格式不分大小写。

(3)命令和参数之间以及参数和参数之间,使用空格作为分割符。

(4)使用回车符 CR 或换行符 LF ,作为命令行的结束符。

1.设置基本参数命令集(共 15 个)

(1)采集器复位命令

命令说明:向上位机发送数据采集器的程序配置参数或程序运行参数。

命令及参数说明:有三种命令格式。

PARAM   命令,读取全部参数

PARAM P 命令,读取程序配置参数

PARAM S 命令,读取程序运行参数

显示信息头:

①标识信息字符串。例如:HYA-M DataLogger V3.0

②数据采集器的时间。例如:Time:2007－06－08 12:36:48

显示数据采集器配置参数:

①信息标识。例如:HYA-M Running Config Parameters:

②站点 ID,5～7 位数字字符串。例如:ID:CNHYC01

③串口 0 的波特率(bps)。例如:URAT0: 9600 (9600bps,1databit,1stopbit,no)

④串口 1 的波特率(bps)。例如:URAT1: 9600 (9600bps,1databit,1stopbit,no)

⑤主通讯使用的串口号。例如:MainURAT: 1

⑥与传感器连接使用的串口号。例如:SensorRAT: 0

⑦命令处理回显方式。例如:Echo On (on:开启;off:关闭)

⑧自动发送记录数据状态。例如:AutoSendLog On (on:开启;off:关闭)

⑨自动发送 10 分钟加密记录数据状态。例如:AutoSendALog On (on:开启;off:关闭)

⑩自动发送分钟数据时间(分钟)。例如:AutoSendMdT: 0 (0:关闭;1～59:发送时间间隔分钟)

⑪自动发送实时数据时间(秒钟)。例如:AutoSendRdT: 0 (0:关闭;1～3600:发送时间间隔秒钟)

⑫自动发送土壤水分记录数据状态。例如:AutoSMSendLog Off (on:开启;off:关闭)

⑬自动发送分钟数据时间(分钟)。例如:AutoSendSMMdT: 0 (0:关闭;1～59:发送时间间隔分钟)

⑭自动发送记录延迟时间(秒钟)。例如:AutoSendDelay: 0 (0:连续发送;1～59:发送延迟时间秒钟)

⑮连续发送记录延迟时间(秒钟)。例如:ConuSendDelay: 0 (0:连续发送;1～59:发送延迟时间秒钟)

⑯命令行处理方式。例如:Command Off (on:开启;off:关闭)

⑰测量数据选择。例如:MeasData: WD TA PR RH PA SM

⑱风向测量校准订正系数。例如:Wd NoCalibration!

⑲风速测量校准订正系数。例如:Ws NoCalibration!

⑳温度测量校准订正系数。例如:Ta NoCalibration!

㉑湿度测量校准订正系数。例如:Rh NoCalibration!

㉒气压测量校准订正系数。例如:Pa NoCalibration!

㉓自动发送风测量采样数据。例如:AutoSendWindSD: Off (on:开启;off:关闭)

㉔自动发送温度测量采样数据。例如:AutoSendTaSD: Off (on:开启;off:关闭)

㉕自动发送雨量测量采样数据。例如:AutoSendPrSD: Off (on:开启;off:关闭)

㉖自动发送湿度测量采样数据。例如:AutoSendRhSD: Off (on:开启;off:关闭)

㉗自动发送气压测量采样数据。例如:AutoSendPaSD: Off (on:开启;off:关闭)

㉘自动发送土壤水分测量信息和数据。例如:AutoSendSMSD: Off (on:开启;off:关闭)

㉙显示土壤水分测量状态信息。例如:Soil Moisture Measure Status:

㉚传感器地址。例如:Sensor Address: 1

㉛传感器选择屏蔽位。例如:Sensor Mask: 00ff

㉜传感器选择数目。例如:Sensor NumSen: 8

㉝最后一次成功执行的命令码。例如:Last Command: 4

㉞最后一次测量完成的状态吗。例如:Measure Status: 2

显示数据采集器程序运行参数:

①信息标识。例如:HYA-M Running Status Parameters:

②CPU 温度。例如：Power Volt OK！

③CPU 温度。例如：CPU_Temp： 22.0

④电池电压。例如：DC_Volt： 13.3

⑤当前正在处理的小时时间。例如：CurLogHour： 9

⑥当前正在处理的分钟时间。例如：CurLogMin： 53

⑦小时记录写 Flash 页地址指针。例如：LogWrFlashPage： 97

⑧小时记录读 F lash 页地址指针。例如：LogRdFlashPage：90

⑨小时记录首页地址指针。例如：LogFirstPage： 0

⑩小时记录末页地址指针。例如：LogLastPage： 96

⑪小时记录存储区状态。例如：LogFlash：No Full！

⑫小时记录已经使用数和没有使用数。例如：LogNum/NoUse： 97/3487

⑬加密记录写 Flash 页地址指针。例如：ALogWrFlashPage： 6

⑭加密记录读 F lash 页地址指针。例如：ALogRdFlashPage： 4

⑮加密记录首页地址指针。例如：ALogFirstPage： 0

⑯加密记录末页页地址指针。例如：ALogLastPage： 5

⑰加密记录存储区状态。例如：ALogFlash： No Full！

⑱加密记录已经使用数和没有使用数。例如：ALogNum/NoUse： 7/505

⑲土壤水分记录读 F lash 页地址指针。例如：SMLogRdFlashPage： 0

（2）读取版本号命令

命令说明：向上位机发送数据采集器的基本信息，包括：程序的版本号和采集器的编号。

命令及参数说明：

INFO 命令，向上位机发送采集器的基本信息（包括程序的版本号和采集器的唯一编号）。

发送数据的内容：HYA-M Ver3.0 SID:070700

（3）采集器复位命令

命令说明：数据采集器全部初始化完成之后，向上位机发送信息：China Huayun Inc HYA-M Ver3.0 2007.07 站点的区站号。

命令及参数说明：有三种命令格式。

RESET 命令，数据采集器复位，读取程序配置参数和程序运行参数。

RESET Def Param 命令，设置数据采集器的全部参数为出厂时设定的初始缺省参数。

RESET Main Param 命令，设置数据采集器的主要参数为出厂时设定的初始缺省参数。

（4）读取/设置串口通讯波特率命令

命令说明：读取/设置数据采集器的串口通讯参数，串口通讯参数只能设置波特率，其他参数固定，即：8 位数据位，1 位停止，无检验位。命令及参数说明：有三种命令格式。

BAUD 命令，读取串口通讯波特率，回复格式：URAT0:9600 URAT1:9600

BAUD 0 9600 命令，设置串口 0 通讯波特率为 9600 bps。

BAUD 1 9600 命令，设置串口 1 通讯波特率为 9600 bps。

（5）读取/设置时钟命令

命令说明：读取/设置数据采集器的时钟。

命令及参数说明：有二种命令格式。

DT 命令，读取数据采集器的时钟。

DT 2006－02－16 08:30:50 命令，设置数据采集器的时钟，参数格式：年－月－日 时:分:秒。

（6）读取/设置站点区站号命令

命令说明：读取/设置站点的区站号

命令及参数说明:有二种命令格式。

ID　　命令,读取站点的区站号。

ID　54510　命令,设置站点的区站号,最长为 7 位,可以是数字、字符、下划线。

(7)读取/设置命令处理回显状态参数的命令

命令说明:读取/设置命令处理回应方式,当命令处理回应方式为开启状态下,执行命令处理的结果信息或其他错误信息会发送给上位机。

命令及参数说明:有三种命令格式。

ECHO　　命令,读取命令处理回应方式,0:关闭;1:开启。

ECHO　0 命令,关闭命令处理回应方式。

ECHO　1 命令,开启命令处理回应方式。

(8) 读取/设置主通讯端口号命令

命令说明:读取/设置主通讯端口号

命令及参数说明:有三种命令格式。

MPT　　命令,读取主通讯端口号。

MPT　0　命令,设置主通讯端口为 COM0 通讯端口。

MPT　1　命令,设置主通讯端口为 COM1 通讯端口。

(9)读取/设置从通讯端口号命令

命令说明:读取/设置从通讯端口号

命令及参数说明:有三种命令格式。

SPT　　命令,读取从通讯端口号。

SPT　0　命令,设置从通讯端口为 COM0 通讯端口。

SPT　1　命令,设置从通讯端口为 COM1 通讯端口。

(10) 读取/设置自动发送分钟加密观测数据方式命令

命令说明:读取/设置自动发送分钟加密观测数据方式,当自动发送分钟加密观测数据方式为开启状态下,每到设定的分钟间隔时间(观测记录时段结束时间)自动发送分钟加密观测记录数据,分钟加密观测的分钟间隔时间可以任意设置。发送的分钟加密观测数据的类型标识为:HYA-M MAOD 。分钟加密观测数据格式参见下载记录数据和设置记录指针命令 6。

命令及参数说明:有三种命令格式。

ASALOG　　命令,读取自动发送分钟加密观测数据方式,0:关闭;1-59:开启。

ASALOG　0　命令,关闭自动发送分钟加密观测记录数据方式。

ASALOG　1-59　命令,开启自动发送分钟加密观测记录数据方式,加密分钟间隔时间为设置值。

(11) 读取/设置自动发送小时记录数据方式命令

命令说明:读取/设置自动发送小时记录数据方式,当自动发送小时记录数据方式为开启状态下,每到整点(观测记录时段结束时间)自动发送小时观测记录数据,小时观测记录数据格式参见下载记录数据和设置记录指针命令 7。

命令及参数说明:有三种命令格式。

ASLOG　　命令,读取自动发送小时记录数据方式,0:关闭;1:开启。

ASLOG　0　命令,关闭自动发送小时记录数据方式。

ASLOG　1　命令,置开启自动发送小时记录数据方式。

(12)读取/设置自动发送实时观测数据方式命令

命令说明:读取/设置自动发送实时观测数据方式,当自动发送实时观测数据方式为开启状态下,按照设定的秒钟间隔时间,自动发送实时观测数据,实时观测数据格式参见下载记录数据和设置记录指针命令5。

命令及参数说明:有三种命令格式。

ASRDT　命令,读取自动发送实时数据观测方式,0:关闭;1:开启。

ASRDT　0　命令,关闭自动发送实时观测数据方式。

ASRDT 1～3600 命令,自动发送实时观测数据的间隔时间(时间参数单位:秒)。

(13)读取/设置自动发送分钟观测数据方式命令

命令说明:读取/设置自动发送分钟观测数据方式,当自动发送分钟观测数据方式为开启状态下,按照设定的分钟间隔时间,自动发送分钟观测数据。

命令及参数说明:有三种命令格式。

ASMDT　命令,读取自动发送分钟观测数据方式,0:关闭;1～60:开启。

ASMDT　0　命令,设置关闭自动发送分钟观测数据方式。

ASMDT　1～60 命令,设置自动发送分钟观测数据的分钟时间间隔(时间参数单位:分)。

(所发送的分钟观测数据为该分钟之前一分钟内的平均数据)

分钟观测数据格式说明:

数据标识(HYA-M MIND)、站点区站号(54510)、日期(2006－05－02)、时间(20:46)、观测要素标识码(31)、风向(187)、风速(23)、温度(155)、雨量(1)、湿度(78)、气压(9998)、5 cm 土壤体积含水率(311)、10 cm 土壤体积含水率(322)、20 cm 土壤体积含水率(333)、30 cm 土壤体积含水率(344)、40 cm 土壤体积含水率(355)、50 cm 土壤体积含水率(366)、100 cm 土壤体积含水率(377)、180 cm 土壤体积含水率(388)(共计 5～18 个数据)。

例如:HYA-M　MIND　54510　2006－05－02　20:46　31　187　23　155　1　78　9998　311　322　333　344　355　366　377　388

数据以空格位分割符,回车符 CR 为结束符。观测数据项是否发送根据观测要素标识码确定,参见观测要素标识码说明。

(14)读取/设置自动发送记录数据的延迟时间命令

命令说明:读取/设置自动发送记录数据(包括:小时记录数据、加密记录数据、土壤水分记录数据)的延迟时间,如果自动发送记录数据延迟时间为零,则在开启自动发送记录数据状态下,一旦到了应该发送记录数据时,马上发送相关的记录数据;如果设置的自动发送记录延迟时间,则等待所设置的时间以后,再发送相关的记录数据。

命令及参数说明:有二种命令格式。

ASDELAY　命令,读取自动发送记录延迟时间,0:不延迟,到时立即发送;1～255:延迟发送时间。

ASDELAY 0～255 命令,设置自动发送记录延迟时间,延迟时间为秒钟。

(15)读取/设置连续发送记录数据的延迟时间命令

命令说明:读取/设置连续发送记录数据的延迟时间,如果连续发送记录数据的延迟时间为零,则在上传记录数据时,每条数据记录发送之间没有延时连续发送;如果连续发送记录数据的延迟时间不为零,则在上传记录数据时,每发送完一条记录,需要延迟等待设定的秒钟之后,再发送下一条记录数据。

命令及参数说明:有二种命令格式。

CSDELAY　命令,读取连续发送记录延迟时间,0:不延迟,连续发送;1～255:延迟发送时间。

CSDELAY　0～255 命令,设置连续发送记录延迟时间,延迟时间为秒钟。

2.下载记录数据和设置记录指针命令集(共 10 个)

(1)读取/设置采集器与连接的探测设备的命令行处理方式命令

命令说明:读取/设置采集器与连接探测设备的命令行处理方式,当采集器与连接探测设备的命令行处理方式为开启状态下,上位机与采集器所连接的探测设备处于直通方式。即:上位机通过主通讯端口发给采集器的命令等,直接通过从通讯端口发送给探测设备;同样,探测设备通过从通讯端口发给采集器的数据等,也是直接通过主通讯端口发送给上位机。

命令及参数说明:有三种命令格式。

CMD　命令,读取命令行处理方式,0:关闭;1:开启。

CMD　0　命令,关闭命令行处理方式。

CMD　1　命令,开启命令行处理方式。

(2) 读取采集器当前的状态数据命令

命令及参数说明:

STA　命令,读取采集器当前的状态数据。

状态数据格式:数据标识、站点区站号、日期、时间、采集器状态码(十六进制编码数)、电池电压、CPU 温度。

例如:HYA-M　STAS　54510　2006-02-22　23:46:58　0000　12.3　30.2

数据以空格位分割符,回车符 CR 为结束符。

(3) 读取当前的实时观测数据命令

命令及参数说明:

RD　命令,读取当前的实时观测数据。

实时观测数据格式:

数据标识(HYA-M ROSD)、站点区站号(54510)、日期(2006-02-22)、时间(23:46:58)、观测要素标识码(0~255)、风向(187)、风速(3.1)、温度(15.5)、分钟雨量(0.1)、小时雨量(0.2)、全天雨量(0.3)、湿度(78)、气压(999.8)、5 cm 土壤体积含水率(33.1)、10 cm 土壤体积含水率(33.2)、20 cm 土壤体积含水率(33.3)、30 cm 土壤体积含水率(33.4)、40 cm 土壤体积含水率(33.5)、50 cm 土壤体积含水率(33.6)、100 cm 土壤体积含水率(33.7)、180 cm 土壤体积含水率(33.8)、电池电压(12.3)。(共计 6~20 个数据)

例如:HYA-M ROSD　54510　2006-02-22　23:46:58　31　187　3.1　15.5　0.1　0.2　0.3　78　999.8　33.1　33.2　33.3　33.4　33.5　33.6　33.7　33.8　12.3

数据以空格位分割符,回车符 CR 为结束符,观测数据项是否发送根据观测要素标识码确定,参见观测要素标识码说明。(所发送数据为当前实时数据)

(4) 按指定的方式读取小时观测记录数据命令

命令说明:按照指定的方式,读取小时观测记录数据。

命令及参数说明:LD 回传记录方式 记录条数或指定记录时间。

① 命令说明

LD　命令,读取当前时段正在接收处理的记录数据。

LD　P　命令,读取前一个时段的记录数据。

LD　A　命令,读取 Flash 存储器中的全部记录数据。

LD　L　命令,读取最新的记录数据,从上一次上传结束时记录号,继续开始上传记录数据,直至最后一条记录。

LD　Q　命令,终止当前正在进行的上传记录数据处理。

LD　5　命令,读取 5 条最新的记录数据,从上一次上传结束时的记录号,开始上传 5 条记录数据。

LD　2007-06-08　18　命令,读取指定时次的记录数据,例如 LD 2007-06-08 18 上传 2007 年 6 月 8 日 18 时的记录数据。

LD　2007-06-08　18　5　命令,读取从指定时次起的 n 条记录数据,例如 LD 2006-02-16 18 5 上传 2007 年 6 月 8 日 18 时起的 5 条记录数据。

LD 2007－06－08 18 2007－06－9 18命令,读取从指定时间段内的记录数据,例如 LD 2007－06－08 18 2007－06－09 18上传从2007年6月8日18时起到2007年6月9日18时止时间段内的记录数据。

注意:如果要传送的记录数据不存在,则会显示记录数据没有找到信息:HYA-M FLOG 54510 2007－07－08 18 0

② 小时记录数据发送格式

数据标识(HYA-M DHGD/RLOD)、站点区站号(54510)、日期(2006－08－16)、时间(12:00)、观测要素标识码(0~255)、瞬时风向(324)、瞬时风速(34)、2分钟平均风向(325)、2分钟平均风速(33)、10分钟平均风向(326)、10分钟平均风速(31)、极大风风向(323)、极大风风速(36)、极大风出现的时间(1231)、最大风风向(324)、最大风风速(32)、最大风出现的时间(1245)、分钟平均温度(312)、最高温度(314)、最高温度出现时间(1246)、最低温度(310)、最低温度出现时间(1210)、小时雨量(1)、分钟平均湿度(54)、最高湿度(55)、最高湿度出现时间(1234)、最低湿度(51)、最低湿度出现时间(1246)、分钟平均气压(10011)、最高气压(10013)、最高气压出现时间(1236)、最低气压(10001)、最低气压出现时间(1223)、5 cm瞬时土壤体积含水量(331)、5 cm小时平均土壤体积含水量(331)、5 cm瞬时土壤相对湿度(551)、5 cm小时平均土壤相对湿度(551)、5 cm小时平均土壤重量含水率(551)、5 cm小时平均土壤水分储存量(551)、……、180 cm瞬时土壤体积含水量(331)、180 cm小时平均土壤体积含水量(331)、180 cm瞬时土壤相对湿度(551)、180 cm小时平均土壤相对湿度(551)、180 cm小时平均土壤重量含水率(551)、180 cm小时平均土壤水分储存量(551)、小时累计雨量、分钟雨量、电池电压(13.8)、采集器状态(十六进制编码)(0000)。(共计8～85个数据)。

60个分钟雨量的格式:每个分钟雨量2位数表示,不足两位时,高位补零。数据之间没有空格连续发送。如果60个分钟雨量都为0,则只发送一个0。

在数据类型标识字符串中,标识字符串DHGD表示完成时次的记录数据;RLOD表示当前正在处理时次的记录数据。

观测数据数据时间段的确定:

DHGD数据中的时间表示的是观测结束的时间,即:记录数据为(H－1)小时、0分、0秒起,到(H)小时、0分、0秒结束时间段内的观测数据和相关的统计极值数据。

RLOD数据中的时间表示的是观测开始的时间,即:记录数据为(H)小时、0分、0秒起,到当前(H)小时、(M)分、0秒结束时间段内的观测数据和相关的统计极值数据。

③ 观测要素标识码

观测要素标识码见表 11-2。

表 11-2 观测要素标识码表

观测要素标识码								观测有效数据
D_7	D_6	D_5	D_4	D_3	D_2	D_1	D_0	
0	0	0	0	0	0	0	1	风向/风速
0	0	0	0	0	0	1	0	空气温度
0	0	0	0	1	0	0	0	雨量
0	0	0	0	1	0	0	0	湿度
0	0	0	1	0	0	0	0	气压
0	0	1	0	0	0	0	0	土壤水分

（5）设置小时记录数据的读取指针（Flash 的页地址）命令

命令说明：设置小时记录数据的读取指针（Flash 的页地址），如果设置成功，回复记录数据读取指针。

命令及参数说明：有五种命令格式。

LOGP　命令，显示读取小时记录数据指针。回复：HYA-M RLPT 54510 P 156。

LOGP　B 命令，设置读取小时记录数据指针到 Flash 的第一条记录页地址。回复：HYA-M RLPT 54510 B xx。

LOGP　E 命令，设置读取小时记录数据指针到 Flash 最后一条记录页地址。回复：HYA-M RLPT 54510 E xx。

LOGP　P　128 命令，设置读取小时记录数据指针到 Flash 第 128 页地址。回复：HYA-M RLPT 54510 P 128。

LOGP　2007－06－08 18 命令，查找设置读取小时记录数据指针，如果找到，则回复：HYA-M FLOG 2007－06－08 18。

如果没有找到，则回复：HYA-M FLOG 2007－06－08 18 0。

（6）按照指定方式读取加密观测记录数据命令

命令说明：按照指定的方式，读取加密观测记录数据。

命令及参数说明：ALD 回传加密记录方式 记录条数或指定记录时间。

① 命令说明

ALD　命令，读取当前时段正在接收处理的加密记录数据。

ALD　A　命令，读取 Flash 存储器中的全部加密记录数据。

ALD　L　命令，读取最新的加密记录数据，从上一次上传结束时记录号，继续开始上传记录数据，直至最后一条加密记录。

ALD　Q　命令，终止当前正在进行的上传加密记录数据处理。

ALD　5　命令，读取 5 条最新的加密记录数据，从上一次上传结束时的记录号，开始上传 5 条加密记录数据。

ALD　2007－06－08 18:00 命令，读取指定时次的加密记录数据，例如 ALD 2007－06－08 18:00 上传 2007 年 6 月 8 日 18 时 00 分的加密记录数据。

ALD　2007－06－08 18:00 5 命令，读取从指定时次起的 n 条加密记录数据，例如 ALD 2006－02－16 18:00 5 上传 2007 年 6 月 8 日 18 时起的 5 条加密记录数据。

ALD　2007－06－08 18:00 2007－06－9 18:00 命令，读取从指定时间段内的加密记录数据，例如 ALD 2007－06－08 18:00 2007－06－09 18:00 上传从 2007 年 6 月 8 日 18 时 00 分起到 2007 年 6 月 9 日 18 时 00 分止时间段内的加密记录数据。

注意：如果要传送的加密记录数据不存在，则会显示记录数据没有找到信息：HYA-M FALG 54510 2007－07－08 18:00 0

② 加密记录数据发送格式

数据标识（HYA-M MAOD/MARD）、站点区站号（54510）、日期（2006－08－16）、时间（12:20）、观测要素标识码（0～255）、瞬时风向（324）、瞬时风速（34）、2 分钟平均风向（325）、2 分钟平均风速（33）、10 分钟平均风向（326）、10 分钟平均风速（31）、极大风风向（323）、极大风风速（36）、极大风出现的时间（1231）、最大风风向（324）、最大风风速（32）、最大风出现的时间（1245）、分钟平均温度（312）、最高温度（314）、最高温度出现时间（1246）、最低温度（310）、最低温度出现时间（1210）、小时雨量（1）、分钟平均湿度（54）、最高湿度（55）、最高湿度出现时间（1234）、最低湿度（51）、最低湿度出现时间（1246）、分钟平均气压（10011）、最高气压（10013）、最高气压出现时间（1236）、最低气压（10001）、最低气压出现时间（1223）、60 个分钟雨量、加密时间长度（分钟）（5）。（共计 7～30 个数据）。

60 个分钟雨量的格式:每个分钟雨量 2 位数表示,不足两位时,高位补零。数据之间没有空格连续发送。

在数据类型标识字符串中,标识字符串 MAOD 表示完成时段的加密记录数据;MARD 表示当前正在处理时段的加密记录数据。

观测数据数据时间段的确定:

MAOD 数据中的时间表示的是观测结束的时间,即:记录数据为(H)小时、(M－加密分钟)分、0 秒起,到(H)小时、(M)分、0 秒结束时间段内的观测数据和相关的统计极值数据。

MARD 数据中的时间表示的是观测开始的时间,即:记录数据为(H)小时、(分钟加密时段开始分钟)分、0 秒起,到当前(H)小时、(M)分、0 秒结束时间段内的观测数据和相关的统计极值数据。

其中:小时累计雨量均为从小时正点开始的累计雨量。

(7) 设置加密记录数据的读取指针命令

命令说明:设置加密记录数据的读取指针(Flash 的页地址),如果设置成功,回复记录数据读取指针。

命令及参数说明:有五种命令格式。

ALOGP　命令,显示读取加密数据指针。回复:HYA-M RALP 54510 P 156

ALOGP　B　命令,设置读取加密数据指针到 Flash 的第一条记录页地址。回复:HYA-M RALP 54510 B xx

ALOGP　E　命令,设置读取加密数据指针到 Flash 最后一条记录页地址。回复:HYA-M RALP 54510 E xx

ALOGP　P　128　命令,设置读取加密数据指针到 Flash 第 128 页地址。回复:HYA-M RALP 54510 P 128

ALOGP　2007－06－08　18:00 命令,查找设置读取加密数据指针,如果找到,则回复:HYA-M FALG 2007－06－08 18:00 1

如果没有找到,则回复:HYA-M FALG 2007－06－08 18:00 0

(8) 清除存储器中全部记录数据命令

命令说明:清除 Flash 存储器中的全部记录数据。

命令及参数说明:有三种命令格式。

CLRLOG　A　命令,清除 Flash 中所有的小时记录和加密记录数据。清除完成后,回复:HYA-M CLRL A 信息。

CLRLOG　L　命令,清除小时记录存储区中的全部小时记录数据。清除完成后,回复:HYA-M CLRL L 信息。

CLRLOG　M　命令,清除加密记录存储区中的全部加密记录数据。清除完成后,回复:HYA-M CLRL M 信息。

(9) Flash 指定存储页中的数据命令

命令说明:RDPAGE 命令。

读取 Flash 指定存储页中的数据,Flash 存储器的页地址从 0～4095,每页 256 个字节,从 Flash 存储器读取指定页中的 256 个字节数据,并以十六进制的形式发送。主要应用于数据采集器的调试。正常使用情况下,禁止使用。

(10) 向指定 Flash 存储页中写入测试数据命令

命令说明:WRPAGE 命令。

向指定 Flash 存储页中写入测试数据,主要应用于数据采集器的调试。正常使用情况下,禁止使用。

3.设置测量、订正参数命令集(共 12 个)

（1）读取/设置测量要素命令。

命令说明：读取/设置测量要素。

命令及参数说明：有二种命令格式。

MEASDAT　命令，读取测量要素。

MEASDAT WD TA PR RH PA SM 命令，设置测量要素。

其中：WD　表示开启风向/风速测量；

　　　　TA　表示开启温度测量；

　　　　PR　表示开启雨量测量；

　　　　RH　表示开启湿度测量；

　　　　PA　表示开启气压测量；

　　　　SM　表示开启土壤水分测量。

（2）读取/设置风向数据二次订正参数命令

命令说明：读取/设置风向数据二次订正参数，当风向数据二次订正处理为开启状态下，每次采集风向数据后，使用一个多项式对风向采样数据进行二次订正。

多项式的格式：$y = A_0 + A_1 \cdot x$，最高为1次多项式。

命令及参数说明：有三种命令格式。

CALWD　命令，读取风向数据二次订正处理方式。

CALWD　0　命令，设置关闭风向数据二次订正处理。

CALWD　1　A_0　A_1命令，设置风向数据二次订正处理使用的一次多项式的系数 A_0 和 A_1。

（3）读取/设置风速数据二次订正参数命令

命令说明：读取/设置风速数据二次订正参数，当风速数据二次订正处理为开启状态下，每次采集风速数据后，使用一个多项式对风速采样数据进行二次订正。

多项式的格式：$y = A_0 + A_1 \cdot x + A_2 \cdot x^2$，最高为二次多项式。

命令及参数说明：有四种命令格式。

CALWS　命令，读取风速数据二次订正处理方式。

CALWS　0　命令，设置关闭风速数据二次订正处理。

CALWS　1　A_0　A_1命令，设置风速数据二次订正处理使用的一次多项式的系数 A_0 和 A_1。

CALWS　1　A_0　A_1　A_2 命令，设置风速数据二次订正处理使用的二次多项式的系数 A_0、A_1 和 A_2。

（4）读取/设置温度数据二次订正参数

命令说明：读取/设置温度数据二次订正参数，当温度数据二次订正处理为开启状态下，每次采集温度数据后，使用一个多项式对温度采样数据进行二次订正。

多项式的格式：$y = A_0 + A_1 x + A_2 \cdot x^2 + A_3 \cdot x^3$，最高为三次多项式。

命令及参数说明：有五种命令格式。

CALTA　命令，读取温度数据二次订正处理方式。

CALTA　0　命令，设置关闭温度数据二次订正处理。

CALTA　1　A_0　A_1命令，设置温度数据二次订正处理使用的一次多项式的系数 A_0 和 A_1。

CALTA　2　A_0　A_1　A_2 命令，设置温度数据二次订正处理使用的二次多项式的系数 A_0、A_1 和 A_2。

CALTA　3　A_0　$A1$　A_2　A_3 命令，设置温度数据二次订正处理使用的三次多项式的系数 A_0、A_1、A_2 和 A_3。

（5）读取/设置湿度数据二次订正参数命令

命令说明：读取/设置湿度数据二次订正参数，当湿度数据二次订正处理为开启状态下，每次采集湿度数据后,使用一个多项式对湿度采样数据进行二次订正。

多项式的格式: $y = A_0 + A_1 \cdot x$,最高为一次多项式。

命令及参数说明:有三种命令格式。

CALRH   命令,读取温度数据二次订正处理方式。

CALRH   0   命令,设置关闭温度数据二次订正处理。

CALRH   1 A_0 A_1命令,设置温度数据二次订正处理使用的一次多项式的系数 A_0 和 A_1。

(6)读取/设置气压数据二次订正参数命令

命令说明:读取/设置气压数据二次订正参数,当气压数据二次订正处理为开启状态下,每次气压数据后,使用一个多项式对气压采样数据进行二次订正。

多项式的格式: $y = A_0 + A_1 \cdot x + A_2 \cdot x^2$,最高为二次多项式。

命令及参数说明:有四种命令格式。

CALPA   命令,读取气压数据二次订正处理方式。

CALPA   0   命令,设置关闭气压数据二次订正处理。

CALPA   1 A_0 A_1 命令,设置气压数据二次订正处理使用的一次多项式的系数 A_0 和 A_1。

CALPA   2 A_0 A_1 A_2命令,设置气压数据二次订正处理使用的二次多项式的系数 A_0、A_1 和 A_2。

(7)读取/设置自动风向/风速采样数据方式命令

命令说明:读取/设置自动风向/风速采样数据方式,当自动发送风向/风速采样数据方式为开启状态下,每采集到风向/风速数据时,就自动发送风向/风速采样数据,实际应该为每秒钟1次。

命令及参数说明:有三种命令格式。

ASWSD   命令,读取自动发送风向/风速采样数据方式,0:关闭;1:开启。

ASWSD   0   命令,关闭自动发送风向/风速采样数据方式。

ASWSD   1   命令,开启自动发送风向/风速采样数据方式。

自动发送的风向/风速采样数据格式:Sample Wind:风向的AD值   风向电压值   风向   风速频率   风速

(8)读取/设置自动温度采样数据方式命令

命令说明:读取/设置自动温度采样数据方式,当自动发送温度采样数据方式为开启状态下,每采集到温度数据时,就自动发送温度采样数据,实际应该为每10秒钟1次。

命令及参数说明:有三种命令格式。

ASTASD   命令,读取自动发送温度采样数据方式,0:关闭;1:开启。

ASTASD   0   命令,关闭自动发送温度采样数据方式。

ASTASD   1   命令,开启自动发送温度采样数据方式。

自动发送的温度采样数据格式:Sample Ta:铂电阻AD值   铂电阻电压值   温度   标准电阻AD值   标准电阻温度。

(9)读取/设置自动雨量采样数据方式命令

命令说明:读取/设置自动雨量采样数据方式,当自动发送雨量采样数据方式为开启状态下,每采集到雨量数据时,就自动发送雨量采样数据,实际应该为有雨量脉冲到来时发送1次,没有则不发送数据。

命令及参数说明:有三种命令格式。

ASPRSD   命令,读取自动发送雨量采样数据方式,0:关闭;1:开启。

ASPRSD   0命令,关闭自动发送雨量采样数据方式。

ASPRSD   1命令,开启自动发送雨量采样数据方式。

自动发送的雨量采样数据格式:Sample Pr:分钟量   小时雨量   全天雨量。

(10)读取/设置自动湿度采样数据方式命令

命令说明:读取/设置自动湿度采样数据方式,当自动发送湿度采样数据方式为开启状态下,每采集到湿度数据时,就自动发送湿度采样数据,实际应该为每 10 秒钟 1 次。

命令及参数说明:有三种命令格式。

ASRHSD 命令,读取自动发送湿度采样数据方式,0:关闭;1:开启。

ASRHSD 0 命令,关闭自动发送湿度采样数据方式。

ASRHSD 1 命令,开启自动发送湿度采样数据方式。

自动发送的湿度采样数据格式:Sample Rh:湿度 AD 值 湿度电压值 湿度。

(11) 读取/设置自动气压采样数据方式命令

命令说明:读取/设置自动气压采样数据方式,当自动发送气压采样数据方式为开启状态下,每采集到气压数据时,就自动发送气压采样数据,实际应该为每 10 秒钟 1 次。

命令及参数说明:有三种命令格式。

ASPASD 命令,读取自动发送气压采样数据方式,0:关闭;1:开启。

ASPASD 0 命令,关闭自动发送气压采样数据方式。

ASPASD 1 命令,开启自动发送气压采样数据方式。

自动发送的气压采样数据格式:Sample Pa:气压 AD 值 气压电压值 气压。

(12) 读取/设置自动土壤水分测量处理信息和测量采样数据方式

命令说明:读取/设置自动土壤水分测量处理信息和测量采样数据方式,当自动发送土壤水分测量处理信息和测量采样数据方式为开启状态下,每当采集器进行测量土壤水分数据时,就自动发送相关的测量信息和测量采样数据,一般应该为每分钟 1 次。

命令及参数说明:有三种命令格式。

ASSMSD 命令,读取自动发送土壤水分采样数据方式,0:关闭;1:开启。

ASSMSD 0 命令,关闭自动发送土壤水分采样数据方式。

ASSMSD 1 命令,开启自动发送土壤水分采样数据方式。

4. 土壤水分测量命令集(共 13 个)

(1)读取/设置土壤水分测量计算常数和土壤容重常数命令

命令说明:读取/设置土壤水分测量计算常数,土壤容重常数。

命令及参数说明:有二种命令格式。

① SMP 命令:读取 8 层的土壤容重常数。返回数据格式:

Soil Moisture′s p[0]=1.20

Soil Moisture′s p[1]=1.20

Soil Moisture′s p[2]=1.20

Soil Moisture′s p[3]=1.20

Soil Moisture′s p[4]=1.20

Soil Moisture′s p[5]=1.20

Soil Moisture′s p[6]=1.20

Soil Moisture′s p[7]=1.20

其中,第一行为 5 cm 深的土壤容重常数,顺序依次为 10 cm、20 cm、30 cm、40 cm、50 cm、100 cm、180 cm 的土壤容重常数。

② SMP p1 …… p8 命令:设置 8 层的土壤容重常数。其中,第一行为 5cm 深的土壤容重常数,顺序依次为 10 cm、20 cm、30 cm、40 cm、50 cm、100 cm、180 cm 的土壤容重常数。

土壤容重常数的有效值范围:0.00 ~ 2.55,小数有效位两位。

(2)读取/设置土壤水分测量计算常数和田间持水量常数命令

命令说明:读取/设置土壤水分测量计算常数,田间持水量常数。

命令及参数说明:有二种命令格式。

① SMFC 命令:读取 8 层的田间持水量常数。返回数据格式:

Soil Moisture's fc[0]=80

Soil Moisture's fc[1]=80

Soil Moisture's fc[2]=80

Soil Moisture's fc[3]=80

Soil Moisture's fc[4]=80

Soil Moisture's fc[5]=80

Soil Moisture's fc[6]=80

Soil Moisture's fc[7]=80

其中,第一行为 5 cm 深的田间持水量常数,顺序依次为 10 cm、20 cm、30 cm、40 cm、50 cm、100 cm、180 cm 的田间持水量常数。

② SMFC f1 …… f8 命令:设置 8 层的田间持水量常数。其中,第一行为 5cm 深的田间持水量重常数,顺序依次为 10 cm、20 cm、30 cm、40 cm、50 cm、100 cm、180 cm 的田间持水量常数。

田间持水量常数的有效值范围:0 ～ 100。

(3)读取/设置土壤水分测量计算常数,凋萎湿度常数命令

命令说明:读取/设置土壤水分测量计算常数,凋萎湿度常数。

命令及参数说明:有二种命令格式。

① SMWK 命令:读取 8 层的凋萎湿度常数。返回数据格式:

Soil Moisture's Wk[1]=20

Soil Moisture's Wk[2]=20

Soil Moisture's Wk[3]=20

Soil Moisture's Wk[4]=20

Soil Moisture's Wk[5]=20

Soil Moisture's Wk[6]=20

Soil Moisture's Wk[7]=20

Soil Moisture's Wk[8]=20

其中,第一行为 5 cm 深的凋萎湿度常数,顺序依次为 10 cm、20 cm、30 cm、40 cm、50 cm、100 cm、180 cm 的凋萎湿度常数。

② SMWK w1,…,w8 命令:设置 8 层的凋萎湿度常数。其中,第一行为 5 cm 深的凋萎湿度常数,顺序依次为 10 cm、20 cm、30 cm、40 cm、50 cm、100 cm、180 cm 的凋萎湿度常数。

凋萎湿度常数的有效值范围:0～100。

(4)设置土壤水分测量传感器的屏蔽位

命令说明:

SMSEN 命令,设置土壤水分测量传感器的屏蔽位。

如果开启自动土壤水分测量处理信息和测量采样数据方式,则可以有以下返回信息:

Set Sensor OK!

Que Sensor OK! Sennum:8 Senmask:ff

(5)立即进行一次土壤水分测量

命令说明:

SMDAT 命令,立即进行一次土壤水分测量。

如果开启自动土壤水分测量处理信息和测量采样数据方式,则可以有以下返回信息:

Start Meassure OK!

Measureing Status：1

Measureing Status：1

Measure Finished Status：2

SenAdd：1 CmdCode：4

＜1.＞ Q＝0.01	R＝0.01	W＝0.01	U＝－23.99
＜2.＞ Q＝0.00	R＝0.00	W＝0.00	U＝－24.00
＜3.＞ Q＝17.98	R＝18.73	W＝14.99	U＝－6.02
＜4.＞ Q＝40.93	R＝42.63	W＝34.10	U＝16.93
＜5.＞ Q＝26.00	R＝27.09	W＝21.67	U＝2.00
＜6.＞ Q＝0.00	R＝0.00	W＝0.00	U＝－24.00
＜7.＞ Q＝2.97	R＝3.10	W＝2.48	U＝－21.03
＜8.＞ Q＝0.00	R＝0.00	W＝0.00	U＝－24.00

其中：＜1＞：表示 5 cm 深的数据，其他按顺序依次为 10 cm、20 cm、30 cm、40 cm、50 cm、100 cm、180 cm 的深的数据。

Q：表示体积含水率；

R：表示相对湿度；

W：表示重量含水率（量）；

U：表示水分储存量。

（6）读取土壤水分实时测量数据命令

命令说明：

SMRD　命令，读取土壤水分的实时测量数据。

返回的数据格式：

HYASMRD　　　　　CNHYC01　　　　2007－06－12　　　12：33：25

＜1.＞ Q＝0.01	R＝0.01	W＝0.01	U＝0.01
＜2.＞ Q＝0.00	R＝0.00	W＝0.00	U＝0.00
＜3.＞ Q＝17.95	R＝18.70	W＝14.96	U＝14.96
＜4.＞ Q＝40.84	R＝42.54	W＝34.03	U＝34.03
＜5.＞ Q＝25.91	R＝26.99	W＝21.59	U＝21.59
＜6.＞ Q＝0.00	R＝0.00	W＝0.00	U＝0.00
＜7.＞ Q＝2.97	R＝3.10	W＝2.48	U＝2.48
＜8.＞ Q＝0.00	R＝0.00	W＝0.00	U＝0.00

数据说明参见土壤水分测量命令 5。

（7）读取土壤水分的分钟平均测量数据命令

命令说明：

SMMAD　命令，读取土壤水分的分钟平均测量数据。

返回的数据格式：

HYASMMINAD　　　　CNHYC01　　　　2007－06－12　　　12：33

＜1.＞ Q＝0.01	R＝0.01	W＝0.01	U＝0.01
＜2.＞ Q＝0.00	R＝0.00	W＝0.00	U＝0.00
＜3.＞ Q＝17.95	R＝18.70	W＝14.96	U＝14.96
＜4.＞ Q＝40.84	R＝42.54	W＝34.03	U＝34.03
＜5.＞ Q＝25.91	R＝26.99	W＝21.59	U＝21.59
＜6.＞ Q＝0.00	R＝0.00	W＝0.00	U＝0.00

<7.> Q＝2.97   R＝3.10   W＝2.48   U＝2.48

<8.> Q＝0.00   R＝0.00   W＝0.00   U＝0.00

数据说明参见土壤水分测量命令5。

(8)读取土壤水分的小时平均测量数据命令

命令说明：

SMHAD 命令，读取土壤水分的小时平均测量数据。

返回的数据格式：

HYASMHOURAD CNHYC01 2007－06－12 12

<1.> Q＝0.01   R＝0.01   W＝0.01   U＝0.01

<2.> Q＝0.00   R＝0.00   W＝0.00   U＝0.00

<3.> Q＝17.95   R＝18.70   W＝14.96   U＝14.96

<4.> Q＝40.84   R＝42.54   W＝34.03   U＝34.03

<5.> Q＝25.91   R＝26.99   W＝21.59   U＝21.59

<6.> Q＝0.00   R＝0.00   W＝0.00   U＝0.00

<7.> Q＝2.97   R＝3.10   W＝2.48   U＝2.48

<8.> Q＝0.00   R＝0.00   W＝0.00   U＝0.00

数据说明参见土壤水分测量命令5。

(9)读取/设置自动发送土壤水分分钟探测数据方式

命令说明：读取/设置自动发送土壤水分分钟探测数据方式，当自动发送土壤水分分钟探测数据方式为开启状态下，按照设定的分钟间隔时间，自动发送土壤水分分钟探测数据。（所发送的分钟数据为该分钟之前一分钟内的平均数据）

命令及参数说明：有三种命令格式。

ASSMMDT   命令，读取自动发送数据方式，0：关闭；1～60：开启。

ASSMMDT   0   命令，关闭自动发送数据方式。

ASSMMDT   1～60 命令，设置自动发送数据的间间隔（时间参数单位：分）。

(10)读取/设置自动发送土壤水分记录数据方式命令

命令说明：读取/设置自动发送土壤水分记录数据方式，当自动发送土壤水分记录数据方式为开启状态下，每到整点（观测记录时段结束时间）自动发送土壤水分观测记录数据，土壤水分记录数据格式参见土壤水分测量命令11。

命令及参数说明：有三种命令格式。

ASSMLOG   命令，读取自动发送数据方式，0：关闭；1：开启。

ASSMLOG   0   命令，关闭自动发送数据方式。

ASSMLOG   1   命令，设置开启自动发送数据方式。

(11)读取土壤水分的分钟记录数据命令

命令说明：

SMMD   命令，读取土壤水分的分钟记录数据。

土壤水分分钟记录数据格式：

数据标识（HYA-M SMMD）、站点区站号（54510）、日期（2006－08－16）、时间（12：25）、5 cm 瞬时土壤体积含水量（331）、……、180 cm 瞬时土壤体积含水量（331）（共计 12 个数据）。

(12)按指定的方式读取土壤水分观测记录数据命令

命令说明：按照指定的方式，读取土壤水分观测记录数据。

命令及参数格式：SMLD 回传记录方式 记录条数或指定记录时间。

① 命令说明

SMLD　命令，读取当前时段正在接收处理的记录数据。

SMLD　P　命令，读取前一时段记录数据。

SMLD　A　命令，读取 Flash 存储器中的全部记录数据。

SMLD　L　命令，读取最新的记录数据，从上一次上传结束停止时记录号，继续开始上传记录数据，直至最后一条记录。

SMLD　Q　命令，终止当前正在进行的上传记录数据处理。

SMLD　5　命令，读取 5 条最新的记录数据，从上一次上传结束停止时的记录后，开始上传 5 条记录数据。

SMLD　2007－06－08　18　命令，读取指定时次的记录数据。

例如 SMLD　2007－06－08　18 上传 2007 年 6 月 8 日 18 时的记录数据。

SMLD　2007－06－08　18　5 命令，读取从指定时次起的 n 条记录数据。

例如 RLD　2006－02－16　18　5 上传 2007 年 6 月 8 日 18 时起的 5 条记录数据。

SMLD　2007－06－08　18　2007－06－09　18 命令，读取从指定时间段内的记录数据。

例如 SMLD　2007－06－08　18　2007－06－09　18 上传从 2007 年 6 月 8 日 18 时起到 2007 年 6 月 9 日 18 时止时间段内的记录数据。

② 土壤水分记录数据格式

数据标识（HYA-M SMCL/SMLD）、站点区站号（54510）、日期（2006－08－16）、时间（12:30）、5 cm 瞬时土壤体积含水量（331）、5 cm 小时平均土壤体积含水量（331）、5 cm 瞬时土壤相对湿度（551）、5 cm 小时平均土壤相对湿度（551）、5 cm 小时平均土壤重量含水率（551）、5 cm 小时平均土壤水分储存量（551）、……、180 cm 瞬时土壤体积含水量（331）、180 cm 小时平均土壤体积含水量（331）、180 cm 瞬时土壤相对湿度（551）、180 cm 小时平均土壤相对湿度（551）、180 cm 小时平均土壤重量含水率（551）、180 cm 小时平均土壤水分储存量（551）（共计 52 个数据）。

在数据类型标识字符串中，标识字符串 SMLD 表示完成时次的记录数据；SMCL 表示当前正在处理时次的记录数据。

观测数据数据时间段的确定：

SMLD 数据中的时间表示的是观测结束的时间，即：记录数据为（H－1）小时、59 分、59 秒起，到（H）小时、0 分、0 秒结束时间段内的观测数据和相关的统计极值数据。

SMCL 数据中的时间表示的是观测开始的时间，即：记录数据为（H）小时、0 分、0 秒起，到（H）小时、（M）分、0 秒结束时间段内的观测数据和相关的统计极值数据。

（13）设置土壤水分记录数据的读取指针命令

命令说明：设置土壤水分记录数据的读取指针（Flash 的页地址），如果设置成功，回复记录数据读取指针。

命令及参数说明：

SMLOGP　命令，显示读取记录数据指针。回复：HYA-M　RSMP　54510　P　156

SMLOGP　B　命令，设置读取记录数据指针到 Flash 的第一条记录页地址。回复：HYA-M RSMP　54510　B　xx

SMLOGP　E　命令，设置读取记录数据指针到 Flash 最后一条记录页地址。回复：HYA-M RSMP　54510　E　xx

SMLOGP　P　128　命令，设置读取记录数据指针到 Flash 第 128 页地址。回复：HYA-M RSMP　54510　P　128

SMLOGP　2007－06－08　18　命令，查找设置读取记录数据指针，如果找到，则回复：HYA-M FSML　2007－06－08　18　1

如果没有找到，则回复：HYA-M　FSML　2007－06－08　18　0

5.显示帮助命令

命令说明：

HELP　命令,显示帮助信息(命令格式和主要参数格式)。

返回的数据格式：

HYA-M Command & Parameter Format：

RESET

INFO

PARAM　P/S

ID　54510

DT　y－m－d h:m:s

BAUD　1/0　9600

MPT　1/0

SPT　1/0

ECHO　0/1

ASALOG　0/1－60

ASLOG　0/1

ASMDT　0－60

ASRDT　0－3600

ASDELAY　0－255

CSDELAY　0－255

CMD　0/1

STA

RD

LD　Q/P/A/L...

ALD　Q/P/A/L...

LOGP　B/E/P

ALOGP　B/E/P

CLRLOG　A/L/M

RDPAGE　page

WRPAGE　page

MEASDAT　WD　TA　PR　RH　PA　SM

CALWD　0/1　A_0　A_1

CALWS　0/1/2　A_0　A_1　A_2

CALTA　0/1/2　A_0　A_1　A_2

CALRH　0/1　A_0　A_1

CALPA　0/1/2　A_0　A_1　A_2

ASWSD　0/1

ASTASD　0/1

ASPRS　0/1

ASRHSD　0/1

ASPASD　0/1

ASSMSD　0/1

SMP　x. xx……x. xx

SMFC　xx……xx

SMWK　xx……xx

SMSEN

SMDAT

SMRD

SMMAD

SMHAD

ASSMMDT　0—60

ASSMLOG　0/1

SMLD　Q/P/A/L

SMLOGP　B/E/P

HELP

表 11-3　HYA-M 数据采集器设置基本参数命令表

序号	命令符		命令功能	
1	PARAM	读取参数	PARAM	读取全部参数
			PARAM　P	读取程序配置参数
			PARAM　S	读取程序运行参数
2	INFO	读取版本号	INFO	读取记录控制器版本号
3	RESET	采集器复位	RESET	数据采集器复位
			RESET def param	设置出厂缺省全部参数
			RESET main param	设置主要缺省参数
4	BAUD	设置串口通讯波特率	BAUD	读取串口的波特率
			BAUD 0 9600	设置串口 0 的波特率
			BAUD 1 9600	设置串口 1 的波特率
5	DT	设置日期、时间	DT	读取采集器的日期和时间
			DT 2006—02—16 08:30:50	设置采集器的日期和时间
6	ID	设置站点 ID	ID	读取站点的区站号
			ID 54510	设置站点的区站号
7	ECHO	设置命令处理回应	ECHO	读取命令回应状态
			ECHO　0	关闭命令回应状态
			ECHO 1	开启命令回应状态
8	MPT	设置主通讯端口	MPT	读取主通讯端口
			MPT 0~1	设置主通讯端口
9	SPT	设置从通讯端口	SPT	读取从通讯端口
			SPT 0~1	设置从通讯端口
10	ASALOG	设置自动发送记录数据	ASALOG	读取自动发送加密记录数据状态
			ASALOG　0	关闭自动发送加密记录数据状态
			ASALOG　1—59	开启自动发送加密记录数据状态

序号	命令符	命令功能		
11	ASLOG	设置自动发送记录数据	ASLOG	读取自动发送记录数据状态
			ASLOG　0	关闭自动发送记录数据状态
			ASLOG　1	开启自动发送记录数据状态
12	ASRDT	设置自动发送实时数据	ASRDT	读取自动发送实时数据状态
			ASRDT　0	关闭自动发送实时数据状态
			ASRDT　1～3600	自动发送实时数据时间间隔(秒)
13	ASMDT	设置自动发送分钟数据	ASMDT	读取自动发送分钟数据状态
			ASRDT　0	关闭自动发送分钟数据状态
			ASMDT　1～59	自动发送分钟数据时间间隔(分)
14	ASDELAY	设置自动发送记录延迟	ASDELAY	读取自动发送记录延迟时间
			ASDELAY　0～255	设置自动发送记录延迟时间(秒)
15	CSDELAY	设置连续发送记录延迟	CSDELAY	读取发送记录间隔延迟时间
			CSDELAY　0～255	设置连续发送记录延迟时间(秒)

表 11-4　HYA-M 数据采集器下载记录数据和设置记录指针命令表

序号	命令符	命令功能		
16	CMD	设置命令行方式	CMD	读取命令行处理状态
			CMD　0～1	设置关闭/开启命令行处理状态
17	STA	上传采集器状态数据	STA	发送采集器的当前状态
18	RD	上传实时数据	RD	上传当前的实时观测数据
19	LD	上传当前时段记录数据	LD	上传当前时次小时记录处理数据
		停止上传记录数据	LD　Q	停止上传记录数据
		上传前一小时记录数据	LD　P	上传前一小时记录数据
		上传小时记录数据	LD　A	上传全部的记录数据
			LD　L	上传最新的记录数据
			LD　n	上传指定条数记录数据(5 条)
			LD　yyyy－mm－dd hh	上传指定时次一条记录数据
			LD　yyyy－mm－dd hh n	上传指定时次起指定条记录数据
			LD　yyyy－mm－dd hh yyyy－mm－dd hh	传指定时间段(开始时间,结束时间)内的记录数据
20	LOGP	设置读取小时记录指针	LOGP	读取上传记录数据指针
			LOGP　B	设置上传记录指针到起始位置
			LOGP　E	设置上传记录指针到末尾位置
			LOGP　yyyy－mm－dd　hh	设置上传记录指针到指定时次
			LOGP　P　n	设置上传记录指针到指定存储页

续表

序号	命令符	命令功能		
21	ALD	上传当前分钟加密记录数据	ALD	上传当前时段加密记录处理数据
		停止上传分钟加密记录数据	ALD　Q	停止上传记录数据操作
		上传前一时段加密记录数据	ALD　P	上传前一时段加密记录数据
		上传分钟加密记录数据	ALD　A	上传全部的记录数据
			ALD　L	上传最新的记录数据
			ALD　n	上传指定条数记录数据
			ALD　yyyy－mm－dd hh:mm	上传指定时次一条记录数据
			ALD　yyyy－mm－dd hh:mm n	上传指定时次起指定条记录数据
			ALD　yyyy－mm－dd hh:mm 　　　yyyy－mm－dd hh:mm	传指定时间段(开始时间,结束时间)内的记录数据
22	ALOGP	设置读取分钟记录指针	ALOGP	读取上传记录指针
			ALOGP　B	设置上传记录指针到起始位置
			ALOGP　E	设置上传记录指针到末尾位置
			ALOGP yyyy－mm－dd hh:mm	设置上传记录指针到指定时次
			ALOGP　P　n	设置上传记录指针到指定存储页
23	CLRLOG	清除记录数据	CLRLOG　A	清除全部记录数据
			CLRLOG　L	清除小时记录数据
			CLRLOG　M	清除加密记录数据
24	RDPAGE	读取 Flash 页数据	RDPAGE n（0 ～ 4095）	读取 Flash 指定页
25	WRPAGE	读取 Flash 页数据	WRPAGE n（0 ～ 4095）	写入 Flash 指定页

表 11-5　HYA-M 数据采集器设置测量、订正参数命令表

序号	命令符	命令功能		
26	MEASDAT	设置测量数据要素	MEASDAT	读取测量数据要素
			MEASDAT　WD … PA	设置测量数据要素
			MEASDAT　NO	设置关闭所有测量数据要素
27	CALWD	设置风向 二次订正参数	CALWD	显示风向二次订正参数
			CALWD　0	关闭风向二次订正处理
			CALWD　1　A_0　A_1	设置二次订正处理的一次多项式系数
28	CALWS	设置风速 二次订正参数	CALWS	显示风速二次订正参数
			CALWS　0	关闭风速二次订正处理
			CALWS　1　A_0　A_1	设置二次订正处理的一次多项式系数
			CALWS　2　A_0　A_1　A_2	设置二次订正处理的二次多项式系数

续表

序号	命令符	命令功能		
			CALTA	显示温度二次订正参数
			CALTA　0	关闭温度二次订正处理
29	CALTA	设置温度二次订正参数	CALTA　1　A_0　A_1	设置二次订正处理的一次多项式系数
			CALTA　2　A_0　A_1　A_2	设置二次订正处理的二次多项式系数
			CALTA　3　A_0　A_1　A_2	设置二次订正处理的二次多项式系数
			CALRH	显示湿度二次订正参数
30	CALRH	设置湿度二次订正参数	CALRH　0	关闭湿度二次订正处理
			CALRH　1　A_0　A_1	设置二次订正处理的一次多项式系数
			CALPA	显示气压二次订正参数
31	CALPA	设置气压二次订正参数	CALPA　0	关闭气压二次订正处理
			CALPA　1　A_0　A_1	设置二次订正处理的一次多项式系数
			CALPA　2　A_0　A_1　A_2	设置二次订正处理的二次多项式系数
			ASWSD	读取自动发送风向/风速采样数据状态
32	ASWSD	设置自动发送风向/风速采样数据	ASWSD　0	关闭自动发送风向/风速采样数据状态
			ASWSD　1	开启自动发送风向/风速采样数据状态
			ASTASD	读取自动发送温度采样数据状态
33	ASTASD	设置自动发送温度采样数据	ASTASD　0	关闭自动发送温度采样数据状态
			ASTASD　1	开启自动发送温度采样数据状态
			ASPRSD	读取自动发送雨量采样数据状态
34	ASPRSD	设置自动发送雨量采样数据	ASPRSD　0	关闭自动发送雨量采样数据状态
			ASPRSD　1	开启自动发送雨量采样数据状态
			ASRHSD	读取自动发送湿度采样数据状态
35	ASRHSD	设置自动发送湿度采样数据	ASRHSD　0	关闭自动发送湿度采样数据状态
			ASRHSD　1	开启自动发送湿度采样数据状态
			ASPASD	读取自动发送气压采样数据状态
36	ASPASD	设置自动发送气压采样数据	ASPASD　0	关闭自动发送气压采样数据状态
			ASPASD　1	开启自动发送气压采样数据状态
			ASSMSD	读取自动发送土壤水分采样数据状态
37	ASSMSD	设置自动发送土壤水分采样数据	ASSMSD　0	关闭自动发送土壤水分采样数据状态
			ASSMSD　1	开启自动发送土壤水分采样数据状态

表 11-6　HYA-M 数据采集器土壤水分测量命令表

序号	命令符	命令功能		
38	SMP	设置土壤容重常数	SMP　p1 …… p8	设置土壤容重常数
39	SMFC	设置田间持水量常数	SMFC fc1 …… fc8	设置田间持水量常数

序号	命令符	命令功能		
41	SMSEN	设置土壤水分传感器选择	SMSEN	设置土壤水分传感器选择
42	SMDAT	取得土壤水分测量数据	SMDAT	取得土壤水分测量数据
43	SMRD	上传土壤水分瞬时测量数据	SMRD	上传土壤水分瞬时测量数据
44	SMMAD	上传土壤水分分钟平均数据	SMMAD	上传土壤水分分钟平均数据
45	SMHAD	上传土壤水分小时平均数据	SMHAD	上传土壤水分小时平均数据
46	ASSMMDT	设置自动发送土壤水分分钟探测数据	ASSMMDT	读取自动发送分钟数据状态
			SSMMDT　0	设置关闭自动发送分钟数据状态
			ASSMMDT　1～59	设置自动发送分钟数据间隔(分)
47	ASSMLOG	设置自动发送土壤水分记录数据	ASSMLOG	读取自动发送记录数据状态
			ASSMLOG　0	设置关闭自动发送记录数据状态
			ASSMLOG　1	设置开启自动发送记录数据状态
48	SMMD	上传土壤水分分钟观测数据	SMMD	上传土壤水分分钟观测数据
49	SMLD	上传当前土壤水分记录数据	SMLD	上传当前分钟的记录数据
		停止上传记录数据	SMLD　Q	上传前一时次记录数据
		上传前一时次记录数据	SMLD　P	停止上传记录数据
		上传土壤水分观测数据	SMLD　A	上传全部的记录数据
			SMLD　L	上传最新的记录数据
			SMLD　n	上传指定条数记录数据
			SMLD　yyyy－mm－dd　hh	上传指定时次一条记录数据
			SMLD　yyyy－mm－dd　hh　n	上传指定时次起指定条记录数据
			SMLD　yyyy－mm－dd　hh　yyyy－mm－dd　hh	传指定时间段(开始时间,结束时间)内的记录数据
50	SMLOGP	设置读取土壤水分记录指针	SMLOGP	显示上传记录数据指针
			SMLOGP　B	设置上传记录指针到起始位置
			SMLOGP　E	设置上传记录指针到末尾位置
			SMLOGP　yyyy－mm－dd　hh	设置上传记录指针到指定时次
			SMLOGP　P　n	设置上传记录指针到指定存储页

表 11-7　HYA-M 数据采集器显示帮助命令表

序号	命令符	命令功能		
51	HELP	显示帮助信息	HELP	显示帮助信息

三、HYA-M100 型多要素数据采集器的电器连接图

HYA-M100 型多要素数据采集器的外部电器连接如图 11-11 所示。图上所示为 HYA-M100 采集器上部的两个接线排。各传感器和供电电源、后备电池、通信线路(模块)等都是经这两个接线排的相应的接点与采集器相连接。

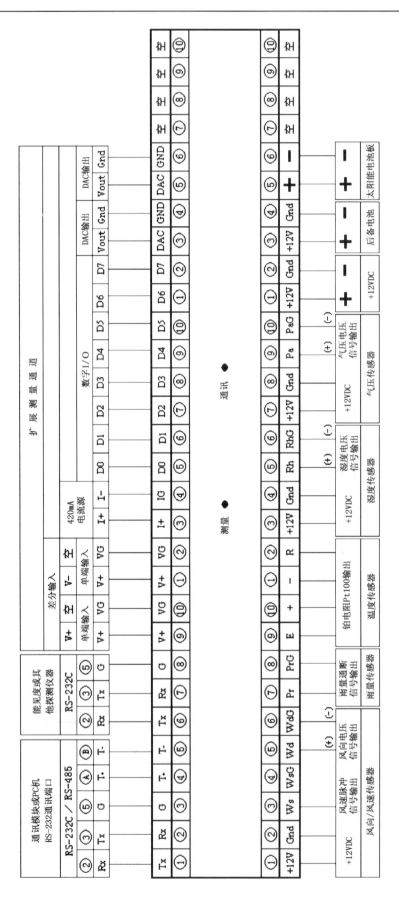

图11-11 HYA-M100多要素数据采集器电气接线图

四、HYA-M100 型数据采集器的检测

首先参照图 11-11 所示的 HYA-M100 型数据采集器的电气接线图,连接好直流供电电源和计算机的串口通信线。测试软件可以使用由华云公司提供的自动站监控软件、操作系统自带的超级终端功能或者其他任何能够进行串口通信处理的应用程序。

检测测量数据可以通过 rd 命令,即:读取实时观测数据命令,数据格式详见本章第三节 HYA-M100 型数据采集器处理命令表。或者使用 astsd 命令,即:开启/关闭自动发送采样数据命令,数据格式详见第三节 HYA-M100 型数据采集器处理命令表。

1. HYA-M100 型数据采集器温度测量的检测

(1)使用温度检定箱,将连接的 Pt100 温度传感器与温度标准一起直接放置在检定箱的标准温度槽中进行检测。在这种方式下,测量误差中包括了被测 Pt100 温度传感器的转换误差以及数据采集器的测量误差,允许的测量误差为≤±0.2℃。

(2)若不用温度检定箱做检测,也可以使用华云公司生产的 HYA_SMT 自动气象站模拟测试器,将采集器的温度传感器输入端连接到 HYA_SMT 自动气象站模拟测试器的标准温度模拟输出端,旋转模拟测试器上的标准温度输出旋钮,依次输出−30℃、0℃、40℃,此时的测量数据应分别对应为−30℃、0℃、40℃,在这种方法下测量的误差是采集器产生的测量误差,此时的测量误差应该小于±0.1℃。

2. HYA-M100 型数据采集器雨量测量的检测

(1)使用雨量检测标准和装置(流量计或标准瓶),按要求向雨量传感器注入确定的水量进行检测。

(2)若没有雨量检测标准和装置,也可以用手工翻动雨量传感器的翻斗,检查手工翻动次数与计数次数是否一致,漏计或多计都为不正确。每差一次代表 0.1 mm 降水误差。

3. HYA-M100 型数据采集器风速测量的检测

(1)使用风洞进行风速检测,将接到采集器上的风速传感器按规定固定在风洞中,调节风洞风速检测风速输出数据是否正确。在这种方式下,测试误差是整体测量误差,包括传感器的数据变换误差和采集器的数据测量误差,误差应该小于±0.5 m/s。

(2)若没有风洞检测设备,可以使用 HYA_SMT 自动气象站模拟测试器,将 HYA_SMT 自动气象站模拟测试器的风速模拟输出接到采集器的风速传感器输入端,旋转模拟风速输出旋钮,依次按照标识选择输出模拟风速,此时的测量数据应该与标识的模拟风速值相同,误差应该小于±0.2m/s。这时的误差仅反映采集器的测量误差。

4. HYA-M100 型数据采集器风向测量的检测

(1)使用风向检测盘,把风向传感器安装在风向检测盘上,手动转动风向传感器的方位指向,检测风向输出数据是否正确。在这种方式下,测试误差是整体方位分度误差,包括传感器的方位分度误差和采集器的测量变换误差,误差应该小于±5°。如果要测试整体测量误差,则需将风向传感器固定在风洞中检测,这时的误差还将包括风向传感器的感应误差。

(2)若没有风向检测盘检测环境,可以使用 HYA_SMT 自动气象站模拟测试器,将 HYA_SMT 自动气象站模拟测试器的风向模拟输出接到采集器的风向传感器输入端,旋转模拟风向输出旋钮,依次按照选择标识值输出模拟风向,此时的测量数据应该与标识的风向值相同,在这种方式下,测量误差为采集器的测量误差,误差应该小于±1°。

5. HYA-M100 型数据采集器湿度测量的检测

(1)使用饱和盐检测法,方法参见第四章第一节。把湿度传感器放入装有饱和氯化钠溶液的测试罐中,测试结果应该是该饱和氯化钠溶液对应的相对湿度数据。在这种方式下,测试误差是整体测量误差,包括传感器的变换误差和采集器的测量误差,误差应该小于±2%。

(2)若没有饱和盐湿度发生器检测设备,可以使用 HYA_SMT 自动气象站模拟测试器,将 HYA_

SMT 自动气象站模拟测试器的湿度模拟输出接到采集器湿度传感器输入端,旋转模拟湿度输出旋钮,依次按照选择标识值输出模拟湿度,此时的测量数据应该与标识的湿度值相同,在这种方式下,测量误差仅为采集器的测量误差,误差应该小于±1%。

6. HYA-M100 型数据采集器气压测量的检测

(1)使用气压发生器,把气压传感器的通气静压管与气压发生器连接,检测气压输出数据与气压标准器输出值是否一致。在这种方式下,测试误差是整体测量误差,包括传感器的变换误差和采集器的测量误差,误差应该小于±0.3 hPa。

(2)若没有气压发生器检测设备,可以使用 HYA_SMT 自动气象站模拟测试器,将 HYA_SMT 自动气象站模拟测试器的气压模拟输出接到采集器的气压传感器输入端,旋转模拟气压输出旋钮,依次按照选择标识值输出模拟气压,此时的测量数据应该与标识的气压值相同,在这种方式下,测量误差为采集器的测量误差。误差应该小于±0.1 hPa。

第四节　HYA-M100 型数据采集器的维护

一、采集器工作状态指示灯

HYA-M100 型多要素数据采集器有两个指示灯,一个是测量指示灯;另一个是通信指示灯。

① 当通信指示灯闪亮时,表示有数据通信,包括:采集器发送数据和接收数据。

② 当测量指示灯闪亮时,表示在进行测量处理,包括:接收到雨量脉冲和进行温度测量采样。

③ 当通信指示灯和测量指示灯交替闪亮时,表示在进行记录数据发送处理。

④ 每次采集器开始复位时,通信指示灯和测量指示灯同时点亮,在采集器的所有初始化完成之后,两个指示灯同时熄灭。以后按照正常的工作状态进行显示。

通过观察指示灯的工作状态可以定性地判断自动站运行是否正常和出现不正常的大致部位。

二、故障维修

因为 HYA-M100 型数据采集器采用的是高集成,低功耗器件,所以一般用户难以完成器件一级的维修。当用户在检测出数据采集器有故障时,一般情况下是采用整体更换送回生产厂家检修。

对于由于时钟器件的后备电池没有电,造成日期时间断电而无法正常运行的情况,可以自行更换电池(CR2032)。电池在采集器的下层电路板上(见图 11-12)。

三、设备安装后的调试

在设备安装完毕之后,要进行现场调试、检测。首先检查各种电缆连接线是否正确,包括:传感器连接线、通信连接线、电源连接线、太阳能连接线。在确保接线无误的情况下,连接笔记本电脑,接通供电,通过采集器与笔记本电脑串口直连方式,现场调试、检测自动站的工作状况。

测试软件可以使用由华云公司提供的自动站监控软件、超级终端功能或其他任何能够进行串口通信处理的应用程序。

① 使用 reset Def Param 命令,设置 HYA-M100 数据采集器的缺省初始参数。

设置的缺省初始参数包括:串口通信波特率 9600bps、主通信端口、站点区站号、站点经纬度、各种自动发送数据方式和清除所有记录数据。

② 使用 id 命令,设置站点的区站号。

例如:ID 54510(设置站点的区站号为 54510,站点的区站号必须设置正确,否则会导致数据传输、入库出现错误)

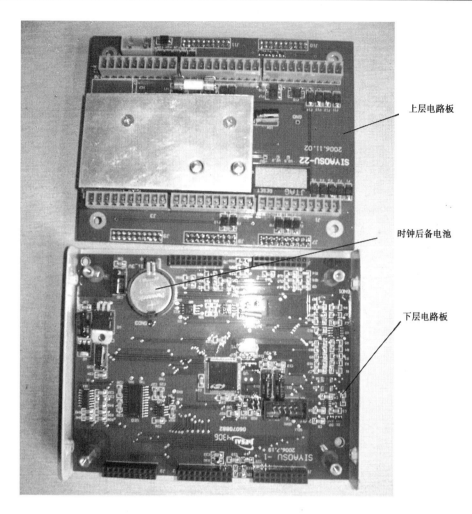

上层电路板

时钟后备电池

下层电路板

图 11-12 HYA-M100 型数据采集器上下层印刷电路板

③ 使用 dt 命令，检查、设置 HYA-M100 数据采集器的时钟。

例如：DT 2007－2－26 08：28：26（设置采集器的日期时间）

④ 使用 echo 命令，关闭/开启 HYA-M100 数据采集器的回显功能。一般正常使用情况下选择关闭方式，在调试情况下使用开启方式。

例如：ECHO 0（设置关闭采集器命令处理信息回复方式）

⑤ 使用 aslog 命令，设置是否开启或关闭自动发送小时记录数据的功能。要根据实际使用情况选择设置。

例如：ASLOG 0（设置关闭自动发送小时记录数据方式）

例如：ASLOG 1（设置开启自动发送小时记录数据方式）

⑥ 使用 asmdt 命令，设置是否开启或关闭自动发送分钟记录数据的功能。要根据实际使用情况选择设置。

例如：ASMDT 0（设置关闭自动发送分钟观测数据方式）

例如：ASMDT 5（设置每 5 分钟自动发送一次分钟观测数据方式）

⑦ 使用 asrdt 命令，设置是否开启或关闭自动发送实时观测数据的功能。要根据实际使用情况选择设置。

例如：ASRDT 0（设置关闭自动发送实时观测数据方式）

例如：ASRDT 30（设置每 30 秒钟自动发送一次实时观测数据方式）

⑧ 使用 txdelay 命令，设置在发送多条观测记录时，每条记录发送之间的间隔等待时间。一般根据

实际使用中的通信状况选择设置。

例如：TXDELAY 0（设置在发送多条记录数据时，采用连续发送方式）

例如：TXDELAY 2（设置在发送多条记录数据时，采用每条之间间隔 2 秒钟）

⑨ 使用 measdat 命令，设置站点观测要素

例如：MEASDAT WD TA PR 设置站点为四要素站，即：风向、风速、温度、雨量。

例如：MEASDAT WD TA PR RH PA 设置站点为六要素站，即：风向、风速、温度、雨量、湿度、气压。

⑩ 使用标准雨量量杯检测雨量测量的准确性，如果有偏差，一般可以调节雨量传感器的翻斗力臂，进行修正。

⑪使用现场检测仪器、目测或直观感觉等手段，定性地检测其他要素测量数据的准确性。

所使用到命令的详细介绍参见本章第三节二、HYA-M100 型数据采集器的命令集介绍。

第五节　自动气象站故障的判断和处理

HYA-M 型自动气象站是高度集成的采集系统，维护方便简洁，便于台站观测使用。下面介绍一些自动气象站运行中容易出现的故障及排除方法。在排除故障时应注意所有操作均禁止带电插拔器件。

一、雨量测量故障

1. 发现测量的雨量值明显小于人工观测数据时，则很可能是雨量筒的承水口中堆积了杂物，如：尘土、落叶等，清除这些堆积在承水口内的杂物，保证降雨流水的通畅。一般在有较大降水过程后，检查雨量筒的工作情况及准确度，需要时再根据检查结果对雨量传感器做适当调整（调整方法见第四章的相关内容），可持续保证观测的准确度要求。

2. 若雨量筒承水口无杂物，但是大雨时出现测得的雨量值明显小于人工观测数据的情况，则需要检查雨量传感器中干簧管与磁铁的相对位置，保证雨量翻斗翻转时干簧管可靠地吸合。在保证干簧管能可靠吸合后，可进一步用清水清洗翻斗轴两端和宝石轴承的孔，如清洗不见效，可用大头针沿轴承内孔表面触划，如有阻塞感，即是宝石磨损，应更新轴承部件，如是翻斗轴损坏，则更换翻斗轴。

3. 如果在有降水情况下测得的雨量值为 0，则在判断雨量筒完好以后，应检查雨量传感器接线是否连接完好；检查采集器一端时，可以用一根导线将接雨量传感器的两接线端子以一触即离的速度瞬间短接，模拟雨量传感器翻斗的一次翻转，若采集器所示测量的雨量值仍为 0，则可判断采集器故障，需与厂家联系进行更换。

二、风向、风速测量故障

1. 恶劣天气，如：冰雹、雷电、大风等有可能损坏风传感器。另外，风传感器是轴承传动传感器，长时间工作后可能会因轴承磨损引起测量误差。此时传感器需做更换处理。

2. 风向值出现明显错误时，则在确定风向传感器电缆连接没有问题的情况下，用万用表直流挡直接测量传感器的直流输出信号，风向测量的是风向传感器的直流输出电压应在 0～2.5 V 之间，对应的角度为 0～360°。具体操作时可将风向传感器从安装的风横臂上取下来，用短线直接连接到万用表上，转动风向标的角度，若数值明显不正常，表明传感器损坏；若此时数值正常，而连接到采集器上时显示的风向有误则为采集器故障。

3. 风速传感器输出为频率信号 0～1221Hz，最好用数字频率仪或者可以测量频率的万用表测量，若在电缆线没有故障且有风速的情况下频率输出测量值为 0，则表示传感器损坏；若用仪器检测风速传感器输出频率数值正常，连接到采集器时系统显示风速有误，则为采集器故障。

要特别注意连接传感器的航空插头是否连接不牢靠。

三、气温测量故障

HYA-M 型自动气象站中使用的温湿度传感器为 Vaisala 生产的 HMP45D 型温湿度传感器,该传感器的可靠性较高,温度一般不容易损坏,当出现温度值与人工观测偏差较大时,首先清理或更换传感器头部的过滤罩,保证罩内外通气良好;如测量值偏差仍较大就只能更换传感器内的温度测量板。另外还应注意清理安装传感器的防辐射通风罩,确保防辐射通风罩自然通风良好。

如果发现温度测量数据为 0 或者为负值则首先检查温度传感器连接线是否虚接;若连接正常,则可测量铂电阻温度传感器的四根输出线间的电阻值,HMP45D 型传感器使用的是 PT100 铂电阻测温元件,即 0℃时电阻为 100Ω,80℃对应 130.9Ω,−50℃对应 80.31Ω,若测量值明显超出电阻范围则可以判定传感器故障。

若换上备份传感器后,测量数据仍不正常,而且检查电缆连线正确,则可判定为采集器温度测量故障。

四、湿度测量故障

HMP45D 湿度传感器的输出为 0～1V 直流电压输出,对应相对湿度 0～100%。湿度传感器长期处在高湿环境中容易失效,若放到低湿环境中退湿恢复正常后仍可继续使用;如不能恢复正常,则湿度测量元件已损坏,需要更换。

另外要定期检查传感器头部保护罩内的白色滤纸,发现污损后要即时清理或更换。

可在采集器湿度传感器输入端断开传感器后直接用稳压恒流源输入模拟湿度传感器的 0～1V 直流电压,即可检查采集器湿度测量是否正常。注意:输入电压不能超出所模拟传感器输出的极限值,以免损坏采集器。

五、气压测量故障

HYA-M 型自动气象站中使用的气压传感器为 Vaisala 产的 PTB220 型气压表,直接输出气压测量值。该传感器可靠性高,性能稳定。气压表输出通过 RS232 通信口直接连接到采集器,如出现突然没有数据或者为 0 等异常数据情况,则首先查看传感器与采集器两端的 RS232 连接线是否松动;是否被人为的意外误接(参照说明书连线图)。可直接用计算机串口连接传感器,来检查传感器是否损坏。如果没有回传数据则传感器有故障,如果回传数据为乱码则注意通信的波特率、数据位、停止位的设置是否正确。

当气压测量数据偏差较大时,要检查静压管及连通管路是否堵塞。在气路通畅的情况下气压测量数据仍然偏差较大,需要重新校准气压传感器。

在传感器及连接线完好而采集器端没有气压测量数据时,可能是采集端串口损坏,雷击会造成串口的损坏,此时需将采集器拿到厂家检修。

六、采集器故障

使用太阳能供电的系统,采集器在工作过程中突然工作异常,未断电未重启状态下工作指示灯和通信指示灯同时常亮,不能正常自动重启、数据无法正常采集上传,这种情况多出现在电池供电不足时。持续多天的阴雨天气会导致太阳能不能给电池充满电,造成供电不足,天气好转后问题能自动解决。这种情况多出现在南方,可根据当地情况,适当加大电池容量。

工作指示灯和通信指示灯同时常亮,也有可能是采集器内部系统程序出错,可以用 Reset Def Param 命令强制恢复出厂设置。若在供电正常情况下指示灯仍不正常,则需返厂检修采集器。

七、供电故障

使用太阳能供电的自动气象站,蓄电池老化较快,一般2～3年应更换新电池。

应定期清洁太阳能电池板,擦拭表面的灰尘等杂物,保证太阳能转换效率。

使用太阳能供电的自动气象站出现系统断电故障时,首先检查蓄电池供电是否正常。如蓄电池供电不正常,则查看太阳能控制器输入端电压是否达到供电标准。若输入端正常而输出端不正常,则可判断为太阳能控制器的故障,需更换太阳能控制器。若因为阴雨天的缘故,使电池暂时电压不足,致使充电控制器进行过放电保护切断负载,等电池充电完毕后供电即可恢复正常。

使用交流市电供电的自动气象站,长时间使用后电池也会老化而导致其内阻增大、容量减少、负载能力下降的情况,可根据实际需要更换电池。

八、通信故障

使用GPRS无线通信时,出现无法连接GPRS模块的情况时的处理方法:

(1)检查当地是否有GPRS网络,是否移动机站在进行维护,维护期间GPRS网络无法使用;

(2)检查供电,有时候阴雨天供电不足会导致GPRS模块不能正常工作;

(3)检查通信卡是否损坏并查此卡是否因为欠费而停机;

(4)当地网络是否正常问题,请联系当地移动公司检测调整信号;

(5)在连接GPRS模块后,数据无法回传,则检查通信线是否接反;

(6)连接GPRS模块后,回传数据格式不对,若检查GPRS参数设置正确,则可以判断为采集器故障,需返厂检修。

GPRS无法与中心站连接,需检查中心站软件台站参数、ID号、通信方式等参数是否设置正确。

第十二章

HYA-M02 型自动气象站的使用和维护

HYA-M02 型自动气象站是中国华云技术开发公司生产的一种以 HYA-TR 温度/雨量数据采集器为核心的温度/雨量二要素自动气象站,应用于加密自动监测记录空气温度和降水量的变化。

第一节　HYA-M02 型自动气象站的性能与结构

一、HYA-M02 型自动气象站的性能

HYA-M02 型自动气象站能自动采集、处理、存储和传输空气温度、降雨量数据。主要功能包括:

(1)具有内部时钟,内部时钟具有独立的后备电池;

(2)定时自动采集分钟温度数据和分钟雨量数据;

(3)对温度测量数据可以增加二次订正,以提高测量的精度;二次订正曲线,可以设置为一个多项式,多项式的最高次数可以设置为三次多项式,订正曲线多项式系数可以十分方便地写入采集器 Flash 中。

(4)每一个小时记录一条观测数据,包括:60 个分钟平均温度、最高温度、最高温度出现时间、最低温度、最低温度出现时间、60 个分钟雨量。采集器内部存储器最多可以存储 170 天的记录数据。

(5)为观测记录数据的上传提供多种读取观测记录数据的方式,包括:

① 可以通过设置开启或关闭每小时自动发送记录数据方式实现是否每小时自动发送记录数据。如果开启自动发送记录数据,所发送的数据包括:1～60 个分钟温度数据、温度统计数据、60 个分钟雨量数据。其中发送分钟温度的间隔可以参数设置进行选择。

② 使用命令只读取 60 个分钟温度和温度统计数据。

③ 使用命令只读 60 个分钟雨量数据。

④ 使用命令读取分钟温度数据、温度统计数据、分钟雨量数据。读取数据的内容与自动发送方式的一样。

(6)使用自动发送和命令读取两种方式上传实时观测数据。

① 可以通过设置关闭或指定秒钟的间隔,实现自动发送实时观测数据;

② 使用命令读取实时观测数据。

(7)可以通过设置关闭或指定分钟间隔,实现自动发送分钟观测数据。

(8)可以通过设置开启或关闭自动发送温度采样数据方式,实现是否自动发送温度采样数据。

(9)可以搜索、查找指定时次的记录数据,设置记录读取指针。

(10)可以通过设置修改 RS-232 串口通信波特率,选择所需的 RS-232 串口通信波特率。

(11)通过设置状态参数,检测供电电压以及 CPU 温度等。

(12)采集器外面板带有测量、通信状态指示灯,用于观察采集器的运行情况。

(13)使用直流 12 VDC 供电,工作电流 30 mA。

二、HYA-M02 型自动气象站结构

HYA-M02 型自动气象站采用的是低功耗设计,所以整个设备结构简单紧凑。主要部件包括:数据采集器主机箱、机箱安装立杆、雨量传感器、温度防辐射通风罩安装套件和温度传感器等四个主要部件,如果采用太阳能供电,则还包括一块太阳能电池板。

在数据采集器主机箱中,包括:HYA-TR 型温度/雨量数据采集器、GPRS 通信模块、供电电源(直流充电电源或太阳能控制器)、后备电池。

基本原理结构图如图 12-1 所示:

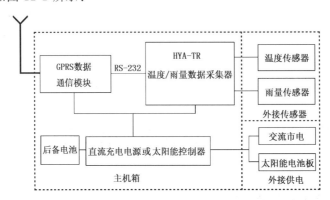

图 12-1　HYA-M01(HYA-TR)型自动气象站原理结构图

图 12-2 为 HYA-M02 型自动气象站的现场实际安装图。

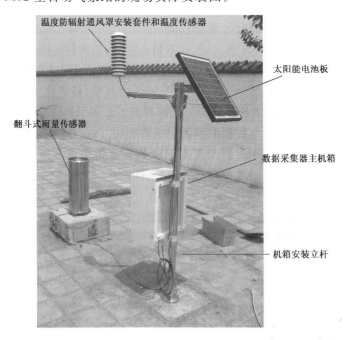

图 12-2　HYA-M01(HYA-TR)型自动气象站现场实际安装图

图 12-3 为 HYA-M01(HYA-TR)型自动气象站主机箱的内部装配结构图。数据采集器是一个封闭的独立部件,通过下部的接线排实现与各传感器和供电电源的连接。无线通信模块安装在机箱门上,其天线则经机箱下边的线孔引出到机箱外。后备电池的容量则根据无外接电源时,需后备电池独立供

电保证自动站正常工作的时间来选配。

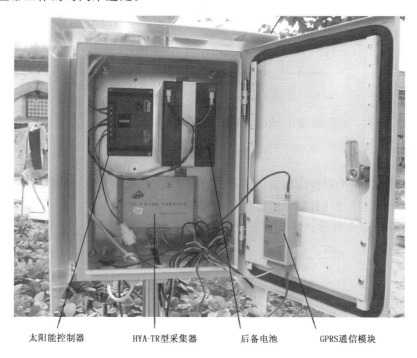

太阳能控制器　　　HYA-TR型采集器　　　后备电池　　　GPRS通信模块

图 12-3　HYA-M01(HYA-TR)型自动气象站内部安装结构图

第二节　使用的传感器及其日常维护

一、温度传感器

温度传感器使用标准的金属铂电阻 Pt100,采用不锈钢金属管铠装方式封装,放置在防辐射通风罩内采用自然通风方式。测量采用铂电阻四线制测量方式。

铂电阻温度传感器的电阻温度关系采用国际温标(ITS-90)固定点间内插的标准方法,采用如下的计算公式。

0~80℃范围内,电阻－温度公式:

$$R_t = R_0(0℃)(1 + At + Bt^2)$$

－50~0℃范围内,电阻－温度公式:

$$R_t = R_0(0℃)\left[1 + At + Bt^2 + C(t - 100℃)t^3 \right]$$

其中:R_t——在温度 t 时铂电阻温度传感器的电阻值 Ω;

t——温度(℃);

$R_0(0℃)$——在温度 0℃时铂电阻温度传感器的电阻值,标称值为100Ω;

A——常数,其值为 $3.9083 \times 10^{-3}℃^{-1}$

B——常数,其值为 $-5.775 \times 10^{-7}℃^{-2}$

C——常数,其值为 $-4.183 \times 10^{-12}℃^{-4}$

选用 A 级以上的铂电阻传感器,其允差为 $\pm(0.15 + 0.002|t|)℃$($|t|$ 为温度的绝对值),可保证在－50~50℃测量范围内的准确度≤$\pm0.3℃$。

测量参考电路如图 12-4 所示:

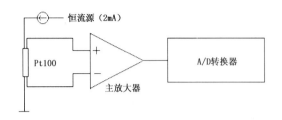

图 12-4　Pt100 温度传感器测量电路示意图

二、雨量传感器

雨量传感器采用 SL3-1 型双翻斗雨量传感器。有降水时,由承水口承接的降水经过翻斗的翻转,吸合干簧管,产生通断信号,经过计数器电路进行计数处理,换算为降水量。

测量参考电路如图 12-5 所示:

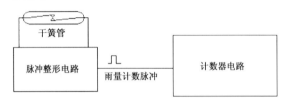

图 12-5　翻斗式雨量传感器测量电路示意图

三、传感器的日常维护

为了保证传感器信号的准确性,首先必须按规定对传感器进行定期检定,其次还需做好以下的日常维护:

(1)定时清洁温度传感器的防辐射通风罩,以确保自然通风的良好性。

(2)降水来临前检查并清理雨量传感器的承水口中的杂物,如:尘土、落叶等,以保证降水通畅地通过承水口流进下面的翻斗。

(3)定期检查雨量传感器中干簧管与磁铁的相对位置,以确保翻斗翻转时干簧管正确可靠地吸合。

(4)雨季到来前检查调整雨量传感器的降雨量输出脉冲数与翻斗翻转次数的对应关系,保证雨量计数脉冲输出的准确性。

有条件时可将雨量传感器排出的雨水收集在储水瓶内,一次降水过程结束后用量杯量出该降水过程的总降水量,用来与雨量传感器测得的降水量做比较,其比较结果可作为对翻斗雨量传感器进行调整的依据。

第三节　HYA-M02 型自动气象站数据采集器

HYA-M02 型自动气象站的核心部件——数据采集单元使用的是华云公司开发的 HYA-TR 温度/雨量数据采集器。

一、HYA-TR 型数据采集器原理

HYA-TR 温度/雨量数据采集器为单片机系统。CPU 为 C8051F020 型低电压、低功耗、高速 CPU 处理器,工作温度范围-40～+85℃。其他所有集成电路器件也都是宽温范围的器件,工作温度范围-40～+85℃。

通信接口配置一个 RS-232 通信端口;存储器采用 1MB 的 Flash 存储器;带有时钟芯片;看门狗电

路。电路结构图如图 12-6 所示:

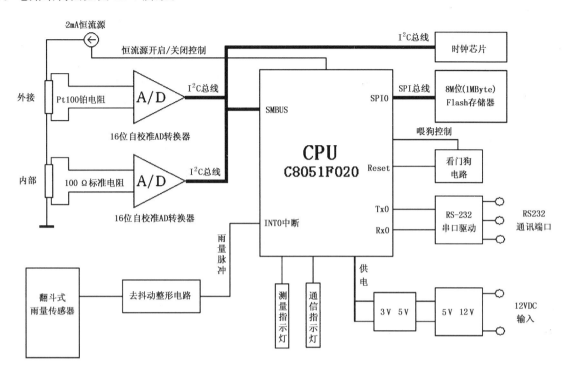

图 12-6　HYA-TR 温度/雨量数据采集器原理图

1. 温度的采样及数据处理

温度测量采用 Pt100 铂电阻温度测量传感器,四线制测量,2 mA 恒流源激励。所使用的 AD 转换器为 16 位、带自校准、I²C 总线标准的器件,该器件采用的是单电源供电、内部校准方式,所以它的测量稳定性好、精度高、功耗小,而且控制简单。因为 16 位的 AD 具有足够的精度,因此不需要再加测量放大器,从而进一步降低了测量误差。在本采集器中使用了两个独立的 AD 转换器,分别对测温传感器铂电阻和不随温度变化的标准电阻进行采样,其中用对标准电阻的测量数据,对温度测量进行校准,以减小测量电路本身对温度测量产生的误差。

温度观测数据的采集、处理方法是每 10 秒钟采样一次,得到一个采样数据,每 1 分钟获得 6 个采样数据,去掉一个最高和一个最低温度值,计算余下的四个测量数据的平均温度值,作为该分钟的温度实时观测值(瞬时观测值)。

温度观测数据在采集器中记录的方法和内容是每小时记录一条数据,其中包括:该时段内的 60 个分钟温度实时观测值、最高温度、最高温度出现的时间、最低温度、最低温度出现的时间。每小时温度观测记录共计 64 个数据,占用 128 个字节存储单元。

2. 雨量的测量及数据处理

雨量测量使用翻斗式雨量传感器,每 0.1 mm 降雨时翻斗翻转一次,干簧管吸合一下,产生一个通断脉冲信号(代表 0.1 mm 降雨量),雨量数据采集电路对雨量翻斗通断脉冲信号首先进行去抖动处理,然后再进行采集、记录。

雨量观测数据在采集器中记录的方法和内容是每小时记录一条数据,其中包括:该时段内的 60 个分钟雨量数据。每小时雨量观测记录共计 60 个数据,占用 60 个字节存储单元。

3. 存储器

HYA-TR 温度/雨量数据采集器的数据记录容量为 1M 字节的 Flash 存储器,其中分为 16 个存储扇区,每个扇区有 256 个存储页,共计 4096 个存储页,数据观测每小时存储一条记录数据,其中包括小时温度记录数据和小时雨量记录数据,每一条记录占用一个存储页,总计可以存储 4096 小时的观测记录数据,即 170 天的记录数据。数据记录循环往复。在覆盖旧的存储记录时,是按照扇区的大小擦除记录数据,一次擦一个扇区,而不是只擦除一条记录。

Flash 存储器为 SPI 总线串行访问方式。

4.时钟

HYA-TR 温度/雨量数据采集器的时钟采用的是 I^2C 总线标准的晶振时钟器件,独立的后备电池,从而保证时钟的准确、可靠。时钟精度主要取决于晶振的频率稳定度。

5.看门狗

在 HYA-TR 温度雨量数据采集器中,为了确保其运行可靠,除了起用了 CPU 内部的看门狗功能之外,还另外增加了外部看门狗电路,有效的双保险,完全能够确保 CPU 程序稳定运行,不会出现死机状况。

二、HYA-TR 型数据采集器处理命令介绍

HYA-TR 型数据采集器的命令按执行的功能分为三类,即设置基本参数的命令、下载记录数据和设置记录指针的命令以及调试和测量控制的命令。

采集器命令执行以下要求:

(1)命令和回复数据均为 ASCII 格式。

(2)所有命令字符串格式不分大小写。

(3)带有下划线的参数字符串的格式,必须严格按照大小写输入,其他命令的参数字符串格式不分大小写。

(4)命令和参数之间以及参数和参数之间,使用空格作为分割符。

(5)使用回车符 CR 或换行符 LF ,作为命令行的结束符。

1.设置基本参数的命令(共 16 个)

(1)数据采集器复位命令,有二种命令格式。

数据采集器重新启动或设置出厂缺省参数,在全部初始化完成之后,向上位机发送信息:China Huayun Inc HYA-TR Ver1.0 2006.02 站点的区站号

RESET 命令,数据采集器复位,读取程序配置参数和程序运行参数

RESET Def Param 命令,设置数据采集器在出厂时被设定为初始缺省的参数。

　　(注:该命令参数字符串 Def Param 必须严格按照大小写字母格式输入)

(2)读取版本号命令

INFO 命令,向上位机发送采集器的基本信息(包括程序的版本号和采集器的唯一编号)。

发送数据的内容为 HYA-TR Ver1.0 DLID:050600

(3)读取参数命令,有三种命令格式。

PARAM 命令,读取全部参数;

PARAM P 命令,读取程序配置参数;

PARAM S 命令,读取程序运行参数;

PARAM C 命令,读取所有命令字符串及参数格式。

读取的参数信息分为三类:

第一类是标识信息参数,包括:

设备型号和程序版本信息;

由日期时间构成的时钟信息。

第二类是程序配置信息参数,共 16 个参数。分别是:

站点区站号;

站点经度(分辨到秒);

站点纬度(分辨到秒);

站点海拔高度(以米为单位);

串口波特速率(以 bps 为单位);

温度数据自动发送间隔时间(以分钟为单位);

设置的"命令处理回显"状态参数(0 为关闭,1 为开启);

设置的"记录数据自动发送"状态参数(0 为关闭,1 为开启);

设置的"分钟数据自动发送时间"参数(0 为关闭,1~59 为以分钟表示的分钟数据自动发送间隔时间);

设置的"实时数据自动发送时间"参数(0 为关闭,1~3600 为以秒表示的实时数据自动发送间隔时间);

上传记录发送延迟时间(以秒表示);

设置的"自动发送温度采样数据"状态参数(0 为关闭,1 为开启);

温度测量二次订正参数;

AD 转换器采样零点漂移参数;

温度测量控制参数;环境温度订正参数。

第三类是程序运行信息参数,共 10 个参数。分别是:

CPU 温度;

电池电压;

记录写入 Flash 存储器的页地址指针(页地址为 0~4095);

读取记录数据的 Flash 存储器页地址指针(页地址为 0~4095);

第一条有效记录存放的 Flash 存储器的页地址指针(页地址为 0~4095);

最后一条有效记录存放的 Flash 的页地址指针(页地址为 0~4095);

Flash 扇区使用状态参数(0 为未使用,1 为已使用,对应已使用扇区 0~15);

标识最新的存储记录成功与失败,(0 为存储失败,1 为存储成功);

存储记录成功条数(表示从程序运行开始以来,记录存储 Flash 成功的累计条数,程序重新启动后清零);

存储记录失败条数(表示从程序运行开始以来,记录存储 Flash 失败的累计条数,程序重新启动后清零)。

(4)读取/设置串口通信波特率命令,有三种命令格式。

串口通信参数中 8 位数据位、1 位停止位、无检验位是不可设置的固定参数,波特速率可用以下命令设置。

BAUD 命令,读取串口通信波特率,回复格式为"URAT0:×××× URAT1:××××";

BAUD 0 9600 命令,设置串口 0 通信波特率为 9600;

BAUD 1 9600 命令,设置串口 1 通信波特率为 9600。

(5)读取/设置时钟命令,有两种命令格式。

DT 命令,读取数据记录控制器的时种;

DT 2006－02－16 08:30:50 命令,设置数据记录控制器的时种,设置参数为 2006 年。2 月 16 日 8 点 30 分 50 秒。

(6)读取/设置站点区站号命令,有两种命令格式。

ID 命令,读取站点的区站号;

ID 54511 命令,设置站点的区站号,"54511"为设置的区站号,最长 8 位,可以是数字、字符、下划线。

(7)读取/设置站点的纬度命令,有两种命令格式。

LA 命令,读取站点的纬度;

LA 39 23 18 命令,设置站点的纬度,设置的纬度为 39 度 23 分 18 秒,各个数据用空格隔开。

(8)读取/设置站点的经度命令,有两种命令格式。

LO 命令,读取站点的经度;

LO 119 28 17 命令,设置站点的经度,设置的经度为 119 度 28 分 17 秒,各个数据用空格隔开。

(9)读取/设置站点的海拔高度命令,有两种命令格式。

AL 命令,读取站点的海拔高度;

AL 100.1 命令,设置站点以米为单位的海拔高度,设置的海拔高度为 100.1 m。

(10)读取/设置命令处理回显状态参数的命令,当命令处理回显状态为开启时,执行命令处理的结果信息或其他错误信息将发送给上位机。有三种命令格式。

ECHO 命令,读取命令处理回显状态,0 为关闭;1 为开启;

ECHO 0 命令,设置关闭命令处理回显方式;

ECHO 1 命令,设置开启命令处理回显方式。

(11)读取/设置发送分钟温度记录数据的间隔分钟数命令,有两种命令格式。

STI 命令,读取发送分钟温度记录数据的间隔分钟数。

STI 0~60 命令,设置发送分钟温度记录数据的间隔分钟数(以分钟为单位)。

(12)读取/设置自动发送记录数据方式命令,有三种命令格式。

当自动发送记录数据方式为开启状态时,每到整点(观测记录时段结束时间)自动发送观测记录数据,观测记录数据格式参见"按照指定的方式,读取温度和雨量观测记录数据命令"条。

ASLOG 命令,读取自动发送实时数据方式,0:关闭;1:开启。

ASLOG 0 命令,设置关闭自动发送记录数据方式;

ASLOG 1 命令,设置开启自动发送记录数据方式。

(13)读取/设置自动发送分钟数据方式命令,有三种命令格式。

当自动发送分钟数据方式为开启状态时,按照设定的时间间隔,自动发送分钟观测数据。

ASMDT 命令,读取自动发送分钟数据方式,0:关闭;1~59:开启。

ASMDT 0 命令,设置关闭自动发送分钟数据方式;

ASMDT 1~60 命令,设置自动发送分钟数据的间隔时间(以分钟为单位)。

间隔时间说明:给出的间隔时间是指从本时段(小时)开始,到本时段结束。

即:如果间隔时间为 1,则从 00 分开始每 1 分钟自动发送一次分钟数据,共计发送 60 次;

如果间隔时间为 2,则从 00 分开始每 2 分钟自动发送一次分钟数据,共计发送 30 次;

如果间隔时间为 59,则从 00 分开始每 59 分钟自动发送一次分钟数据,共计发送 2 次;

如果间隔时间为 60,则只在 00 分开始自动发送一次分钟数据;

分钟观测数据格式

数据标识、站点区站号、日期、时间、温度、雨量。例如:TRMD CNHYC01 2006－02－22 23:46 186 12

数据以空格为分割符,回车符 CR 为结束符。

(14)读取/设置自动发送实时数据方式命令,有三种命令格式。

当自动发送实时数据方式为开启状态时,按照设定的时间间隔,自动发送实时观测数据,实时观测数据格式参见"读取当前的实时观测数据命令"条。

ASRDT 命令,读取自动发送实时数据方式,0:关闭;1:开启。

ASRDT 0 命令,设置关闭自动发送实时数据方式;

ASRDT 1~3600 命令,设置自动发送实时数据的间隔时间(以秒为单位)。

(15)读取/设置发送记录数据间隔延时时间命令,有两种命令格式。

如果发送记录数据延时时间为零,则在下载数据记录时连续发送,发送记录数据延时时间不为零,则在下载数据记录时,每发送完一条记录,延时等待设定的秒钟之后,再发下一条记录数据。

TXDELAY 命令,发送记录数据间隔延时时间,0:连续发送;1~255:发送延时时间。

TXDELAY 1~255 命令,设置记录数据间隔延时时间。

(16)读取当前的实时状态数据命令。

STA 命令,读取当前的实时状态数据。

实时观测数据格式:数据标识、站点区站号、日期、时间、CPU 温度、电池电压。

例如:TRSTA 54510 2006—02—22 23:46:58 28.6 12.8

数据以空格为分割符,回车符 CR 为结束符。

2.下载数据和设置记录指针命令(共 4 个)

(1)读取当前的实时观测数据命令。

RD 命令,读取当前的实时观测数据。

实时观测数据格式:数据标识、站点区站号、日期、时间、温度、小时雨量、全天雨量。

例如:TRRD 54510 2006—02—22 23:46:58 186 12 58

数据以空格为分割符,回车符 CR 为结束符。

(2)按照指定的方式,读取温度和雨量观测记录数据命令(所发送的小时记录数据为该时段内的记录、统计数据)。

命令格式:LD 回传数据类型 回传记录方式 记录条数或指定记录时间。其中:

回传数据类型共 5 种:

C　读取当前时段正在接收处理的记录数据。

A　回传温度和雨量记录数据。

T　只回传温度记录数据。

R　只回传雨量记录数据。

Q　终止当前正在进行的上传记录数据处理。

回传记录方式共 4 种:

A 读取 Flash 存储器中的全部记录数据。

L 读取最新的记录数据,从上一次上传结束时的记录后面开始,接着继续上传还未上传的记录数据,直至最后一条记录。

N 读取指定条数的最新记录数据,例如 LD A N 5 从上一次上传结束时的记录后面开始,接着上传5 条记录数据。

T 读取指定时次的记录数据,例如 LD A T 2006—02—16 18 上传 2006 年 2 月 16 日 18 时的记录数据。

LD C 命令,读取当前时段正在接收处理的记录数据。

LD A/T/R A 命令,读取 Flash 存储器中的全部记录数据。

LD A/T/R L 命令,读取最新的记录数据,从上一次上传结束停止时记录号后面开始,接着继续上传记录数据,直至最后一条记录。

LD A/T/R N 5 命令,读取 5 条最新的记录数据,从上一次上传结束停止时的记录后,开始上传 5 条记录数据。

LD A/T/R T 2006—02—16 18 命令,读取指定时次的记录数据,例如 LD A 2006—02—16 18 上传 2006 年 2 月 16 日 18 时的记录数据。

LD Q 命令,终止当前正在进行的上传记录数据处理。

发送温度、雨量观测记录数据格式为:数据标识、站点区站号、日期、时间、按照设定的间隔(0~59

分钟)发送 1 分钟平均温度、最高温度、最高温度出现的时间、最低温度、最低温度出现的时间、60 个分钟雨量(共计 74 个数据)。

指定发送分钟温度数据的间隔时间,参见 STI 命令。

例如:

TRLD 54510 2006－02－22 22 186 185 …… 186 188 188 22:56 184 22:24 00 01 …… 02

　　　　　　　　　|← n个分钟温度平均数据 →||← 温度统计数据 →||← 60个雨量数据 →|

发送温度观测记录数据格式为:数据标识、站点区站号、日期、时间、60 分钟平均温度、最高温度、最高温度时间、最低温度、最低温度时间(共计 68 个数据)。

例如:TRLDT 54510 2006－02－22 23 186 185 …… 186 188 188 22:56 184 22:24

　　　　　　　　|← 60个分钟温度平均数据 →| |← 温度统计数据 →|

发送雨量观测记录数据格式为:数据标识、站点区站号、日期、时间、6 个 60 个分钟雨量(共计 64 个数据)。

例如:TRLDR 54510 2006－02－22 23 00 01 …… 02

　　　　　　|← 60 个雨量数据 →|

数据以空格为分割符,回车符 CR 为结束符。

(3)清除 Flash 存储器中的全部记录数据命令。

CLRCOG 命令,清除 Flash 存储器中的全部记录数据。

清除完成后,回复:Erase All Flash Memory OK! 信息。

(4)设置记录数据的读取指针(Flash 的页地址)命令,有 5 种命令格式。

如果设置成功,回复记录数据读取指针。

LOGP 命令,显示读取记录数据指针,回复:LogRdFlashPage:156 信息。

LOGP B 命令,设置读取记录数据指针到 Flash 的第一条记录页地址,回复:LogRdP Setting First Record! 信息。

LOGP E 命令,设置读取记录数据指针到 Flash 最后一条记录页地址,回复:LogRdP Setting Last Record! 信息。

LOGP P 128 命令,设置读取记录数据指针到 Flash 第 128 页地址,回复:LogRdP Setting 128 Page! 信息。

LOGP 2006－02－16 18 命令,查找设置读取记录数据指针,找到时回复:2006－02－24 08 Record Data Found! 信息。没有找到时回复:2006－02－24 08 Record Data Not Found! 信息。

3.调试和测量控制命令(共 7 个)

(1)读取 Flash 指定存储页中的数据命令。

RDPAGE 命令,读取 Flash 指定存储页中的数据。

Flash 存储器的页地址从 0～4095,每页 256 个字节,从 Flash 存储器读取指定页中的 256 个字节数据,并以十六进制的形式发送。主要应用于数据记录控制器的调试。正常使用情况下,一般不用。

(2)读取 Flash 指定存储页中的数据命令。

WIPAGE 命令,读取 Flash 指定存储页中的数据。

主要应用于数据记录控制器的调试。正常使用情况下,一般不用。

(3)读取/设置自动发送温度采样数据方式命令,有三种命令格式。

当自动发送温度采样数据方式为开启状态时,每采集一次温度数据,自动发送温度采样数据(只在检测采集器算法时使用)。

ASTSD 命令,读取自动发送实时数据方式,OFF:关闭;ON:开启。

ASTSD 0 命令,设置关闭自动发送记录数据方式。

ASTSD 1 命令,设置开启自动发送记录数据方式。

(4)读取/设置温度数据二次订正参数命令,有 5 种命令格式。

当温度数据二次订正处理为开启状态时,每次温度数据采集后,使用一个一次或二次或三次多项式对温度采样数据进行二次订正。多项式的格式:

$$y = A_0 + A_1 \cdot x + A_2 \cdot x^2 + A_3 \cdot x^3$$

CAL 命令,读取温度数据二次订正处理方式。

CAT 0 命令,设置关闭温度数据二次订正处理。

CAT 1 A_0 A_1 命令,设置温度数据二次订正处理使用的一次多项式的系数 A_0 和 A_1。

CAT 2 A_0 A_1 A_2 命令,设置温度数据二次订正处理使用的二次多项式的系数 A_0、A_1 和 A_2。

CAT 3 A_0 A_1 A_2 A_3 命令,设置温度数据二次订正处理使用的三次多项式的系数 A_0、A_1、A_2 和 A_3。

(5)设置 AD 转换零点偏移参数命令,有 5 种命令格式。

ADOFF 命令,AD 转换零点偏移参数。

ADOFF r 命令,自动读取温度校准测量的 AD 转换零点偏移参数。

ADOFF R 5 命令,设置温度校准测量的 AD 转换零点偏移参数(以℃为单位)。

ADOFF t 命令,自动读取温度测量的 AD 转换零点偏移参数。

ADOFF T-4 命令,设置温度测量的 AD 转换零点偏移参数(以℃为单位)。

(注:该命令参数中的字母要区分大小写)

(6)设置温度测量控制参数命令,有两种命令格式。

MCTRL 命令,读取温度测量控制参数。

MCTRL x x x 命令,设置温度测量控制参数。

其中,第 1 个 x 为设置温度测量 AD 转换零点偏移订正,0:关闭温度测量 AD 转换零点偏移订正;1:开启温度测量 AD 转换零点偏移订正。

第 2 个 x 为设置校准测量 AD 转换零点偏移订正,0:关闭温度校准测量 AD 转换零点偏移订正;1:开启温度校准测量 AD 转换零点偏移订正。

第 3 个 x 为设置恒流源激励,0:只在测量时开启 2 mA 恒流源激励;1:始终开启 2 mA 恒流源激励。

例如:MCTRL 000 关闭温度测量 AD 转换零点偏移订正,关闭温度校准测量 AD 转换零点偏移订正,只在测量时开启 2 mA 恒流源激励。

MCTRL 010 关闭温度测量 AD 转换零点偏移订正,开启温度校准测量 AD 转换零点偏移订正,只在测量时开启 2mA 恒流源激励。

(7)设置环境温度订正控制参数命令,有三种命令格式。

ETCC 命令,读取环境温度订正控制参数。

ETCC C 45 命令,设置环境温度订正控制转换温度点(以℃为单位)。

ETCC F 0.8 命令,设置环境温度订正系数(以℃为单位)。

4.HYA-TR 数据采集器参数设置命令表

（1）HYA-TR 数据采集器基本参数设置命令表

序号	命令符		命令功能	
1	RESET	采集器复位	RESET	数据采集器复位
			RESET Def Param	设置出厂缺省参数
2	INFO	读取版本号	INFO	读取记录控制器版本号
3	PARAM	读取参数	PARAM	读取全部参数
			PARAM P	读取程序配置参数
			PARAM S	读取程序运行参数
			PARAM C	读取命令字符串
4	BAUD	设置串口通信波特率	BAUD	读取串口的波特率
			BAUD 9600	设置串口的波特率
5	DT	设置日期、时间	DT	读取采集器的日期和时间
			DT 2006－02－16 08:30:50	设置采集器的日期和时间
6	ID	设置站点 ID	ID	读取站点的区站号
			ID 54510	设置站点的区站号
7	LA	设置站点纬度	LA	读取站点的纬度
			LA 39 23 18	设置站点的纬度（度、分、秒）
8	LO	设置站点经度	LO	读取站点的区经度
			LO 119 28 17	设置站点的区经度（度、分、秒）
9	AL	设置站点海拔高度	AL	读取站点的拔海高度
			AL 100.1	设置站点的拔海高度（米）
10	ECHO	设置命令处理回应	ECHO	读取命令回应状态
			ECHO 0	设置关闭命令回应状态
			ECHO 1	设置开启命令回应状态
11	STI	设置发送分钟温度记录数据的间隔分钟数	STI	读取发送分钟温度数据的间隔分钟数
			STI 0 ～ 255	设置发送分钟温度数据的间隔分钟数
12	ASLOG	设置自动发送记录数据	ASLOG	读取自动发送记录数据状态
			ASLOG 0	设置关闭自动发送记录数据状态
			ASLOG 1	设置开启自动发送记录数据状态
13	ASMDT	设置自动发送分钟数据	ASMDT	读取自动发送分钟数据状态
			ASMDT 0	设置关闭自动发送分钟数据状态
			ASMDT 1 ～ 59	设置自动发送分钟数据时间间隔（分）
14	ASRDT	设置自动发送实时数据	ASRDT	读取自动发送实时数据状态
			ASRDT 0	设置关闭自动发送实时数据状态
			ASRDT 1 ～ 3600	设置自动发送实时数据时间间隔（秒）
15	TXDELAY	设置发送记录间隔延时	TXDELAY	读取发送记录间隔延时时间
			TXDELAY 0 ～ 255	设置发送记录间隔延时时间（秒）
16	STA	上传采集器状态数据	STA	发送采集器的当前状态

（2）HYA-TR 数据采集器下载数据和设置记录指针命令表

序号	命令符	命令功能		
17	RD	上传实时数据	RD	上传当前的实时观测数据
18	LD	上传当前时段记录数据	LD C	上传当前时段的记录数据
		停止上传记录数据	LD Q	停止上传记录数据
		上传温度、雨量记录数据	LD A A	上传全部的温度、雨量记录数据
			LD A L	上传最新的温度、雨量记录数据
			LD A N n	上传指定条数温度、雨量记录数据
			LD A T 2006－02－16 18	上传指定时次一条温度、雨量记录数据
		上传温度记录数据	LD T A	上传全部的温度记录数据
			LD T L	上传最新的温度记录数据
			LD T N n	上传指定条数温度量记录数据
			LD T T 2006－02－16 18	上传指定时次的一条温度记录数据
		上传雨量记录数据	LD R A	上传全部的雨量记录数据
			LD R L	上传最新的雨量记录数据
			LD R N n	上传指定条数雨量记录数据
			LD R T 2006－02－16 18	上传指定时次的一条雨量记录数据
19	CLRLOG	清除存储器	CLRLOG A	清除全部记录数据
20	LOGP	设置读取记录数据指针	LOGP	显示上记录数据指针
			LOGP B	设置上传记录数据指针到起始位置
			LOGP E	设置上传记录数据指针到末尾位置
			LOGP 2006－02－16 18	设置上传记录数据指针到指定时次
			LOGP P n	设置上传记录数据指针到指定存储页

（3）HYA-TR 数据采集器调试和测量控制命令表

序号	命令符	命令功能		
		调试和测量控制命令		
21	RDPAGE	读取 Flash 页数据	RDPAGE 1	读取 Flash 指定页
22	WRPAGE	写入 Flash 页数据	WRPAGE 1	写入 Flash 指定页
23	ASTSD	设置自动发送数据	ASTSD	读取自动发送温度采样数据状态
			ASTSD 0	设置关闭自动发送温度采样数据
			ASTSD 1	设置开启自动发送温度采样数据
24	CAL	设置温度二次订正参数	CAL	显示温度二次订正参数
			CAL 0	关闭温度二次订正处理
			CAL 1 A_0 A_1	设置二次订正处理的一次多项式系数
			CAL 2 A_0 A_1 A_2	设置二次订正处理的二次多项式系数
			CAL 3 A_0 A_1 A_2 A_3	设置二次订正处理的三次多项式系数
25	ADOFF *	设置 AD 转换零点漂移值	ADOFF	显示 AD 转换零点漂移值
			ADOFF R 4	设置标准电阻 R_0 的 AD 转换零点漂移值
			ADOFF r	自动读取标准电阻 AD 转换零点漂移值
			ADOFF T 0	设置温度采样的 AD 转换零点漂移值
			ADOFF t	自动读取温度采样 AD 转换零点漂移值
26	MCTRL	设置温度测量控制参数	MCTRL	读取测量控制
			MCTRL xxx	设置测量控制
27	ETCC	设置环境温度订正控制	ETCC	读取环境温度订正控制
			ETCC C 45	设置环境温度订正转换点温度
			ETCC F 0.8	设置环境温度订正系数

三、HYA-TR 型数据采集器的电气连接图

HYA-TR 型数据采集器的电气连接图，如图 12-7 所示。

图 12-7　HYA-TR 温度/雨量数据采集器电气接线图

第四节　HYA-M02 型自动气象站的安装和维护

一、HYA-TR 型数据采集器的检测

首先参照 HYA-TR 型数据采集器的电气连接图所示的接线,连接好直流供电电源和计算机的串口。

1. HYA-TR 型数据采集器温度测量的检测

如果有标准温度环境槽的检测环境,可以连接 Pt100 温度传感器,直接放置在标准温度环境槽中,进行检测。在这种方式下要注意测量误差中包括了被测元件 Pt100 的误差和采集器产生的误差。若没有标准温度环境槽的检测环境,可以连接标准电阻进行模拟温度测试,例如:接入 100 Ω,输出的测量温度应该为 0℃,同样,接入 88.22 Ω,输出的测量温度应该为 −30℃,接入 115.54 Ω,输出的测量温度应该为 40℃,在这种方式下测量的误差基本上为采集器产生的误差。

2. HYA-TR 型数据采集器雨量测量的检测

如果有标准雨量检测环境(流量计或标准瓶),可以连接合格的雨量传感器,进行检测。若没有标准雨量检测环境,也可以连接合格的雨量传感器后,手工翻动雨量传感器的翻斗,并检查计数次数,漏计或多计都为不正确。翻斗每翻一次代表 0.1 mm 降水。

二、HYA-TR 型数据采集器的维护

1. 故障维修

因为 HYA-TR 型数据采集器采用的是高集成,低功耗器件,所以一般用户难以完成器件一级的维修。当用户在检测出数据采集器有故障发生,一般情况下是采用整体更换,换下部件退回厂家。

对于由于时钟器件的后备电池没电,造成日期时间断电无法保存的情况,可以自行更换电池(型号:CR2032,3V,锂电池)。时钟后备电池在采集器电路板上(见图 12-8)。

时钟后备电池

图 12-8　HYA-TR 型数据采集器电路板

2.设备安装调试

在设备安装完毕之后,要进行现场调试、检测。首先检查各种电缆连接线是否正确,包括:传感器连接线、通信连接线、电源连接线、太阳能连接线。在确保接线无误的情况下,连接笔记本电脑,接通电源,通过采集器与笔记本电脑串口直连方式,现场调试、检测自动站的工作状况。

1.使用 reset Def Param 命令,设置 HYA-TR 数据采集器的初始参数。

2.使用 id 命令,检查、设置站点的区站号。

3.使用 dt 命令,检查、设置 HYA-TR 数据采集器的时钟。

4.使用 echo 0 命令,关闭 HYA-TR 数据采集器的回应功能。

5.使用 aslog 命令,检查、设置 HYA-TR 数据采集器的自动发送小时记录数据的功能。

6.使用 asmdt 命令,检查、设置 HYA-TR 数据采集器的自动发送分钟记录数据的功能。

7.使用 asrdt 命令,检查、设置 HYA-TR 数据采集器的自动发送实时观测数据的功能。

8.使用 txdelay 命令,检查、设置 HYA-TR 数据采集器的自动发送记录时的间隔时间。

9.使用标准雨量量杯检测雨量测量的准确性,如果有偏差,一般可以调节雨量传感器的翻斗容量调节螺钉,进行修正。

第十三章

DZZ2 型自动气象站的使用和维护

DZZ2 型自动气象站是天津气象仪器厂生产的实时地面气象自动观测系统。该系统选用芬兰 Vaisala 公司的气象专用数据采集器 QML201,配接温湿、气压、风向风速和雨量等传感器组成的自动气象站。可方便地扩充配接地温、蒸发和辐射等传感器组成扩充型多要素自动气象站。

第一节 组 成

DZZ2 自动气象站主要由传感器,数据采集器,气象业务专用机,气象业务综合处理软件及架设各传感器的各种支架、电源和避雷装置组成,如图 13-1 所示。

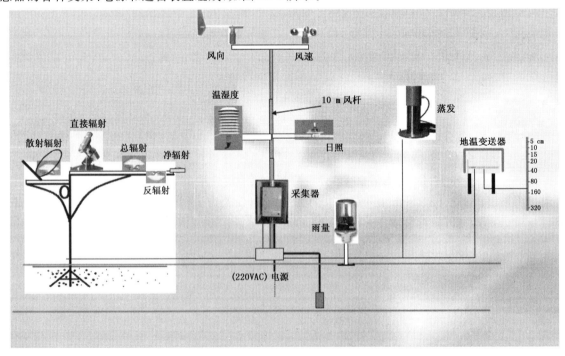

图 13-1 DZZ2 自动气象站组成

气象数据采集器采集各传感器信号,并对信号进行处理,通过 RS-422 通信接口以双工工作方式,传给室内的气象业务专用机,通过接收气象业务专用处理机的指令,将存储的测量数据发送到处理机,处理机接收数据预处理器传送来的数据信号,并通过气象业务综合处理软件按地面气象观测规范的要求,实施地面气象观测业务工作;处理机亦可用指令来设定和修改预处理器中各气象要素的修正值、修正系数及系统参数。

支架部分主要由风杆、风向风速传感器支承横臂,温湿度传感器支承横臂(或百叶箱)以及避雷针及其接地线组成。

第二节　使用的传感器及其日常维护

一、风向传感器

风向传感器采用天津气象仪器厂生产的 EL15-2/2A 型风向传感器,其性能参见第四章第五节。

二、风速传感器

风速传感器采用天津气象仪器厂生产的 EL15-1/1A 型风速传感器,其性能参见第四章第五节。

三、温度传感器

温度传感器使用芬兰 Vaisala 公司 HMP45D。
HMP45D 的技术资料参见第四章第一节。

四、雨量传感器

雨量传感器采用天津气象仪器厂生产的 SL2-1 型翻斗式的雨量传感器。其性能参见第四章第八节。翻斗式雨量传感器,在降水时由承水口承接的降水,经过翻斗的翻转,吸合干簧管,产生通断信号,经过计数器电路进行计数处理,换算降水量。

五、湿度传感器

湿度传感器使用芬兰 Vaisala 公司 HMP45D。
HMP45D 的技术资料参见第四章第一节。

六、气压传感器

气压传感器使用芬兰 Vaisala 公司 PTB220。
PTB220 的技术资料参见第四章第二节。

七、地温传感器

1.结构原理

地温传感器的测温元件是铂电阻(Pt100),铂电阻通常制成薄膜状,外涂防潮、防腐蚀的保护层,气象用铂电阻还有镀铬的金属防辐射层。

与半导体电阻温度表相比,铂电阻阻值很小,测温灵敏度较小,如果直接用欧姆表测量电阻以换算为相应的温度值,其温度测量的分辨率很低。通常采用平衡电桥法或不平衡电桥法测量,或通过恒流源将电阻变化变为电压变化并进行放大处理,以提高测量的灵敏度。随着电子技术的发展和 A/D 技术及器件性能的提高,已有集成电路直接将铂电阻的温度感应信号变为数字量。考虑到金属电阻接入测量电路时,电流会产生热效应,测量电流和引线电阻应尽量小。一般,元件电阻约为几十欧姆,而测量电流常取几毫安到几十毫安。需要进行高精度测量时,一般采用四线制接法,以消除

引线电阻的影响,满足 RT385 测温标准。

为了避免温度传感器暴露在外面受雨水和辐射影响,一般将它放在防辐射罩中;这个 Pt100 电阻温度传感器随环境温度改变,电阻值随之变化。

技术指标:

测量元件	Pt100
测量范围	$-50\sim50$℃
分辨率	0.1℃
准确度	±0.2℃
输出信号	四线制电阻

测 V_1、V_2 值即可求得 R_t:

$$R_t = R_0 \times V_1/V_2$$

温度计算公式:$T = A + B \times R_t + C \times R_t^2$

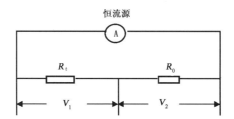

2.安装和维护

(1)安装

地表温与 5 cm、10 cm、15 cm、20 cm 浅层地温传感器安放在观测场南面平整出的裸地上,裸地面积为 2 m×4 m。地表疏松、平整、无草,并与观测场整个地面相平(如测草温需用草温支架安在 6 cm 位置,雪温可根据积雪高调节高度)。

地表温传感器安放在裸地中央偏东的地面,感应头向外,感应部分及表身,一半埋在土中,一半露出地面。埋入土中的感应部分与土壤必须密贴,不可留有空隙;露出地面的感应部分和表身,要保持干净。

5 cm、10 cm、15 cm、20 cm 浅层地温传感器安放在地表温中心线线上西边约 20 cm 处,并用专用安装架安放于土壤中埋好。

40 cm、80 cm、160 cm、320 cm 深层地温传感器(外有套管)安放在观测场南面浅层地温旁一块地面有自然覆盖物(草皮或浅草层),面积为 3 m×4 m 的范围,地面要保持平坦,草层与整个观测场上草层同高。按自东向西、由浅而深方式安放,表间相隔 50 cm,在地段中部排成一行。套管须垂直埋入土中,挖坑时应尽量少破坏土层。套管埋放后,要使各传感器感应部分中心距离地面的深度符合要求,并把管壁四周与土层之间的空隙用细土充填捣紧。

(2)维护

该仪器应保持表面干净,以避免反射层温度升高和增大辐射误差。

根据自动站安装过程中出现的地温数据异常现象,可以检查线路是否虚接,是否有断线的情况出现,地温变送器内的 4015 和 4520 模块是否损坏。检查地温传感器是否有进水情况出现。

第三节　采集器

一、QML201 数据采集器

QML201 采集器的处理器采用 Motorala 32 位单片机。它有 10 个(20 单端)差分模拟通道(这些通道可以定义为数字通道),有 2 个频率通道,16 位的 A/D 变换器,1.7M 的 Flash 存储单元,RS-232 和 RS-485 串行口,供电电路提供内部电源和传感器激励源,外部供电可以同时给内部蓄电池充电。

采集器采用最新的贴片技术并涂有防护层,防止高温环境的影响,每个传感器输入通道都有瞬态过流过压(VDR)保护。当连接长信号线时要配防浪涌保护器。

表 13-1 为采集器的各项参数。

表 13-1　QML201 数据采集器各项参数

名称	描述/参数值
处理器	32 位摩托罗拉单片机
A/D 变换	16 位
数据存储	内部含 1.7 M Flash 存储 可外扩到 300 M Flash 存储
传感器输入	10 个差分模拟量输入(20 个单端输入); 2 个计数/频率输入; 内部有一个 PMT16 气压传感器接口
工作温度	$-35\sim+55℃$
保存温度	$-50\sim+70℃$
温度测量范围为: $-50\sim+80℃$	最好 $±0.06℃$
温度测量范围为: $-35\sim+50℃$ 最大误差	不超过 $±0.12℃$
在 0℃ 最大误差	不超过 $±0.06℃$
电压测量 $±2.5$ V $±250$ mV $±25$ mV $±6.5$ mV	0.08％F. S. $±150\mu$V 0.18％F. S. $±15\mu$V 0.18％F. S. $±3\mu$V 0.18％F. S. $±3\mu$V
频率测量	0.003％＋分辨率 241ns
串口通信标准可选择项	一个 RS232 两个扩展,可扩为 RS232、RS485 方式
实时时钟	无
电源消耗	小于 10mA/6V
供电	8～14VDC

其电压信号的测量电路,对于多种量程、多种信号电平都能兼容,有极广的适应性,适合多类气象传感器,其接线端子及传感器接线方法见图 13-2 所示。

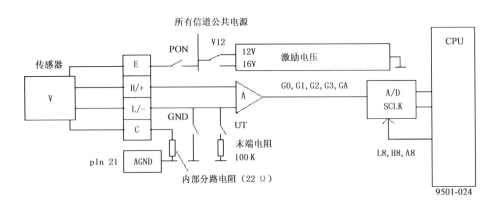

图 13-2　电压测量原理

A/D 转换器带有数字滤波和数字增益控制,增益分别为,1、10、100、333 四档,对测量信号,系统每次测量进行一次零位检测和满度检测,完成自动校准操作,确保测量的高精度和长期稳定性。

作为铂电阻测量的接口,为了提高测量精度,提供了一个高精度的恒流电流源($100\mu A$,最大 $1mA$)。

图 13-3 为 QML201 采集器外形图,图 13-4 为 QML201 采集器内部结构图。

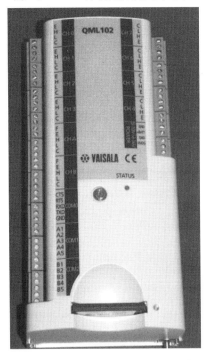

图 13-3　QML201 采集器外形图

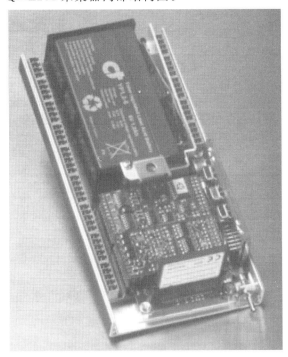

图 13-4　QML201 采集器内部结构图

二、基本配置

(1)密封防腐蚀机箱	1 台	(6)空气开关	1 个
(2)QML201 数据采集器	1 台	(7)防雷模块	1 个
(3)直流电源	1 个	(8)信号防雷板	1 个
(4)蓄电池(12V 7Ah)	2 个	(9)通信防雷板	1 个
(5)ADM4520 模块	2 个	(10)静压管	1 个

可选配件:GSM 模块. MDDEM. 长线驱动器等

三、采集系统内部结构

采集系统内部结构如图 13-5 所示。

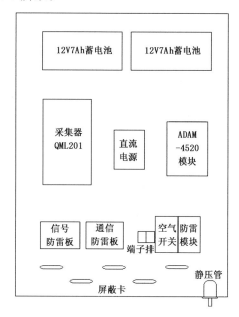

图 13-5　采集系统内部结构

四、采集器线路连接

1. 连线图

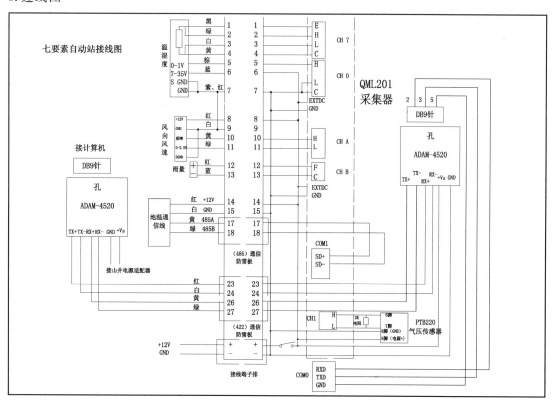

图 13-6　QML201 采集器线路图

2.各连接点信号说明

(1)空气温度传感器

空气温度传感器连接点为1、2、3、4,其中采集器CH7端的E端提供一个1 mA的恒流源。C端是回路端。采集器通过测量2、3端的电压差来计算温度值。一般情况下我们把1、2端3、4端看为短路端,一般电缆线的长度不超过100 m时1、2端或者3、4端的电阻值小于10Ω。1、4端或2、3端是温度电阻加电缆电阻一般不超过120Ω。

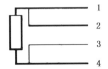

对应的计算公式为:
$$T=0.00099334\times V\times V+2.3598721\times V-245.9216$$
其中V的单位为毫伏,例如零度时电阻为100Ω,电压即为100 mV。

对于空气温度我们在程序里规定的测量上限为80℃,下限为-50℃,每10秒一个采样,采样值之间的最大变化不超过5℃。

(2)湿度传感器

湿度传感器连接点为5、6、7。其中6、7端为传感器供电端,本系统供电电压12VDC,5端是信号端,输出范围为0~1 V,对应的相对湿度为0~100%,也就是说当相对湿度为70%时,信号端的电压为0.7 V。对应的计算公式为
$$RH=100\ V$$
其中V的单位为伏。

对于相对湿度我们程序里规定的测量上限104%,下限4%,每10秒一个采样,采样值之间的最大变化不超过50%。

(3)风速风向传感器

关于风速风向传感器的详细说明请参考本书第四章第五节,它的连接端为8、9、10、11,其中8、9端为传感器供电端,本系统供电电压12VDC,10端为风速信号端(输出信号为脉冲信号),11端为风向信号端(输出信号为电压信号)。在有风的情况下用万用表的电压挡测量风速端信号,其电压为6 V左右,在无风的情况下可能为0伏或者12 V。风向信号是线性的在风向为南风(180°)时信号电压为1.25 V左右。

对应的公式:
$$WV=0.05\ F$$
F代表每秒钟的脉冲数,这是简单的风速公式。
$$WV=0.303+0.0489\ F$$
F代表每秒钟的脉冲数,这是相应准确风速公式。
$$WD=144\ V$$
V代表风向电压值单位为伏,这是风向公式。

对于风速测量上限为75 m/s,下限为0,测量小于0.33 m/s视为静风。每秒采样一次,采样间的样本最大变化20 m/s。风向的测量上限为360°,下限为0°,每秒采样一次。

(4)雨量传感器

雨量传感器的连接端为12、13,12端为信号端,13端为接地端。一般情况下12、13端的电压为3 V左右。当翻斗翻转时短暂闭合使电压值为零,应为闭合时间一般小于50 ms所以用万用表测量不到,不过可以使翻斗人工置于平衡位置,使回路长时间闭合,来检查线路的状况。

对应公式

$$\text{Rain}=0.1\times C$$

其中 C 代表的是每分钟翻斗翻转的次数。

雨量采样的上限每分钟10 mm，每次通过下降沿触发，每次采样为了保证过滤干扰信号。下降沿触发100 ms之内不再记录其他触发。

(5)气压传感器

气压传感器可以直接将PTB220的感应部件内接到采集器内部，也可以外连接，将气压传感器的模拟电压输出(默认输出为0～5VDC)经通信口接入采集器，因为采集器的采样范围为±2.5V，所以采用外界传感器时必须采用两个精度较高的电阻进行分压。我们采用两个2K的万分之一的，5ppm的高精度电阻分压。

连接端为CH1的H，L端。

对应的公式为

$$\text{Pa}=240\times V+500$$

V 代表CH1端的电压值。

要将PTB220气压传感器正确连接，必须对传感器的参数进行重新配置，第一将传感器的信号输出类型变为电压值(默认电流)，第二必须将测量的下限设为500 hPa，测量上限设为1100 hPa。(详细设置方法请参考PTB220使用说明书)。

(6)地温

地温采集器采用RS485方式传输到采集器，每30 s上传一次分钟平均值。采用通信参数为9600 n 8 1。主动上传方式用户可以直接连接17、18脚监视上来的数据(详细说明请参考下一节地温采集器)。

五、地温采集器

1.接线方法

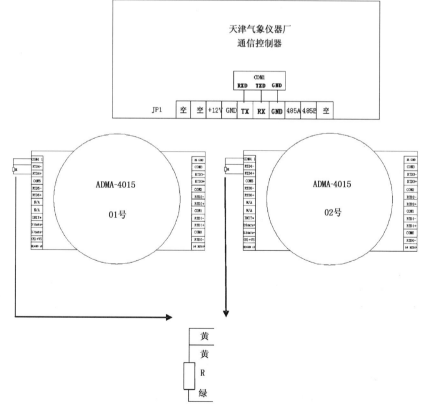

图 13-7　地温接线图

说明：

1）底板上安装有 1 块地温通信板和 2 块 ADAM-4015 通信模块。

2）2 块 ADAM-4015 模块的 DADA＋并联到地温通信板的 485A 脚上，

  2 块 ADAM-4015 模块的 DADA-并联到地温通信板的 485B 脚上。

3）2 块 ADAM-4015 模块的＋12V 并联到地温通信板的＋12V 脚上

2 块 ADAM-4015 模块的 GND 并联到地温通信板的 GND 脚上。

4）ADAM-4015 模块（01 号）的 COM0 和 RTD0－接第 1 组地温绿、绿或（黄、黄）脚，RTD0＋接第 1 组地温绿或（黄）脚，依此类推，两块模块共接 12 组地温传感器。

2. 工作原理

通信控制器每 10 秒向采集模块发送一次采样指令并获取采样值，并将最近 6 次（1 分钟）的采样值作平均每 30 秒主动上传一次数据。

在维护或更换时要注意采集模块一定要按编号正确连接。

第四节　采集器通信协议

采集器通信参数为 9600 n 8 1。

一、状态数据返回数组定义

命令：LOGS

采集器回显数据格式见表 13-2。

表 13-2　采集器回显数据格式

序号	状态	返回值及其含义解释
1	日期	2007－5－14
2	时间	15：00：04
3	主板电压	实际值，保留一位小数，不提供此参数返回"＊＊＊＊"
4	＋12V	同上
5	－12V	同上
6	主板温度	同上
7	供电方式	0—交流，1—直流，不提供此参数返回"＊＊＊＊"
8	风向传感器	0—正常，1—超上限，－1—超下限，2—关闭，3—异常
9	风速传感器	同上
10	温度传感器	同上
11	气压传感器	同上
12	雨量传感器	同上
13	湿度传感器	同上
14	草温传感器	同上
15	地表温传感器	同上
16	5 cm 地温传感器	同上
17	10 cm 地温传感器	同上
18	15 cm 地温传感器	同上
19	20 cm 地温传感器	同上
20	40 cm 地温传感器	同上
21	80 cm 地温传感器	同上
22	160 cm 地温传感器	同上
23	320 cm 地温传感器	同上
24	回车换行	

二、分钟数据的获取

命令：LOG L1 yymmddhhnnss X

其中 yymmddhhnnss 均为两位。例如 2007 年 5 月 12 日 7 点 8 分 0 秒输入为 070512070800

X 为组数。例如调取 7 点到 8 点的分钟数据，可以输入 LOG L1 070514070000 60

采集器回显数据格式为：

变量序号	含义	数据说明
1	分钟数据的日期（长时间格式）	格式：yyyy－MM－dd
2	分钟数据的时间	格式：HH:mm:ss
3	雨量	
4	本站气压	.
5	空气温度	
6	相对湿度	
7	一分钟风向	
8	一分钟风速	
9	回车换行	

三、小时数据的获取

命令：LOG L0 yymmddhhnnss X

其中 yymmddhhnnss 均为两位。例如 2007 年 5 月 12 日 7 点 0 分 0 秒输入为 070512070000

X 为组数。例如调取 7 点到 8 点的整点数据，可以输入 LOG L0 070514070000 2

采集器回显数据格式为：

变量序号	含义	数据说明
1	'定时数据的日期	格式：yyyy－MM－dd
2	'定时数据的时间	格式：HH:mm:ss
3	'二分钟风向	
4	'二分钟风速	
5	'十分钟风向	
6	'十分钟风速	
7	'最大风向	
8	'最大风速	
9	'最大风出现的时间	格式：HHmm
10	'瞬时风向	
11	'瞬时风速	
12	'极大风向	
13	'极大风速	
14	'极大风出现的时间	格式：HHmm
15	'分钟雨量	
16	'空气温度	
17	'最高气温	
18	'最高气温出现的时间	格式：HHmm
19	'最低温度	
20	'最低温度出现的时间	格式：HHmm
21	'相对湿度	
22	'最小湿度	

变量序号	含义	数据说明
23	'最小湿度出现的时间	格式：HHmm
24	'露点温度	
25	'本站气压	
26	'最高本站气压	
27	'最高本站气压出现的时间	格式：HHmm
28	'最低本站气压	
29	'最低本站气压出现的时间	格式：HHmm
30	'草面温度	
31	'草面最高温度	
32	'草面最高出现的时间	格式：HHmm
33	'草面最低温度	
34	'草面最低出现的时间	格式：HHmm
35	'地表温度	
36	'最高地表温度	
37	'最高地表温度出现的时间	格式：HHmm
38	'最低地表温度	
39	'最低地表温度出现的时间	格式：HHmm
40	'5 cm 地温	
41	'10 cm 地温	
42	'15 cm 地温	
43	'20 cm 地温	
44	'40 cm 地温	
45	'80 cm 地温	
46	'160 cm 地温	
47	'320 cm 地温	
48	'当前时次累计雨量	
49	'回车换行	

第五节　电源原理

电源结构示意图如图 13-8。

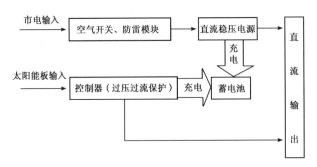

图 13-8　电源结构示意图

主要技术指标

- 交流输入：87～265 V
- 额定功率：100 W

- 直流输出:标称电压 12 V
- 蓄电池容量:65Ah/12 V
- 直流欠压:<10.8 V
- 直流过压:<13.8 V
- 工作环境温度:-40～80℃
- 工作环境湿度:0～95%RH
- 电涌电压保护水平 U_p:1500 V
- 电涌保护器 II 级试验 I_{max}:20 kA (8/20μs)

功能说明:

市电输入时为了有效地防止涌浪电压对设备的破坏和冲击,首先会通过空气开关作为第一层保护,然后通过防雷模块对一些瞬间涌浪电流进行释放。防雷模块在正常工作时,它的指示窗显示的为绿色。当受到过大电流冲击或多次放电失效后,指示窗显示为红色。这时就应该更换防雷模块。

直流稳压电源可以将交流 87～265V 的宽交流电源输入转换为输出 13.8VDC 和 12VDC 两组直流电压,其中 13.8V 是用来充电的,12V 是用来供电的。当蓄电池达到 13.8V 以后蓄电池的电压与充电电压一致将不再充电。当蓄电池放电低于 10.8V 以后,直流稳压电源将切断供电。

第六节　维护和维修

一、日常维护

1.温湿传感器的维护

定期检查过滤纸是否已经染上灰尘,一般情况下,摘下保护帽,取出过滤纸用干毛巾或者柔软的纸张擦拭干净即可。注意一定不要用手接触感应部分。在南方夏季长时间处于高湿状态后,湿度传感器会有严重的迟滞现象,也就是说当湿度下降时传感器还会虚假地测到高湿,原因是多方面的,一方面保护膜里的湿度构成了一个相对稳定的小环境,水分子不易溢出。另一方面也是湿度感应元件的特性,解决这个问题相对比较简单的方法是将探头拔下来(注意保护帽不能拧下来),用吹风机给它加热,使得相对湿度下降,感应部件就能被激活。有条件的台站最好将它跟干燥剂放到一个密闭的容器中干燥 24 小时后再使用(干燥剂最好是分子筛,不要用有腐蚀性的化学药品)。

HMP45D 温度传感器铂金薄膜铂热电阻芯片采用先进的高科技制作,像激光喷镀,显微照相和平版印刷光刻技术等;电阻值则以数字修整方式作出微调,因而能提供最精确的电阻值。但是它的长期稳定性、耐振动、耐高温不好。所以使用时间长了,报损会越来越多。

2.风速风向传感器的维护

EL15 型风速、风向传感器是一种免维护风传感器,所以建议用户千万不要自行拆卸,以保证传感器轴承不会进灰尘。

当风向发生偏差时可能是风向信号的负端接地(GND)端,存在一个电动势差造成的采样错误。引起这个错误的原因一方面可能是接触端接触不好,或者焊点不牢靠,也有可能是该端的防雷管失效等。

3.雨量传感器的日常维护

定期清除盛水器滤网上的杂物(入口滤网可取下清洗),检查漏斗通道是否有堵塞物,发现堵塞要及时清洗干净。必要时可用中性洗涤剂清洗翻斗表面,但严禁用手触摸翻斗内壁(维护细节可以参考第四章第八节 SL2-1 型单翻斗雨量传感器维护)。

二、故障处理方法与原则

当采集系统出现故障时,我们采用哪一种方法处理比较合适？上面用了很大的篇幅说明了系统的工作原理,结构示意图。其中工作原理是帮我们分析故障原因的依据。只有熟练掌握了原理,分析故障、处理故障时才会得心应手。

所以一般要想真正能处理故障,首先必须了解系统,掌握原理。其次图13-9所示的系统结构是我们判断故障点的依据。所以检查故障的时候离不开结构示意图,其中最重要的就是连接点的连线。

我们所说的故障一般是指正常工作过一段时间,系统产生的故障。故障最直接的反应是从我们观测得到的数据值上反映出来。

像温度、相对湿度、气压等气象要素,它们的变化趋势比较平稳,若在短时间的采样数据中产生振荡性波动。可以肯定来自外界有强烈的白噪声干扰,要找出干扰源来自何方。

在所有故障统计分析中不稳定的故障现象80%以上来自于连接端的接触点和电缆线。所以系统中尽量减少接触点,缩短电缆线就可以降低很多故障。

对于灾害性或者破坏性故障,因为电源的原因引起的故障占绝大多数。自然破坏和人为破坏都很容易判断。

对于一些易损部件或易耗元件,一般按期更换就能解决。

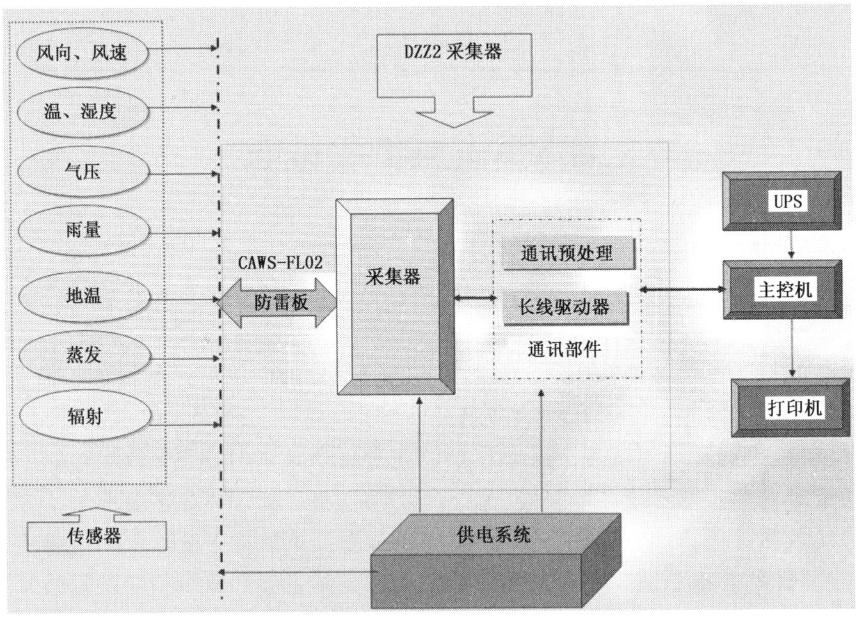

图 13-9　自动气象站组成结构

所以对于台站维护人员来讲最大的技术难点是学会检查关键接触点。了解每一个关键点的信号类型和强度范围。

——　处理故障的几种常见方法:

(1)替代法,这是最简单的方法,实现的方法是将一个故障部件或者设备,用一个好的备用部件或设备替代。一般都比较管用,但是往往不能从根本上解决问题。

(2)排除法,先排除正常部分和不可能发生故障的部分,检查最弱最容易出现故障的地方,这种方法一般用来寻找故障点。

(3)理论分析法,首先从测量气象要素传感器的原理出发,分析产生某个故障在关键测量点的信号应该是多少,引起信号偏差的原因的可能性是什么,然后采用测量法验证判断的正确性。

——　处理故障的原则:

(1)安全原则:首先要保证人身安全,在检查故障前首先要断开交流电(留下的直流电一般都不超过15VDC,所以对人身是安全的),其次要保证设备的安全。在检查故障点时一定不要粗心,最好先想好要测量的点,可能的测量值,记下将要操作的步骤,不可轻易测量。

(2)分解原则:自动气象站的组件很多,有时,无法分析故障究竟由哪个原因造成的。在这种情况下，就要断开部分连接线，把产品分成几个部分，缩小范围进一步检查分析。

三、故障现象和处理方法

1. 采集软件缺测现象

一般来讲若采集缺测，最大的可能性就是时间不同步，所以首先设置一下时间，观察缺测是否下降；若没有变化，请采用超级终端或者串口调试工具，检查数据上传是否有数据"变型"现象，也就是出现乱码。若是出现乱码，一方面可能电缆线受到破坏，比如鼠咬等；另一方面可能是接插件松动；还有一种可能是通信驱动器 4520 不能正常工作。检查的顺序先考虑接头松动，然后考虑电缆线是否有可能遭到破坏（比如是否可能鼠咬、附近施工等），排除这些故障后就要考虑更换通信模块 4520 了。

2. 风速值出现偏大现象

风速出现偏大现象主要原因是有干扰源产生，一方面是风传感器的传输电缆线质量下降，特别是外部屏蔽层不好。还要注意在附近是否有强电磁干扰出现，比如大功率雷达扫描等。这种情况若是使用时间很长就更换风电缆线或者重新更换风传感器。

3. 地温数据异常情况

一般来讲若是地温出现某一层异常，通常故障来自于传感器本身。如果所有地温都不正常，通常来自于地温采集器到主采集器的通信不正常。如果检查电缆和连接件后还不能解决，可能是地温通信控制器发生故障，请及时更换。

第十四章

DWSZ2 型自气象动站系统
的使用和维护

第一节 系统组成说明

DWSZ2 型自动气象站是天津气象仪器厂基于多站点、远距离、网络化管理的业务使用思路而开发设计的自动气象站。数据传输主要采用现有的无线网络作为传输媒体，一方面降低建设成本，另一方面可以提高传输的可靠性。主要支持基于手机短信、GPRS 通信方式，同时支持有线通信（基于直线连接、电话拨号方式）。

DWSZ2 型自动气象站主要由：传感器（包括：温度、雨量，可增加风速、风向、气压、相对湿度、能见度等）、数据采集器、供电系统、中心站管理软件等组成。采集器界面如图 14-1 所示。

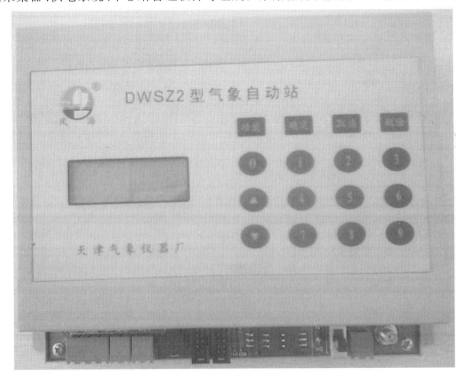

图 14-1　DWSZ2 型自动气象站采集器界面

　　系统键盘和液晶显示器是为现场设置通信参数与查询气象数据而设置的。在系统正常工作期间，为节省功耗，液晶显示器处于关闭状态。

　　采集器前视如图 14-2 所示，采集器后视如图 14-3 所示，自动站安装运行如图 14-4 所示。

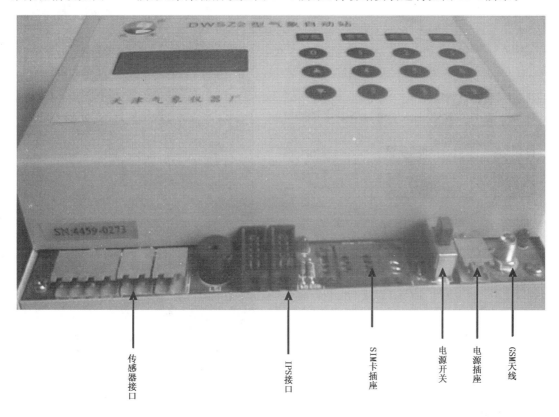

图 14-2　采集器前视图

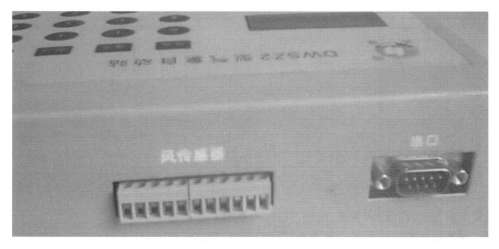

图 14-3　采集器后视图

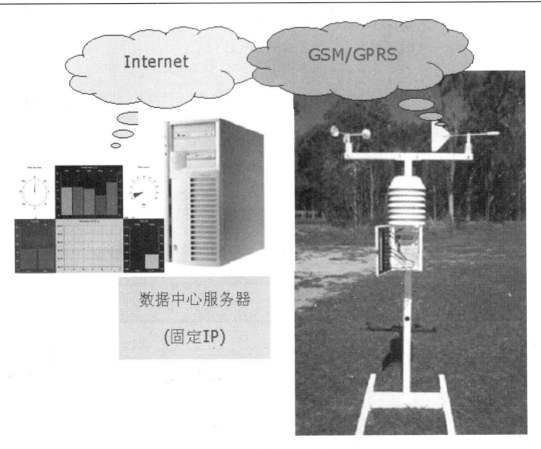

图 14-4　自动站安装运行

一、系统的主要特性

1.技术指标

测量要素	测量范围	分辨率	准确度	平均时间	采样速率	传感器
气温 2	−50～＋80℃	0.1℃	0.3℃	1分钟	6 次/分钟	Pt100
雨量	雨强 4mm/min	0.1mm	4％	1分钟累计	1 次/分钟	单翻斗
	范围 999mm					
风速	0.3～60m/s	0.05m/s	≤10m/s ±0.3m/s ＞10m/s ±(0.03V)m/s	3 秒、2 分钟、 10 分钟	1 次/秒	风杯
风向	0～360°	2.8°	±3°	3 秒、2 分钟、10 分钟	1 次/秒	风标
气压	500～1100 hPa	0.1 hPa	0.3 hPa	1分钟	6 次/分钟	硅压组

2．采集器主要性能

(1)采集实时温度、雨量(和风速、风向、气压等)数据。

(2)以小时为单位存储定时气温和 1 小时雨量资料,最高气温、最低气温和出现时间(各种观测要素的正点值,最大、最小及出现时间)。

(3)配有能给采集器供电的自动充电电池,在市电停电的情况下采用太阳能供电系统供电,系统配备的后备电池能保证断电后三天以上的正常供电。

(4)液晶显示屏,本地可看到当时的要素值,并可查阅各正点值资料。具有设置数据中心号码、站点标识号码、通信模式选择、报警级别、系统时钟、更改设置密码、清除历史数据、重新启动系统等功能。

(5)资料采集以北京时 20 时为日界。

二、采集器操作方法

系统键盘共有16键：分为功能、确定、取消、删除四个菜单功能键和上翻、下翻两个辅助功能键，以及0～9十个数字键。

键盘布局见图14-1。

1.查看当前数据

在系统关闭显示的状态下，按任何一键（除"功能"键外），系统将把当前实时数据显示在屏幕上。"取消"或"删除"键可退出显示。连续100 s没有任何键盘操作系统，将自动关闭显示。

注：如果采集器采集要素为两要素，那么用户可以看到三个数据：当前温度、日雨量、气压。如果采集器要素为四要素，那么用户可以看到五个数据：当前温度、日雨量、气压、风速、风向。

2.功能设置

在空闲或上述状态下，按下"功能"键，系统自动进入主设置菜单。主设置菜单下有两个选项：

1—设置系统参数；

2—查询历史数据。

在主菜单下按1，可进入系统通信参数设置菜单，可查看或修改系统通信参数设置。为保证系统通信安全，对系统参数的修改需经过密码授权。

在主菜单下按2，系统提示：请输入查询时间，用户需输入要查询的年、月、日、时四项参数。例如用户要查询2004年7月2日8时的数据，应该输入2004年07月02日08时，并按"确认"键。如果系统内有用户输入时间的气象数据，将在屏幕上显示数据。如果没有当时数据，系统将提示用户：无输入时间数据。如果用户输入时间有误，系统提示用户：时间无效。此时按"取消"和"删除"键可退出查询。连续100 s没有任何键盘操作系统将自动关闭显示。

用户输入设置密码并通过有效性检查后，系统显示参数设置主菜单，系统出厂缺省密码为"1234"。系统参数设置主菜单下共有九项：

1—GPRS通信参数；

2—数据中心号码；

3—设置本地参数；

4—设置报警级别；

5—设置系统时钟；

6—查看版本信息；

7—保存参数退出；

8—清除历史数据；

9—重新启动系统。

由于系统液晶每次只能显示两行，用户可用"上翻""下翻"键查看各项设置。在此菜单项下，直接输入对应号码就可直接进入对应设置菜单。每项设置操作过程中，"确认"键是将所设置参数存入系统RAM，"取消"键是放弃对所设置参数的修改；"删除"键是用于对输入参数的编辑。

注：系统将使用新参数，但该参数并没有永久存储，系统掉电后将丢失，要想永久保存，必须在设置后选择"7—保存参数退出"。

3.GPRS通信参数设置

如果使用GPRS方式通信，必须设置通信参数，如果通信参数设置未成功将直接影响到数据的通信（用户要严格按中心站的要求设置）。共需要设置三个方面的参数：

1—中心站IP地址；

2—中心端口号；

3—GPRS接入点（为用户提供GPRS服务的服务商）。

当用户输入中心站 IP 地址时需要用到". "符号,用户只需要按"下翻"键,就可以输入". ",输入成功后按"确定"键保存退出。

当用户输入 GPRS 接入点时,需要输入英文字母,所以系统设计在第二行显示所有的英文字母和". "符号。第一个界面显示"ABCDEFGHIJ"对应选择的数字键是"0123456789",用下翻键显示"KLM-NOPQRST"对应选择的数字键是"0123456789",再用下翻键显示"UVWXYZ. "对应选择的数字键是"0123456"。用上翻键显示上一个界面。例如用户准备输入"CMNET",首先用户发现字母"C"在第一个界面中的第三个位置,所以用户应该按数字键"2",选中字母"C";字母"M"应该在下一个界面下,所以用户先按下翻键,再按数字键"2"选中字母"M";字母"N"在同一个界面第四个位置,按数字键"3"选中字母"N";字母"E"应该在第一个界面中,所以用户先按上翻键,看到字母"E"所在行,再按数字键"4"选中字母"E";字母"T"首先通过上翻和下翻键寻找到字母所在行,然后用数字键选择位置"9"选中字母"T"。如果用户重新选择某个字母可以按删除键,放弃选择按取消键。

4. 数据中心号码设置

系统提供三个数据采集中心号码,用户可根据自己的需要进行设置,不输入中心号码中心站将得不到子站的短信信息。必须选择是否允许使用中心号码,只有允许使用采集器才会将数据发往目的地。三个数据采集中心号码对应1、3、5数字选项,它们对应的号码允许位对应 2、4、6 数字选项。

1—中心号码 1;

2—号码 1 允许位;

3—中心号码 2;

4—号码 2 允许位;

5—中心号码 3;

6—号码 3 允许位。

号码允许位如果设置成不允许使用,就是输入了中心号码也不起作用,所以必须在输入中心号码后,再选择是否允许,如果不允许选择"0"数字键,允许选择"1"数字键。用户不要轻易更改中心号码,只能在用户改变所用的 SIM 卡电信运营商或电信部门的短信服务中心号码发生变化或升级时使用。

5. 设置本地参数

本地参数需要进行 6 项设置。这六项设置对于终端也是至关重要的。

0—站点 ID 号;

1—系统密码;

2—要素采集方式;

3—数据上报间隔;

4—风向传感器;

5—本站号码。

站点 ID 号是每个通信终端与中心站通信时的"身份标志",同一数据中心管理下的每个通信终端都拥有唯一的 ID 号码,站点标识号码固定为 5 位。

系统密码选项用于更改设置密码,出厂初始密码为1234,本系统设置密码允许1~4位数字。用户根据系统提示输入新密码,确认后再输入一次,两次输入新密码一致,系统将提示密码更改成功,否则密码更改失败,系统维持原有密码。

要素采集方式根据用户的实际情况设置,如果用户使用的是二要素即只有温度、雨量传感器,就需要选择数字键"0"选中二要素然后按确定键;如果是四要素即风速、风向、温度、雨量,那么用户应该选择数字键"1"选中四要素然后按确定键;如果放弃选择按取消键退出。

数据上报间隔也就是终端需要向中心站发送数据的时间间隔。用户可以根据需要设置,但是采集系统允许的数据上报的时间间隔为:10 分钟,15 分钟,20 分钟,30 分钟和 60 分钟五个时段。也就是说用户只能输入 10,15,20,30,60 有效,输入其他的数值,采集系统会提示无效输入。

风向传感器,根据用户的需要风向传感器分为两种,一种为7位格雷码输出,另一种为电压输出,用户根据自己使用的状态选择。

本站手机号码不能为空,该选项是中心站为终端强制校时设置的。

6.设置报警级别

本系统允许用户设置雨量报警、温度报警、低电压报警、风速报警,选择项分别用数字1～6进入。

a) 日雨量报警1

b) 日雨量报警2

c) 1小时雨量报警

d) 3小时雨量报警

e) 低温报警

f) 高温报警

g) 低电压报警

h) 大风报警1

i) 大风报警2

所有的报警值都比实际值扩大10倍(无小数点)。第一位都为标志位,1为报警,0为不报警。

日雨量报警1出厂默认示值01000 mm(第一位为"0",不报警)、实际值100 mm、日雨量报警2出厂默认示值01500 mm(第一位为"0",不报警)、实际值150 mm,1小时雨量报警出厂默认示值0200 mm(第一位为"0",不报警)、实际值20 mm,3小时雨量报警出厂默认示值0500 mm(第一位为"0",不报警)、实际值50 mm。雨量报警实际值设置范围应该在0～200 mm之间,输入范围在0～2000之间,如果超出范围提示"参数无效"。并且日雨量报警2的输入值一定要大于日雨量报警1的输入值,3小时雨量报警的输入值一定要大于1小时雨量报警的输入值。如果不是这样,系统提示"参数无效"。

温度报警的实际范围为-50～80℃,输入范围为-500～800℃。第二位为符号位,"+"或"-",上翻键为"+"号,下翻键为"-"号。低温报警出厂默认示值0+00(第一位为"0",不报警)、实际值0℃,高温报警出厂默认示值0+300(第一位为"0",不报警)、实际值+30℃。高温报警的输入值要大于低温报警的输入值,不然系统提示"参数无效"。

低电压报警的实际范围为0～14.0 V,输入范围为0～140。低电压报警出厂默认示值0110(第一位为"0",不报警),实际值11.0 V。

大风报警1出厂默认值为0170(第一位为"0",不报警),实际值为17 m/s,大风报警2出厂默认值为0240(第一位为"0",不报警),实际值为24 m/s。

7.设置系统时钟

本设置用于用户现场进行系统时钟检查及校准,进入系统时钟界面后系统自动将当前时钟显示在屏幕上。如果需要更改,用户直接输入四位年、两位月、日、时、分、秒数据,数据位数不足在前面补"0",再确认即可。例如:要输入2004年8月2日8点5分整,用户应该输入20040802080500,按确定键完成操作。

8.查看版本信息

可以看到出厂时的版本信息。便于维护和维修。

9.保存参数退出

上述各项参数设置之后,系统将使用新参数进行工作,但该参数并没有永久存储入E²PROM,如果系统掉电,将重新从E²PROM中读取参数。因此,要想永久保存所设置参数,必须在设置完成后选择"保存参数退出",否则系统断电重新上电启动后,新做的设置将丢失。

10.清除历史数据

本系统可存储至少三个月的历史气象数据,本功能可清除所有历史数据。

11.重新启动系统

用户可在终端将系统重新启动,该功能用于现场故障处理时使用。

第二节　采集器通信协议与数据格式

通信方式:目前的二要素、四要素采集器采用以 GPRS 为主,SMS 为辅的通信方式。

数据格式:数据格式包括 GPRS 数据,短信数据和串口数据。其中每种数据格式都分为终端数据和中心数据,每种数据格式还可能根据采集的要素不同分为二要素数据和四要素数据。

一、GPRS 数据

1. GPRS 终端数据

GPRS 终端数据包括定时(实时)数据,定量(报警)数据,上报终端参数,终端时钟数据,终端站点号,终端上报数据。

(1) 二要素定时(实时)数据

序号	数据内容	长度(字节)	备注
1	S	1	二要素定时数据起始符
2	序号	4	数据包序号,右对齐,左补空格
3	站点号	5	右对齐,左补空格
4	日期	12	YYYYMMDDHHmm
5	每分钟降水	120	每分钟降水占两字节,右对齐,左补空格
6	正点温度	4	最高位为符号位,0 正 1 负,数据位右对齐,左补空格
7	温度最大值	4	
8	最大值出现的时间	2	mm
9	温度最小值	4	
10	最小值出现的时间	2	mm
11	小时供电电压	3	右对齐,左补空格
12	结束符	2	0D0A

(2)四要素定时(实时)数据

序号	数据内容	长度(字节)	备注
1	X	1	四要素定时数据起始符
2	序号	4	数据包序号,右对齐,左补空格
3	站点号	5	右对齐,左补空格
4	日期	12	YYYYMMDDHHmm
5	每分钟降水	120	每分钟降水占两字节,右对齐,左补空格
6	正点温度	4	最高位为符号位,0 正 1 负,数据位右对齐,左补空格
7	温度最大值	4	
8	最大值出现的时间	2	mm
9	温度最小值	4	
10	最小值出现的时间	2	mm
11	小时供电电压	3	右对齐,左补空格
12	3 秒风速	3	右对齐,左补空格
13	3 秒风向	3	
14	2 分钟风速	3	
15	2 分钟风向	3	

续表

序号	数据内容	长度(字节)	备注
16	10 分钟风速	3	
17	10 分钟风向	3	
18	3 秒最大风速	3	
19	对应风向	3	
20	3 秒最大风速出现的时间	2	mm
21	2 分钟最大风速	3	
22	对应风向	3	
23	2 分钟最大风速出现的时间	2	mm
24	10 分钟最大风速	3	
25	对应风向	3	
26	10 分钟最大风速出现的时间	2	mm
27	结束符	2	0D0A

注:1)降水单位是 mm,数值扩大 10 倍。

2)温度单位是℃,数值扩大 10 倍,最高位为符号位,0 正 1 负。

3)供电电压单位是 V,数值扩大 10 倍。

4)风速单位是 m/s,数值扩大 10 倍。

5)所有数据采用定长传输,右对齐,左补空格。

6)二要素定时数据长度 163 字节,四要素定时数据长度 205 字节。

(3)二要素定量(报警)数据

序号	数据内容	长度(字节)	备注
1	A	1	定量数据起始符
2	站点号	5	右对齐,左补空格
3	日期	12	YYYYMMDDHHmm
4	降水	4	日累计降水,右对齐,左补空格
5	当前温度	4	最高位为符号位,0 正 1 负,数据位右对齐,左补空格
6	当前供电电压	3	右对齐,左补空格
7	报警类型	2	01:1 小时雨量报警 03:3 小时雨量报警 24:日雨量报警 TH:高温报警 TL:低温报警 PL:低电压报警
8	结束符	2	0D0A

(4)四要素定量(报警)数据

序号	数据内容	长度(字节)	备注
1	A	1	定量数据起始符
2	站点号	5	右对齐,左补空格
3	日期	12	YYYYMMDDHHmm
4	降水	4	日累计降水,右对齐,左补空格
5	当前温度	4	最高位为符号位,0 正 1 负,数据位右对齐,左补空格
6	当前供电电压	3	右对齐,左补空格
7	当前风速	3	右对齐,左补空格
8	当前风向	3	右对齐,左补空格

序号	数据内容	长度(字节)	备注
9	报警类型	2	01:1 小时雨量报警 03:3 小时雨量报警 24:日雨量报警 TH:高温报警 TL:低温报警 PL:低电压报警 W1:一级风速报警 W2:二级风速报警
10	结束符	2	0D0A

注:1)降水单位是 mm,数值扩大 10 倍。

　　2)温度单位是℃,数值扩大 10 倍,最高位为符号位,0 正 1 负。

　　3)供电电压单位是 V,数值扩大 10 倍。

　　4)风速单位是 m/s,数值扩大 10 倍。

　　5)所有数据采用定长传输,右对齐,左补空格。

　　6)定量数据长度 39 字节。

(5)上报终端参数数据

序号	数据内容	长度(字节)	备注
1	P	1	上报终端参数起始符
2	站点号	5	右对齐,左补空格
3	中心 IP 地址	15	右对齐,左补空格
4	中心端口号	6	右对齐,左补空格
5	中心接入点	10	右对齐,左补空格
6	中心号码1	11	右对齐,左补空格
7	中心号码2	11	
8	中心号码3	11	
9	号码允许位	3	每一位代表一个中心号码的允许状态,为 0 代表不使用此中心号码
10	日累计雨量报警级别1	4	扩大 10 倍,0 为不报警
11	日累计雨量报警级别2	4	扩大 10 倍,0 为不报警
12	1 小时雨量报警级别	3	扩大 10 倍,0 为不报警
13	3 小时雨量报警级别	3	扩大 10 倍,0 为不报警
14	低温报警级别	4	扩大 10 倍,最高位为符号位,0 正 1 负,9 为不报警
15	高温报警级别	4	扩大 10 倍,最高位为符号位,0 正 1 负,9 为不报警
16	低电压报警级别	3	扩大 10 倍,0 为不报警
17	要素采集方式	1	0:二要素,1:四要素
18	大风报警级别1	3	扩大 10 倍,0 为不报警
19	大风报警级别2	3	扩大 10 倍,0 为不报警
20	数据上报间隔	2	10,15,20,30,60 分钟
21	密码	4	终端本地密码,密码全部为 0~9 数字,右对齐,左补空格
22	结束符	2	0D0A

上报终端参数数据长度 113 字节。

（6）终端时钟数据

序号	数据内容	长度（字节）	备注
1	T	1	终端时钟数据起始符
2	日期时间	14	YYYYMMDDHHmmSS
3	结束符	2	0D0A

终端时钟数据长度 17 字节。

（7）终端站点号

序号	数据内容	长度（字节）	备注
1	I	1	终端站点号起始符
2	站点号	5	右对齐,左补空格
3	结束符	2	0D0A

终端站点号数据长度 8 字节。

（8）终端上报数据

序号	数据内容	长度（字节）	备注
1	H	1	终端上报数据起始符
2	站点号	5	右对齐,左补空格
3	结束符	2	0D0A

终端上报数据长度 8 字节。

2. GPRS 中心数据

GPRS 中心数据包括获取定时（实时）数据,获取终端参数,设置终端参数,获取终端时钟,设置终端时钟,定时（实时）数据确认,上报数据确认。

（1）获取定时（实时）数据

序号	数据内容	长度（字节）	备注
1	GD	2	
2	开始日期	10	YYYYMMDDHH
3	结束日期	10	YYYYMMDDHH
4	结束符	2	0D0A

获取定时（实时）数据长度 24 字节。

（2）获取终端参数

序号	数据内容	长度（字节）	备注
1	GP	2	
2	结束符	2	0D0A

获取终端参数数据长度 3 字节。

（3）设置终端参数

序号	数据内容	长度（字节）	备注
1	SP	2	
2	站点号	5	右对齐,左补空格

序号	数据内容	长度(字节)	备注
3	中心 IP 地址	15	右对齐,左补空格
4	中心端口号	6	右对齐,左补空格
5	中心接入点	10	右对齐,左补空格
6	中心号码 1	11	右对齐,左补空格
7	中心号码 2	11	
8	中心号码 3	11	
9	号码允许位	3	每一位代表一个中心号码的允许状态,为 0 代表不使用此中心号码
10	日累计雨量报警级别 1	4	扩大 10 倍,0 为不报警
11	日累计雨量报警级别 2	4	扩大 10 倍,0 为不报警
12	1 小时雨量报警级别	3	扩大 10 倍,0 为不报警
13	3 小时雨量报警级别	3	扩大 10 倍,0 为不报警
14	低温报警级别	4	扩大 10 倍,最高位为符号位,0 正 1 负,9 为不报警
15	高温报警级别	4	扩大 10 倍,最高位为符号位,0 正 1 负,9 为不报警
16	低电压报警级别	3	扩大 10 倍,0 为不报警
17	要素采集方式	1	0:二要素,1:四要素
18	大风报警级别 1	3	扩大 10 倍,0 为不报警
19	大风报警级别 2	3	扩大 10 倍,0 为不报警
20	数据上报间隔	2	10,15,20,30,60 分钟
21	密码	4	终端本地密码,密码全部为 0~9 数字,右对齐,左补空格
22	结束符	2	0D0A

设置终端参数数据长度 114 字节。

（4）获取终端时钟

序号	数据内容	长度(字节)	备注
1	GT	2	
2	结束符	2	0D0A

获取终端时钟数据长度 3 字节。

（5）设置终端时钟

序号	数据内容	长度(字节)	备注
1	ST	2	
2	日期时间	14	YYYYMMDDHHmmSS
3	结束符	2	0D0A

设置终端时钟数据长度 18 字节。

（6）定时（实时）数据确认

序号	数据内容	长度(字节)	备注
1	GS(X)	2	
2	序号	4	
3	结束符	2	0D0A

定时（实时）数据确认数据长度 8 字节。

（7）上报数据确认

序号	数据内容	长度（字节）	备注
1	GH	2	
2	结束符	2	0D0A

上报数据确认长度 4 字节。

二、SMS 数据

SMS 终端数据包括定时（实时）数据，定量（报警）数据，上报终端参数。其中定量（报警）数据格式见 1.1.3、1.1.4，上报终端参数数据格式见 1.1.5。

1. 二要素定时（实时）数据

序号	数据内容	长度（字节）	备注
1	S	1	两要素定时数据起始符
2	站点号	5	右对齐，左补空格
3	日期	12	YYYYMMDDHHmm
4	每分钟降水	60	每分钟降水占一字节，以 0x30 为基准偏移量
5	正点温度	4	最高位为符号位，0 正 1 负，数据位右对齐，左补空格
6	温度最大值	4	
7	最大值出现的时间	2	mm
8	温度最小值	4	
9	最小值出现的时间	2	mm
10	小时供电电压	3	右对齐，左补空格
11	结束符	2	0D0A

2. 四要素定时（实时）数据

序号	数据内容	长度（字节）	备注
1	X	1	四要素定时数据起始符
2	站点号	5	右对齐，左补空格
3	日期	12	YYYYMMDDHHmm
4	每分钟降水	60	每分钟降水占一字节，以 0x30 为基准偏移量
5	正点温度	4	最高位为符号位，0 正 1 负，数据位右对齐，左补空格
6	温度最大值	4	
7	最大值出现的时间	2	mm
8	温度最小值	4	
9	最小值出现的时间	2	mm
10	小时供电电压	3	右对齐，左补空格
11	3 秒风速	3	右对齐，左补空格
12	3 秒风向	3	
13	2 分钟风速	3	
14	2 分钟风向	3	
15	10 分钟风速	3	
16	10 分钟风向	3	
17	3 秒最大风速	3	
18	对应风向	3	
19	3 秒最大风速出现的时间	2	mm

序号	数据内容	长度（字节）	备注
20	2分钟最大风速	3	
21	对应风向	3	
22	2分钟最大风速出现的时间	2	mm
23	10分钟最大风速	3	
24	对应风向	3	
25	10分钟最大风速出现的时间	2	mm

注：1）降水单位是 min，数值扩大 10 倍，以 0x30 为基准偏移量，单字节传输。

2）温度单位是℃，数值扩大 10 倍，最高位为符号位，0 正 1 负。

3）供电电压单位是 V，数值扩大 10 倍。

4）风速单位是 m/s，数值扩大 10 倍。

5）所有数据采用定长传输，右对齐，左补空格。

6）两要素定时数据长度 99 字节，四要素定时数据长度 139 字节。

三、SMS 中心数据

SMS 中心数据包括获取定时（实时）数据，获取终端参数，设置终端参数。其中获取定时（实时）数据格式见 1.2.1，获取终端参数格式见 1.2.2，设置终端参数格式见 1.2.3。

1. 串口终端数据

串口终端数据包括激活串口确认，关闭串口确认，定时（实时）数据，上报终端参数，发送终端时钟。其中上报终端参数数据格式见 1.1.5，发送终端时钟数据格式见 1.1.6。

（1）激活串口确认

序号	数据内容	长度（字节）	备注
1	OPENOK	6	激活串口成功
2	结束符	2	0D0A

激活串口确认数据长度 8 字节。

（2）关闭串口确认

序号	数据内容	长度（字节）	备注
1	CLOSEOK	7	关闭串口成功
2	结束符	2	0D0A

关闭串口确认数据长度 9 字节。

（3）二要素定时（实时）数据

序号	数据内容	长度（字节）	备注
1	日期	12	YYYYMMDDHHmm
2	每分钟降水	60	每分钟降水占一字节，以 0x30 为基准偏移量
3	正点温度	4	最高位为符号位，0 正 1 负，数据位右对齐，左补空格
4	温度最大值	4	
5	最大值出现的时间	2	Mm
6	温度最小值	4	
7	最小值出现的时间	2	Mm
8	小时供电电压	3	右对齐，左补空格
9	结束符	2	0D0A

（4）四要素定时（实时）数据

序号	数据内容	长度（字节）	备注
1	日期	12	YYYYMMDDHHmm
2	每分钟降水	60	每分钟降水占一字节，以0x30为基准偏移量
3	正点温度	4	最高位为符号位，0正1负，数据位右对齐，左补空格
4	温度最大值	4	
5	最大值出现的时间	2	mm
6	温度最小值	4	
7	最小值出现的时间	2	mm
8	小时供电电压	3	右对齐，左补空格
9	3秒风速	3	右对齐，左补空格
10	3秒风向	3	
11	2分钟风速	3	
12	2分钟风向	3	
13	10分钟风速	3	
14	10分钟风向	3	
15	3秒最大风速	3	
16	对应风向	3	
17	3秒最大风速出现的时间	2	mm
18	2分钟最大风速	3	
19	对应风向	3	
20	2分钟最大风速出现的时间	2	mm
21	10分钟最大风速	3	
22	对应风向	3	
23	10分钟最大风速出现的时间	2	mm
24	结束符	2	0D0A

注：1）降水单位是min，数值扩大10倍。

　　2）温度单位是℃，数值扩大10倍，最高位为符号位，0正1负。

　　3）供电电压单位是V，数值扩大10倍。

　　4）风速单位是m/s，数值扩大10倍。

　　5）所有数据采用定长传输，右对齐，左补空格。

　　6）两要素定时数据长度93字节，四要素定时数据长度135字节。

2.串口中心数据

串口中心数据包括激活串口，关闭串口，获取定时（实时）数据，获取终端参数，设置终端参数，获取终端时钟，设置终端时钟。其中获取定时（实时）数据格式见1.2.1，获取终端参数数据格式见1.2.2，设置终端参数见1.2.3，获取终端时钟见1.2.4，设置终端时钟见1.2.5。

（1）激活串口

序号	数据内容	长度（字节）	备注
1	OPEN	4	激活串口
2	结束符	2	0D0A

激活串口数据长度6字节。

（2）关闭串口

序号	数据内容	长度（字节）	备注
1	CLOSE	5	关闭串口
2	结束符	2	0D0A

关闭串口数据长度 7 字节。

四、工作流程

1. GPRS 方式

（1）终端设备上电后,首先进行必要的硬件初始化,无线模块工作稳定后,激活 GPRS,连接中心服务器,当系统时钟到达事先设定的上传时间间隔时,将当前数据传送至中心服务器,同时,当到达任何一个报警极限值,及时将报警数据发送至中心服务器。根据 GPRS 的现行网络状况,终端设备与中心服务器采用 TCP 连接,定时发送上报数据以保持网络通畅。

（2）数据包的响应:

由终端发起的数据包中定时（实时）数据,和终端上报数据需要中心服务器确认。下面是 GPRS 传输过程中由终端发起的数据包。

终端数据包	中心响应包	备注
定时（实时）数据	定时（实时）数据确认	保证数据的完整性
定量（报警）数据	无响应	
终端站点号	无响应	
终端上报数据	上报数据确认	保证网络连接

中心服务器对终端设备具有管理控制权限,因此所有中心发起的数据包,终端设备均需要进行数据响应。下面是 GPRS 传输过程中由中心发起的数据包。

中心数据包	终端响应包	备注
获取定时（实时）数据	定时（实时）数据	
获取终端参数	上报终端参数	
设置终端参数	上报终端参数	
获取终端时钟	发送终端时钟	
设置终端时钟	发送终端时钟	

2. SMS 方式

当 GPRS 无法将数据上传至中心服务器的时候,采用 SMS 方式将定时（实时）数据或定量数据发送至中心服务器,同时利用 SMS 方式可以进行远程参数配置。由于 SMS 为非连接方式,因此不采用数据确认机制。

3. 串口方式

采用串口方式时,必须首先激活串口,并得到激活成功响应后,可以发送各种串口数据,最后发送关闭串口命令。

工作在串口方式时,终端设备为被动工作方式。

中心数据包	终端响应包	备注
激活串口	激活串口确认	
关闭串口	关闭串口确认	
获取定时(实时)数据	定时(实时)数据	一组或多组数据
获取终端参数	上报终端参数	
设置终端参数	上报终端参数	
获取终端时钟	发送终端时钟	
设置终端时钟	发送终端时钟	

第三节　软件使用介绍

一、主界面

主界面可以显示 GPRS 方式通信的子站的信息,子站上传的信息,以及对子站的操作。

主界面最上方为菜单和工具栏,显示框显示通过 GPRS 方式与中心站连通的子站的信息:用户 ID (用户登录中心站的顺序)、登录时间、用户名,用户 IP,移动网关出口 IP,移动网关出口。显示区显示子站上传的信息,ID 显示区显示被用户选中的子站在中心站登录的 ID 号。发送区可以直接向子站发送信息,但是用户一般不要发信息给子站。状态栏显示中心站主机的时钟,使用 GSM 短信方式或电缆连接方式通信时的端口状态。

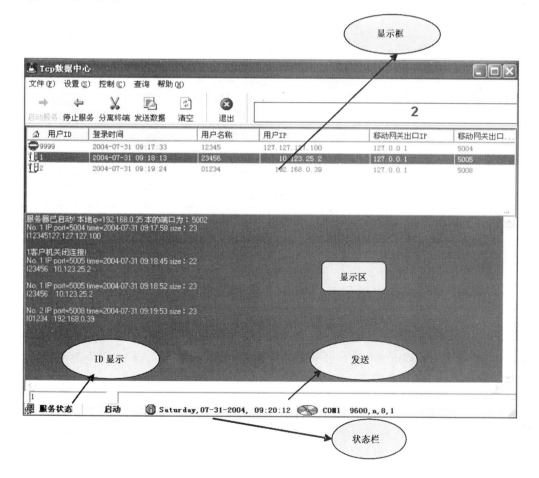

二、监视站点

如果用户成功设置了台站参数,用户可以在显示框中看到台站信息,并且能看到前一天21点到当天20点的24条数据。直观的发现数据是否完整。如下图:

台站号	台站名	服务代号	06日04时	06日05时		06日06时	06日07时	06日08时
Z0001	张家界1							
Z0002	张家界2							
Z0003	张家界3							
T0001	天津1				R:168 T:+123 Wv: 023 Wd:+421			

三、设置

1.中心站参数

中心站软件能否运转得比较好,关键的要把它的参数设置好,才能正常地运转工作。

所有的设置将关系到通信的成功与否,辅助通信方式是指在主要通信方式连接失败时启用,当终端向中心站发送报警数据时,主要通信方式和辅助通信方式同时启用。"应用"按钮将设置的参数进行保存,但不退出该界面,如果要保存退出点击"确定"按钮就可以。端口设置必须正确,波特率使用"9600",校验位("None"),数据位("8"),停止位("1"),选择成功后点击"确定"按钮即可,如放弃设置点击"取消"。

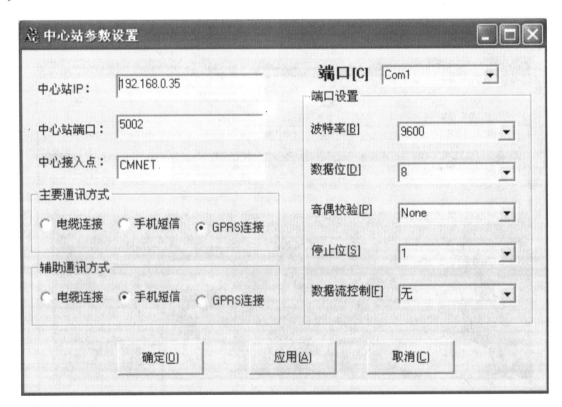

2.台站参数设置

台站参数设置既可以查询台站信息,也可以添加或更新台站信息。如果要添加或更新台站信息,打开锁,保存修改按钮被激活,输入信息后,点击保存修改按钮即可。每次保存只是当前显示的台站信息。

如果要查询请在查询参数号中输入参数号,然后点击"查询"按钮,所有的信息将会出现。

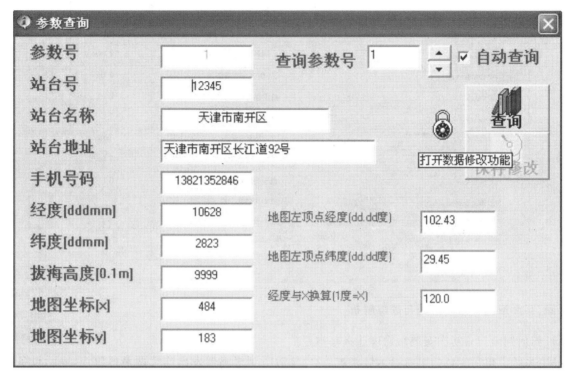

3. 终端参数设置

在设置终端参数之前,请选择要操作的终端。在主界面中的显示框选中终端,选择如下图。

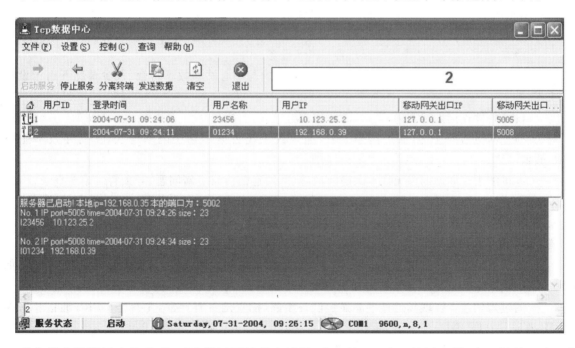

采集器参数设置比较重要,可以设置子站的台站号,中心站 IP,中心站端口号,中心站接入点,子站发送数据到中心站的接收号码(目的地号码有三个,如果启动,则在复选框中选中),雨量和温度及大风警报,选择发送方式如果使用 GPRS 方式或电缆连接,点击"设置"就完成了对子站采集器参数的设置,设置成功后子站会上传设置的新值,并提示用户,若采用手机短信方式,必须在点击"设置终端参数"按钮后输入子站的手机号码。如果不需要对其他的项进行设置,设置"＊"号终端的设置将不会改变。将鼠标放在文本框上就会出现设置要求,如下图。

四、实际应用中常见问题与故障解析

1. 如何判断设备初次安装后物理连接基本正常？

答：系统上电后绿色的电源指示灯将被点亮，随后听到蜂鸣器发出连续两声蜂鸣声，表示设备上电启动成功。按键盘（除功能键）任意键可以看到当前气象要素的各采样值和供电电压。设备上电后网络灯由一秒一闪变为三秒一闪，表明设备已经正常注册到无线网络。

2. 如果不能登录 GPRS 网络，可能的原因是什么？

答：不能登录 GPRS 原因：

——检查 SIM 卡是否欠费及是否开通 GPRS 业务。

——站点设备 GPRS 参数（IP 地址，端口号等）配置与中心站参数不符合（极少情况下由于设备参数丢失造成）。

——设备硬件连接是否正确，天线、SIM 卡座连接等。

——检查网络信号强度，如果信号太弱，能导致无线数据传输误码率增大，从而导致不能登录 GPRS 数据网络。

——也可能由于电信部门无线基站暂时故障、基站通信协议更新问题、导致暂时不能登录。

——中心站服务器静态 IP 地址绑定，端口映射，虚拟网映射是否有问题。

3. 中心站显示下面某个站点没有在线，可能是什么原因？

答：说明设备目前没有和中心站软件建立 GPRS TCP 通信连接，可能原因：

——确认自动站点的供电是否中断，包括交流电源供电和太阳能供电，在太阳能供电方式下，如果出现连续阴雨天气，可能造成系统蓄电池供电电压不足情况，导致系统不能正常工作。

——通过短信或者在现场通过液晶显示设备参数，检查是否有异常，尤其是 GPRS 通信相关参数包括 IP 地址、端口号等。

4. 站点蓄电池电量不足时会出现什么现象？

答：站点蓄电池电量不足时会出现以下现象：

——设备不能正常启动，或者启动后不能正常工作，直接导致不能及时上报正点观测数据，而且中心站软件显示设备不在线。

——从站点上观察，设备电源指示灯不亮，或者频繁闪动，也可能蜂鸣器长鸣。

——在极个别情况下，由于供电不足，可能导致设备工作参数丢失。

第十五章

Milos500 型自动气象站

　　Milos500 型自动气象站是芬兰 Vaisala 公司生产的多要素自动地面气象观测设备。该自动气象站由传感器、数据采集器和主控微机（业务终端）组成（见图 15-1）。各种传感器和数据采集器安装在室外，主控微机安装在室内。

　　Milos500 型自动气象站根据业务要求配有气温、气压、相对湿度、风向、风速、雨量、地温、蒸发、日照和辐射等传感器。地温、蒸发和辐射经由 QLI50 分采集器连接到 Milos500 主采集器上。

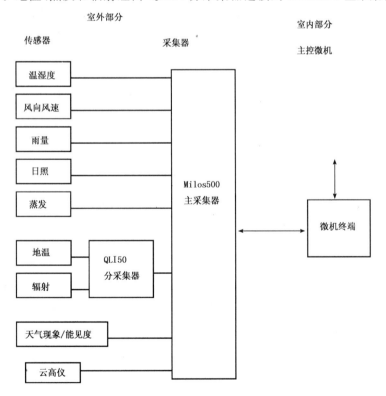

图 15-1　Milos500 型自动气象站组成结构

　　Milos500 型自动气象站对配有传感器的观测项目实现自动观测，对未配传感器的观测项目由人工观测后输入观测数据。观测数据按规定形成各种数据文件，自动编发各种气象报告和编制各种气象报表。

第一节　传感器

Milos500 型自动气象站通常选配有下列气象要素测量传感器。

(1)WAV151 型低启动风速光电风向标式风传感器；

(2)WAA151 低启动风速快响应光电风速传感器；

(3)PTB201A(PTB220)型完全补偿数字气压表；

(4)HMP45D 温湿度传感器；

(5)RG13/GR13H 雨量传感器；

(6)QMT103 温度传感器；

(7)DRD11A 感雨传感器；

(8)AG 型超声波蒸发量测量传感器；

(9)DSU12 型日照持续时间传感器。

第二节　Milos500 采集器硬件

Milos500 采集器是 Milos500 自动气象站的核心设备，是一个全自动气象数据采集、处理、存储和编报系统，使用模块化结构，用户能在基本 Milos500 基础上用各种插件、传感器、软件模块和数据通信装置很方便地实施扩充。

Milos500 采集器包括安装在机箱内的一组插板组成的硬件和配置的软件。

Vaisala 组合 16 位 INTEL 80C188EB 处理器、表面贴装技术、12 位 A/D 转换器和最小 1MB EPROM 构成一个性能可靠，功能强大的自动气象站。在此基础上 Milos500 有 4 个 I/O 串口，通过一个串口可链接几个器件。串口数可增加到 10 个，每一个各自编程。

Milos500 基本装置要求的供电很低，典型的约 0.5W(取决于连接的传感器)。

Milos500 采集器的硬件分为组成一个观测系统所必配的基本单元和根据不同的需要进行选配的可选单元。基本单元包括基座 DMF 50、母板 DMB 50、CPU 板 DMC 50 和电源转换板 DPS 50；可选单元包括传感器接口板 DMI 50 和存储器板 DMM 55B 等。

一、基座 DMF 50

基座 DMF 50 是一个用铝合金材料制成的框架，用于安装 Milos500 的基本插板、接线电缆和内部电池构成一个工作部件。带有内总线和插卡插座的母板 DMB 50 安装在基座上。数字气压传感器也安置在基座内(图 15-2)。

- 总容量　　　　5+2 插槽(可选 8+2)
- 尺寸　　　　　310 mm×242 mm×111 mm
- 带基本设置的重量 3 kg
- 安装　　　　　用四个螺钉(M5)

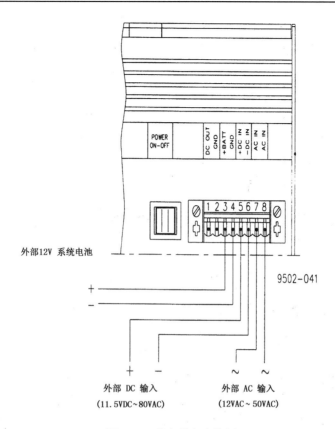

图 15-2　基座供电连接图

二、母板 DMB 50

母板 DMB 50 是一个总线板（见图 15-3），包括总线和供电两部分电路。

各种模拟和数字信号都通过母板在各插板间传输。

母板带有常规直流供电，并配有锂电池作存储器和 RTC 电路的后备电源，当母板未插供电电源板时能保证所有母板上的插板的时钟和数据不丢失。

● 母板上有 P1、P2、P3、P4、P5、P7 六个插槽：

— P1 插槽为 DC/DC 电源变换板 DPS 50 专用插槽。

— P2 插槽为 Milos500 系统存储器板插槽，插 DMM 50 存储卡（FLAS 或 SRAM）或带后备电池的静态存储器板 DMM 55B。

— P3 插槽为 CPU 板 DMC 50 专用插槽。CPU 的高速总线经缓冲扩展后连接 P2 和 P4 插槽，CPU 板脱离母板后会丢失时钟信息和 SRAM 的数据，但对 Flash 中的应用程序无影响。

— P4 插槽为用来安装扩展存储器板的扩展插槽。

— P5 插槽是用扁平电缆将气压传感器（DPA220）连接到母板上的插槽。

— P7 插槽是连接 DDK 50 键盘显示单元的插槽。

● 母板上有 P6、P8、P9、P10 四个接线端子：

— P6 连接外部蓄电池（12V）或内部蓄电池。有 2A 可修复保险丝保护。

— P8 外部供电电源，如低交流供电（DPM221 的输出），太阳能、风能直流输出供电，也可接 12V 外接蓄电池。

— P9 接基座电源开关，用于开关 Milos500 除 3V 锂电池外的所有内、外部电源。

— P10 接软件控制的蜂鸣器，系统上电时鸣响。

● 母板上 G1 插座

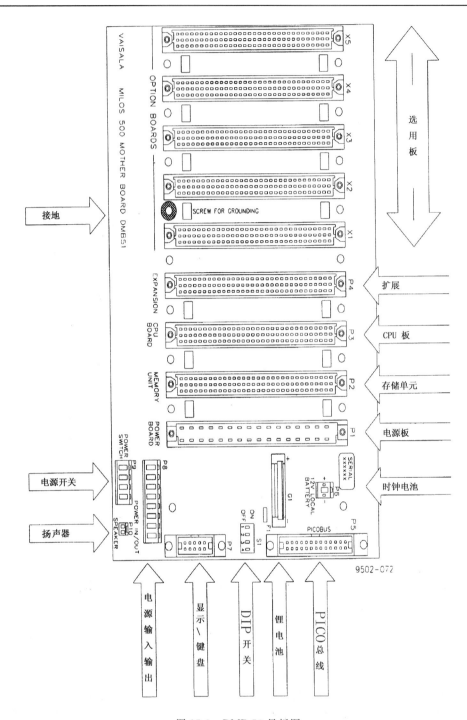

图 15-3　DMB 50 母板图

G1 插座为纽扣式锂电池安装夹座,用于安装 3 V,250 mAh 或 500 mAh 锂电池,做 CPU 板的时钟和 SRAM 的不断电后备电池。

● DIP 开关 S1-4

DIP 开关用于控制电池与母板的连接,所有连接都经过一个 1250 mA 的保险丝(F1)提供安全保护。S1-1、S1-2、S1-3 控制地线连接,S1-4 控制锂电池连接,具体见表 15-1。

表 15-1 母板 DIP 开关功能

开关位置	开关 S1-1、S1-2、S1-3	开关 S1-4
ON	基座与电路地相连	连接锂电池
OFF	基座与电路地分开	不接锂电池

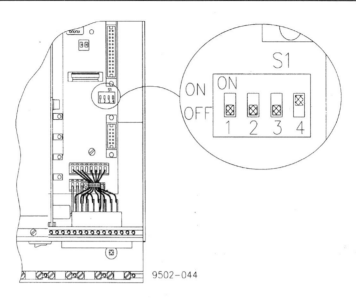

图 15-4 母板 DMB 50 上 DIP 开关设置图

● 插槽 X1～X8

插槽 X1～X8 为母板 DMB 50 的 8 个扩展插槽。这些插槽用于安装扩展的传感器接口板和 MO-DEM 板等。如果安装了错误的插板通电后会造成永久性损坏。

● 接地螺钉

X1 插槽与 X2 插槽间有一个接地螺钉为电路地与基座的连接点,应常接着,且 DIP 开关 S1-1、S1-2、S1-3 断开。将此螺钉取开安装在 P4 插槽与 X1 插槽之间,则有±39V 的浮动电压。

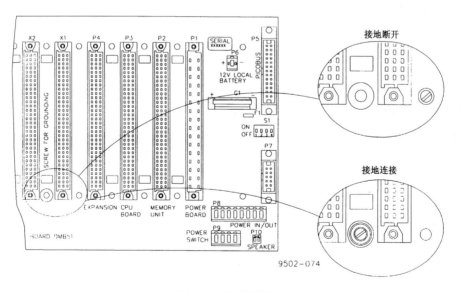

图 15-5 接地螺钉图

三、CPU 板 DMC 50

CPU 板与配置的软件一起完成以下功能:

* 控制与其他 Milos500 单元板的通信；

* 对来自传感器接口的信号做 A/D 转换；

* 在强大的实时工作系统支持下获取和处理数据；

* 与外部设备和智能传感器进行串行通信；

* 完成 Milos500 系统的内部自检（Built-In-Tests（BIT））。

CPU 板由处理器、存储器、实时时钟和总线等构成。

1. 处理器

DMC 50 使用 INTEL 公司的 80C188EB 型 16 位全静态 CMOS 微处理器。该处理器工作在低功耗模式；耐低温，在 $-50\sim70℃$ 温度范围保证性能有效。具有 12 MHz 的总线频率；1 M 字节的连续内存，采用动态重叠技术使内存空间可达到 10 M 字节。

2. 内存储器

Flash EPROM 存储器：用作实时工作系统的存储器和使用特别电码的外存储器。由 5 个 Flash 芯片组成。一个存基本操作系统，包括出厂时已配置的软件装载模块、诊断模块；另四个由串口进行软件配置，存储应用程序、传感器标定数据。

SRAM 存储器：存储变量和中间数据。512K 字节，可由存储器板扩展到 8M 字节。由母板锂电池提供后备电源。

ID-EEPROM 存储器：由 I^2C 串行总线控制的 EEPROM 存储器。存储出厂 A/D 标定值、生产和校准日期，其他重要参数等。存储器数据可读但不可改写。

3. 实时时钟（RTC）

由 I^2C 串行总线控制的实时时钟和日历。按已知的板的温度通过软件补偿获得高的准确度，定时精度达到 5 ms，由母板 3V 锂电池提供后备电源。

实时时钟可发出中断请求，将 CPU 从休眠状态唤醒。在低功耗条件下可从关断模式唤醒 DPS 50 供电。

4. 串口

串口包括两个 RS232 串口（0,1）；两个能设置成几种常用标准的可选串口（A,B）；硬件握手信号 CTS 和 RTS；几个由软件控制的多路开关。

通过"Your Way"软件对串口做设置。（A,B）串口可同时设置成 RS-232,RS-423,RS-485 模式中的一种模式。

所有通道均有防电磁干扰和静电保护措施。

5. 总线

PICOBUS 总线：CPU 板与其他单元板间的数据控制总线。8 位双向数据/地址总线，4 位握手信号线，1 位中断请求信号线处理其他单元板的中断请求。

I^2C 总线：两线制多主总线，对硬件进行控制。

6. A/DC 转换电路

用一个快速±12 位 A/D 变换器（A/DC）实现数字化。4 种可设增益，采样保持，硬件/软件滤波，各种内部自检通道。

7. 供电及"看门狗"电路

由电源变换电路产生所需的工作电压。由 12 位 A/D 测量电路做自检测试。

专用"看门狗"电路监测+5V 电源，控制复位电路及复位指示灯。

监测系统运行，产生硬件复位，使 Milos500 的各单元板重新初始化。

8. DIP 开关设置

由 S2-1、S2-2、S2-3、S2-4 进行 CPU 板的 DIP 开关设置。设置状态如表 15-2。

表 15-2 CPU 板 DIP 开关功能设置

开关标号	开关位置	功 能
S2-1	OFF	断开数字地(GND)和机壳(CASE)
S2-2	ON	看门狗计时
S2-3	OFF	禁止下载操作系统
S2-4	ON	给 SRAM 后备电池

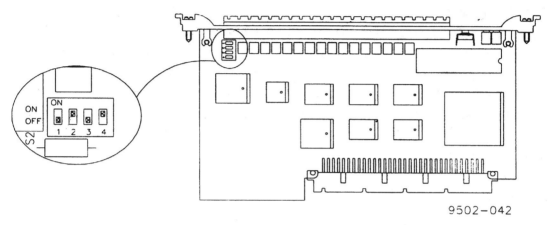

9502-042

图 15-6 CPU 板 DIP 开关设置图

四、传感器接口板 DMI 50

DMI 50 是 Milos500 的多用途接口板。它能测量几种类型的参量,包括直流电压;电阻和电桥;Pt-100 传感器;频率和周期测量;并行数字输入。它有一个 8 位开放式采集器输出通道。

电压和电流测量精度在－50～70℃气温范围内是 0.05％FSR。

1. 模拟电压和电流输出

DMI 50 有两个可软件控制的电压输出端(±12 V,±12 mA)和两个传感器激励电流发生器(0～25 mA)。这些出口相互独立,可同时做连续或脉冲输出。板上的±12 位 A/D 变换器用于控制产生选择的输出电平。

除激励传感器外,软件可控的模拟输出能组构成用于驱动模拟记录器的输出信号,或两个 4～20 mA 的电流信号输出给风速和风向传感器。

除上面的以外,DMI 50 有一个软件可控的 12V 电压输出开关,能通过 180 mA 电流。

另外数字输入通道和电压输出两者可构成一个触点闭合输入对开关式传感器(日照和感雨测量通道)做测量。

2. 并行数字输入/输出

DMI 50 有 8 位并行数字输入/输出通道,用于测量或输出格雷码、二进制、开关量。通道可设置成高或低有效。

3. 计数－计时通道

DMI 50 有两个外部 16 位计数器和一个内部 16 位计数器。每个计数器均可产生 PICOBUS 中断。

内部时钟计数器做精确周期测量参考,受 CPU 晶振控制的计时器制约。

时间/计数通道共有并行输入通道的两个输入端点 G6 和 G7 复合使用。

两个计数通道有它们自身可编程增益选择位用于数字方波或零偏置正弦波输入。

4. DC 电压测量

有 4 个单端或 2 个差分模拟输入(软件设置)。

与 DMC 50 CPU 板±12 位 A/D 变换器一起,在全温度范围精度为 0.05％FSR。

直流电压测量范围

全标定输入	CMR	分辨率
+2.5 V	+7.5～-5.0 V	600 μV
+250 mV	+7.5～-5.0 V	60 μV
+25 mV	+7.5～-5.0 V	6 μV
+7.5 V	+7.5～-5.0 V	2 μV

5. Pt100 测量通道

通过激励电流源和差分通道测量 4 线制 Pt100 温度传感器。

可编程电流(典型的 1～1.6 mA,100 ms 脉冲)经双线供给传感器,余下的跨接传感器上的两线用于做差分电压测量。

Pt100 内部参考电阻	100.000Ω,0.01%,2ppm/℃
温度测量分辨率	0.01℃,在±40℃内
	0.02℃,在±80℃内
温度测量准确度	0.05℃,在±40℃内
	0.1℃,在±80℃内

最大 Pt100 传感器电缆回路电阻

对最好的分辨率和准确度　　　　　≤120Ω

Pt100 线性处理由软件实现。

6. ID-EEPROM 存储器

串行控制 ID-EEPROM 存储器存储出厂设置参数、型号、硬件版本、序号、生产日期、FAIL/OK 状态和日期/时间数据。

这些数据可经 Milos500 串行线远距访问。

五、DC/DC 变换器板 DPS 50

DPS 50 板是产生各种内部工作电压给 Milos500 系统所有单元板供电的多功能开关电源板,并能控制系统蓄电池充放电。它有四个独立的电源。一个供蓄电池充电的初级转换电源。三个二级电源提供 Milos500 电子电路需要的电压电平。

1. 初级转换电源部分

初级转换电源是一个隔离浮动的蓄电池充电转换开关,完全与机壳和其他设备隔离,由 CPU 按用户设定的参数控制蓄电池充电。

2. 二级电源部分

二级电源是 3 路转换开关,将 12V 电池电压转化为 Milos500 电子电路需要的+5V、-5V 和+18V。当电池电压达到某规定值时自动转换输出+5V,由 CPU 控制输出-5V 和+18V。

3. 软件控制逻辑

所有主要功能是经串行可选址 I^2C 总线由软件控制。

DPS 50 板包括一个 8 位 D/A 变换器用来自动控制电池充电电流和电压。一个 4 通道 8 位 A/D 用于其他内部检测(BIT)。

用户可确定电池的类型和容量。CPU 用自身的温度传感器补偿浮动充电电平。CPU 板上的±12 位 A/D 变换器用于测量电池电压和电流,从而通过软件能预计实际剩余的电池容量。

用户能确定以分钟为单位的自动测试电池的周期。如果设定为 60,软件为监控电池电压每小时中断充电过程一次。程序自动完成要求的再充电状态恢复到正常电平。

4. 故障保护

所有电源都进行过电流和短路保护,并可自动恢复。

板上的硬件防止电池的深度充电状态,如果电池电压过低时将自动关闭整个系统。

所有电池充电器状态、电流和电压可经 CPU 串口实现远距离访问。

当温度下降到－25℃以下或 Milos500 内部温度超过＋70℃时,为了保护电池和电路,软件停止电池充电。

5. 不可改写存储器

连续控制 ID-EEPROM 用于存储单元板的类型、硬件版本、序号、生产日期、FAIL/OK 状态和日期/时间等数据。这些数据可经 Milos500 的串行线路进行远距离存取。

6. 用户可选择的参数

用户可在 SERVICE 模式下设置以下参数,存入板上的 ID-EEPROM 中。

电池类型	铅—酸
	镍—镉
	非充电电池
	无电池
电池容量	0～100 Ah
电池测试周期	0～255 min
温度补偿传感器	CPU 板上的传感器
	外部的 Pt100 传感器

7. 软件控制充电状态

启动充电状态(START CHARGE STATE)

软件自动建立最有效的输入电压/电流组合。当 Milos500 是经长的电缆供电时这点很重要。如果电源功率足够,电池的充电电流限制在大约 700 mA。如果电池容量是 2 Ah,最大充电电流设定在 500 mA。

大量充电状态(BULK CHARGE STATE)

开启全部充电。如果电源线或其他高的供电电阻限制了最大的可能电流,充电发光二极管(LED)闪亮。

过充电状态(OVERCHARGE STATE)

电池达到充满的(温度补偿)电压电平,按照生产厂家的规格可以过充电。

浮动充电状态(FLOAT CHARGE STATE)

电池充满。充电完成。电池电流到零。电池电压悬浮在温度补偿状态。

非充电状态(NO CHARGE STATE)

DPS 50 板上的所有发光二极管(LED)熄灭。Milos500 由电池供电运行。

错误状态(ERROR STATE)

充电过程处于错误状态。不充电。Milos500 由外部 AC/DC 供电运行,或电池供电运行(如果未提供外部 AC/DC)。错误发光二极管闪亮。

发光二极管指示器:

电池空缺/充电过程错误(ERROR)

电池充满(FULL)

充电(CHARGING)

交流电接通(直接由交流电源供电)(AC ON)

电源关闭状态(POWER DOWN STATES)

Milos500 的 CPU 可关闭所有的电源。这导致软件停止运行,但实时时钟 RTC 按事先编程激活＋5 V 电源。这种特征能用在低占空情况下进行测量和通信,这时电源消耗非常临界。Milos500 基座的直流输出(DC OUT)插头也是处在关闭状态。

典型的电流来自 12 V 电池;关闭状态 3 mA。

8. DIP 开关

DIP 开关设置功能如表 15-3。

表 15-3　DC/DC 变换板 DIP 功能设置

开　关	设　置	功　能
S1-1	ON	+VB=13.5 V,使硬件电池充电优先于软件启动
S1-2	ON	充电电池检测,后备电池
S1-3	OFF	+18 V 供电关断
S1-4	OFF	+5 V 供电关断

9. 技术数据

输入电压范围

　　悬浮 AC 输入　　　　　　　12～50 VAC

　　悬浮 DC 输入　　　　　　　+11.5～+80 VDC

注:

悬浮 AC 输入和悬浮 DC 输入是在内部相互连接的。充电器部分使用较高的整流电压电平为电源。悬浮电压由安装在 Milos500 母板上的变阻二极管限制在 250V(峰值)。

电池连接

　　电池电压　　　　　　　　　典型值 10～15.5 V

　　最大输入电压电平　　　　　17.5 V 连续的

　　关闭电池电压电平　　　　　典型值 8.5 V(最小 7.8 V,最大 9.2 V)

　　打开电池电压电平　　　　　典型值 9.3 V(最小 8.5 V,最大 10.1 V)

　　滞后　　　　　　　　　　　最小 0.5 V

输出电压和电流

　　+5V 输出　　　　　　　　　+5.5 V,最小 800 mA

　　+18V 输出　　　　　　　　+18 V(-16.6～19.1 V),最小 400 mA

　　-5V 输出　　　　　　　　　-5.5 V,最小 450 mA

　　+VB 输出　　　　　　　　　软件调整+10～+15.5 V

DPS 50 空载电流(典型)

　　+DC 输入　　　　　　　　　5 mA(充电状态)

　　AC 输入　　　　　　　　　　5～22 mA 对 AC ON LED 指示器

　　来自 12V 电池

　　　＊ 3 mA(+5V 电源激活,无负载)

　　　＊ 4.5 mA(±5V 电源激活,无负载)

　　　＊ 5.0 mA(±5V 和+18V 电源激活,无负载)

六、存储器板

　　存储器板提供带后备电池的 SRAM 存储容量,可扩充 CPU 板的存储容量。用 DMM55B 板可扩展 2M 字节存储容量,用 DMM55C 可扩展 8M 字节存储容量。

　　存储器板由 DPS 50 板提供的+5 V 供电,有 3 V 后备锂电池。

　　1. DMM55B 存储器板

　　有 16 片 128 字节的 SRAM 芯片,D1 片可由 CPU 板的片选信号 GCS6 直接寻址,用于扩展 CPU 的 SRAM;D2～D16 片由 GCS7 和 PICOBUS 寻址。

当锂电池电压低时 LOW DC DET 禁止片选。

初次安装时要对其进行格式化。

主要技术数据：

存储器类型	静态 RAM
存储容量	2M 字节
后备电池	3V 锂电池（CR2430）
	无其他电源时使用期限 1 年
工作温度	－50～＋70℃
功耗	无操作 3 mA
	读写 20 mA

2. DIP 开关

用于后备电池方式，具体设置如表 15-4。

表 15-4　存储器板 DIP 开关功能设置

S1-1	S1-2	S1-3	S1-4	后备电池方式
ON	OFF	OFF	OFF	无后备电池
OFF	OFF	OFF	ON	母板电池
OFF	ON	ON	OFF	DMM55B 电池
OFF	ON	ON	ON	母板及 DMM55B 电池

3. 电池低电压监测

电池电压由模拟开关连接到 CPU 板的 A/D 变换器上，电压低于 2.6 V 时发出警告，电压低于 2.3 V 时给出出错信号。

4. 指示灯

LO BAT 指示灯：当电池电压在 2.4～2.8 V 时，DMM55B 前面板的灯亮。

STATUS 指示灯：正被 CPU 板的 PICOBUS 寻址。

七、显示和键盘单元 DDK 50

DDK 50 显示和键盘单元是带有 20 个键的液晶显示器（LCD），用于在现场读出传感器数据和维修信息，以及控制和校准 Milos500 自动气象站。

DDK 50 是 Milos500 自动气象站的用户选购件，可安装在 Milos500 基座 DMF 50 的右端。由双向 I^2C 总线经 10 芯带状电缆连接到系统母板上与 CPU 板通信。它的存在由 CPU 自动地检测出。DDK 50 的运行由"Your Way"组态软件来实现。

键盘是一个触摸式矩阵编码盘，有一个快速响应中断扫描接口。

键盘能用于以下输入：

* 时间和日期　　　* 传感器 通/断（ON/OFF）

* 串行通道参数命令　* 维修命令

* 传感器校准参数　　* 软件下载命令

字母数字显示为两行，每行 16 个字，采用 5×7 点矩阵（宽×高）字形。可按一个键由软件控制显示边背景光，也可永久开着。显示为低功耗。在全黑下和在阳光下一样可见。上下左右移位键帮助以菜单形式提供信息。上下左右移位键能用于以下显示：

* 传感器运行数据　　* 系统软件名称地址录

* 传感器校准参数　　* 诊断信息

* 管理参数　　　　　* 其他内部参数

通过 DDK 50 前面板能看到 DPS 50DC/DC 变换器板上的四个 LED 指示的工作状态。无论何时主电源接到 Milos500 上"AC ON"－LED 灯亮。"CHARGING"和"FULL"指示电池充电状态。当"ERROR"亮时系统故障告警。

额定寿命	最小 70000 小时
20 个键盘字及符号	数字 0～9 和小数点;
	移位箭头(↑,↓,←,→);
	进入键( ),清屏键(C);
	符号 －,∗,♯。
4 个 DPS 50 状态指示器	四个 LED 灯,安装在 DPS 50 上。

　　　　　　　　　　　　∗ ERROR(红)　　SW 控制
　　　　　　　　　　　　　　　　　　　表示电池电压低和系统故障
　　　　　　　　　　　　∗ FULL(绿)　　SW 控制
　　　　　　　　　　　　　　　　　　　表示电池满
　　　　　　　　　　　　∗ CHARGING(绿)　SW 控制
　　　　　　　　　　　　　　　　　　　表示电池充电
　　　　　　　　　　　　∗ AC ON(黄)　　HW 控制
　　　　　　　　　　　　　　　　　　　表示使用主电源

工作电源	＋5VDC,6 mA,打开背光 30 mA。
	－5VDC,4 mA。
尺寸	84 mm×180 mm×20 mm(宽×高×厚)
重量	200 g
工作温度	－20～＋70℃
存储温度	－40～＋70℃
湿度	直到 100%(不凝结)

第三节　Milos500 采集器硬件安装

一、接地

Milos500 机箱内右下角标有接地标识的接地端子用＞1.5 mm² 的电缆单独连接到安装场地的接地桩上,保证接地牢靠,接地电阻＜5Ω.

所有接入采集器的传感器电缆都要压紧屏蔽网,保证良好地接地。

二、单元板的插拔安装

∗ 单元板安装插槽位置

　　DC/DC 电源转换板插入 P1 插槽;

　　存储单元板插入 P2 插槽;

　　CPU 单元板插入 CPU 专用 P3 插槽;

　　CPU 扩展板单元板插入 P4 插槽;

　　扩展的测量板和调制解调板可选择插入 X1～X2 插槽。

∗ 拔出单元板

　　关闭基座上的电源开关;

拔掉与单元板连接的所有电缆；

拧开单元板的上下螺钉，但不脱离单元板；

抓住单元板前面板上下部位缓慢将单元板从母板上拔出；

拔出的单元板放置在清洁、平整的地方，不得用手触摸单元板，以防静电损坏器件。

* 插入单元板

虽然已关闭基座上的电源开关，但因系统 12 V 后备蓄电池和外接交流电还接在基座上，所以接触还插在基座上的单元板时要注意绝缘，不要触碰板上的器件；

抓住单元板前面板上下部位缓慢将单元板插入母板上的相应插槽内；

轻按单元板前面板，使其与其他已插在母板上的单元板前面板高度一致；

拧紧单元板上下螺钉。

三、安装 3V 后备锂电池

12 V 后备锂电池安装在母板上位于最右端的面板下面的专用夹座内；

安装时关闭基座上的电源开关；

注意电池极性，电池正极向下；

严禁用手触摸电池两个极面；

按单元板 DIP 开关设置内容正确设置各 DIP 开关 S1-4 的位置；

无任何其他供电情况下 3V 后备锂电池使用寿命约为一个月。

四、安装 12V 系统后备电池

关闭基座上的电源开关；

卸下基座最右边的面板；

将电池固定在采集器机箱内基座的上方；

将电池输出线从基座右上角的小孔穿入基座内连接到母板上右上角标有"12V 本机电池(12V LOCAL BATTERY)"的专用插座上；

用螺钉将电源输出线固定在基座壁上；注意正确连接电池的极性；

软件设置

>SERVICE

　　SET CHARGE

　　SET BATTERY TYPE　　　　　　　:LEAD-ACID

　　SET BATTERY CAPACITY　　　　　:2Ah

　　SET CHECK TIME　　　　　　　　:60 FOR ONCE PER HOUR

　　SET TRYCOUNT　　　　　　　　　:5 FOR TEN TIMES

　　SET CHARGE STATE　　　　　　　:ON 开始充电

　　等待 1 分钟直到"CHARGING"灯亮。

　　查看设置

>SHOW CHARGE

退出维护模式。

五、交流变压器 DPM221 安装

外部 220 V 50 Hz 交流电源经空气开关接入交流变压器 DPM221 变换成 12～50 VAC 输出给 Milos500。

12～50 VAC 输出连接到基座 DMF 50 右下角的"AC IN"端。

空气开关拨到"开(ON)"位置,交流指示灯点亮。

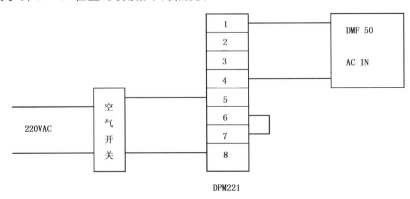

图 15-7　交流变压器接线端子接线图

第四节　Milos500 采集器控制开关设置和指示灯指示

一、DMF 50 基座电源控制开关

电源控制开关位于基座右下角。

置于"开(ON)"位置:外接电源接到 DC/DC 转换板 DPS 50 上,12 V 系统后备蓄电池连接到 DC/DC 转换板 DPS 50 上,外接电源对 12 V 系统后备蓄电池充电,12 V 系统后备蓄电池给 Milos500 各插板供电。

置于"关(OFF)"位置:切断外接电源到 DC/DC 转换板 DPS 50 和 12 V 系统蓄电池到 DC/DC 转换板 DPS 50 的连接。这时可插拔各单元板做更换、维修。但是,如果这时外接电源、12V 系统后备蓄电池和 3V 后备锂电池没有全断掉,则各单元插板仍带电,故插拔单元板时需特别小心。只要不取掉 3V 锂电池,就可保证时钟和数据不丢失。

二、DC/DC 转换板 DPS 50 指示灯

DC/DC 转换板 DPS 50 有 4 个指示灯位于基座最右侧面板的左边。

4 个指示灯全不亮:系统处于"不充电(NO CHARGE)"状态,由 12 V 后备蓄电池对系统供电。

"错误(ERROR)"指示灯

持续亮:表示电源控制开关在 1～3 s 前被打开,但 Milos500 系统软件还未开始运行;软件运行后此指示灯将熄灭。

闪烁亮:表示充电过程有错,系统通过软件停止充电。这时系统使用外接电源或 12 V 后备蓄电池供电。

"充满(FULL)"指示灯

点亮:表示 DC/DC 转换板处于"浮动充电(FLOAT CHARGE)"状态,12 V 系统后备蓄电池已充满,无充电电流。

"充电(CHARGING)"指示灯

持续亮:表示 DC/DC 转换板处于"大电流充电(BULK CHARGE)"状态,系统以最大电流给蓄电池充电。

闪烁亮:表示 DC/DC 转换板处于"大电流充电(BULK CHARGE)"状态,系统以有限电流给蓄电池充电。

"AC"指示灯

点亮:表示有外接交流电源连接到"AC IN"端。

三、CPU 板 DMC 50 控制键和指示灯

"复位(RESET)"控制键:位于 CPU 板前面板上端的凹孔内,按下后系统停止程序运行,进入自检。

"复位(RESET)"指示灯:指示 CPU 板复位状态。

熄灭:系统工作在正常状态。

点亮:表示可能内部"看门狗"电路动作或外部"复位"键复位,使 CPU 板处于复位状态。

"状态(STATUS)"指示灯:由软件控制,闪烁亮表示软件在操作。

每秒闪烁一次,表示自检完成,程序行在应用模式下;

每秒闪烁二次,表示自检完成,程序行在维护模式下;

四、传感器接口板 DMI 50"状态(STATUS)"指示灯

由软件控制,指示接口板的 CPU 在 PICOBUS(8 位并行)总线上被寻址。

五、开机操作

打开电源开关后,等待 2～3 s,DPS 50 板"错误"指示灯熄灭。如 10 s 后"错误"指示灯不熄灭,表示系统有错,需重新开启电源。当"错误"指示灯熄灭时,系统软件开始运行。

第五节　Milos500 软件

一、软件的组成结构

Milos500 软件共分三层。

AMX 层为实时操作系统内核,直接对 Milos500 的硬件部分进行操作。

VRX 层为包含一个实时数据库的高一层操作系统。

最高层为系统配置的多个应用程序模块,包括报文生成、串行处理、测量处理、数学模型、命令行解释、统计模式、时间处理、风处理、文件管理等。软件层次结构示意如图 15-8。

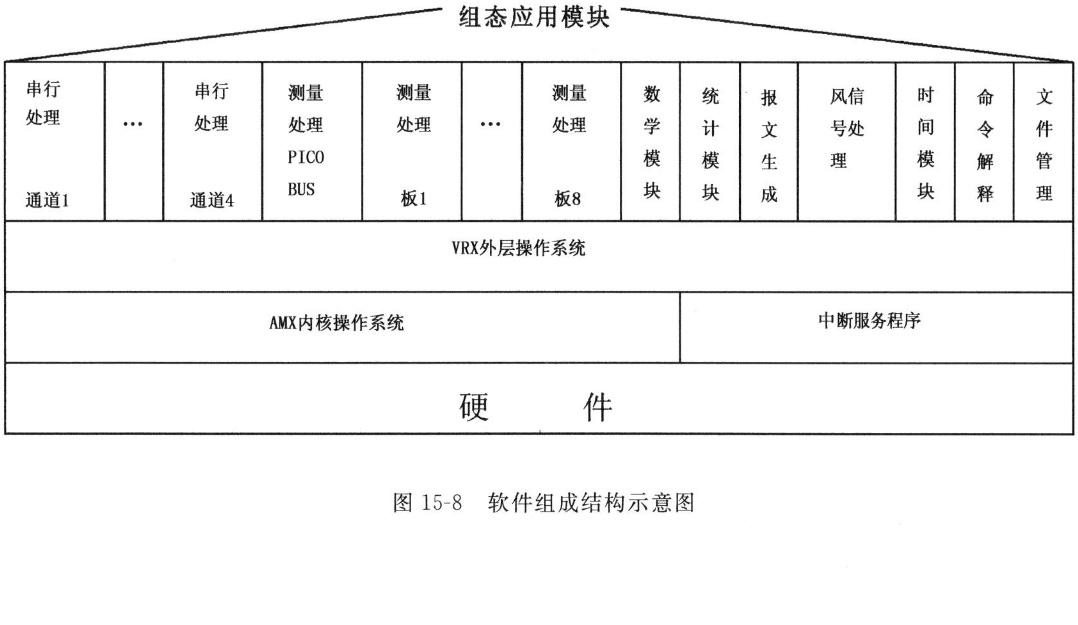

图 15-8　软件组成结构示意图

1. AMX 内核操作系统

AMX 内核操作系统是个有优先级别的多任务实时操作系统,为程序任务提供内部通信、时钟、计时等服务。程序同时完成多个任务,按任务优先级别顺序执行。

中断服务程序响应外部事件,将新任务信息传送到 AMX。

2. VRX 外层操作系统

VRX 外层操作系统提供简单的高级程序接口,为专用的气象采集应用软件服务,使应用程序的运行独立于底层的 AMX 内核操作系统。

VRX 具有数据导向功能,完成数据收集、处理、分发。

VRX 带有一个类似数据栈的实时数据库,生成、使用数据。数据库为动态结构。

3. 应用程序模块

应用程序模块是 VRX 操作系统的运行任务,每个模块执行特定的任务,由提供的"Your Way"窗口软件配置。每个模块的配置文件被编制成二进制格式传送给 Milos500 的文件系统。

二、软件安装

Milos500 软件分系统软件和应用软件。

系统软件适用于所有的 Milos500 自动气象站,除非增加新硬件功能或软件版本升级,一般不更换系统软件。

应用软件则需根据每个 Milos500 自动气象站要求具备的功能进行安装配置。

Milos500 软件是通过微机终端上的"Your Way"窗口软件来安装的,所以安装 Milos500 软件前除准备好系统软件和应用软件外,还应在微机终端先安装好提供的"Your Way"窗口软件。

系统配置软件安装步骤:

启动终端软件"VAISALA TERMINAL"

设置通信口供 600,8,1,NONE

1. 进入维护模式

   SYSTEM>SERVICE

   SERVICE PROGRAM WILL START WAIT FOR BOOT

   SERVICE>

   ＊ ＊ ＊ MILOS 500 SERVICE PROGRAM VERSION2.66 ＊ ＊ ＊ ＊

   Current date:Wed 05/04/2000 11:45:56

   RAM memory OK
   Picobus OK
   CPU power OK
   IIC bus OK

2. 清参数

   SERVICE>CLEAR PARAMS

   ERASE ALL PARAMETER FILES? (YES/NO) YES
   CLEAR:
   PARAMETERS
   OK

3. 清 EEPROM

   SERVICE>CLEAR EEPROM

CLEAR EEPROM?（YES/NO）YES
CLEAR：
INITIALIZING PARAMETERS IN EEPROM
4．设置
　　SERVICE＞SET

　　　　DATABASE S
　　　　EV_Q_LEN
　　　　SERIAL
　　　　DUART
　　　　DATE
　　　　TIME
　　　　CHARGE
　　　　RTC
　　　　DMM55_BATT
　　　　FILTER_FREQ
　　　　ACT_TIMEOUT
　　　　CLIPORT
　　　　CLI_TIMEOUT

SERVICE＞SET DATABASE_S 65	设置数据库
SERVICE＞SET EV_Q_LEN 128	设置事件长度
SERVICE＞SET DATE 2000 04 05	设置日期

SET：
DATE Wed 05/04/2000 11：47：32

SERVICE＞SET TIME 11 50 00	设置时间
SERVICE＞SET CEARGE BATT_TYPE LEAD_ACID	设置电池类型

　　NONE
　　LEAD_ACID
　　BATTERY

SERVICE＞SET CHARGE CAPACITY 2	设置电池容量
SERVICE＞SET CHARGE CHECK_TIME 5	设置充电检测时间
SERVICE＞SET CHARGE CHECK_TIME TRYCOUNT 5	设置充电重试次数
SERVICE＞SET ACT_TIMEOUT 5	设置键盘操作退出时间
SERVICE＞SET CLI_TIMEOUT 60	命令行解释器等待时间

5．查看单元板
SERVICE＞SHOW BOARDS

SHOW：
BOARD TABLE

Pos Type	Serial	Ver	Mdate	Cdate	Fail date	FTime	
P02 DMM50	841412	F	07－10－1998	07－10－1998	0000	‥‥━━‥‥‥
P03 DMC50B	950313	F	04－01－2000	04－01－2000	0000	‥‥━━‥‥‥
P01 DPS50	481393	C	12－08－1992	12－08－1992	0000	‥‥━━‥‥‥
P07 DDK50	485256	B	14－05－1992	14－05－1992	0000	‥‥━━‥‥‥

X01 DMI50　　　　633547　　D　　　　22—11—1993　　22—11—1993　　0000 ·· ·····■■■·· ·· ··

6.重新启动系统

SERVICE＞SYSTEM START

START SYSTEM PROGRAM

SYSTEM STARTED

7.查看系统文件

SYSTEM＞DIR

File	Size	Date	Time
0 bytes in 0 file(s)			
122472 bytes free			
0 of 200 directory entries used			

8.装载文件到 MILOS500

选择装载文件：(建议最后发送 P)RT1. BIN 文件)从 FILE 选框中点击文件名称,再点击"ADD FILES"。

发送文件：选择好文件后,点击"START TRANSFER"。出现提示界面,指示传送状态。

传送完毕后自动弹出"USE"界面,将使用传送完毕的文件,文件将由"∗.LD"文件转换为"∗.USE"文件。

9.成功传送文件后,系统将重新启动。

10.进入系统模式后查看文件

SYSTEM＞DIR

File	Size	Date	Time
AUTOUSE. LD	116	2000—04—05	11:52:00
BOARD1. USE	967	2000—04—05	11:52:02
CLI. USE	26847	2000—04—05	11:52:38
LOAD. USE	9232	2000—04—05	11:52:50
MATH. USE	11441	2000—04—05	11:53:06
PORT1. USE	2527	2000—04—05	11:53:12
PORT2. USE	841	2000—04—05	11:53:14
PORT3. USE	1780	2000—04—05	11:53:16
PORT4. USE	2271	2000—04—05	11:53:20
REP. USE	9312	2000—04—05	11:53:34
STAT. USE	260	2000—04—05	11:53:36
WIND. USE	1774	2000—04—05	11:53:40
67368 bytes in 12 file(s)			
51816 bytes free			
12 of 200 directory entries used			

11.重新启动系统

SYSTEM＞RESET

RESET THE SYSTEM WAIT FOR BOOT

MILOS 500 STARTED

APPLICATION MODE STARTED

12.应用模式下设置参数

M500＞SET

```
            DATE
            QLI_CHINA
            TIME
            UTC_DIFF
            NAME
            ALTITUDE
            PS_LEVEL
            WMO_BNUMBER
            WMO_SNUMBER
            BAUD
            MODEM
            LOG
            ACT_TIMEOUT
            YOURVIEW
            SCALE_FACTOR
```

M500＞SET QLI_CHINA TEMP_ONE ON　　　　打开传感器

M500＞SET UTC_DIFF 01 15　　　　　　　　设置北京时与地方时时差

（主控软件已计算出）

M500＞SET UTC OFFSET＝01:15　　　　　　查看北京时与地方时时差设置

M500＞SET NAME CHINA　　　　　　　　　设置站名

M500＞SET ALTITUDE 5000　　　　　　　　设置纬度

M500＞SET PS_LEVEL1.5　　　　　　　　　设置气压高度

M500＞SET LOG DRIVE D　　　　　　　　　设置存储驱动器为 D

M500＞SET LOG MODE CIRCULAR　　　　　设置存储模式为循环

M500＞SET LOG HEADER OFF　　　　　　　关闭存储文件头

M500＞SET LOG ON　　　　　　　　　　　打开存储

M500＞SET ACT_TIMEOUT 5　　　　　　　　设置键盘操作响应退出时间

M500＞SET SCALE_FACTOR　　　　　　　　设置传感器比例参数

```
        SR2_MNET
        SR3_QGLOBAL
        SR4_QREFLEC
        SR5_QDIRECT
        SR6_QDIFFUSE
        SR7_QNET
        SR8_QGLOBAL
        EQS1_QLI
        SR1 MGLOBAL
```

辐射传感器灵敏度数值去除以 1000000，得到此表的 SCALE-FACTOR 值。如：

M500＞SET SCALE_FACTOR SR2_MNET 69900

M500＞SENSOR ON 1　　　　　　　　　　　打开连接于 1 号接口板的所有传感器

如果有多块传感器接口板，则需依次打开

M500＞SENSON 白条 VALUE 1　　　　　　　查看传感器的状态和测量值

Board	Name	State	Status	Value
1	WS1	1	1	0.000
1	WD1	1	1	236.250
1	PR1	1	2	−6.000
1	TA1	1	2	−6.000
1	RH1_RAW	1	2	−6.000
1	S01	1	2	−6.000
1	SR1 RAW	1	2	−6.000
1	R01	1	2	−6.000
1	SR2_RAW	1	2	−6.000

M500＞GET SCALE_FACTOR SR1_MGLOBAL   查看总辐射参数

RADIATION FOR CM6B IN M500＝0.0

M500＞GET QLI_CHINA   查看 QLI50 连接的传感器

Sensor Modes for QLI50

TG1：1   SR1：1

TG2：1   SR2：1

TG3：0   SR3：0

TG4：0   SR4：0

TG5：0   SR5：1

TG6：0   SR6：0

TG7：0   SR7：0

TG8：0   SR8：0

TG9：0   EGS1：0

If mode is 1 sensor is on.   表示传感器已打开

M500＞SHOW CMA_LOG   查看数据文件

04/05/2000 13：14：54 /// //// 00：00：00

/// //// /// //// /// //// 00：00：00 /// ////

00：00：00 //// ///// ///// 11：56 ///// 11：56 /// ///

11：56 ///// ///// 11：56 ///// 11：56 ///// ///// ///// /////

///// ///// ///// ///// ///// // // ///// ///// /////

///// ///// ////// ///// 11：56 ///// 11：56 ///// //// ////

////

13. 设置气压传感器

   M500＞TERMINAL 2

   ＞RESET

   ＞?

   ＞ECHO OFF

   CTRL＋X 两次回车返回 M500＞

14. 退出设置

15. 进入系统（SYSTEM）模式下用 DIAG 命令启动诊断程序，查看软件运行是否有错误。

三、软件操作

系统上电后，先进行自检，然后根据关机前所处模式进入应用模式或维护模式。

应用模式不影响系统的测量工作;但维护模式将重新启动系统,并停止测量工作。

1. 命令输入方式

从微机终端输入命令。

命令可用大写或小写两种方法键入。大部分命令允许后置一个或一个以上参数,每个参数之间必须用空格隔开。

编辑键

"ENTER"回车键:使 MILOS500 读键入的命令或字符。

"BACKSPACE"退格键:删除上一个键入的字符。

"CTRL+X":回到命令模式的根目录下。

"CTRL+R":重新显示已确认的命令或字符。

"ESC":终止连续操作。

2. 操作模式

操作模式种类

图 15-9 表述了 MILOS500 的各种不同的操作模式。

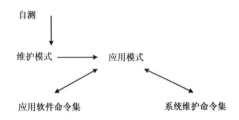

图 15-9　软件操作模式转换图

确定当前的操作模式

可用下面两种方法来确定当前的操作模式。

根据 CPU 板上状态指示灯的闪烁速度确定当前的操作模式:

——维护模式下,状态指示灯闪烁间隔为 2 s;

——应用模式下,状态指示灯闪烁间隔为 1 s。

根据微机终端运行程序提示符来确定当前的操作模式:

——维护模式下,提示符为 SERVICE>;

——应用模式下,提示符为 M500>或 SYSTEM>。

改变当前的操作模式

通过输入或选择合适的命令可改变当前的操作模式。

由维护模式改变为应用模式,使用以下命令:

SYSTEM START<CR>。

由应用模式改变为维护模式,需使用系统维护命令集的以下命令。

如在应用软件命令集中,键入:

CLOCE<CR>;

键入密码,进入系统维护命令集

SYSTEM<CR>;

这时 MILOS500 的提示符为 SYSTEM>

键入命令 SERVICE<CR> 进入维护模式。

第六节 QLI 50 采集器

一、概述

QLI 50 采集器是个基于微处理器的采集单元,在 Milos500 自动气象站中是作为 Milos500 主采集器连接地温、辐射等传感器的扩展接口。

QLI 50 有多个模拟和数字测量通道连接模拟和数字传感器作采样,测量结果存入 SRAM 中,收到命令后或定时将数据传送给 Milos500 主采集器。

QLI 50 具有错误检测和对温度传感器线性处理功能。

QLI 50 有两种连接方式。一种是通过 RS232C 接口的本地点到点的短距连接方式,这种方式一般在对设备维护时使用;另一种方式用 RS485 接口选址方式,该方式可使一个 Milos500 主采集器连接多个 QLI 50,每个 QLI 50 有一个单独的地址。主采集器向每个 QLI 50 发送测量请求命令,QLI 50 响应该命令将最近一组采集的传感器采样数据发送给 Milos500 主采集器。

二、技术规格

1. 数字测量

   2 个高速频率输入,正弦或方波

   测量范围 $0.01Hz \sim 10kHz$

   8 位 I/O 通道   数字输入,低频输入,开放式采集输出

   可编程时间   每个通道 $1 \sim 250ms$

2. 模拟测量

   10 个差分或 20 个单端电压输入

   10 个电流输入,22Ω 分流电阻

   测量精度   全 $\pm 25V$ 标度 0.006%

   电流测量精度 $0.2\%FSR$

   软件控制的模拟输入范围 $-2.5 \sim 12.5V, \pm 2.5V, \pm 250mV, \pm 25mV$

3. 串行通道

   一个串行通道,多重标准

   波特速率(软件选择) $300 \sim 38400bps$

   RS232C(TXD,RXD,GND) $300 \sim 4800bps$

   RS485   2 线半双工,4 线全双工

4. 电压和电流输出

   1 个电流发生器输出,10bit 分辨率 $0.05 \sim 20$ mA

   电源激励输出

      $+18V$ 输出电压 $\pm 2V$,最大 100 mA

      2 个软件可接电压输出   5V,每个 30 mA

      8 个软件可接电压输出   12/15V,总的 100 mA

   1 个多路 1.2 mA 电流发生器

5. 电源

   电流绝缘开关电源

   接受的输入电压范围 $+7V \sim 50$ VDC

功耗（不包括传感器电源）	0.7W

三、在 Milos500 自动气象站的使用

Milos500 自动气象站配置一台 QLI 50 连接 9 支地温传感器和一个蒸发传感器；有辐射测量任务的站配置另一台 QLI 50 连接各种辐射传感器。具体传感器连接见表 15-5。

表 15-5　地温传感器连接表

QLI 报 50 通道	传感器标识符	测量项目
CH0	EG1	蒸发
CH1	TG1	地表面温度
CH2	TG2	5 cm 地温
CH3	TG3	10 cm 地温
CH4	TG4	15 cm 地温
CH5	TG5	20 cm 地温
CH6	TG6	40 cm 地温
CH7	TG7	80 cm 地温
CH8	TG8	160 cm 地温
CH9	TG9	320 cm 地温

表 15-6　辐射传感器连接表

QLI 报 50 通道	传感器标识符	测量项目
CH3*	SR3	总辐射
CH4	SR4	反射辐射
CH5	SR5	直接辐射
CH6	SR6	散射辐射
CH7	SR7	净辐射
CH8*	SR8	总辐射

＊ CH8 连接 CM6B 型总辐射表，CH3 连接优于 CM6B 型的 CM7B 型总辐射表。不论使用哪种辐射表，一个自动站中只允许接一支总辐射表。

第三编

地面气象测报业务系统软件使用

第十六章

软件的组成和功能

第一节　软件组成

地面气象测报业务系统软件(2004 版)包括自动气象站监控软件(SAWSS)、地面气象测报业务软件(OSSMO)、自动气象站接口和通信组网接口软件(CNIS)。另有自动气象站数据质量控制(AWS-DataQC)和地面气象测报业务软件报警器(OSSMOClock)两个辅助软件。总体结构如图 16-1。

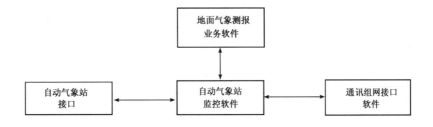

图 16-1　软件总体结构

除主执行程序文件外,各功能模块软件采取程序控件和动态链接库编写,按照软件功能的不同,将参数文件、程序文件和数据文件安装在不同的文件夹下,其构成如表 16-1。

表 16-1　程序文件构成表

系统软件安装文件夹和文件名		内容
文件夹	文件名	
（软件安装文件夹）	OSSMO.exe	地面气象测报软件执行程序
	SAWSS.exe	自动气象站监控软件执行程序
	CNIS.exe	通信组网接口软件
	AWSDataQC.exe	自动气象站数据质量控制软件
	OSSMOClock.exe	地面气象测报业务软件报警器软件
	BaseData.mdb	逐日地面气象观测基本数据库模板文件
	RBaseData.mdb	逐日气象辐射基本数据库模板文件
	Help.chm	系统帮助文件
	AWSDataQCHelp.chm	自动气象站数据质量控制软件帮助文件
	软件修改说明.txt	每次软件升级修改的内容

续表

系统软件安装文件夹和文件名		内容
文件夹	文件名	
Components		
AwsDrivers	CAWS600SE.drv	华创升达高科技发展中心和天津气象仪器厂自动气象站（带辐射）接口
	CAWS600SE_N.drv	华创升达高科技发展中心和天津气象仪器厂升级后自动气象站接口
	CAWS600BS.drv	华创升达高科技发展中心和天津气象仪器厂自动气象站接口
	CAWS600BS_N.drv	华创升达高科技发展中心和天津气象仪器厂升级后自动气象站接口
	Milos500.drv	Vaisala 公司 Milos500 型自动气象站接口
	Milos520.drv	Vaisala 公司 Milos520 型自动气象站接口
	DYYZII.drv	长春气象仪器厂自动气象站接口
	DYYZIIB.drv	长春气象仪器厂升级后自动气象站接口
	ZQZ_CII.drv	江苏无线电研究所自动气象站接口
	ZQZ_CIIB.drv	江苏无线电研究所升级后自动气象站接口
	ZDZII.drv	广东省气象技术装备中心自动气象站接口
	RadPara.ini	辐射传感器参数配置文件
Controls	Graph.ocx	要素曲线和直方图显示控件
	Woei.ocx	要素图形显示控件组
	IPEdit.ocx	IP 地址输入控件
	NewEX.ocx	文件夹浏览器控件
	Threed32.ocx	3D 控件
	FlexCell.ocx	仿电子表格控件
NetLink	DialNet.dll	使用拨号方式进行 FTP 传输文件
	FTP.dll	直接进行 FTP 传输文件
	Lan.dll	使用局（广）域网进行 FTP 传输文件
	SZTH.dll	GPS/Met 资料的 FTP 传输
RegDll	SawssParaSet.dll	SAWSS 参数设置动态链接库
	SysDemand.dll	系统配置文件处理动态链接库
	AwsFile.dll	自动气象站数据文件处理动态链接库
	SysTool.dll	SAWSS 工具项动态链接库
	ParameterSet.dll	OSSMO 参数设置动态链接库
	Tools.dll	OSSMO 工具项动态链接库
	DataPrint.dll	各定时和日数据打印输出动态链接库
	AuditingFile.dll	各类数据文件审核动态链接库
	Year15TimeSegmentR.dll	挑选年时段最大降水量和雨量连续曲线显示的动态链接库
	FileConvert.dll	各类数据文件读写和转换动态链接库
	ReportPrint.dll	各类报表输出动态链接库
	WorkManage.dll	管理工具动态链接库
	JpegEncoder.dll	JPG 文件解码器
	Encryption.dll	文件加密器
SysConfig	SysPara.ini	系统运行配置文件
	UserOpt.ini	系统运行界面和文件打开路径配置文件
	Comset.ini	自动气象站与采集器通信端口参数配置文件
	NetSet.ini	自动气象站组网通信传输参数配置文件
	SysLib.mdb	台站参数数据库文件
	AuxData.mdb	台站辅助参数数据库文件
AWSSource	SAWSS 运行时生成	存放自动气象站采集生成的原始数据文件
AWSNet	SAWSS 运行时生成	存放自动气象站组网上传的数据文件
BaseData	OSSMO 运行时生成	存放经过人工处理的,包括人工和自动观测的全部数据的文件,即月基本数据文件
SYNOP	OSSMO 运行时生成	存放各类气象报文文件
ReturnReceipt		存放上传报文文件后的回执文件

系统软件安装文件夹和文件名		内容
文件夹	文件名	
ReportFile	OSSMO 运行时生成	存放月年地面气象观测数据文件及其相关内容
AuditingList	OSSMO 运行时生成	存放月年地面气象观测数据文件的格检审核信息文件
InfoFile	OSSMO 运行时生成	存放月地面气象观测数据信息化文件
Rpic	OSSMO 运行时生成	存放月年报表的位图文件
WorkQuality	DailyNote. mdb	值班日记数据库
	WorkLog. cel	值班日记输出模板文件
	WorkQualityA. cel	自动观测站地面测报工作质量报告模板文件
	WorkQualityM. cel	人工观测站地面测报工作质量报告模板文件

另有 WeatherSymbol. TTF Ture Type 字库文件,安装在操作系统下的 Fonts 文件夹下。

本文中的内容均以 OSSMO 2004 V3.0.10 版本的软件为基础,涉及软件故障的处理内容该版本已经修改过的不再描述。部分内容若与《地面气象测报业务系统软件操作手册》不一致时,以本文内容为准。

第二节　软件功能

一、自动气象站监控软件

自动气象站监控软件(SAWSS)是自动气象站采集器与计算机的接口软件,它能实现对采集器的控制;将采集器中的数据实时地调取到计算机中,显示在实时数据监测窗口,写入规定的采集数据文件和实时传输数据文件;对各传感器和采集器的运行状态进行实时监控;与地面气象测报业务软件挂接,可以实现气象台站各项地面气象测报业务的处理;还能与中心站相联实现自动气象站的组网。

SAWSS 与自动站采集接口采用 ActiveX DLL 的方式进行连接,不同型号的自动气象站只要遵循自动气象站数据接口标准,建立相应的动态链接库,即可实现与本软件的挂接。目前可以挂接的自动气象站包括华创升达高科技发展中心和天津气象仪器厂的 CAWS 系列、Vaisala 公司的 Milos 系列、长春气象仪器厂的 DYYZⅡ系列、江苏无线电研究所的 ZQZ_CⅡ系列和广东省气象技术装备中心的 ZDZⅡ型。

该软件功能模块主要包括数据采集、数据查询、自动站维护、系统参数、工具和帮助等。

二、地面气象测报业务软件

地面气象测报业务软件(Operational Software for Surface Meteorological Observation,英文简写为 OSSMO)是针对各类气象站地面气象测报业务工作和各级审核部门的资料处理而编制的一套综合业务应用软件。适用于人工观测和自动站观测方式的各类气象观测站,以及各级审核部门对地面气象观测资料模式文件的审核及信息化处理,并充分考虑了与原地面测报软件数据格式的兼容,以满足对原数据格式文件的处理。

功能模块包括参数设置、自动站监控、观测编报、数据维护、报表处理、工作管理、工具、外接程序管理和帮助等九个部分,各部分由若干个子功能项组成。其主要内容如表 16-2。

表 16-2　地面气象测报业务软件功能模块组成

功能	组成	主要内容
参数设置	台站参数	设置气象站基本参数,观测任务,各类气象报告的编报参数
	省区台站参数	设置所辖气象站基本参数
	仪器检定证数据	气象站现用仪器的检定证数据(包括辐射仪器)
	旬月历史数据	编发气象旬月报和气候月报所需的气候资料
	地面审核规则库	设置地面要素数据实时判断的气候极值和月数据文件审核的规则库
	辐射审核数据	设置气象辐射数据实时判断的气候极值和月气象辐射数据文件审核的规则库
	文件传输路径	设置发送气象报文时,远程计算机的有关信息
自动站监控		链接"自动气象站监控软件"
观测编报	定时观测	用于定时观测记录的维护、计算和数据保存,并形成正点实时上传数据文件
	天气报(代航空报)	用于定时观测记录的维护、计算编报、报文发送和数据保存,并形成正点实时上传数据文件
	天气加密报(代航空报)	
	热带气旋加密报(代航空报)	
	重要天气报	用于重要天气报数据的输入、编报、报文发送
	加密雨量报	用于定时观测记录的维护、计算编报、报文发送和数据保存,并形成正点实时上传数据文件
	航空报(代危、解报)	用于航空报(代危、解报)数据的输入、编报、报文发送
	危险报	用于危险报数据的输入、编报、报文发送
	解除报	用于解除报数据的输入、编报、报文发送
	气象旬月报	用于气象旬月报数据的统计、输入、编报、报文发送
	气候月报	用于气候月报数据的统计、输入、编报、报文发送
	校对气温/气压/降水量	用于定时观测和编报时,对将要用到的过去时次的数据进行校对
	查阅报文文件	用于查阅历史报文文件,便于下班对上班报文内容的校对
数据维护	逐日地面数据维护	用于对每天定时观测编报保存在基本数据库 B 文件中的资料和 Z 文件读取资料进行维护
	逐日辐射数据维护	用于每天从 H 文件读取资料,进行必要的维护后存入全月逐日辐射数据库 RB 文件,或直接输入各日辐射数据形成全月辐射数据库 RB 文件
	B 和采集数据文件备份	用于对月基本数据库 B 文件、自动站正点地面常规要素数据 Z 文件、正点辐射数据 H 文件和分钟数据文件进行备份
	B 文件→A(J)文件	用于对定时观测编报和逐日地面数据维护形成的 B 文件进行转换,形成月地面气象资料格式文件(A 文件和 J 文件)
	Z 文件→A 文件	用于对 Z 文件进行转换,形成月地面气象资料格式文件(A 文件)
	RB 文件→R 文件	用于对逐日辐射数据维护形成的 RB 文件进行转换,形成月气象辐射资料格式文件(R 文件)
	H 文件→R 文件	用于对 H 文件进行转换,形成气象辐射资料格式文件(R 文件)
	A 文件维护	用于建立或修改 A 文件
	格检审核 A 文件	用于对 A 文件的全部数据进行格式检查和对各记录进行相关审核,并对审核单进行维护
	J 文件审核维护	用于对 J 文件的全部数据进行格式检查和对各记录进行相关审核,给出疑误信息,并对 J 文件进行维护
	Y 文件维护	用于建立或修改 Y 文件
	格检审核 Y 文件	用于对 Y 文件的全部数据进行格式检查和对各记录进行相关审核,给出疑误信息
	R 文件维护	用于建立或修改 R 文件
	格检审核 R 文件	用于对 R 文件的全部数据进行格式检查和对各记录进行相关审核,给出疑误信息
	自动站与人工观测对比	用于单轨运行的自动站与人工观测记录的对比分析
报表处理	编制地面月报表	在 A 文件的基础上,进行有关统计,编制出可视的《地面气象记录月报表》
	编制辐射月报表	在 R 文件的基础上,进行有关统计,编制出可视的《气象辐射记录月报表》
	编制地面年报表	在 Y 文件的基础上,编制出可视的《地面气象记录年报表》

续表

功能	组成	主要内容
工作管理	操作员管理	设定对软件有不同操作权限的值班人员
	交接班登记	确定值班人员和上下值班员的交接班时间
	值班日记	值班日记登记和查阅,值班日记的维护
	台站值班任务	设定本站各班次固定工作基数、工作任务以及临时工作任务和对应基数
	地面测报质量维护	根据值班日记自动统计气象站地面测报工作质量,气象站及业务管理部门进行地面测报业务质量统计,编制地面气象测报质量报表
	系统日志查阅器	查看系统运行情况
工具	文件转换服务	主要是为了兼容原各种数据格式而设定的,包括 Z、H 文件老格式转化为新格式,原自动站采集的辐射数据文件(D 文件)转为新格式的 H 文件,A、R、J 文件老格式转化为新格式,原月数据文件(D 文件)转化为新格式的 A 文件,A 文件与信息化数据文件 A0(A6)、A1(A7)的相互转换
	毛发表订正系数计算	用来求取对毛发湿度表(计)读数进行相对湿度订正时的毛发表订正系数
	降水量五分级计算	利用本站前 30 年逐月降水量数据统计出降水量五分级数据,用于编发气候月报
	重力加速度计算	用来计算本站实际重力加速度
	湿度/气压计算	用于湿度和本站气压、海平面气压计算
	湿度计算	用于湿度计算
	气压计算	用于本站气压、海平面气压计算
	大气浑浊度计算	用于大气浑浊度计算
	可照时数计算	根据经度、纬度和日期,计算出相关可照时数
	日出日落时间表	根据经度、纬度和年份计算出全年逐日日出和日落时间,并形成的电子报表
	气压简表制作	用于制作本站气压简表和海平面气压简表
	遮蔽图制作	用于有辐射观测任务的观测站绘制地平圈障碍物遮蔽图
	文件传输	支持网络共享文件夹和具有 FTP 服务功能的文件传输
	数据库压缩	重新安排数据库文件在磁盘中的存储位置,以提高对数据库操作的速度和减少数据库文件的存储空间
外接程序	外接程序管理器	设置需要挂到本软件的外接应用程序
帮助	内容	提供软件技术操作手册的全部内容
	修改说明	阅读软件升级的修改说明
	关于...	提供软件版本信息和技术支持

三、自动站接口

它是自动气象站监控软件与采集器通信的驱动程序,各类型的自动气象站按照统一的《自动气象站控制接口设计规定》,以 Active X 动态链接库的方式形成,实现对自动气象站的数据采集、自动气象站与计算机的对时、参数设置、计算机终端对自动气象站的监控等功能。

四、通信组网接口软件

通信组网接口软件(Communication Network Interface Software,简称 CNIS)是自动气象站采集计算机与中心站服务器的接口软件。它也可作为自动气象站监控软件的子软件,实现自动气象站数据文件的自动上传;中心站对自动气象站的远程控制,包括采集器终端控制、通信命令的接收及解析执行等;提供对网络状况的监视和通信传输情况的查询。CNIS 必须与配套的中心站组网软件相连,才能实现自动气象站的组网。

五、自动气象站数据质量控制软件

自动气象站数据质量控制软件(AWSDataQC)是为了台站级对自动气象站采集数据文件进行质量控制的需要而编写的。它既可作为地面气象测报系统业务软件的组成部分,又可作为一个完整独立软件。

软件主要包括文件、质量控制、要素曲线、工具和帮助等功能。软件功能的实现由文件开始,并支持多文档打开,通过打开的文档能够实现数据审核,定位错误或疑误数据,指导对数据文件的维护,达到质量控制的目的。

六、地面气象测报业务系统软件报警器

地面气象测报业务系统软件报警器(OSSMOClock)是极光多能闹钟在地面气象测报业务系统软件(OSSMO 2004)中的专用版,以实现对定时观测、固定时间发报、自动气象站大风记录和各种要素阈值的报警。

该报警器是一款个性化的定时报警软件,这些个性化设置通过数字钟及石英钟的切换、面板设置、换肤和响铃参数等菜单来实现。用户可依个人喜好设置软件界面,将石英钟模式切换为液晶数字模式,或将液晶数字模式切换为石英钟模式,可多级放大、缩小石英钟图片,设置时钟上的时钟的大小、颜色,通过换肤可以自选石英钟图片。可支持计算机系统喇叭和音箱响铃或音乐提示,确保计算机没有声卡也能正常实现报警功能。支持自谱喇叭音乐功能,可以播放自己编辑好的喇叭歌曲;程序也支持播放WAVE、MIDI 音乐的音箱提醒方式。软件的所有设置均只需一次设置,下次运行自动生效。

启动地面气象测报业务软件(OSSMO)和自动气象站监控软件(SAWSS)均会自动启动本软件。软件具有三种类型的响铃报警时间设置,即固定响铃时间、重要日期提醒和临时报警设置,定时观测、固定时间发报任务可从 OSSMO 的参数库中导入,存入固定响铃时间配置文件(OSSMOClock. ini)中,自动气象站大风记录和各种要素阈值的报警信息可在 SAWSS 实时数据采集时,将达到标准的信息写入重要日期提醒参数文件(OSSMOAlarm. dat)。

第三节   软件数据流程

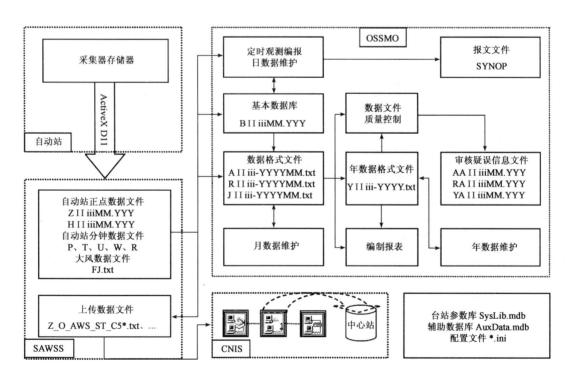

图 16-2   软件数据流程图

第十七章

软件的安装和运行

第一节　完整安装

地面气象测报业务系统软件提供的完整安装方式,详见《地面气象测报业务系统软件操作手册》。安装中需注意的事项:

　　—软件安装的路径可在任意盘符,但不能直接安装在根目录下,即在安装过程中,在选择目的文件夹时,不能是"C:\"或"D:\"等,必须其后跟文件夹,如"C:\OSSMO 2004"或"D:\OSSMO 2004"等;

　　—若在计算机中已安装该软件,不能再将软件安装另一个文件夹,这是因为软件安装时,对软件安装路径和版本信息写入了注册表,其中安装路径是自动气象站监控软件的默认路径,也是为升级安装获取路径的依据;

　　—操作系统为 Windows98 时,在安装的过程中出现 RPC 占位符问题时,可到网址:http://download. microsoft. com/download/msninvestor/patch/1. 0/win98/en-us/mcrepair. exe 下载补丁并运行,安装后重新启动计算机即可解决。

　　—软件只能通过"地面气象测报业务系统软件"本身提供卸载功能或 Windows 系统的控制面板中"添加/删除程序"选中"地面气象测报业务系统软件 2004"进行卸载,不能通过删除文件的办法删除。

软件不慎安装到了根目录下,会影响 SAWSS 的数据采集。应先正确卸载,再重新完整安装。

第二节　升级安装

升级安装只能针对已经安装过地面气象测报业务系统软件的用户,升级包文件名为"OSSMO_UpdatePackx. xx. xx. exe",其中"x. xx. xx"为每次升级的版本号,其内容包括了本次升级需要更新的文件。软件升级不会修改参数库文件,不会造成对参数库文件和各种数据文件的改变。

升级安装时,必须确保地面气象测报业务系统软件全部退出运行。升级过程应避开自动气象站正点采样时间。

升级完成后,一般均不需重新启动计算机,直接启动 SAWSS 及相应软件运行。

软件每次升级,都会更新修改说明,其文件在软件安装的文件夹下,文件名为"软件修改说明. txt",需仔细阅读,弄清修改的内容,对软件升级后解决可能产生的问题会有所帮助,或者判断是否会有操作不当的情况。"软件修改说明.txt"的内容也可点击 OSSMO 软件的帮助菜单项下的"修改说明"进行阅读。

第三节　软件注册信息

本系统软件的注册表内容在软件完整安装自动形成。放在"HKEY_LOCAL_MACHINE"根键下的"Software\Hysoft\OSSMO 2004\"主键中,其中主要有 Elements、Users、Tools 等键。

—Elements 键结构

此键为系统软件安装后的基本信息,包括 InstallDir 和 CurrentVersion 等两个项,其中 InstallDir 为软件安装路径,在进行升级安装时,安装程序会自动获取该值,将升级内容安装至该路径下,该项值还是自动气象站监控软件进行采集数据写入和获取参数的路径,所以该注册项值绝不允许被修改;CurrentVersion 为版本信息。

—Users 键结构

此键主要保存系统合法用户的登录信息,其中包括 Administrator 和 User 两个子键,这两个子键下面存在两个项,分别是 UserName 和 Password,该值为自动气象站监控软件进行参数设置之前的"用户登录"确定内容。

第四节　动态链接库的注册

除软件安装文件夹下扩展名为 exe 的文件外,在 Components 文件夹下的四个文件夹即 AwsDrivers、Controls、RegDll、NetLink 的扩展名为 drv、dll、ocx 的文件,均为系统软件的运行程序文件,这些文件大部分采取 ActiveX Dll 方式编写,均需进行注册。在完整安装和升级安装过程中,会自动进行注册。

对上述 drv、dll、ocx 文件可采取复制的方式进行更新,此时复制完成后必须进行人工注册,其方法是:

—通过写字板建立一个批处理文件,例如:OSSMO_DLL_WinXP. Bat,需对"D:\OSSMO 2004\Components\AwsDrivers"下的自动气象站驱动程序"ZQZ_CII.drv"进行注册,则其内容为:

　　　　C:\windows\system32\regsvr32. exe ZQZ_CII. drv

其中,"C:\windows"为操作系统的安装路径,"regsvr32. exe"为操作系统的注册命令,regsvr32. exe 与 ZQZ_CII. drv 之间有一个空格。

—将 OSSMO_DLL_WinXP. Bat 复制到"D:\OSSMO 2004\Components\AwsDrivers"文件夹,运行 OSSMO_DLL_WinXP. Bat,注册完成系统会给出注册成功的信息,若不能完成注册,应检查批处理命令中各个字符是否正确,路径设置是否正确。

—若需注册其他程序文件,则修改批处理命令后的被注册文件名,并将文件复制到相应文件夹,运行即可。

上述操作也可在命令提示符窗口中,直接键入命令进行,但必须注意有关路径正确。进入命令提示符窗口的方法是:"开始"→"程序"→"附件"→"命令提示符"或"开始"→"搜索"→"文件或文件夹"→填入 cmd. exe,找到后双击运行,或"开始"→"运行",在"打开"输入框填入 cmd 即可。

若在软件运行中出现类似于"运行时错误－2147024770(8007007e)Automation 错误"或"对象变量或 With 块变量没有设置!"的错误提示后,软件自动退出,一般为相应动态链接库程序不存在或注册不正确所致。处理办法一,升级安装软件;办法二,判断是何动态链接库程序出现的错误,再对该文件进行人工注册。

第五节　运行前的注意事项

一、系统显示属性设置

为了保证业务软件的窗口界面的正常显示,对于 Windows XP 操作系统,需在系统的显示属性中,将"窗口和按钮"改为"Windows 经典样式"。

二、操作系统中影响数据采集的几项设置

* Windows Time 服务

若自动气象站的计算机已接入局域网,该项服务启动时,自动气象站的计算机会与服务器的时间和日期同步,当服务器计时方式不为北京时或走时不准确时,则会造成自动气象站的计算机日期或时间的不准确,影响自动气象站的数据采集。

取消该服务的方法是:

依次单击"控制面板"→"管理工具"→"服务",选取"Windows Time",点击"停止",出现如下窗口即可。

—区域和语言选项

该选项主要涉及操作系统的日期和时间格式,由于采集监控软件与采集器进行数据读取时,要求格式必须是"中文(中国)"所对应的,当选择其他区域和语言时,由于其对应格式改变,则会造成不能通过合法性检验而不能实现数据写入采集数据文件。一般情况下,中文版操作系统的缺省"区域和语言选项"即为"中文(中国)",由于版本的不同,有可能会使其缺省值改变。

依次单击"控制面板"→"区域和语言选项",正确的选项为如下窗口内容。

—自动与 Internet 时间服务器同步

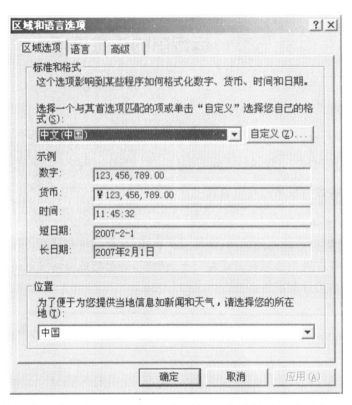

若自动气象站的计算机已连接 Internet 网，操作系统缺省情况是会启动"自动与 Internet 时间服务器同步"选项，该选项可能产生的问题类似于"Windows Time 服务"。

取消"自动与 Internet 时间服务器同步"的操作方法是：依次单击"控制面板"→"日期和时间"，出现如下窗口：

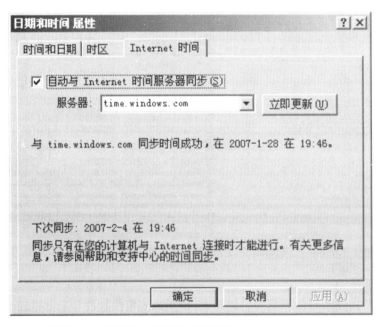

将"自动与 Internet 时间服务器同步"的选择取消即可。

三、打印机的安装与设置

对于点阵式打印机，在定时编报、日记录内容打印输出有时会出现打印连续走纸不停、打印字体不断变大的问题。可按如下方法对打印机进行安装和设置：

——Epson 系列及其兼容打印机，一律选用操作系统自带的 LQ-1600K 驱动程序安装。若已选择其他型号安装过该打印机，则必须先删除已安装的该打印机。

——安装好 LQ-1600K 驱动程序后，依次单击"开始"→"打印机和传真"，在打印机"属性"窗口中，点击"打印首选项"，在"高级"选项中将"高级打印功能"改为"已停用"；"打印优化"改为"已停用"。

对于除点阵式以外的打印机，直接用随机附带的驱动程序进行安装即可。

第十八章

软件的日常使用问题解答

第一节　自动气象站监控软件

一、自动气象站监控软件正常运行应注意的问题

——自动气象站采集器处于正常的运行状态；自动气象站与计算机正确连接；

——在"自动站维护"的"自动站参数设置"中，选择正确的自动气象站驱动程序和正确设置相应通信端口各参数；

——在"系统参数"的"选项"中，对"运行设置"的"采集控制"进行正确设置，其中"数据采集"必须选中。

二、SAWSS 程序流程

见图 18-1。

三、配置文件说明

在软件安装的"..\SysConfig\"文件夹下，扩展文件名为 ini 的文件称为配置文件，各文件主要作用已在软件组成中说明。在 SAWSS 软件启动时，会检查 SysPara.ini 和 NetSet.ini 是否存在，若无该文件，则会自动生成。生成的内容大部分会从参数库文件中读取，对有关自动气象站设备的参数项赋空值，配置文件生成后，则会给出"警告！未设置自动气象站。请在自动站参数设置中选择正确的驱动程序，并设置相关参数！"的提示。

配置文件的各项值出现格式错误，有时会影响到 SAWSS 和 CNIS 的正常运行。可以关闭 SAWSS 和 CNIS 软件，删除 SysPara.ini 和 NetSet.ini 文件，再启动 SAWSS，由软件自动生成配置文件后，按上述说明进行必要的配置。

SysPara.ini 和 NetSet.ini 的结构和作用说明如下：

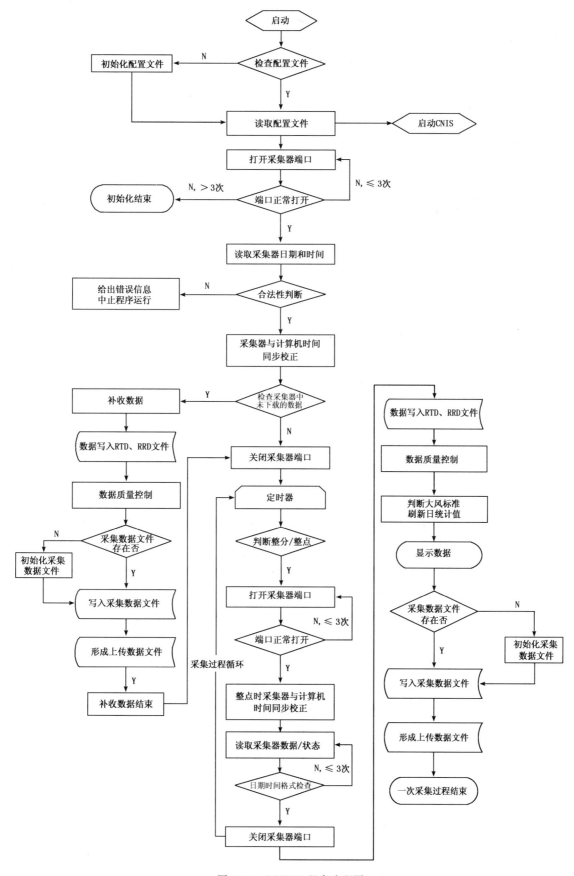

图 18-1　SAWSS 程序流程图

——SysPara.ini

段	项	项值(缺省值)	说明
[Sys_Run]	SetupDir	D:\OSSMO 2004\	软件安装路径,缺省值从注册表中获取
	StartUp	1	SAWSS 安装以来启动次数
	StartTime	2007-2-7 21:05:29	SAWSS 每次启动的时间
	RunTime	2007-2-7 21:05:29	正常运行时间,每分钟刷新
	DataCollect	0	是否进行数据采集标识,0:不采集,1:采集
	RTDTimes	0	实时数据的采集重试次数
	FTDTimes	0	正点数据的采集重试次数
	CheckoutTimes	0	自动对时的次数
	DataBackup	0	自动站数据备份标识,0:不备份,1:备份
	DataFrequency	0	自动站数据备份的频率
	DataBackupPath	D:\OSSMO 2004\Restore\Data\	自动站数据备份的路径
	ParaBackup	0	参数备份标识,0:不备份,1:备份
	ParaFrequency	0	参数备份的频率
	ParaBackupPath	D:\OSSMO 2004\Restore\Parameter\	参数备份的路径
	LogSaveFlag	0	日志备份标识,0:不备份,1:备份
	LogSaveTime	12	日志备份时间
	LogDeleteFlag	0	日志删除标识,0:不删除,1:删除
	LogDeleteTime	1	日志删除时间
	LogFrequency	0	日志备份、删除频率
	LogSavePath	D:\OSSMO 2004\Restore\Log\	日志备份路径
	Encrypt	0	是否加密形成上传文件,0:不加密,1:加密
	EncryptLevel	0	加密形成上传文件的时间间隔
	AlarmSound	0	大风报警标识,0:不报警,1:报警
	GaleAlarm	0	大风报警声音来源
	GaleAlarmLevel	17	大风报警标准
[Aws_Para]	AwsDriver		自动站驱动程序的名称
	AwsType	Old	自动站的类型,Old:老型,New:新型(有分钟数据存储)
	AwsKind	S	自动站的种类,S:标准,R:有辐射
	AwsComSet	4800,N(无),8,1	自动站的通信配置,为自动站的内部配置
	AwsMaxDelay	3	自动站的最大延时时间,秒为单位
	AwsDriverPath	D:\OSSMO 2004\Components\AwsDrivers\	自动站驱动程序的存放路径
	AwsFilePath	D:\OSSMO 2004\AwsSource\	自动站数据文件的存放路径
[Data_Range]	Pmax	(按月给出,数据之间用半角逗号分隔,从 SysPara.mdb 中获取)	本站气压的最大值
	Pmin	(同上)	本站气压的最小值
	Tmax	(同上)	气温的最高值
	Tmin	(同上)	气温的最低值
	WTmin	(同上)	湿球温度的最小值
	Emax	(同上)	水汽压的最大值
	Tdmax	(同上)	露点温度的最大值
	Tdmin	(同上)	露点温度的最小值
	D0max	(同上)	地面温度的最高值
	D0min	(同上)	地面温度的最低值
	D5max	(同上)	5 cm 地温的最高值
	D5min	(同上)	5 cm 地温的最低值
	D10max	(同上)	10 cm 地温的最高值
	D10min	(同上)	10 cm 地温的最低值
	D15max	(同上)	15 cm 地温的最高值
	D15min	(同上)	15 cm 地温的最低值
	D20max	(同上)	20 cm 地温的最高值
	D20min	(同上)	20 cm 地温的最低值
	D40max	(同上)	40 cm 地温的最高值

续表

	D40min	（同上）	40 cm 地温的最低值
	D80max	（同上）	80 cm 地温的最高值
	D160max	（同上）	80 cm 地温的最低值
	D320max	（同上）	160 cm 地温的最高值
	D80min	（同上）	160 cm 地温的最低值
	D160min	（同上）	320 cm 地温的最高值
	D320min	（同上）	320 cm 地温的最低值
	zf	300（从 SysPara.mdb 中获取）	蒸发量的最大值
	R	（同 Pmax）	小时累积降水量的最大值
	FF2	600（从 SysPara.mdb 中获取）	2 分钟风速的最大值
	FF10	600（从 SysPara.mdb 中获取）	10 分钟风速的最大值
	FF	600（从 SysPara.mdb 中获取）	瞬时风速的最大值
	Tsmax	（同 Pmax）	草面温度的最高值
	Tsmin	（同 Pmax）	草面温度的最低值
	SRZmax	（同 Pmax）	总辐射辐照度的最大值
	SRZHmax	（同 Pmax）	总辐射曝辐量的最大值
	SRJmax	（同 Pmax）	净辐射辐照度的最大值
	SRJmin	（同 Pmax）	净辐射曝辐量的最小值
	SRJHmax	（同 Pmax）	净辐射曝辐量的最大值
	SRJHmin	（同 Pmax）	净辐射曝辐量的最小值
	SRHmax	（同 Pmax）	直辐射辐照度的最大值
	SRHHmax	（同 Pmax）	直辐射曝辐量的最大值
	SRSmax	（同 Pmax）	散辐射辐照度的最大值
	SRSHmax	（同 Pmax）	散辐射曝辐量的最大值
	SRFmax	（同 Pmax）	反辐射辐照度的最大值
	SRFHmax	（同 Pmax）	反辐射曝辐量的最大值
[Sys_Para]	RadiationCumulated	60	辐射曝辐量的累积时间，有 20、30、60 等

—NetSet.ini

段	项	项值（缺省值）	说明
[Net_Para]	Enabled	0	自动启动通信组网软件（CNIS）标识，0：不启动，1：启动
	Skin	1	窗口界面启动皮肤标识，0：不启动，1：启动
	FileNum	10	一次上传文件的最大个数（最大为 10）
[Main]	ConnectName		第 1 节点连接名称
	CommType	局（广）域网	第 1 节点连接类型
	CommInterfacePath		通信接口的完整路径
	LocalPath	D:\OSSMO 2004\AwsNet\	传输文件的本地路径
	ServerIP	255.255.255.255	第 1 节点服务器 IP 地址
	RemotePath	AWSDATA/	第 1 节点服务器路径
	UserName	Anonymous	第 1 节点用户名
	Password		第 1 节点密码
	SendFlag		第 1 节点自动气象站实时数据文件上传时是否先形成临时文件标识
	ConnectName1		第 2 节点连接名称
	CommType1	局（广）域网	第 2 节点连接类型
	ServerIP1	255.255.255.255	第 2 节点服务器 IP 地址
	RemotePath1	AWSDATA/	第 2 节点服务器路径
	UserName1	Anonymous	第 2 节点用户名
	Password1		第 2 节点密码
	SendFlag1		第 2 节点自动气象站实时数据文件上传时是否先形成临时文件标识
	ConnectName2		第 3 节点连接名称
	CommType2	局（广）域网	第 3 节点连接类型

续表

	ServerIP2	255. 255. 255. 255	第3节点服务器 IP 地址
	RemotePath2	AWSDATA/	第3节点服务器路径
	UserName2	Anonymous	第3节点用户名
	Password2		第3节点密码
	SendFlag2		第3节点自动气象站实时数据文件上传时是否先形成临时文件标识
	ConnectMode	1	连接模式
	Start	5	通道开始启动时间
	Delay	15	通道启动的有效时间
	TryTimes	1	重试次数
	AutoClose	0	是否自动断开
	ExternalExe	1	需要辅助拨号时调用的外部程序
	ConnectedNum		拨号连接的句柄
[Spare]	ConnectName		第1节点连接名称
	CommType	局(广)域网	第1节点连接类型
	CommInterfacePath		通信接口的完整路径
	LocalPath	D:\OSSMO 2004\AwsNet\	传输文件的本地路径
	RemotePath	AWSDATA/	第1节点服务器 IP 地址
	ServerIP	255. 255. 255. 255	第1节点服务器路径
	UserName	Anonymous	第1节点用户名
	Password		第1节点密码
	SendFlag		第1节点自动气象站实时数据文件上传时是否先形成临时文件标识
	ConnectName1		第2节点连接名称
	CommType1	局(广)域网	第2节点连接类型
	ServerIP1	255. 255. 255. 255	第2节点服务器 IP 地址
	RemotePath1	AWSDATA/	第2节点服务器路径
	UserName1	Anonymous	第2节点用户名
	Password1		第2节点密码
	SendFlag1		第2节点自动气象站实时数据文件上传时是否先形成临时文件标识
	ConnectName2		第3节点连接名称
	CommType2	局(广)域网	第3节点连接类型
	ServerIP2	255. 255. 255. 255	第3节点服务器 IP 地址
	RemotePath2	AWSDATA/	第3节点服务器路径
	UserName2	Anonymous	第3节点用户名
	Password2		第3节点密码
	SendFlag2		第3节点自动气象站实时数据文件上传时是否先形成临时文件标识
	ConnectMode	1	连接模式
	Start	16	通道开始启动时间
	Delay	44	通道启动的有效时间
	TryTimes	1	重试次数
	AutoClose	0	是否自动断开
	ExternalExe	1	需要辅助拨号时调用的外部程序
	ConnectedNum		拨号连接的句柄
[Local]	IP	255. 255. 255. 255	本机 IP 地址
	Port	1010	Winsock 侦听端口

四、在"实时数据与监控"界面不显示"辐射数据"页

"辐射数据"页的显示与配置文件 SysPara.ini 的[Aws_Para]→AwsKind 有关,将该项值 R 改为 S,重新启动 SAWSS 即可改变"实时数据与监控"界面的显示。

五、数据采集说明

数据采集在每整分钟后的第 10 秒开始。一次采集过程包括打开通信端口、对时、读取采集数据、对返回值的时间进行合法性检验、格式检查、各要素值进行质量控制、进行有关统计、显示界面刷新、数据写入采集数据文件、关闭通信端口。完成上述过程需要一定的时间，一般情况下为 6～10 s，由于受通信端口和通信速率的影响，不同的采集器一次采集时间会有差异。

采集器有时出现时间错乱，容易产生从采集器屏幕显示或通过超级终端获取的数据正常，而却不能显示到"实时数据与监控"界面和写入采集数据文件中现象。这是因为在显示"实时数据与监控"界面刷新和写入采集数据文件之前，要对返回值的时间格式进行检验，若时间格式不正确，则将该时刻的所有数据按缺测处理，刷新"实时数据与监控"界面，数据不写入分钟数据文件和正点数据文件，但仍写入 AWS_IIiii_yyyymmdd.RTD 文件中，其时间以计算机系统时间为准。

时间格式正确，但采集器与计算机时间不同步，会影响写入到采集数据文件的记录位置不正确。

六、数据查询说明

在 SAWSS 软件中，数据查询功能针对的是自动气象站采集数据文件，数据读入查询窗口时，需要打开和关闭文件，此过程随计算机速度的不同，花费的时间也不相同，同时每次读取总是一个月的数据，所以打开文件的时间是较长的。

由于 SAWSS 要在每分钟进行数据采集、写文件，所以在数据查询时对于要素分钟数据应避开每整分钟后 10～20 秒，对于小时正点数据文件应避开整点后 10～20 秒。否则会影响数据采集，出现异常错误。

大风资料查询功能不是查询大风记录相关数据的唯一依据。这是因为写入 FJ.TXT 文件的数据，没有在采集器中存储，而是由 SAWSS 软件从每分钟的当前时间的瞬时风速和风向、小时内的极大风速、极大风速对应风向和出现时间中实时挑取，这种挑取方法基本是正确的。若由于某种原因没有连续运行 SAWSS，则在其间出现达到大风标准的数据，就会有漏记录的情况。少数情况下，即使自动气象站运行、采集正常，也会出现 FJ.txt 与 Z 文件记录内容不一致，这与厂家采集软件不正常有关。

七、超级终端的使用

通过超级终端是判断软件和采集器之间故障的最有效办法之一。在 SAWSS 软件中的所有采集控制命令均可在超级终端中使用，在超级终端中所有命令的返回值均是采集器中最原始的结果。在 SAWSS 运行时，应尽量不进行超级终端操作。

一　建立超级终端

依次点击"开始"→"所有程序"→"附件"→"通信"→"超级终端"，则会弹出如下窗口：

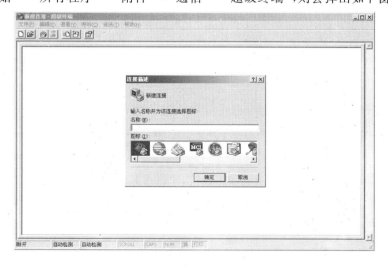

　　在名称中输入"AWSTest",点击"确定",出现如下窗口:

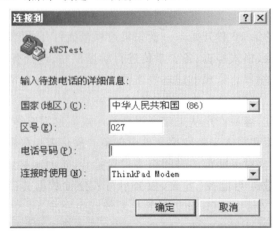

　　将"连接时使用(N)"的内容改为与自动气象站通信的串口,例如 COM3,窗口如下:

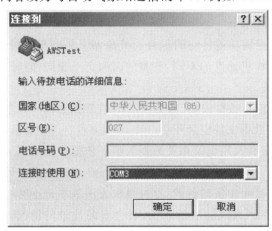

　　点击"确定",则会给出"COM3"的属性窗口:

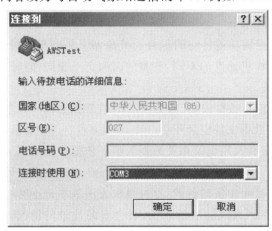

　　按照自动气象站维护中的参数修改上述内容,点击"确定",即完成超级终端的建立。同时在"开始"→"所有程序"→"附件"→"通信"下会建立"超级终端"的程序组,其下有"AWSTest. ht"的程序项,可将其发送到桌面建立快捷方式。

　　—终端命令操作

以 ZQZ_CII. drv 驱动程序的自动气象站为例,超级终端连接后,键入"OPEN"(大小写不能错),若出现下面内容,则说明采集器与计算机通信正常:

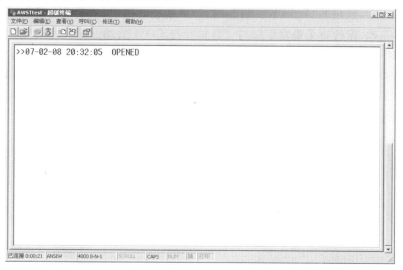

否则,依次检查通信端口、端口设置是否正确,计算机 COM 口、采集器 COM 口是否正常。通信端口、端口设置通过"文件"菜单下的"属性"项进行修改。

若通信正常,可按照有关自动气象站操作手册中的控制命令进行操作,检查各返回值是否正确。键入返回瞬时值命令 GETN,如下图:

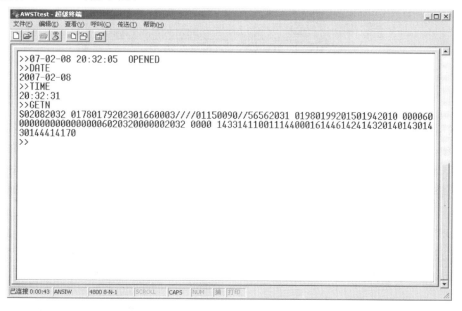

对于台站基本参数、复位、初始化等命令应谨慎操作,以防影响有关统计值和清除采集器的全部数据。

在关闭超级终端窗口前,应关闭端口。

—通信故障诊断及处理

超级终端不能与采集器通信,应先反复检查端口号、波特率、数据位、奇偶校验、停止位等设置是否正确,若能断定这些参数正确,则故障出现在计算机串口或采集器硬件上,可以采取更换计算机或采集器的方法,分离测试,进一步确定是何种设备的故障。对于采集器有时会出现通信串口死锁现象,可以通过复位按钮进行复位,或者关闭采集器电源,大约半分钟后,再打开电源开关后,进行测试。对采集器进行复位或断电,采集器中存储的数据均会丢失,应引起注意。

通过超级终端,应仔细检查采集器的日期和时间是否正确,有时采集器的日期和时间格式会出现错乱,出现此故障可在超级终端或采集器面板上进行修改。由于多数厂家采集器显示屏幕对年份只显示后两位,年份若前两位有错时不易判断,所以修改日期和时间以在超级终端为宜,其操作方法见厂家提供的技术手册。

　　超级终端通信正常,但在SAWSS软件启动时,若出现校时错误,不断重试采集,故障一般为计算机的通信端口设置不正确,需检查采集器串口与计算机连接COM的端口号。若出现"警告!打开自动站失败。"的提示,故障一般为自动气象站接口驱动程序选择不正确或通信端口的有关参数设置不正确,检查方法是:在SAWSS中,在"自动站维护"菜单项下,点击"自动站参数设置",出现如下窗口:

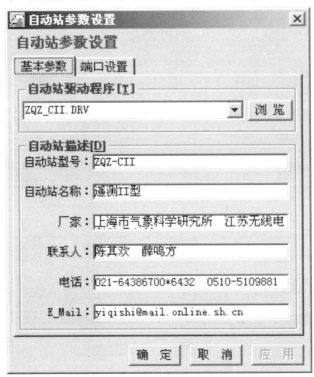

　　先检查接口驱动程序与采集器型号是否一致,同一厂家的系列接口驱动程序因文件名相近,容易误选,应特别注意;再在"端口设置"页检查波特率、数据位、奇偶校验、停止位等内容,一般情况下,选择接口驱动程序后,程序会自动从接口程序中获取该接口的波特率、数据位、奇偶校验、停止位等内容,需要进行修改的内容主要是端口号,或者按照超级终端中的端口号、波特率、数据位、奇偶校验、停止位进行设置。

　　在使用USB转串口或串口转换器时,有时计算机分配的端口号会在10或10以上,由于大部分厂家的接口程序只考虑了端口号在10以下的情况,所以会出现超级终端正常,而接口软件无法获取正确的端口号的错误,此问题将在后续的升级版本中修改。

八、通过日志记录查找故障

　　SAWSS运行中,对自动气象站数据采集有重要影响的操作均进行了记载,包括SAWSS启动时间、采集器校计算机时间、分钟数据采集、正点数据采集、修改采集器时间、SAWSS退出时间等信息。通过这些信息分析出现时间前后数据采集情况和故障现象,可以查找出现问题时的原因。例如:

　　—SAWSS软件一直运行正常,而在分钟数据文件中无2007年2月9日15时31分的记录,全部数据仍为初始化状态。查看监控软件日志文件有如下记载内容:

　　2007—02—09 15:30:37 开始读取采集器时间......

　　2007—02—09 15:31:37 2007—02—09 15:30:37 读取采集器时间为:2007—2—9

　　　　　　　　　15:31:37 以此时间校正了计算机

　　从上述内容可以判断在15:30:37采集器对计算机进行了校时,由于采集器比计算机快了1

分钟,修改计算机时间后则漏掉了 31 分钟的采集时间,所以出现 31 分没有采集的情况。

在正点数据采集时也会出现上述情况。计算机与采集器的时间不同步是影响数据采集的主要原因。所以计算机走时误差不能太大,至少日误差在 1 分钟以内。

修改采集器时间也会出现上述类似的情况,可以查看监控软件日志文件有记载内容,分析原因,例如记载内容如下:

2007－02－09 14:31:22 采集器时间由[2007－02－09 14:31:22 修改为 2007－02－09 14:33:00!

修改采集器时钟,程序会同时修改计算机时钟,因此,会影响 32、33 分钟时的分钟数据采集。

— 正点时"实时数据与监控"界面分钟数据显示正常,定时正点数据文件(Z 文件)全为缺测。在"实时数据与监控"界面显示的数据均为分钟实时命令读取的数据,出现此情况说明实时分钟数据采集正常,而定时正点数据采集不正常。在从采集器读取数据时,若返回的时间格式不正确或数据格式不正确,则时间均以计算机时间以准,将该时间的各要素数据全部按缺测写入相应数据文件,可以查看监控软件日志文件卸载数据失败的原因。

— 通过查看监控软件日志文 SAWSS 启动和退出时间,得知 SAWSS 何时段没有运行,分析可能是否造成对采集数据文件的影响。

九、正点数据文件中极值出现矛盾的处理

在 Z、H、I 文件中,由于厂家自动气象站采集软件对小时开始分钟的处理有偏差,容易出现有时极值出现时间与对应时次矛盾;极值时间出现在正点,而极值与该时正点的值不一致的现象。对于这些内部不一致的记录,若是极值出现时间出现在上一时次 00 分,则将极值出现时间改为上一次时 01 分,否则将出现时间改为缺测,例如:3 时极大风速的出现时间为 0200,则将 0200 改为 0201 即可;若极值时间在正点,但极值与该时次相应值不一致,若极大(小)值高(低)于正点的相应值,则将正点相应值改为极值,若极大(小)值低(高)于正点的相应值,则将极值改为正点的相应值,例如:6 时最大风速为 65,最大风速对应的风向为 238,出现时间为 0600,若此时 10 分钟平均风速为 64,对应风向为 240,则将 10 分钟平均风速改为 65,对应风向改为 238,若此时 10 分钟平均风速为 66,对应风向为 240,则将该时最大风速改为 66,对应风向改为 240,若只是风向不一致,则以正点的风向为准修改极值的风向。

十、"选项"功能中"数据备份"的作用

在"选项"功能中,选择数据备份后,不仅对自动气象站采集数据文件自动进行备份,而且还会自动将逐分钟全要素数据以文件的方式保存在数据备份路径下,缺省路径为系统软件安装文件夹下的".. Restore\Data"文件夹,这些文件以站日形成,其文件名格式为 AWS_IIiii_yyyymmdd.RTD 或 AWS_II-iii_yyyymmdd.RRD,其中 AWS、RTD、RRD 为固定标识,RTD 表示地面气象要素数据文件,RRD 为辐射数据文件,IIiii 为区站号,yyyy 为年,mm 为月,dd 为日。这些文件中的数据是 SAWSS 软件运行时实时写入的,写入的数据没有进行质量控制,当返回的时间格式不正确时,以计算机时间为准写入。所以,在 Z、P、T、U、W、R 等采集数据文件数据出现缺测或不正常时,可以与 RTD 文件的内容进行比较,判断错误原因,若 RTD 数据正常,可用其代替 Z、P、T、U、W、R 中的数据。记录代替方法详细见《自动气象站数据质量控制软件(AWSDataQC)操作手册》有关"数据导入"的说明。

十一、调试雨量传感器采集数据文件中降水量的处理

在进行雨量传感器调试时,可以将雨量传感器信号线断开,通过人工对翻斗翻动次数进行计数,对比原量与计数量的差值,调整翻斗。

若没有断开信号线,则会被采集器所采集,并写入 Z、R 文件。建议删除调试中的降水量,处理方法是:在正点后,通过自动气象站数据质量控制软件(AWSDataQC),对 Z、R 文件进行维护,并将删除调试

中降水量后的 Z、R 文件覆盖原 Z、R 文件即可,在进行复制 Z、R 文件时,应避开采集时间。若不对 Z、R 文件进行处理,但应备注说明。

上传数据文件(Z_O_AWS_ST_C5_IIiii_yyyyMMddhhmmss.txt)应在没有上传前进行修改,可在地面气象测报业务软件中的观测编报的相关操作中删除"小时雨量"和"分钟雨量",并进行数据保存来实现。

十二、FJ.txt 文件记录不正确大风天气现象的处理

若自动气象站的 Z 文件挑取的日极大风速≥17.0 m/s,FJ.txt 中无大风记录,可从 Z 文件中的时极大风速尽可能地判断记录,或通过自动气象站数据质量控制软件(AWSDataQC)中的"大风现象查询"功能获取。

部分厂家的自动站,有时会出现从采集器读取的每分钟数据中的出现时间与实际时间有偏差,致使写入 FJ.txt 文件中的时间与正点写入 Z 文件中的出现时间有时相差 1 分钟,此时若开始时间还迟于 Z 文件中≥17.0 m/s 的极大风速出现时间,则以 Z 文件的极大风速时间为准。例如:3 日 FJ.txt 记录为"200501031557 113 174",而该月 Z 文件中,16 时的极大风速为 174,其出现时间为 1556,则此时大风天气现象的开始时间由 15 时 57 分改为 15 时 56 分。

第二节　地面气象测报业务软件

一、在同一台计算机中实现自动站和人工站记录的处理

台站如需在同一台计算机进行自动气象站和人工站记录处理,不能采取重复安装地面气象测报业务系统软件,这是因为重复安装会改变软件的缺省路径,可能造成采集数据文件存放位置的混乱。正确的处理办法是:

—先安装与自动站业务相关的完整软件;

—再人工建立另一个文件夹;

—再将自动气象站安装软件夹下的全部文件和下列文件夹及其文件复制到所建文件夹:BaseData、Log、ReportFile、SYNOP、SysConfig、WorkQuality;

—删除 SysConfig 文件夹下的 SysPara.ini 文件;

—在桌面建立 OSSMO 的快捷按钮,并将其名称改为"地面气象测报业务软件_人工",以示与自动气象站相区别。

二、有关发报设置说明

—台站字母代码(CCCC)。它有两项作用,一是形成报文文件的扩展名,二是在报文内容中,作为某级台站向上级气象通信部门的字母代码。目前,中国气象局只对省、地市级台和卫星直接传输的台站划定了 CCCC 码。大部分台站报文由地市级或省(区、市)级气象通信业务部门转传至国家气象信息中心,报文内容中的 CCCC 码只能使用地市级或省(区、市)级的,如果台站参数中台站字母代码按此设置,则使上传至地市级或省(区、市)级的同一时次的同类报文文件名会有相同。为了避免报文文件重名的错误,OSSMO 软件的"工作管理"菜单下增加了"选项"设置,即在不影响报文内容中的台站字母代码的前提下,可以设置报文文件扩展名,若此扩展名不为空,则在计算编报时以此形成报文文件名的扩展名,否则报文文件的扩展名仍按台站参数中设置的台站字母代码形成。

—发报区域代码。是按气象通信传输规程形成报文时,简式报头行 $T_1T_2A_1A_2ii$ 中的 ii 编码,准确

的应为气象公报编号,按下列规定编码:

ii ＝ 01—19 全球交换;

ii ＝ 20—39 区域或区域间交换;

ii ＝ 40—89 国内或双边交换;

ii ＝ 90—99 其他主要用于区分报文交换的范围。

由于现在报文均以文件方式传至国家气象信息中心,直接由国家气象信息中心汇集后按交换范围进行分发处理,所以发送至国家气象信息中心的报文文件中的 ii 编码不再有严格的要求,按照《气象信息网络传输业务手册》(中国气象局监测网络司,2006 年 5 月)规定,国内常规地面报文的 $T_1 T_2 A_1 A_2 ii$ 种类如下:

SMCI40 地面天气报　　　　SICI40 补充地面天气报

SXCI40 地面加密天气报　　SNCI40 每小时补充地面天气报

CSCI40 地面气候月报　　　ABCI40 气象旬(月)报

ABCI50 土壤墒情报　　　　SACI40 航空天气报

WSCI40 重要天气报

三、正确设置文件传输路径

文件传输涉及通信方式、连接名称、IP 地址、端口、用户名、口令、远程路径等参数,这些参数由上级气象通信业务部门给定,任意一项不正确均会影响到文件的传输。由于远程服务器的操作系统的差异,非 Windows 操作系统的路径与常规表示方式有较大不同,用户可通过命令提示符窗口进行 FTP 的操作进行测试。

—使用 ping 测试远程服务器的 IP 地址,验证与远程计算机的连接,操作方法及返回内容如下窗口所示:

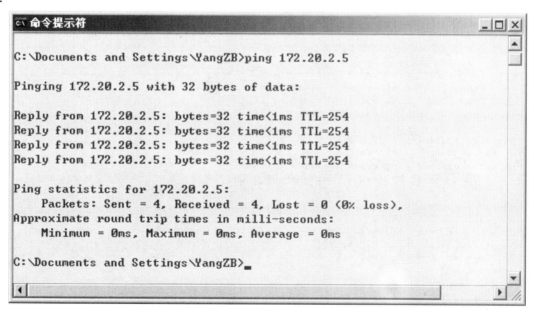

上述返回内容说明本地计算机与远程服务器连接正确。若返回如下内容:

Pinging 172.20.2.5 with 32 bytes of data:

Destination host unreachable.

说明本地计算机与远程服务器不能建立连接。

—确信本地计算机与远程计算机是正确连接后,键入 FTP[主机名或 IP 地址],进入 FTP 服务,接着输入用户名和口令,正确情况下窗口显示如下:

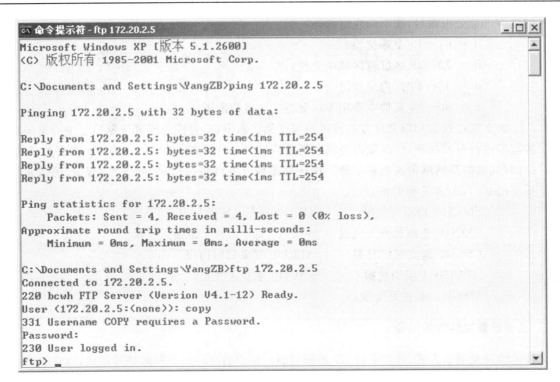

若用户名和口令不正确,则不可能登录到远程服务器,会给出登录失败"Login incorrect"的信息。一般情况下,远程服务器对不同的用户设置了不同可用文件路径,使用 PWD 可以查看当前路径(远程服务器操作系统为 VMS),如下窗口所示:

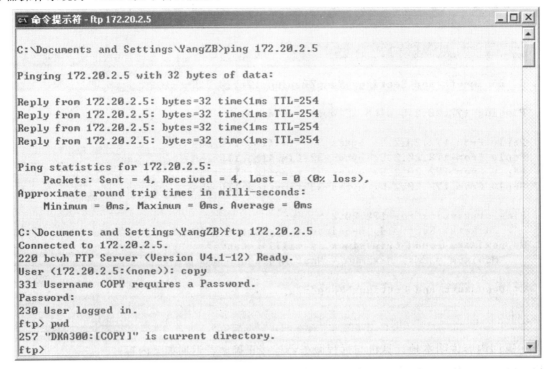

以下窗口内容则是对于同一远程服务器(操作系统为 Linux),两个不同用户进入 FTP 服务时的缺省路径。

对于缺省路径下的内容,可键入 dir 命令进行查看,台站可根据缺省路径和该路径下的文件夹、文件情况,确定文件上传路径应如何设置。

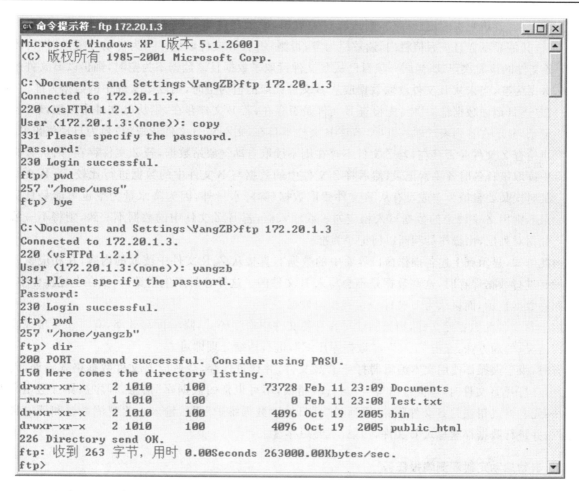

—上传文件进行测试,进一步确定远程服务器路径是否正确,如将本地计算机的 C:\Documents and Settings\YangZB\testftp. txt 文件上传至 172. 20. 1. 3 yangzb 下的 Documents 文件夹,命令如下:

put testftp. txt Documents/testftp. txt

(此时本地计算机的缺省文件夹为 C:\Documents and Settings\YangZB\,若本地文件夹不为被传输文件的文件夹,则应先将本地文件夹改变为被传输文件的文件夹)

上述文件能够传输成功,并且目标文件已复制在 Documents/目录下,则说明在 OSSMO 软件中,进行 FTP 传输的远程服务器路径为 Documents/。

有关 FTP 内部命令的详细说明请查阅 Windows 操作系统的帮助和技术支持。

四、B 文件维护处理

在定时观测、编报、逐日地面数据维护中,交互的数据文件只有 B 文件、Z 文件和 R 文件。B 文件中的数据相当于人工观测记录在气簿中的内容,在自动气象站监控软件中,自动气象站采集数据(Z、R 文件的内容)是不可能直接写入该文件的,但可在"定时观测"、"天气报(代航空报)"、"天气加密报(代航空报)"、"逐日地面数据维护"中被读取,显示在相应的窗口界面,人工可以进行维护,数据只能保存在 B 文件中。

由于对"定时观测"、"天气报(代航空报)"、"天气加密报(代航空报)"、"逐日地面数据维护"的操作,并不完全是按照时间进程进行,读取数据时必须考虑原 B 文件某时次存在记录的情况,B 文件与 Z 文件的记录可能出现不一致的情况,所以程序设计时遵循了如下原则:

—在"定时观测"、"天气报(代航空报)"、"天气加密报(代航空报)"中:先检查 B 文件中有无该时次的记录,若该时次的记录存在,则读取有关数据,显示在各输入项中,需要进行仪器差订正的项目,其值显示在订正后值栏内,读数栏为空;否则,不从 B 文件取值。当为自动气象站时,再读取 Z 文件的该时次记录,当同一项目已从 B 文件读取了数据且该数据不为空时,则仍以 B 文件中的数据为准,当未从 B 文件读取数据或从 B 文件读取的值为空时,则以 Z 文件中的数据为准。

——在"逐日地面数据维护"中:先检查 B 文件是否存在,若 B 文件存在,则从 B 文件中读取该日各时记录,显示在各列表或输入框中,若该 B 文件不存在,则不从 B 文件读取值;当为自动气象站时,再检查 Z 文件是否存在,若 Z 文件不存在则不读取自动气象站数据,若 Z 文件存在,则从 Z 文件中读取该日各时各要素记录;然后将 Z 文件中的数据与 B 文件中的数据进行比较,若 B 文件中某时次某要素值为空或没有从 B 文件读取数据(除降水量外,因为降水量为空也可能是真实记录),则用 Z 文件中的数据写入相应列表或输入框,若 B、Z 文件中的数据不一致,则将不一致的数据对列出,由操作员判断以何记录为准。

由此可知,显示到上述各操作窗口界面中的数据有直接从 Z、R 文件中读取的内容,在相应窗口界面中没有进行数据保存时,这些数据是不会写入 B 文件的。这样容易产生错觉,只要在上述操作中,窗口界面有数据显示,而误认为 B 文件一定有相应数据。

由于 B 文件为数据库文件,频繁的读写容易使文件中产生碎片,降低读写效率,有时还会出现读写错误的情况,处理方法:点击"工具"→"数据库压缩",进行压缩处理即可。

有时,由于误操作使用文本编辑器打开了 B 文件,并作过保存,会造成 B 文件数据格式错误,而无法恢复,在打开 B 文件时,均会给出警告"运行时错误,不可识别的数据库"信息,程序被异常退出。处理方法:先将格式错误的 B 文件删除,再通过"逐日地面数据维护"逐日输入人工观测数据和读取自动站数据,并进行数据存盘写入 B 文件,切记,不要漏存盘。

五、自动启动定时观测编报任务

若在台站参数中计时方式设置为"计算机",在各正点若有定时观测和编报任务时,则会在正点前 15 分钟进行报警,以提醒开始进行或准备观测。同时为自动气象站时,在正点 00 分 30 秒,程序会根据当前时次的观测或发报任务,自动启动相应定时观测或编报窗体。正常情况下,程序自动启动定时观测、天气报(代航空报)、天气加密报(代航空报)、热带气旋加密报时,会自动从自动气象站采集数据文件中读取有关数据。有时程序会出现读取不到数据的现象,关闭定时观测或编报窗口重新打开才会有,主要原因有:

——自动气象站采集时间过长,即 SAWSS 软件在 00 分 30 秒以内没有完成采集并写入采集数据文件所造成;

——在自动启动定时观测或编报窗体前,相应窗体已启动,只是未处于活动状态;

——若为其他错误原因,会在运行日志中给出"在 XXXX 中,读取自动气象站采集数据文件时出现错误,原因:XXXXXX"的相关记录内容,由此可以进一步进行分析。

六、编发天气报告时降水量自动读取

编发天气报告时,编报降水量是否自动从自动气象站 Z 文件读取,与参数设置的编报降水量取自何观测资料,以及 Z 文件首行参数的降水量传感器标识设置有关。在启用降水量传感器的首个月份,如果台站不是在上月最后一日 21 时前修改台站参数中的"自记降水"项目标识,由于形成 Z 文件的时间是 21 时,此时该月 Z 文件中的参数行就会按原停用降水量传感器的设置来形成,致使启动降水量传感器的首月编报降水量不能自动从 Z 文件中读取。处理方法:在非正点采集时间,用写字板打开该 Z 文件,将首行第 95 位的值"0"改为"1"后保存即可。不能用带格式的编辑器对 Z 文件进行维护,否则会使 Z 文件格式错误,程序无法正确读取。

七、云、天气现象的自动编码

在输入云状后,云状编码($C_L C_M C_H$)将会自动编出,同一云状根据云状编码规定可有多种编码时,则按最常见的情况给出,没有考虑与天气现象的配合,并同时给出其他可供选择的提示。由于少数台站对云状编码的理解有偏差,偶尔可能会出现与本站编码习惯不一致的情况,应以软件编码为准。云状编"X"时的说明:

——下层云量为"10^-"或"10"时,上层云状均编"X";

——有视程障碍现象时,只要云状中记有天气现象,除某层有云状可编码外,其余均编"X"。

天气现象编码($w w W_1 W_2$)在输入天气现象后自动编出,对于需要进行强度、是否连续确定的部分天气现象,其现在天气编码(ww)需人工根据当时情况加以判断,程序只能给出常用编码,部分天气现象不记起止时间,当与能见度有关时,均以认为出现在观测时间内第一个现象的进行编码。

与云状(CC)、能见度(VV)相关判断确定 ww 编码的说明:

——观测时有普通雨,当云状记有 Ns 时,ww 编 61,否则编 60;

——观测时有普通雪,当云状记有 Ns 时,ww 编 71($VV \geq 1.0$)、73(VV:0.5~0.9)、75($VV < 0.5$),否则编 70($VV \geq 1.0$)、72(VV:0.5~0.9)、74($VV < 0.5$);

——观测时有霰,当云状记有 Cb 时,ww 编 87,否则编 77;

——对于闪电,若云状没有记录 Cu cong、Cb calv、Cb cap 任意一种,则 ww 编 00;

——对于观测时有雾,若云状记录仅有 42,无其他云状,则按天空不可辨编码,否则按天空可辨编码;

——其他与能见度有关,均视为该天气现象单独影响能见度进行编码,没有考虑多种天气现象综合的影响。

由于天气现象编码规定复杂,程序难免没出错误,故仍需观测员认真校对。

八、报文传输说明

在报文传输中,要保证远程服务器有关通信参数设置正确,若出现传输不正常,可以通过正确设置文件传输路径的操作对通信参数进行验证。有时单个报文文件是以临时文件的方式上传的,当被传输的文件传输结束后,再将其进行更名,所以要求远程服务器具有文件删除和文件重命名的权限。

文件传输成功后,程序还会从远程服务器取回上传的报文文件,取回的文件被保存在本地计算机的"SYNOP\ReturnReceipt"文件夹中,并与原文件进行比较,两者内容完全一致,则一次报文文件传输完成。台站有时误删除了"ReturnReceipt"文件夹,则也会出现报文文件传输不能正确完成的情况。

软件现不具备同一报文文件一次上传两个或两个以上单位的功能。若确需上传两个以上单位,可在文件传输路径中分别设置不同"传输文件类别"的远程服务器有关通信参数,在有关编报窗口中,重复点击"报文发送",弹出报文发送窗口后,修改"传输文件类别"发送至不同的单位。

九、正确处理正点上传数据文件

为了保证自动气象站各正点形成的上传数据文件内容的正确,软件在定时观测、天气报(代航空报)、天气加密报(代航空报)、热带气旋加密报和加密雨量报中,设置了对上传数据文件中全部数据的校对功能,台站在定时观测编报时应仔细校对各数据,保证其正确。

非国家基准气候站,在定时观测之外的其他各正点,也应尽可能启动定时观测,对自动气象站采集数据进行相关处理后,并保存数据,形成正确的上传数据文件。

在上述操作中,数据保存的同时即会形成上传数据文件,其形成的时间应在 SAWSS 中"自动站组网设置"的启动时间之前。

十、航空报中大风现象的判断

在航空报中,程序判断了航空报观测时间内是否有大风危险天气存在,由于从 FJ.txt 文件不能完全判断观测时内大风是否持续,所以程序从 RTD 文件 51~60 分钟的记录判断有无≥20.0 m/s 风速,如果观测时间内出现,若 W_2 不为大风或其他危险天气,则给出提示。

十一、B 文件转 A/J 文件的注意事项

由于 B 文件中没有台站参数内容,在转 A/J 文件时台站基本参数从 SysLib. mdb 文件获取。当季节转换时,某些仪器开始使用或停用,参数库的内容会随即修改,由于对 B 文件转 A/J 文件的操作与参数库改动的时间不同步。为此程序考虑了自记降水(含自动气象站雨量传感器)、大型蒸发、小型蒸发、5 cm 地温、10 cm 地温、15 cm 地温、20 cm 地温七个常用的观测项目的变动,当从参数库中读取的内容与需要转换的 B 文件对应月的参数不一致时,可在 B 文件转 A/J 文件的窗口界面中修改,而不必改参数库,对于其他项目若有变动,则只能先修改参数库,待文件转换完成后,再将参数库还回。台站出现仪器停用或开始使用月份,转换得到的 A 文件格式不正确,均是由于没有正确修改相关参数所造成。

在 V3.0.10 及其以上版本增加了多种目标文件格式,这是按照《地面气象观测数据文件传输业务暂行规定》(气预函〔2007〕23 号文)而设置的,共有四种:AIIiii－YYYYMM. txt、AIIiii－YYYYMM－0. txt、AIIiii－YYYYMM－1. txt、AIIiii－YYYYMM－9. txt,其中 AIIiii－YYYYMM. txt 正式记录,AIIiii－YYYYMM－0. txt 表示为非正式记录的人工观测资料,AIIiii－YYYYMM－1. txt 表示为非正式记录的自动站资料,AIIiii－YYYYMM－9. txt 表示为迁址时对比观测资料。缺省值为 AIIiii－YYYYMM. txt。有 J 文件时,J 文件名与 A 文件名格式一致。

转换得到的 J 文件中,若无某要素,尽管要素项目标识为“0”,在观测数据部分仍给出了要素段,仅用要素标识符加“＝”表示。

十二、A 文件维护说明

在 A 文件中,全部观测数据由 20 个要素构成,在台站参数部分用 20 个观测项目标识表示各要素的人工观测、自动气象站观测或全月数据缺测的三种方式。由于部分观测项目标识表示了多个要素,当这些要素的观测方式不一致时,只要有某一要素为自动气象站观测,则项目标识为“1”;若无自动气象站观测要素,只要有某一要素为人工观测,则项目标识为“0”。几个容易误解的项目标识与方式位的关系说明如下:

— 降水项目包括定时降水量、自记或自动气象站记录小时降水量和跨月降水量三段,当为自动气象站且有雨量传感器时,尽管定时降水量为人工观测,此时降水量的项目标识应为“1”,对应指示符和方式位为“R6”,若冬季停用雨量传感器,因在观测数据中小时降水量的数据段缺测(仅用“＝”表示),则项目标识为“1”或“0”均可。

     在 A 文件维护中,台站参数给出了“定时降水量”和“自动降水”的设置,若 A 文件自动降水段仅用“＝”表示,当项目标识为“1”时,显示在台站参数“自动降水”的内容自动填为“有:自动站”,当项目标识为“0”时,自动填为“有:人工”。尽管人工修改为“无”或“全月缺测”,由于此修改内容与写入 A 文件的内容无关,所以再次维护该文件时,其内容不会改变。若在自记降水输入有降水量,程序会自动判断“自记降水”的项目标识。

— 积雪项目包括雪深和雪压,A 文件规定:雪深<5cm 无雪压,雪压一律补“000”,雪深≥5cm 无雪压,雪压按缺测处理。积雪微量,雪深录入“,,,”,雪压录入“000”。这与《地面气象观测规范》无雪压观测任务或雪压只在规定日子观测的规定不一样。在 A 文件维护中,以 A 文件格式规定为准。

— 风的项目包括 2 分钟风、10 分钟风、最大极大风三段,若某段数据全月缺测,在 A 文件维护中,台站参数的项目标识的处理同降水项目。

— 对于冻土、电线积冰、积雪项目,在 A 文件中,若台站有此观测任务但全月未出现,用 A0＝、G0＝、Z0＝表示观测未出现。只有台站无该项观测任务,才直接在要素标识符后加“＝”。非冻土、

电线积冰季节收回冻土器、电线积冰电线后,在台站参数中,其"观测项目"仍应选上。

质量控制段和数据订正段的内容由"质量控制方式"确定,由于台站级修改的数据均认为是原始数据,维护存盘观测数据对应的质量控制码一律置为"0"即数据正确,故也没有数据更正段;省地级、国家级维护存盘后,数据只要作过修改则写入数据更正段;但质量控制方式选择为"不修改控制段"表示维护存盘后的 A 文件与被维护的 A 文件的质量控制部分的内容相同。在进行 A 文件维护时,一定要对"质量控制方式"选取正确。

A 文件维护时,在 ReportFile 文件夹下,会生成 QControlfile. tmp 和 Revisalfile. tmp 两个临时文件,分别为读取 A 文件时的质量控制段和数据订正段的内容,正常退出维护,程序会自动删除该文件,若在维护时非正常退出则不会被删除,对程序运行无任何影响。但在 A 文件维护过程中,该文件不能人为被删除。

十三、A 文件格式检查审核

程序首先对 A 文件进行格式检查,若没有影响数据正确读取的格式错误,则再进行数据审核。格式检查的内容包括:

—首部参数行长度是否正确,各要素项格式是否正确;文件首部参数行中的区站号、年、月与文件名是否一致;首部参数与台站参数库中各项内容是否一致;

—文件名格式为"AIIiii－YYYYMM－0. txt"、"AIIiii－YYYYMM－1. txt"时与参数行的观测方式是否相符;

—各要素项目顺序是否正确;各项目的指示符和方式位格式是否正确,与参数行中的项目标识是否一致;

—单个要素的格式检查:记录行数与月份是否一致、月结束符是否正确、日结束符是否正确、一日内数据个数是否正确、每组数据长度是否正确、每组数据格式是否正确;同一项目中,要素段是否齐全;

—观测数据部分结束符是否正确;

—首部参数行中质量控制码与质量控制段的内容是否相符;

—质量控制段中各要素项目顺序是否正确;质量控制段的各项目的指示符和方式位与观测数据部分的对应指示符的方式位是否一致;

—质量控制段与观测数据部分的数据是否一致;质量控制段中单个要素的格式检查:记录行数和月份是否一致、月结束符是否正确、一日内数据个数是否正确、每组数据长度是否正确、每组数据格式是否正确;质量控制段的同一项目中,要素段是否齐全;

—有无更正数据段;更正数据行的格式是否正确;更正数据最后行是否有结束符;

—质量控制部分结束符是否正确;

—附加信息部分内容是否完整,顺序是否正确;

—封面指示符是否正确,各要素字长是否正确,省名、台站名、地址、台站长、输入者、校对者、预审者、审核者、传输者和传输日期是否为空,传输日期后是否接结束符;

—纪要指示符是否正确,数据格式是否正确,各记录行的标识符是否正确,记录日期是否正确,结束符是否正确;

—气候概况指示符是否正确,内容不能为空,数据格式是否正确,各记录行的标识符是否正确,主要天气气候特点和天气气候综合评价内容不能为空,结束符是否正确;

—备注指示符是否正确,数据格式是否正确,各记录行的标识符是否正确,记录日期是否正确,结束符是否正确;

—文件结束符是否正确;

—文件结束符后是否有多余内容。

　　审核包括两方面的内容,一是在地面审核规则库中由台站根据本站实际情况建立的规则库,共 114 项内容,这些内容应合理设置,尺度过宽可能会造成漏审,尺度太窄则非疑误的审核信息多,人工判断容易忽视错误信息,当有某项目审核的同类疑误信息较多时,应检查审核规则库的相关内容设置是否合理;二是记录的内部一致性和之间相关性审核内容,主要包括:

　　——对各数据进一步判断格式是否正确,是否为合法字符,极值出现时间是否合法;

　　——极值出现时间为正点,极值与该时记录是否一致;

　　——对于 24 时次记录,相邻前后两时次的变化是否异常,前后两时次平均值与当前时次差值范围:

　　　　　　本站气压≤3.0 hPa

　　　　　　气温≤3.0℃

　　　　地面温度和草面温度 在日出前、日落后 1 小时≤3.0℃,日出前后 1 小时、日落前后 1 小时≤5.0℃,其他时间≤15.0℃

　　　　　　5 cm 地温≤5.0℃

　　　　　　10 cm 地温≤3.0℃

　　　　　　15 cm、20 cm 地温≤2.0℃

　　　　　　40 cm 地温≤1.0℃

　　——对于连续变化的要素值,相邻前后两时次数据正常,当前时次记录不应缺测;

　　——3 次人工站 2 时地温加权平均判断;

　　——日极值与定时值是否矛盾;

　　——湿球温度(未结冰时)不能大于干球温度,湿球温度在 0℃以上不能出现湿球温度结冰,湿球温度结冰时天气现象有无结冰符号;

　　——湿度查算审核,对于自动气象站记录不论在“文件格检审核”是否选择湿度查算均逐个记录进行比较,对于非自动气象站,只有选择湿度查算并且给定通风速度才逐个进行查算比较;

　　——露点温度不应大于气温;

　　——日最小相对湿度低于定时中的最低值太多(>30%);

　　——云状格式检查,云状是否有重复,总云量不应小于低云量;

　　——云量与云状之间矛盾:

　　　　　　有总云量,应有云状;无总云量,应无云状;有视程障碍现象,总低云量不为 10/10 或－/－,视程障碍现象在云状应排在第一;

　　　　　　总低云量缺测(非视程现象影响),应无云状;

　　　　　　无低云量,但有低云状;有低云量,应有低云状;

　　　　　　有 Cs nebu,总云量应为 10;

　　　　　　有 Ns 云,但云量应为 10/10;

　　　　　　有 Sc op、Ac op、As op、Cs nebu、Csfil 云状,总云量应大于 1 成;

　　　　　　低云量为 10,但无 Sc op、Ns、Fn、Cu cong、Cb、Sc cug、Sc tra、St、Fs 中之一;低云量为 10,不应有中高云;

　　　　　　总云量为 10,但无 Sc op、Ns、Fn、Cu cong、Cb、Sc cug、Sc tra、St、Fs、Ac tra、Ac op、As tra、As op、Cs、Ci dens、Ci not 中之一;

　　　　　　仅有低云,总云量与低云量应相等;

　　　　　　云状顺序排列是否正确(最多考虑有 9 种云状);

　　——云状与能见度的审核:

　　　　　　云状为雾、吹雪、雪暴、沙尘暴之一,但对应定时能见度≥1.0 km;

　　　　　　云状为轻雾、扬沙之一,但对应定时能见度不在 1.0～<10.0 km;

　　——云状与日照的审核:在日出后 1.5 小时至日落前 1.5 小时,无云或云状仅为高云,对应时次(经真

太阳时转换,并考虑观测时 15 分钟)应有日照时数,或总云量为 10 且云状中无高云,日照时数不应为 1.0;

——实测云高格式是否正确;

——能见度与天气现象的审核:能见度<1.0 km,应有天气现象配合;定时能见度中的最小值(除 00 外)不应小于最小能见度;定时能见度<1.0 km,最小能见度不能为缺测;能见度为 1.0～9.9 km,应有天气现象配合;

——定时降水量的各时之和与日合计值是否相等;

——最长连续(无)降水的开始日期与降水量从上月 A 文件统计,是否正确;

——小时降水量不能出现微量(记录为,,,,)的情况;记有累计降水量开始,其后记录与其是否相符;

——小时降水量与定时降水量的审核:小时降水与定时降水的日合计是否相差太大(定时日降水量> 10.0 mm 时,差值设为定时日降水量×0.25(mm),≤10.0 mm 时设为 2.5 mm);小时降水与定时降水矛盾(有小时无定时);

——天气现象审核:

一日记录是否完整;格式是否正确;现象符号代码是否正确;夜间天气现象括号是否完整;最小能见度记录格式是否正确;

天气现象不能连续记载,应转分段记载,出现此情况时,该日天气现象不再继续审核;

天气现象始止时间位长应为 4;时间是否合法;

"06、07、14、15、17、19、31、38、39、42、48、50、56、60、68、70、77、79、80、83、87、89"等现象应有始止时间,"18"只应有开始时间;

"42、31、39"等应记最小能见度,最小能见度不应>999;最小能见度不能重复记录;

"01、02、03、04、05、08、10、13、16、76"不应记录始止时间;

"15、17"等始止时间不能有虚线连接;

前后两天气现象开始时间是否矛盾,判断顺序是否正确;同一现象的始止时间是否矛盾;同一现象后一开始时间与前终止时间是否矛盾或需虚线连接(雷暴可重叠);

除雷暴外,其他天气现象不应有方位;

雷暴的方位审核:是否合法,起止方位不能相同;当起止方位相差 180°时,是否漏记中间方位,中间方位不应与起止方位矛盾;当起止方位<180°时,不应记中间方位;前后两次雷暴过程的开始时间和开始方位不应相同;同一雷暴系统起止时间在 15 分钟以内,不应分开记录;前一日雷暴终止时间与当日雷暴开始时间在 15 分钟以内,且前一日雷暴的终止方位与当日的雷暴的开始时间相同,始止时间均应记为 2000;

与云状审核:"17、19、89"等出现的时间,云状中应有积雨云;"50、77"等出现的时间,云状中应有雾、St、Fs;"80、83、85、87、89"等出现的时间,云状中应有对流云(Cu、Cb、Sc cug);"60、68、70、79"等出现的时间,云状中应有普通降水云层(Sc、Ac、As、Ns);"31、39、42"等出现的时间,能见度应<1.0 km;

降水现象与定时降水量的审核:"39、50、60、68、70、77、79、80、83、85、87、89"等出现,对应时段的定时应有降水量;

降水现象、雾、吹雪、雪暴、沙尘暴等与相对湿度的配合,按审核规则库的值进行判断;

雾、大风、吹雪、雪暴、沙尘暴等与定时风速的配合,按审核规则库的值进行判断;

极光与定时总云量的配合,按审核规则库的值进行判断;

大风、吹雪、雪暴、沙尘暴、飑、扬沙与最大风速的配合,按审核规则库的值进行判断;

雨凇、积雪、结冰与最低气温的配合,按审核规则库的值进行判断;

积雪、结冰、霜与地面最低温度的配合,按审核规则库的值进行判断;

同一天气现象不应有重复;

　　雨与雨夹雪、雨与雪、雨与阵雨、雨与阵雪、阵雨与雪、阵雨与雨夹雪、吹雪与雪暴、雪与雪暴、雪与雨夹雪,雨与阵性雨夹雪、阵雨与阵雪、阵雨与阵性雨夹雪、雪与阵雪、雪与阵性雨夹雪、雨夹雪与阵雪、雨夹雪与阵性雨夹雪、阵雪与阵性雨夹雪,米雪与阵雨、米雪与雪、米雪与阵性雨夹雪、毛毛雨与阵雨、毛毛雨与阵性雨夹雪、毛毛雨与雪等现象时间不应重叠;

　　有大风现象,极大风速应≥17.0 m/s;

　　若雷暴的开始时间为2000、0800(三次站白天),在雷暴之前不应记录闪电;

　　若雾的开始时间为2000、0800(三次站白天),在雾之前不应记录轻雾;

　　吹雪、雪暴不应出现在积雪之后;

　　有降水现象,对应定时应有定时降水量;有定时降水量,对应时段应记录天气现象;

—蒸发量时值有缺测,日合计应作缺测处理;各时蒸发量为结冰与日合计是否一致;各时蒸发量之和与日合计应相等;蒸发记结冰,应有结冰天气现象;

—蒸发量与气温、湿度、风、云、日照等相关要素的分析判断,按如下公式计算可能蒸发量:

$$E_0 = 0.26 \times (1 + 0.41 \times V) \times (E_s - E) \times 0.75$$

　　式中,E_0 为计算的可能蒸发量;

　　　　V 为日10分钟平均风速;

　　　　E_s 为平均地面温度与平均气温两者平均温度的饱和水汽压;

　　　　E 为日平均水汽压。

　　若小型蒸发量(E_L)和 $E_0 \geq 2.5$ mm,且 $|(E_L \times 0.5 - E_0)| > E_0$ 时,则判断为小型蒸发记录反常;

　　若大型蒸发量(E_E)和 $E_0 \geq 2.0$ mm,且 $|(E_E - E_0)| > E_0 \times 0.75$ 时,则给出大型蒸发量与计算可能蒸发量的差值;

　　小型蒸发量和大型蒸发量 ≥ 2.5 mm,且 $|(E_E - E_L \times 0.5)| > E_E$ 时,则给出两者差值太大。

—有雪深时,应有积雪天气现象;雪深小于5 cm时,不应有雪压记录;

—电线积冰审核:测量时间的气温不应大于0℃;有积冰现象,至少应有直径和厚度;无积冰现象,不应有其他相关记录;直径达8 mm或15 mm时,应有重量记录;电线积冰现象为雨凇时,应有雨凇天气现象;电线积冰现象为雾凇时,应有雾凇天气现象;

—定时(2分钟)风、十分钟风、最大、极大风审核:风速缺测时风向也应作缺测;风向与风速在静风时的矛盾判断;定时风速与十分钟风速差值超过3 m/s的判断;风向方位只出现4个或8个连续日数达10天,给出可能系统性错误的判断;最大风速不应小于各时十分钟风速的最大值;若最大风速出现时间在正点,风向、风速应与正点一致;出现时间应合法;最大风速应小于极大风速;前一日20时风速与最大风速的差值超过1.0 m/s时的判断;

—浅层地温(5~20 cm)时空变化错误判断,计算当月不同云天状况下相邻两层次地温差值的各时次平均值,在相同云天状况下,某时次的空间变化或某个要素的时间变化超出平均值一定范围时,则认为异常,这种异常的判断受样本的多少限制,样本多时判断就准确,样本小时判断就容易产生偏差;

—深层地温(80~160 cm)审核:相邻两时次的差值应<0.5℃;

—冻土深度审核:在地温层次上有冻土时,相应深度上的地温应在0℃以下;上限值应小于下限值;有两个冻土层时,第1层上限应大于第2层下限;无两个冻土层时,只应有第1层记录;有两冻土层,第二层不应出现在微量层;

—日照审核:日出和日落时次日照时数不应大于相应时段内的最大值;日出日落时间是否正确;时值有缺测时,日合计应缺测;各时日照时数之和与日合计应相等;日照出现开始时间或出现结束时间与日出时间或日落时间是否矛盾;

—海平面气压与本站气压计算值是否一致;

部分不记始止时间的天气现象记录顺序是否合理,没有完全考虑;雷暴期间不应有闪电的情况没有判断;雨凇、雾凇、积雪不属前一天延续,其开始时间分别在雨、雾、雪等现象之前不应判断。在天气现象审核中降水现象时间重叠的问题,降水现象出现点线(…)记载时,若其间出现需要合并记录的其他降水现象时,均认为错误,实际情况是可以出现的。

部分记录特别是云、能见度、天气现象的配合和地温的时空变化,还需要由人工进一步判断。

十四、自动统计得到 Y 文件

在 Y 文件维护中,可以通过 A 文件统计得到除年时段最大降水量外的观测数据部分,若需要参加统计的 A 文件齐全,一般情况月、年统计值都会正确,若 A 文件不齐全或某要素某月资料缺测,则相应月统计值按空缺给出,没有按缺测处理,部分还会影响年统计值,此时,必须在 Y 文件维护中进行人工干预。例如:蒸发观测项目,当冬季结冰时,大型蒸发改用小型蒸发观测,没有小型或大型蒸发观测的月份,在月统计中,相应月份的统计按空处理了,对于年统计值,只要有某月值,则按缺测处理,所以此时应将相应月份的统计值改为缺测;又如:草温观测项目,年内有部分月观测时,则有关年合计、年平均均按缺测处理,对于年极值,考虑到没有观测或缺测月不会影响到年极值的挑取,故照常挑取了年极值,此时应根据实际情况人工判断修改。

十五、15 个时段年最大降水量挑取

在 Y 文件维护中,可以由程序从全年 J 文件中自动挑取 15 个时段年最大降水量,其过程是:首先将各月分钟降水量数据写入加载 Y 文件文件夹下的数据库文件 MinuteR.mdb 中,再滑动挑取 15 个时段的年最大降水量(当有 2 次或 2 次以上相同时,开始时间均取第 1 次的时间),当 J 文件不全时,缺少的 J 文件数据按缺测处理。

时段降水量包括开始时间分钟的量,开始时间均以北京时 20 时为日界记录,开始时间为正点或 20 时 00 分时,应注意时界和日界处理。

十六、Y 文件审核说明

Y 文件的观测数据部分由程序通过 A 文件统计得到,程序没有设计对 Y 文件中月数据与 A 文件的统计结果一致性审核,仅对年统计值与月数据、初终间日数与初终日期的一致性进行了审核。

在形成 Y 文件前,要保证上年度下半年和本年度全年 A 文件的正确。

十七、自动站与人工观测记录对比分析

根据《关于加强自动气象站数据质量管理有关问题的通知》(气测函〔2004〕163 号)的要求,自动气象站转入单轨运行后,仍须保留全部人工器测仪器,在每日 20 时按人工观测方式的规定进行全部要素的观测,另用《气簿-1》专门记录,并需对人工器测与自动气象站观测数据的差值(气压≥0.8 hPa、气温≥1.0℃、风速≥1.0 m/s、过程降水量的≥4%、地面温度日极值≥2.0℃、浅层地温≥1.5℃、深层地温≥0.5℃)进行对比分析。为方便台站管理,在 V3.0.10 以上版本,软件增加了相应的功能。

对比分析的数据按站月存放在软件安装文件夹的下级文件夹 BaseData 中,文件名为"AWSData-Compare_IIiiyyyymmm.cel",其中,"AWSDataCompare"为固定字符,IIiii 为区站号,yyyy 为年份,mm 为月,扩展名"cel"表示数据保存的格式,此格式只能在本软件中打开。

在该新增功能中,可以打印输出每日记录,便于保存。还可对全月对比分析数据形成 Excel 文件。在 SysConfig 文件夹中,增加了三个 cel 文件,分别为数据存取、打印输出和形成 Excel 文件的模板文件。

第三节 通信组网接口软件

一、CNIS 程序流程

CNIS 程序流程见图 18-2。

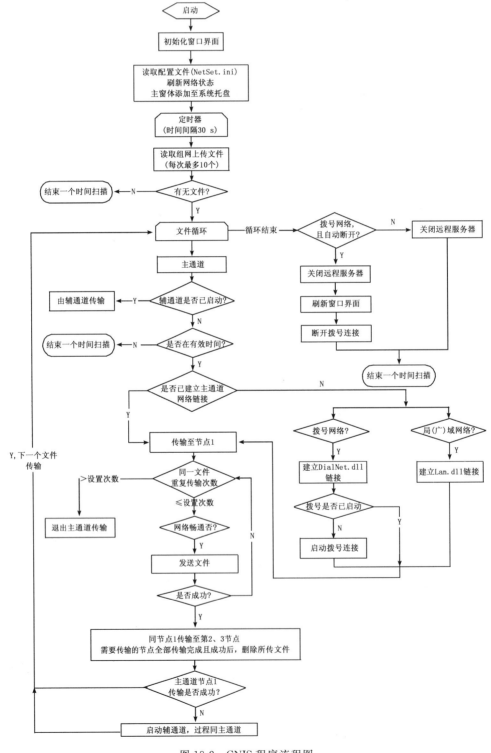

图 18-2 CNIS 程序流程图

二、正确设置网络参数

自动气象站上传数据文件主要通过该软件上传，要实现文件正常传输，应保证中心站组网软件正常。在网络畅通的前提下，如果文件不能自动正常传输，一般为组网参数设置有误。对中心站服务器 FTP 的测试，可按第二节第三条的步骤和操作进行。

考虑到台站需要将自动气象站的数据同时上传两个或两个以上的单位，软件可以设置最多 3 个的节点，这些节点即为自动气象站实时数据需要上传的远程服务器所指定的位置，节点 1 也称主节点，这些节点必须是自动气象站处于网络连接后即通过主节点的路由能够同时可访问的节点，当主节点连通后，节点 2 和节点 3 就应处于网络连通状态，所以节点 2 和节点 3 的通信类型必须设置为"局（广）域网"，连接名称设置为空。

当不需要上传多个节点时，第 2 或第 3 个节点的"通信类型"必须输入空输。若设置了无效的第 2 或第 3 个节点，则程序每次向第 1 个节点传输完后，上传文件会继续保留在 AWSNet 文件夹，接着传第 2 或第 3 个节点而又不能成功，一次传输过程结束后上传文件仍未被删除，在下一次传输时这些文件会继续被上传，造成同一文件重复上传的现象。若中心站服务器没有删除文件的权限，则会出现错误，造成任何文件都不能传输成功的现象。

软件没有考虑传输多个单位时，文件不同的传输方式。例如：台站需要上传加密资料至地区级气象局，但上至省级气象局为正点资料，此时只能在设置加密观测后，资料同时上传地区气象局和省级气象局，上传至省级气象局中心站的加密资料，若中心站没有设置加密观测，上传的加密数据文件将不会被处理。

NetSet.ini 配置文件的项值出现格式错误，有时会影响 CNIS 的正常运行。可以关闭 SAWSS 和 CNIS 软件，删除 NetSet.ini 文件，再启动 SAWSS，由软件自动生成配置文件后，再人工进行必要的配置。

参考文献

［1］ 中国气象局.地面气象观测规范.北京:气象出版社，2003.

［2］ WMO/CIMO. Guide Meteorological Instruments and Methods of Observation(Sixth edition). 中国气象局监测网络司译.气象仪器和观测方法指南(第六版)，1996.

［3］ Vaisala Oyj. Vaisala 公司产品说明和手册,2000.

［4］ 北京华创升达高科技发展中心.CAWS600 系列自动气象站技术说明书.2003.

［5］ 江苏省无线电科学研究所有限公司.ZQZ-CⅡ型自动气象站培训教材.2002.

［6］ 长春气象仪器厂.DYYZ-Ⅱ型地面气象综合有线遥测仪技术使用说明书.2002.

［7］ 中国气象局.地面气象测报业务软件 OSSMO-HY2002 操作手册.2002.